계산하는 기계는
생각하는 기계가 될 수 있을까?

계산하는 기계는 생각하는 기계가 될 수 있을까?

인공지능을 만든 생각들의 역사와 철학

잭 코플랜드 지음 | **박영대** 옮김 | **김재인** 감수

에디토리얼

감수의 말

인공지능을 철학적으로 논한다는 것은

철학자 **김재인**

인공지능을 철학적으로 논의하는 일은 두 방향으로 나아갈 수 있다. 첫째, 동물이나 생명을 논할 때 그러했듯이 인공지능을 논하면서 인간을 더 잘 이해하는 기회를 가질 수 있다. 인공지능은 인간 마음의 본성과 기능에 커다란 도전을 불러일으켰다. 인간의 마음도 인공지능처럼 계산기(컴퓨터)의 작용일까? 탄소 기반인 인간의 뇌(몸)에서 일어나는 마음 작용은 실리콘 칩 기반의 컴퓨터-하드웨어에서 만들어진 프로그램과 본성이 같을까? 뇌의 본성과 컴퓨터의 본성이 전혀 다르기 때문에, 인공지능은 마음의 특성을 다 지니지는 못하는 것일까? 인간의 몸과 마음을 이루는 생명이란 무엇인가? 생명은 결국 물리-화학적 현상으로 환원되는 걸까? 인공지능은 자유의지와 의식을 가질 수 있을까? 끝없이 제기되는 물음들은 결국 인간을 더 잘 이해하려는 시도이며, 새로운 현상과 맞닥뜨렸을 때면 늘 인간을 다시 물어왔던 역사의 반복이기도 하다.

둘째, 인공지능은 무엇을 할 수 있으며 어떤 본성을 갖고 있을지 이해한 다음, 그것이 인간과 세상에 어떤 일을 초래하게 될 것인지 따져보아야 한다. 인공지능은 비교적 최근에 등장한 기술로 우선은 그것이 무엇인지 정확히 아는 것이 출발점이다. 그다음엔 그것이 세상에 어떤 의미와 가치를 지니는지 물을 수 있다. 나아가 그것이 문화, 경제, 사회, 정치, 교육 등에

어떤 변화를 초래할지, 또 관련된 윤리, 법, 제도의 측면은 무엇인지 논의해야 한다. 여기에는 다른 중요한 기술 발전과 마찬가지로 인공지능도 획기적인 첨단 기술이라는 점이 전제되며, 이 전제는 의심할 수 없이 진실이다. 앞으로의 사회에서 인공지능은 '기본값'이다.

본서는 첫째 물음에 집중하고 있다. 어쩌면 책이 쓰인 1993년 시점에서 둘째 물음에 대한 탐구는 시기상조였는지도 모른다. 우리 생활과 긴밀하다고 느껴지는 변화는 불과 최근 몇 년의 일이기 때문이다. 따라서 25년도 더 전에 출간된 책을 지금 읽어야 하는 이유가 해명되어야 하리라. 철학이 원리를 탐구한다는 점에서 현상에 대한 진단보다 더 먼 미래를 보여줄 수 있다는 점이 답변의 일부가 될 수 있을 것이다.

뉴질랜드 켄터베리 대학교 철학과 교수인 잭 코플랜드는 '컴퓨터 역사를 위한 튜링 문서보관소'의 소장이기도 하다. 그는 『튜링 핵심 선집*The Essential Turing: Seminal Writings in Computing, Logic, Philosophy, Artificial Intelligence, and Artificial Life plus The Secrets of Enigma*』(2004)을 편집하고 해설했다. 나는 『인공지능의 시대, 인간을 다시 묻다』(2017)에서 튜링을 논할 때 코플랜드의 이 책을 참조한 바 있으며, 그 인연으로 이 책의 한국어판을 감수하기로 결심했다.

코플랜드는 원제 『인공지능 – 철학적 입문』(1993)이라는 제목에 맞게 두 가지 방식으로 논의를 전개한다. 하나는 인공지능 기술 자체의 발전과 변화의 역사를 짚는 일이며, 또 하나는 관련된 주제에 대한 철학적 논의이다. 코플랜드는 대략 20세기 후반에 개진된 분석철학의 주제들을 검토하며 자신의 주장을 전개하는데, 그렇기에 '철학'은 대체로 '분석철학'에 국한된다.

분석철학은 20세기에 영어권을 중심으로 전개된 철학의 특정 경향이다. 언어 분석에 집중하고, 주제에 대한 논리적 분석과 논증에 집중한다.

코플랜드는 이런 전통 안에서 마음의 본성, 의식과 무의식, 자유의지, 인과, 몸, 생명 등 인공지능의 철학에서 중요한 역할을 하는 주제들을 논한다. 위 주제들에 대한 니체의 논의(독일어권), 들뢰즈와 과타리의 논의(프랑스어권), 영어권 내에서 분석철학 바깥의 흐름(화이트헤드, 베이트슨 등), 철학사의 중요한 전통들(스피노자, 라이프니츠 등), 흄에 대한 비영어권의 논의 등이 충분히 참조되지 않고 있다는 점은 연구자로서 아쉽게 느끼는 부분이다. 내 책은 코플랜드의 약점에 대한 적절한 보완이 될 수 있으리라.

이런 약점에도 불구하고 코플랜드의 논의는 여전히 현대적이다. 논리학을 전공한 사람답게 코플랜드는 가장 기초적인 수준부터 점검한다. 분석철학적 논의 전개에 익숙하지 않은 독자를 위해 책의 큰 얼개를 요약하자면 다음과 같다.

문제의 가장 큰 축은 인공지능이 인간 지능을 모사할 수 있느냐이다. 이는 현대적 의미의 디지털 컴퓨터라는 개념을 처음 만들어낸 처치와 튜링의 논제에 집약되어 표현된다. "알고리즘적으로 계산가능한 모든 시스템은 보편적 기호체계로 시뮬레이션할 수 있다." 이에 대한 코플랜드의 입장은 회의적이다. "혹여 우리의 인지 과정이 알고리즘적 연산이라는 것이 사실이라면, 원리상 컴퓨터로 시뮬레이션할 수 있다. 그러나 진정 어려운 문제는, 현실 세계에서 시뮬레이션하는 것이 일말의 가능성도 없을 수 있다는 거다. … 사실에 입각하면—일종의 희망적인 기대를 제외하고는—우리의 모든 인지 과정이 알고리즘적 연산이라고 믿을 근거는 없다. 이것이야말로 미지의 나라이며, 우리 모두는 뇌 기능의 많은 측면들이 계산 불가능할 수 있다는 걸 알고 있다."

논의의 요점은 인간의 마음이 알고리즘으로 구현될 수 있는지조차 알지 못하며, 구현될 수 있다 하더라도 구현할 방법을 알지 못하고, 나아가 알고리즘으로 구현되지 못하리라는 증거도 많다는 것이다. 스티븐 호킹,

맥스 테그마크, 일론 머스크, 빌 게이츠, 레이 커즈와일, 유발 하라리, 제임스 배럿, 대니얼 데닛, 더글러스 호프스태터, 닉 보스트롬 등 오늘날 많은 쟁쟁한 이들이 인공지능이 인간을 모사하고 나아가 능가할 수 있다고 주장한다는 점을 보면, 코플랜드의 주장이 갖는 현재적 의미를 확인할 수 있다. 더욱이 저들이 논리적인 바탕에서 출발한 논증을 생략한 반면 코플랜드는 컴퓨터 논리의 밑바닥부터 점검하고 있다는 장점을 갖고 있다.

이런 큰 축을 중심으로 코플랜드는 두 가지 경로를 점검한다. 첫째 경로는 디지털 컴퓨터가 처음 구현될 때의 구조(아키텍처)와 관련된다. 그것은 '기호체계(Symbol System) 가설'이라고 하며, 다음과 같이 요약된다. "우리 모두는 컴퓨터다. 이 가설에 따르면, 인간의 마음은 보편적 기호체계이며, 인간의 모든 사고는 근본적으로 기호조작으로 이루어져 있다." 이 접근은 인간 마음이 정보 처리 체계라는 전제를 깔고 있는데, 이를 계산주의(computationalism)라고 부른다. 기호체계를 구현하기 위해서는 프로그래머가 컴퓨터에게 행해야 할 모든 명령을 다 주어야 한다. 이처럼 순차적으로 계산을 수행하는 컴퓨터 프로그래밍 방식을 폰 노이만 구조라고 한다. 요컨대, 기호체계 가설, 계산주의, 폰 노이만 구조는 서로 짝을 이루고 있다.

기호체계 가설을 설명하면서 가장 인상적인 것은, 어셈블리 언어를 통해 컴퓨터의 내부에서 일어나는 일이 무엇인지 설명하는 대목이다. 여기에서는 정말 이진수(0과 1로 이루어진 체계)만으로 모든 계산이 일어나며, 명령 수행과 저장 등 모든 일은 프로그래머의 지시를 따른다. 코플랜드는 컴퓨터 내부를 직접 보여줌으로써, 나아가 많은 인공지능 프로그램들을 검토함으로써, 독자로 하여금 기호체계 가설이 받아들여지기 어렵다는 것을 스스로 느끼게 해준다. 내 아이들과 나누었던 대화 하나를 떠올려 보겠다. "아빠, 1+1이 뭔지 알아요?" '(무슨 꿍꿍이지?)' "답은 맥락에 따라 달라요. 진지한 맥락이면 2이고, 농담의 맥락이면 귀요미예요." 그렇다, 어

떤 정보의 의미는 맥락이 결정한다. 하지만 컴퓨터에게 맥락을 알려주는 것은 인간이며, 컴퓨터 스스로는 맥락을 파악할 수 없다. "프로그래머들은 맥락이란 것이 너무나 다루기 어려운 문제임을 깨달았고, 많은 연구자들은 이 해결할 수 없는 난관이 폰 노이만이 자기도 모르게 인공지능에 남긴 저주라고 믿게 되었다."

둘째 경로는 '병렬분산처리(Parallel Distributed Processing)'로 알려져 있으며, 순차적인 계산 대신 동시에 병렬-분산적으로 처리한다는 특징이 있다. 이는 첫째 경로의 난점을 극복하려는 시도와 관련된다. "역설적이게도 여러분은 그 단어를 알아내기 위해 낱자를 활용하며, 또한 낱자를 알아내기 위해 단어를 활용한다. 이 당황스러운 병렬적 활동 때문에, 낱자를 추측하는 것은 전체 단어를 다양하게 추측하는 것과 함께 작용한다. 추측들은 서로 기각시키거나 보강시키다가, 마침내 가설의 안정된 패턴이 떠오르고, 그리고 당신은 단어가 무엇인지 갑자기 확신하게 된다. 순차적인 작동 방식으로 만들어진 폰 노이만 기계는 기껏해야 이런 종류의 일을 서투르게 시뮬레이션할 뿐이다." 마음에 대한 이런 이해를 연결주의(connectionism)라고 한다. 또한 이러한 프로그램의 구조는 폰 노이만 구조와 달리 인공신경망을 모사했다. 요컨대, 병렬분산처리, 연결주의, 인공신경망이 서로 짝을 이룬다.

인공신경망을 통한 병렬분산처리는 최근 딥러닝(다층학습)이라는 이름으로 크게 각광받고 있다. 여기에는 몇 차례 고비가 있었다. 로젠블랫이 '퍼셉트론'이라는 인공신경망을 만든 것이 1958년이고, 루멜하트, 힌튼, 윌리엄스가 오류 역전파 알고리즘을 통해 다층 퍼셉트론의 학습을 가능하게 한 것이 1985년이었다. 코플랜드의 책은 이 시기까지의 성과를 자세하게 설명하면서 기호체계 가설의 한계를 극복할 가능성을 전망하고 있다. 다 알다시피 인공 다층 신경망은 2000년대 후반부터는 청각, 시각 등의

영역에서 놀라운 성과를 보였으며, 2016년 알파고의 충격을 낳는 중요한 계기가 되었다. 최근의 인공지능 열풍은 뇌를 일부 흉내 낸 인공신경망을 이용한 병렬분산처리 기법이 주도하고 있다.

그렇다면 인공지능은 시간이 지나면 인간의 마음을 그대로 모사할 수 있을까? 코플랜드는 조심스럽게 부정적 결론을 내놓는다. 코플랜드는 우선 아무리 뇌를 흉내 냈다 하더라도 인공신경망은 뇌와 근본적으로 다르다는 점을 지적한다. 특히 인공신경망의 학습은 인간이 제공한 자료와 지시에 따를 수밖에 없다는 점은 치명적이다. 나아가 앞서 언급했듯 인간의 인지 과정은 알고리즘으로 구현할 수 없는 영역으로 보인다. 그리하여 코플랜드는 설사 우리 뇌가 컴퓨터(계산기)일 수는 있지만 현재 우리가 알고 있는 그런 컴퓨터는 아닐 것이라고 강하게 추측한다.

코플랜드는 인공지능에 대해 만연해 있는 속설을 비판한다. "과학이 쉽게 픽션과 합쳐지는 곳에 자리할수록 인공지능 연구는 특히 미디어의 과대광고가 되기 쉽다. … 신문에서 보는 것을 결코 믿지 말라는 오래된 경구는, 최소한 인공지능에 관해서는 일말의 진실이다. 의심할 여지없이 많은 사람들이, 컴퓨터가 생각할 수 있다, 아니면 머지않아 생각할 수 있을 것이라는 주제에 지속적으로 노출되면서 상황을 심각하게 잘못 인식하고 있다. … 지능형 컴퓨터를 추구하는 일은 일종의 현대판 연금술, 즉 불가능을 추구하는 것과 같다. 인공지능 연구는 여태껏 컴퓨터가, 인공적 인식을 지원하는 기계의 적합한 유형인지에 대해서 어떤 확고한 징후도 만들어내지 못했다." 나는 시대를 앞선 이 비판을 오늘날의 독자가 명심해야 한다고 본다. 인공지능이 할 수 있는 일과 없는 일을 잘 구별하는 것은, 정부와 기업이 미래를 설계하는 데서도 중요하지만 젊은 세대가 무엇을 어떻게 공부해야 할지 정하는 데서도 필수적이다. 과대광고에 현혹되어 잘못된 길을 가서는 안 되겠다.

1951년 라디오 인터뷰에서 튜링은 이렇게 말했다. "사고 과정 전체는 여전히 우리에게 불가사의로 남아 있지만, 나는 생각하는 기계를 만들려는 시도가 우리가 어떻게 생각하는지를 밝혀내는 데 크게 도움이 될 거라고 믿습니다." 인공지능은 인간과 인간의 마음을 이해하는 데 큰 자극이 되고 있다. 이 문제는 기술적이기보다 일차적으로 철학적이다. 코플랜드의 다음 진술은 이 점을 극명하게 보여준다. "기계에 존재하는 자유와 의식의 가능성을 철학적으로 조사하는 일은, 실제로는 우리의 고유한 본성을 이해하는 탐구의 일부다. 우리는 거울에 시선을 고정시키지만, 우리의 진정한 관심은 우리 자신에 관한 것이다. 우리는 기계의 일종인가?" 여기에 한마디 보태고 싶다. 우리가 기계라 할지라도 그건 어떤 종류의 기계일까? 생명과 기계는 통속적인 견해처럼 과연 대립되는 걸까? 물음을 찾고 답을 내놓는 것은 언제까지나 인간의 몫이리라.

감사의 말

이 책을 쓸 때, 많은 분들이 여러 방식으로 나에게 크고 작은 도움을 주었다. 모두에게 감사드린다. 데이비드 앤더슨(David Anderson), 존 안드레아(John Andreae), 데릭 브라운(Derek Browne), 피터 커라더스(Peter Carruthers), 스테판 체임버스(Stephan Chambers), 존 커팅햄(John Cottingham), 휴버트 드레이퍼스(Hubert Dreyfus), 플립 케치(Flip Ketch), 카멀 콕쇼른(Carmel Kokshoorn), 저스틴 리버(Justin Leiber), 데이비드 루이스(David Lewis), 마이클 립턴(Michael Lipton), 빌 라이칸(Bill Lycan), 마이클 맥클린(Michael Maclean), 패멀라 맥코덕(Pamela McCorduck), 제임스 맥게히(James McGahey), 잭 메신저(Jack Messenger), 앨리슨 머딧(Alison Mudditt), 길 로즈(Gill Rhodes), 마이클 스몰맨(Michael Smallman), 스티브 스미스(Steve Smith), 케리 알켈(Kerry Arkell). 모두들 폭넓은 의견을 주었고, 많은 개선점을 제안해줬다. 앤 윗브럭(Ann Witbrock)은 컴퓨터 삽화를 맡아주었으며, 특히 다이앤 프라우드풋(Diane Proudfoot)은 지원, 논평, 도움, 격려를 아끼지 않았다.

그림2.1은 테리 위노그래드(Terry Winograd)의 『자연어의 이해*Understanding Natural Language*』의 그림3에 기초한 것이다. 테리 위노그래드와 아카데믹프레스(Academic Press)는 너그럽게 허락해주었다. 그림3.1은 베이직북스(Basic Books)사의 허가하에 더글러스 호프스태터(Douglas Hofstadter)의 『괴델, 에셔, 바흐』의 그림15를 다시 그린 것이다.(copyright © 1979 by Basic Books, Inc.) 그림5.1은 윈스턴(P. H. Winston)이 편집한 『컴퓨터 시각의 심리학*The Psychology of Computer Vision*』의 그림2.1과 2.2를 수정한 것이다. 맥그로힐(McGraw-Hill)사의 허락을 받았다. 그림8.2는 가자니가(Gazzaniga)와 르두(J. E. LeDoux)의 『통합된 마음*The Integrated Mind*』 그림42를 플레넘(Plenum)과 가자니가의 허가하에 수정했다. 그림10.4는 에셀트 레트라셋(Esselte Letraset)사의 허가로 레트라셋 카탈로그의 일부를 복사해서 실었다.

차례

일러두기

단행본과 일간 신문을 포함한 정기간행물에는 겹낫표(『 』)를, 그 외 단편작품과 논문·기사·예술작품·영화의 제목, 상호 등에는 홑화살괄호(〈 〉)를, 원문에 없지만 이해를 돕기 위해 역자가 보충한 구절에는 대괄호([ ])를 사용했다. 다른 대괄호(〔 〕)는 원저자가 인용문 안에 추가한 구절이다.

들어가며

인공지능이란, 만일 사람이 한다면 지능이 필요한 일을 기계가 하도록 만드는 과학이다. — 마빈 민스키(Marvin Minsky, MIT 인공지능 연구소 설립자)[1]

얼마 전 나는 텔레비전에서 전자공학 전문가이자 MIT 인공지능 연구소의 책임자인 에드워드 프레드킨(Edward Fredkin)의 인터뷰를 보았다. 그는 성실하고 진지하며 신뢰감을 주는 사람이다. 그런데 그가 말한 내용은 나를 깜짝 놀라게 했다.[2]

역사에는 세 가지의 위대한 사건이 있습니다. 첫 번째는 우주의 창조. 두 번째는 생명의 출현. 그리고 세 번째, 저는 이것이 중요성에서 앞의 두 가지 못지않다고 생각하는데, 그것은 인공지능의 등장입니다. 인공지능은 매우 다른 생명의 형태이며, 우리가 상상조차 하기 힘든 지능적 성취를 거둘 가능성이 있는 생명의 한 형태이기도 합니다. 이 기계들은 진화할 것입니다. 일부 지능적인 컴퓨터들이 다른 컴퓨터들을 설계할 것이고, 그것들은 점점 더 똑똑해지는 방식으로 말이죠. 제 질문은 이것입니다. 그래서 우리는 어

1 Minsky, M., *Semantic Information Processing*, p. v.

2 *Better Mind the Computer*, BBC TV. 나는 좀 더 부드러운 흐름을 위해 이 음성자료를 약간 편집했다.

떻게 될 것인가? 가장 똑똑한 인간보다 백만 배 더 똑똑하면서도 여전히 인간이 요구하는 것을 수행하는 고분고분한 기계를 당신이 가질 수 있다고 상상하는 것은 무척 어려운 일입니다. 그들은 짐짓 생색을 내며 겸손한 척 우리와 대화를 하거나, 우리가 좋아하는 게임들을 즐길지도 모릅니다. 그리고 어떤 의미에선 우리를 애완동물처럼 여길지도 모릅니다.[3]

프레드킨 교수가 SF작가로서의 사명을 그리워하는 것일까? 아니면 미래에 대한 현실적 관점, 즉 인공지능 연구에서 이룩해 온 진전들이 갖는 함의를 누구보다도 잘 이해할 만한 위치에 있는 인사가 내놓은 냉정한 예측인 것일까? 생각하는 컴퓨터는 **정말** 기술적으로 가능한가? 정말로 기계가 생각한다는 것이 이치에 닿는 이야기인가? 혹시 생각하는 컴퓨터는 '웃는 전자(電子)'나 '결혼한 독신자'처럼 개념적 모순은 아닐까?

내 철학적 호기심 때문에 프레드킨의 인터뷰는 흥미로운 질문들을 마구잡이로 불러일으켰다. 사고(思考)란 생물학적 현상이어서 광합성이나 수유 등 다른 모든 생물학적 과정처럼 실리콘과 금속으로 이뤄진 기계

---

3 두 명의 선도적인 인공지능 연구원인 더글러스 레넛(Douglas Lenat)과 에드워드 파이겐바움(Edward Feigenbaum)은 인간의 존엄성이 남아 있는 미래를 계획하고 있다. 1991년 그들은 다음과 같은 성명서를 발표했다. "우리는 더 이상 인공지능을 비밀로 감춰둘 수 없습니다. 마치 원시인이 언어의 전파를 억제할 수 없었던 것처럼. 먼 미래의 우리 자손들은 인공지능으로부터 탄생한 인간-기계 협력 시스템을, '진정한 인간'과 '동물' 사이의 구분선처럼 자연스럽게 회상할지도 모릅니다. 우리가 서 있는 1980년대 말은 지능형 시스템의 첫 시대와 두 번째 시대 사이의 분기점이죠. … 이 두 번째 시대에 '시스템'은 지능형 컴퓨터 에이전트와 지능을 가진 인간 사이의 집합적 관계로 재개념화될 것입니다. … 이러한 인간-기계 시스템으로부터 인간(기계의 도움을 받지 않는 자연 상태의)을 능가하는 지능과 능력이 나타날 것입니다. 이 문턱을 넘어서면, 그다음에는 문자 그대로 우리(자연 상태의 인간)가 상상할 수 없는 놀라움이 펼쳐질 것입니다."(Lenat, D. B., Feigenbaum, E. A., 'On the Thresholds of Knowledge', pp. 224~5) 그들은 인공지능의 '9가지 궁극적인 목표'에 '초인간 지능'을 포함시킨다.(같은 책, p. 226)

의 범위를 한참이나 벗어나는 것인가? 아니면 생각하고 지각하는 것은 비행하는 것—생물체건 쇳덩이 비행체건 모두 할 수 있는 어떤 것—에 가까운 것일까? 컴퓨터가 그것을 프로그램한 인간을 뛰어넘는 지능을 가질 수 있을까? 컴퓨터는 자신의 자유의지로 행동할 수 있을까? 컴퓨터가 **의식**을 가질 수는 있을까? 가장 흥미로운 질문은 이것이다. 언젠가는 심리학과 신경생리학의 연구가 우리 자신이야말로 부드럽고 사랑스런 컴퓨터라는 사실을 입증하게 되지 않을까? 이러한 물음들이 이 책에서 다뤄지는 쟁점들이다. 당신이 나와 함께 이 쟁점들을 즐겁게 탐험하길 바란다.

개요

1장은 인공지능의 기원과 초기 발전을 설명한다. 2장에서는 주목할 만한 몇 가지 프로그램들을 검토한다. 3장에서는 결정적인 질문을 제기한다. 기계가 생각한다는 것이 가능한가? 나는 '**그렇다**'고 논증할 것이다. 그럼에도 이것은 아직 컴퓨터가 생각할 수 있다는 뜻이 아니다. 컴퓨터가 생각하는 기계로서 적절한 종류인지를 확인하지 않았기 때문이다. 4장에서는 컴퓨터의 작동 방법을 상세히 다룬다. 기초부터 시작하기 때문에 컴퓨팅에 대해 전혀 모르는 독자라도 뒤처질까 봐 걱정할 필요가 없다. 이어서 5장에서는 이러한 종류의 기계들이 사고할 수 있는 잠재성이 있다는 증거들을 검증할 것이다. 6장은 존 설(John Searle)의 논증, 즉 컴퓨터가 그 본성상 그들의 입력과 출력을 제대로 이해할 자질이 부족하다는 주장을 비판적으로 살펴볼 것이다. 존 설에 따르면, 인공지능 시스템은 결코 지성 자체를 복제할 수 없다. 지성을 모방한 시뮬레이

션 정도가 우리가 인공지능에게 기대할 수 있는 전부라는 것이다. 7장은 자유의지에 관한 쟁점들을 고찰한다. 만약 미래에 생각하는 로봇이 등장한다면, 이 인공물들은 자유로운 선택을 할 수 있을까? 일반적인 편견에 따르면, 자유의지를 지닌 기계는 그 용어상 모순이다. 나는 '그렇지 않다'고 논증할 것이다. 8장에서는 의식의 본성에 대해 질문한다. 의식이란 무엇이며, 어떻게 발생하는가? 기계가 의식을 가질 수 있는가? 9장은 '인간의 뇌 자체가 말 그대로 컴퓨터다'라는 이론을 확인한다. 이 이론은 오늘날 심리학에 상당한 영향력을 끼치고 있다. 10장은 병렬분산처리(PDP)로 알려진 인공지능에 대한 새로운 접근법을 살펴본다. 이 접근법의 옹호자들은 생각하는 컴퓨터를 프로그램하는 연구에서 이탈해서, 인간의 신경조직을 모델로 삼는, 전혀 다른 종류의 기계를 만드는 작업에 골몰하고 있다. 끝으로 에필로그에서는 이전 장들의 주제로 돌아간다. 기계와 사고를 살펴보는 이 책의 결론 중 하나는, 우리 자신이 보다 신뢰할 만한 기계라는 것뿐만 아니라 덜 불쾌한 기계이기도 하다는 가능성을 보이는 것이다.

이 책은 심리철학과 인지과학 수업의 교재다. 그러나 평이한 문장으로 쓰였고, 철학이나 컴퓨터에 대한 전문적 개념들에 친숙하지 않은 사람들을 전제했다. 이 책은 인공지능과 그에 관한 철학에 흥미가 있는 누구나, 다시 말해 컴퓨터가 취미인 대학생에서부터 컴퓨터가 우리 인간의 본성에 대해 이야기해줄 수 있는 것에 관심을 갖는 인문학자들에게까지 모두가 이해할 수 있도록 구상되었다.

이 책을 펼친 것을 환영한다.

1장

인공지능의 시작
: 역사적 개요

맨 처음에서 시작해보자….

1.1 컴퓨터의 출현

디지털 컴퓨터의 발명은 아주 매력적인 이야기다. 항간에는 컴퓨터가 미국에서 최초로 만들어졌다고 알려져 있지만, 이는 사실이 아니다. 영국, 미국, 독일이 거의 정확하게 동일한 시기에 독립적으로 컴퓨터를 개발했다. 누가 처음 만들었는가 하는 점에서 우승컵을 차지한 것은 독일이었다. 더 정확하게는 단 한 명의 독일인, 콘라트 추제(Konrad Zuse)였다. 그는 세계 최초로 범용 프로그래밍이 가능한 컴퓨터를 1941년 말까지 운영했다.[1] 이는 추제가 세 번째 시도 만에 획득한 행운이었다. 그는 부모님 거실이라는 [컴퓨터와는] 어울리지 않는 공간에서 세 개의 기계를 제작했는데, 먼저 만든 두 개는 제대로 작동하지 않았다. 어렵사리 성공을 거두었지만 당시에 그의 성취를 아는 이는 거의 없었다. 그런 데다

1 더 자세한 정보를 원한다면 다음을 참조할 것. Zuse, K., 'Some Remarks on the History of Computing in Germany', 그리고 Bauer, F. L., 'Between Zuse and Rutishauser - The Early Development of Digital Computing in Central Europe'.

전후 독일 전자공학에 대한 연합국의 규제 때문에 이후 발전은 좌절되었다. 추제 자신도, 그의 아이디어도 컴퓨터의 상업적 발전에 조금도 기여하지 못했다.[2]

영국의 이야기는 버킹엄셔(Buckinghamshire)의 블레츨리 파크(Bletchley Park)에서 시작한다. 이곳은 독일군의 암호를 해독하기 위해 세워진 전시 기밀 시설이었다. 최고의 수학자들과 공학자들이 참여하고 있어 블레츨리 파크에서 무언가 혁신적인 것이 나오리라는 것은 확실해 보였다. 그것이 바로 콜로서스(Colossus)라는, 암호화된 메시지를 해독하는 전자[3] 컴퓨터였다. 첫 번째 콜로서스는 설치되고 나서 1943년 12월께 가동되었다.[4] 이는 베를린에서 추제가 아무도 모르게 역사를 만든 지 꼬박 2년이 지난 후였다. (일부 논평가들은 콜로서스가 최초의 진정한 컴퓨터인지에 대해서 트집을 잡는다.[5] 콜러서스가 특정한 작업, 즉 암호해독용으로만 고안되었고, 그 외에는 거의 무용지물이었기 때문이다. 블레츨리의 열정적인 사람들은 콜로서스가 긴 곱셈을 하게끔 만들

---

2 이 제한은 1955년까지 해제되지 않았다. 1945년부터 추제는 스스로 플랑칼퀼(Plankalkül)이라는 프로그래밍 언어를 사용해서 작업했다. 그의 아이디어는 알골(ALGOL)이라는 언어의 설계자들에게 상당한 영향을 미쳤다.(Bauer, 같은 책, pp. 521~2 참조)

3 **전자** 컴퓨터는 전자 부품으로 만들어진 것이다. 초창기에는 진공관이었고 지금은 반도체다. 추제의 기계를 제외하면 이 장에서 언급한 모든 컴퓨터는 전자 부품을 사용했다. 추제는 중계기를 사용했다. 이는 전기로 작동하는 소형 기계식 스위치다. 진공관보다 훨씬 느리게 작동한다. 진공관의 빠른 속도는 전자 광선을 제외하고는 움직이는 부분이 없다는 사실에 기반하고 있다. 중계기는 세계대전 이전 시대의 계산 기계들에서 광범위하게 사용되었으며, 1948년에 이르러서야 IBM은 이 오래된 기술을 기반으로 한 컴퓨터를 발표했다.(여기엔 21,400개의 중계기와 13,500개의 진공관이 있었다.) 이 기계, SSEC는 첫 번째 프로그램을 실행하기 전부터 시대에 뒤떨어져 있었다.

4 콜로서스에 대한 보다 자세한 내용은 다음을 참조. Randell, B., 'The Colossus' 그리고 같은 저자의 'On Alan Turing and the Origins of Digital Computers'도 참조.

5 예를 들어 *Bit By Bit*의 Stan Augarten, p. 146.

고자 했으나, 안타깝게도 기계의 능력치를 미세하게 넘어선다는 것을 증명할 뿐이었다.[6] 반면 추제의 컴퓨터는 필요한 어떤 계산 문제도 수행할 수 있었다.(물론 그 계산은 기계의 저장용량을 소진시켜버릴 정도로 크지는 않았다.) 추제의 컴퓨터는 **범용**(general-purpose) 컴퓨터였고, 콜로서스는 **특수 목적용**(special-purpose) 컴퓨터였다.)

전쟁이 끝난 뒤, 블레츨리 그룹은 해체되었고, 그 임무는 북쪽의 맨체스터로 옮겨 갔다. 이곳이 바로 F. C. 윌리엄스, 톰 킬번(Tom Kilburn)과 그들의 팀이 '맨체스터 대학 마크1(Mark 1) 범용 컴퓨터'를 개발한 곳이다. 첫 번째 프로그램은 1948년 6월에 가동되었다.[7] 1949년 4월에 이르러 조그마한 프로토타입이 꽤 큰 기계로 확장되었다.[8] 대서양의 맞은편에서는 발전이 꽤 더디게 진행되고 있었다. 이에 필적할 만한 최초의 미국식 기계('BINAC'이라는 이름의)는 1949년 8월에 테스트를 거쳤다.[9]

맨체스터에 있는 페란티 주식회사(Ferranti Limited)가 맨체스터 마크1의 양산용 버전을 만들기로 계약했다. 이 기계들은 세계 최초로 상업적으로 제작된, 프로그램 내장형(stored-program) 전자식 컴퓨터였다. 팔린 것은 9대가 전부였다. 최초의 것은 1951년 2월에 설치되었는

---

6 Good, I. J., 'Pioneering Work on Computers at Bletchley', p. 41.

7 Kilburn, T., Williams, F. C., 'The University of Manchester Computing Machine', p. 120.

8 Lavington, S. H., *A History of Manchester Computers*, pp. 12~15. 래빙턴(Lavington)은 맨체스터 기계와 케임브리지 대학의 에드삭(EDSAC) 컴퓨터(1949년 5월에 처음으로 운영되었다)를 비교하면서, "맨체스터 마크1은 사용자의 관점에서 볼 때 완성품에 훨씬 못 미치지만, 수치 계산에서는 에드삭에 필적할 만한 기본 성능을 제공한다"라고 적었다.(실은 마크1의 저장 용량이 더 컸다.) 에드삭이 좀 더 사용자 친화적이었기 때문에 중요한 수학 연산에 보다 적합했다. 1949년 10월이 되어서야 맨체스터 마크1이 이 부분에서 에드삭을 따라잡았다.

9 Stern, N., 'The binac: A Case Study in the History of Technology', p. 12.

데, 이는 세계에서 두 번째로 상업적 용도의 컴퓨터였던 미국의 유니박(UNIVAC)이 등장하기 겨우 두 달 전이었다.[10]

페란티 마크1은 또 다른 차이점이 있었는데, 그것은 지구에서 처음으로 연애편지를 작성한 비인간이었다.

Darling sweetheart,
You are my avid fellow feeling.
My affection curiously clings
to your passionate wish. My
liking yearns to your heart. You
are my wistful sympathy: my
tender liking.
Yours beautifully,
Manchester University Computer[11]

미국의 이야기는 에니악(ENIAC)으로 알려진 기계로부터 시작한다.(ENIAC은 전자적 수치 통합기 및 계산 컴퓨터(Electronic Numerical Integrator and Computer)의 머리글자 조합어다. 컴퓨터와 컴퓨터 프로그램 이름에 사용되는 두문자어에서 흥미를 끌 만한 어떤 것도 없다는 점은 예외 없는 법칙이다.) 에니악은 펜실베이니아 대학의 모클리(John Mauchly)와 에커트

---

10 세계 최초의 트랜지스터 컴퓨터 또한 맨체스터 대학에서 만들어졌다. 이것은 1953년 11월에 운영을 시작했다. Lavington의 *A History of Manchester Computers, Early British Computers*는 이 이야기에 대한 영국 측 내용을 잘 보여준다.

11 Lavington, S. H., *A History of Manchester Computers*, p. 20. 앨런 튜링은 기계의 무작위 수 생성기를 사용해서 연애편지를 작성했다.

(J, Presper Eckert)가 개발했고, 처음으로 운영에 들어간 것은 1945년 11월(콜로서스보다 약 2년 후)이었다.

에니악은 프로그래머들에게 악몽이었다. 새로운 과제마다 매번 전선을 손으로 재배열해야 했기 때문이다. 수천 개의 플러그와 스위치를 만져야 하는 어마어마한 작업이었던 것이다. 새로운 과제에 맞게 설정하려면 대개 이틀 정도 걸렸다.[12] 이 원시적인 케이블 조작은 프로그래밍 기능에 버금하는 작업으로서 에니악이 제공할 수 있는 전부였다. 맨체스터 마크1은 사용하기가 훨씬 덜 까다로웠다. 마크1은 세계 최초의 완전한 전자식 **프로그램 내장형** 컴퓨터였다.[13] 새로운 과제를 수행하게끔 설정하려면 단순히 새 천공테이프[14]를 공급하면 되었다. 마크1은 테이프에서 프로그래머의 지시를 복사하여 메모리에 이를 저장한다. 에커트와 모클리는 1943년에 이미 에니악의 운영 명령어를 기계 안에 저장하는 것이 유용함을 깨달았지만, 군 당국은 가능한 빨리 작동시키길 원했고, 이 때문에 프로그램 내장 방식의 개념을 연구하는 일은 미뤄졌다.[15]

에니악 이후 에커트와 모클리는 바이낙(BINAC), 즉 프로그램 내장형 기계를 개발하는 일에 착수했다. 그리고 미국 컴퓨터 산업 초기, 최초의

---

12 Goldstine, H. H.와 Goldstine, A.의 'The Electronic Numerical Integrator and Computer'에 에니악이 묘사되어 있다.

13 1948년 1월에 처음 가동한 중계기 기반의 IBM SSEC 역시 프로그램 내장형 기계였지만 완전히 전기적이지는 않았다.(주석 3 참조)

14 [역주] 종이 테이프에 구멍을 뚫어 데이터를 저장하는 기억매체이다. 19세기와 20세기 초에 널리 사용되었다.

15 1948년 9월, 에니악은 내장된 프로그램으로 운영되도록 변경되었다. 이로써 설정 시간이 몇 일에서 몇 분으로 단축되었다. 그러나 변경된 에니악(ENIAC)은 결코 완전한 의미의 프로그램 내장형 컴퓨터가 아니었다. 왜냐하면 프로그램이 '읽기 전용 메모리'(ROM, Read-Only Memory)에 저장되었기 때문인데, 이는 곧 가변적 주소 지정형(주석 21)의 이점을 누리지 못했다는 뜻이다.(Metropolis, N., Worlton, J., 'A Trilogy of Errors in the History of Computing', pp. 53~4 참조)

상업용 제품인 유니박(UNIVAC)을 제작했다. 미국은 컴퓨터의 상업적 생산을 재빠르게 장악할 수 있었다. 하지만 역사는 에커트와 모클리에게 관대하지 않았다. 1972년, 오랫동안 이어진 허니웰 회사와 스페리-유니박 사이의 특허권 분쟁은 다음과 같은 사법적 결정에 의해 종결되었다. "에커트와 모클리는 자동화된 전자식 디지털 컴퓨터를 처음으로 개발하지 않았다. 존 빈센트 아타나소프 박사의 것 중 하나에서 핵심적인 것을 도출해냈을 뿐이다."[16] 아타나소프는 미국의 대학 교수로서, 1936년부터 1942년 사이에 특수 목적용 전자식 컴퓨터 개발에 거의 근접했던 인물이다.[17] 불행하게도 그는 그 기계가 제대로 돌아가도록 다루지 못했다. 천공카드에 정보를 저장하는 거추장스러운 장비에서 오작동이 빈번했던 탓이 컸다. 모클리는 1941년에 아타나소프의 연구실을 방문했는데, 이 때문에 판사는 아타나소프의 획기적인 연구 덕택에 모클리와 에커트가 에니악을 개발할 수 있었다고 판단했다. 사법적 판결에도 불구하고, 아타나소프의 아이디어가 모클리와 에커트에게 얼마큼 영향을 주었는지는 여전히 논쟁거리다.

에커트와 모클리가 씁쓸한 충격을 겪은 일은 이것이 처음이 아니었다. 에니악이 작동하기 시작한 이후의 몇 달은 그들에게 승리의 시간이 되어야 했지만, 실제로 동료 아무개로 인해 자신들이 무대 뒤로 밀려났다는 사실을 깨달았다. 아무개 씨란 바로 존 폰 노이만(John von Neumann)이다. 폰 노이만은 천재적인 수학자이자 논리학자였으며 '하늘에서 내려온 천재'로 묘사되었다. 기차역에서 이뤄진 우연한 만남 덕

16 Larson, E. R., 'Honeywell, Inc. v. Sperry Rand Corp., et al.', p. 694.
17 Atanasoff, J. V. 'Computing Machine for the Solution of Large Systems of Linear Algebraic Equations'.

분에 폰 노이만은 에니악을 알게 되었다.[18] 그는 당시 로스앨러모스에서 맨해튼 프로젝트[19]에 참여하고 있었다. 그곳에서 그는 아주 사악한 문제들, 즉 최대치로 파괴하기 위해서 원자폭탄이 폭발해야 하는 정확한 높이를 계산하는 일에 자신의 엄청난 천재성을 사용하고 있었다. 그는 에니악 같은 기계가 가진 함의를 재빨리 알아챘다.(보호막, 폭탄, 로켓 작용, 추진체와 고성능 폭약 분야의 진전, 공기역학, 충격파 문제 등.)[20] 그는 에커트-모클리 프로젝트의 고문으로서 활동하기를 제안했고, 새로운 컴퓨터 기술의 대변자로서의 위상을 빠르게 다져 갔다. 폰 노이만은 과학적 성취의 기둥이었고, 그의 지지는 에니악 프로젝트의 유명세에 매우 효과가 있었다. 그러나 그의 강연과 출간물 때문에 컴퓨터는 실제로 개발해낸 사람들의 이름보다 폰 노이만이라는 이름과 더 가까운 것이 되어버렸다.[21] 폰 노이만은 오직 부다페스트에서 태어난 사람만이 당신들보다 늦

---

18 Shurkin, J., *Engines of the Mind*, p. 174.

19 [역주] 2차대전 당시 미국이 착수한 초고성능 폭탄 개발 비밀 프로젝트. 첫 번째 사무실이 맨해튼에 설치된 까닭에 붙여졌던 암호명이다.

20 폰 노이만의 편지 중 하나에서.(Andrew Hodges의 *Alan Turing: The Enigma*, p. 304에서 인용) 사회의 컴퓨터화가 전쟁의 컴퓨터화의 부수적 효과라는 것이 일반적인 논평이다. 에니악의 첫 번째 실제 업무가 폰 노이만의 지시에 따라 수소폭탄을 설계하는 일을 지원하는 것이었다.

21 특히 신랄한 논쟁은 프로그램 내장형 개념의 기원과 관련해서 격해졌다. 이 개념은 앨런 튜링이 1936년에 출판한 '결정문제의 적용에 관련된 계산가능한 수에 대하여'(On Computable Numbers, with an Application to the Entscheidungsproblem)라는 창의적인 논문에서 나타난다.(특히 표준 서술(standard description)과 서술 수(description number)에 대한 논의, pp. 240~2 참조) 미국에서 프로그램 내장형 개념에 대한 최초의 논의는 1945년에 발행된 폰 노이만의 '에드박에 관한 보고서 초고'(First Draft of a Report on the EDVAC)였다.(에드박은 에니악의 예정된 후속 모델이었다.) 이 보고서의 유일한 원작자로서의 폰 노이만의 저작권은, 많은 사람들이 그가 이 개념을 창안했다고 추측하게 했다. 실제로 '초고'는 에커트, 모클리, 폰 노이만 그리고 에니악 그룹의 다른 구성원들의 아이디어를 기술한 것이다. 에커트와 모클리는 '초고'가 폰 노이만의 이름만 적힌 채 출판되었음에 격노했다.(비록 이것이 폰 노이만의 허가 없이 이루어졌

게 회전문으로 들어가도 당신들보다 먼저 나올 수 있다고 말한 적이 있다.[22] 물론 그 사람은 폰 노이만 자신이었고, 뒤에 남겨진 사람들은 에커트와 모클리였다.

폰 노이만은 컴퓨터 설계에 있어 지대한 공헌을 했다. 그는 컴퓨터의 근본적인 설계 원리를 발표했고, 다음 세대 컴퓨터들도 이 원리를 이어받았다. 이런 이유에서, 표준적인 현대 컴퓨터는 일반적으로 폰 노이만 기계라고 알려지게 되었다. 우리는 다음 장에서 폰 노이만에 대해 좀 더 알아볼 것이다.

존 폰 노이만의 이름은 다른 방식으로 인공지능의 탄생으로 이어진다. 초기 인공지능 프로그램들 중 가장 쓸 만한 것이 1956년 그가 설계한 정교한 컴퓨터, 조니악(JOHNNIAC)에게로 전수되었다.[23] 그 프로그램은 '논리이론가'(Logic Theorist)라는 애칭으로 알려져 있다. 이 프로그램은 앨런 뉴얼(Allen Newell), 클리프 쇼(Cliff Shaw), 허버트 사이먼(Herbert

---

음에도 불구하고 말이다. 주석 34 참고) 연산에 사용될 데이터와 연산 명령어를 모두 동일한 내부 디스크에 저장한다는 개념은 에커트가 1944년 1월에 작성한 메모에서 유래하는 것처럼 보인다. 이는 폰 노이만이 에니악 그룹에 참여하기 몇 개월 전이다.(Eckert, J.P., 'The ENIAC') 프로그램 내장형 개념에서 폰 노이만의 가장 큰 공헌은 **가변 주소**라는 아이디어였다.(Burks, A. W., 'From ENIAC to the Stored-Program Computer: Two Revolution in Computers', p. 340 참조) 폰 노이만의 발명은 서브루틴[프로그램 안에서 특정한 기능을 수행하는 부분적 프로그램]과 회로를 사용하는 길을 열어젖혔으며, 프로그램이 실행되는 동안 특정 측면에서 프로그램이 스스로를 변경하는 것이 가능해졌다. 간접 주소화라는 가변 주소화의 간소화된 버전은 4장에서 자세히 설명할 것이다. 간접 주소화는 맨체스터에서 개발되었으며 마크1에 구현되었다.(Lavington, S. H., *A History of Manchester Computers*, p. 12 참조)

22 Shurkin, J. *Engines of the Mind*, p. 173.에서 인용.

23 산타 모니카의 랜드(RAND)사[1948년 미공군의 원조로 설립된 민간 연구·개발 집단]가 소유한 조니악은 프린스턴의 고등연구소에서 폰 노이만과 그의 팀이 만든 컴퓨터의 복제품에 가까웠다. 이러한 복제품이 많이 제작되었다. 그것들은 프린스턴급 기계로 알려지게 되었다.(Gruenberger, F. J., 'The History of the JOHNNIAC' 참조)

Simon), 이 세 명의 위대한 인공지능 개척자들의 업적이었다.[24]

1.2 논리이론가(The Logic Theorist)

논리는 인공지능 연구의 핵심 중 핵심이다. 논리적으로 추론하는 능력은 분명 인간 지능의 근본적인 요소다. 컴퓨터가 인공지능을 획득했다고 하려면, 컴퓨터도 [인간처럼] 문제 해결 방법을 논리적으로 탐색하는 능력이 있어야 한다. 뉴얼, 쇼, 사이먼은 어떻게 논리적 사고가 가능한지에 대한 연구를 개척했다.

그들의 초기 계획은 학교에서 배우는 기하학 정리들을 증명하는 프로그램을 작성하는 것이었다. 그러나 성공은 그들을 비켜 갔다. 기하학적 도해를 조니악이 다룰 수 있는 형태로 바꾸는 일이 예상 외로 어려웠다는 것이 큰 이유였다.[25] 하지만 그들은 포기하지 않았다. 컴퓨터를 프로그래밍하는 관련 연구로 돌아가, 순수논리 자체의 정리들을 증명하는 논리적인 방법을—증명된 정리들만 활용하는 방식으로—탐색했다. 이번에 그들은 마침내 노다지를 발견했고, 1956년 봄, '논리이론가'는 자신의 첫 번째 정리를 증명했다.

순수논리는 다음과 같은 정리들로 이뤄져 있다.

---

24 Newell, A., Shaw, J. C., Simon, H. A. 'Empirical Explorations with the Logic Theory Machine: a Case Study in Heuristics'.

25 허버트 겔런터(Herbert Gelernter)가 이 프로젝트를 시작했으며, 1959년에 그의 프로그램이 유클리드 기하학의 제1정리를 증명했다.(Gelernter, H., Hansen, J. R., Loveland, D. W. 'Empirical Explorations of the Geometry Theorem Proving Machine')

X 또는 Y 둘 중 하나가 참이고, Y가 실제로 거짓이라면, X는 참이다.

'X가 참이면 Y가 참이다'라는 정보로부터, Y가 거짓이라면 X 역시 거짓이라는 사실이 도출된다. (이는 참이다. 생각해보시길!)

순수논리의 주된 영역은, 20세기 초 철학자 버트런드 러셀과 앨프리드 노스 화이트헤드에 의해 규칙과 체계가 확립되었다. 논리이론가는 이 두 철학자들의 혁명적인 책 『수학 원리*Principia Mathematica*』 2장의 내용과 대결했고, 그 결과 프로그램은 거기에 제시된 처음 52개의 정리들 중에서 38번째의 증명까지 나아갔다. 이것은 단순히 숫자들을 계산하기만 하는 프로그램이 아닌, 최초로 추상적 명제의 증명을 이끌어낸 프로그램이었다. 매우 협소한 의미에서 논리이론가는 추론할 수 있었다.

어떤 정리의 경우에는 논리이론가에 의해 고안된 증명이 러셀과 화이트헤드가 했던 것보다 훨씬 훌륭했다. 쇼의 말처럼 "그것이 전체 기획에 불을 붙였다."[26] 이 세 사람은 짧은 논문을 하나 썼는데, 여기엔 새로운 증명과 함께 기쁜 마음으로 그들의 이름 옆에 나란히 공동저자로서 논리이론가를 써넣었다. 이는 기계와 공동으로 저술된 역사상 첫 번째 학술 논문이었다. 그러나 슬프게도 『기호논리학 저널*The Journal of Symbolic Logic*』의 편집자는 게재를 거절했다.[27]

논리이론가는 의심의 여지없이 '첫 번째' 인공지능 프로그램으로 언급되곤 한다. 그러나 이는 잘못된 신화다. 인공지능이라고 해서 언제

---

26 파멜라 맥코덕(Pamela McCorduck)과의 인터뷰에서. 맥코덕의 책, *Machines Who Think*, p.143.

27 같은 책, p. 142.

나 정확한 이야기만 전해지는 것은 아니다. 논리이론가는 확실히 인공지능 연구에 있어 가장 풍부한 잠재력을 지닌 초기의 시도였다. 하지만 체스와 기타 보드게임에 맞춰 설계된 수많은 프로그램들이 먼저 등장했다.(그 결과 지금은 보드게임이 기계의 지능을 검증하는 시험대로 보인다.) 이 선두주자들 사이에서 탁월했던 것은 학습 메커니즘을 갖춘 체커(checkers) 프로그램이었다. 이 프로그램은 매우 빠르게 게임 속 승리의 기술들을 터득했고, 머지않아 프로그램 제작자인 아서 새뮤얼(Arthur Samuel)을 이기기 시작했다.(프로그래머에 맞선 프로그램의 승리는 2장의 '게임하는 프로그램들'에서 다룰 것이다.) 새뮤얼은 자신의 프로그램을 발전시켜 1950년대 초에 운영했으며, 논리이론가가 제작되기 몇 년 전 미국 텔레비전에 출연해 시연했다.[28]

2장과 5장에서 뉴얼, 사이먼, 쇼의 업적을 보다 상세히 다룰 것이다.

---

28 논리이론가가 '처음'이라는 통념이 널리 퍼졌다. 예를 들어, Fleck, J., 'Development and Establishment in Artificial Intelligence', p. 115(논리이론가는 '실제로 작동하고 인공지능 프로그램답게 개발된 최초의 프로그램'이었다); Simons, G. L., *Introducing Artificial Intelligence*, p. 48(논리이론가는 '최초의 실질적인 인공지능 프로그램'이었다); Waldrop, M. M., *Man-Made Minds: The Promise of Artificial Intelligence*, p. 23(논리이론가는 '최초의 진정한 인공지능 프로그램'이었다). 한 저자는 심지어 "1956년에 이미 논리이론가라는 프로그램이 새뮤얼의 프로그램을 앞섰다"고 언급하기도 했다.(Berry, A., *The Super-Intelligent Machine*, p. 30) 파이겐바움과 펠드먼은 영향력 있는 그들의 저서 *Computers and Thought*(p. 108)에서 논리이론가를 '컴퓨터로 완벽하게 실현된 최초의 휴리스틱 프로그램(어림짐작을 던지면서 문제를 해결하고 이로써 학습하는 프로그램)'으로 묘사했다. 그러나 새뮤얼의 말에 따르면 그의 프로그램은 "이 목표—휴리스틱 프로그램이 포함된 학습 과정을 통해 게임 능력을 향상시키는—를 이 프로그램의 등장 초기에, 분명히 1956년 이전에 달성했다. 내 체커 프로그램의 존재가 공개적으로 알려지지 않았다는 사실을 제외하면, 이 무렵 휴리스틱 학습을 채택한 프로그램이 '완벽하게 실현되었다'는 사실은 누구라도 입증할 수 있다. … 내 체커 프로그램은 IBM 701 같은… 최초의 실험적 모델에서 어떤 크기로든 실행될 수 있는 최초의 프로그램 중 하나였다."(개인적 대화, 1988년 12월 6일)

1.3 다트머스 회의

인공지능이라는 이름은 컴퓨터 혁명의 한 전설적인 영웅, 존 매카시(John McCarthy)에 의해 붙여졌다. 그의 유명한 업적들에는 LISP(인공지능 프로그램 대다수에서 사용하는 컴퓨터 언어)의 발명, 첫 시분할(timesharing) 시스템(컴퓨터가 동시에 다수 이용자들의 요구에 응할 수 있도록 처리하는 것)의 발명 등이 있다. 1956년 매카시는 한 컨퍼런스를 조직하게 되는데, 이것이 이후 인공지능 연구자들이 그들의 주제가 탄생했다고 기념하는 회의다.[29] 매카시는 자신이 아는 한 컴퓨터 지능에 관심 있는 모든 사람들이 모이길 원했다. 대부분은 이전까지 서로 전혀 만나지 못했던 사람들이었기 때문에 그는 하계 학술회의에 그들 모두를 초대했다. 이 회의는 서로의 아이디어를 고취시키는, 두 달간의 긴 기회가 될 것이었다. 그는 뉴햄프셔의 다트머스 대학을 개최지로 정하고, 컨퍼런스를 '인공지능에 관한 다트머스 하계 연구 프로젝트'(The Dartmouth Summer Research Project on Artificial Intelligence)로 명명했다. 끝에 두 단어를 붙였던 것이다.

여러 면에서 회의는 성공적이지 않았다. 매카시가 초청한 사람들 대부분은 전혀 매력적이지 않은 견해들을 브레인스토밍하며 꼬박 두 달을 보냈다. 짧은 방문이 흔했고, 사람들은 되는대로 오고 갔다. 매카시는 한탄했다. "이건 그야말로 우리가 정기적인 모임을 가질 수 없다는 뜻이었다. 나는 매우 실망했다. 내가 보는 한, 아이디어의 진정한 교환은 없었다."[30] 게다가 조니악을 다루고 있던 뉴얼과 사이먼—나중에 생각나서

29 Feigenbaum, E. A., Feldman, J. *Computers and Thought*, p. 108.

초대하게 된 사실상 무명의 두 인물—이 논리이론가의 몇 가지 최초 시도들을 담은 유인물을 가지고 나타났을 때 많은 이들이 성가시게 느꼈다. 속수무책으로 남에게 뒤처지고 싶어 하는 사람은 없다. 이 회의에 참석한 사람들도 예외가 아니었던 것이다.

이 모든 것에도 불구하고, 다트머스 회의는 촉매작용을 일으켰다. 상대적으로 고립된 상태에서 각기 흩어져서 연구하던, 열정을 가진 연구자들이 갑자기 나름의 연구 목적과 강력한 자기 정체성을 지닌 과학 커뮤니티가 되었던 것이다. 인공지능은 이렇게 첫선을 보이게 된다. 다트머스 회의 후 이듬해, 몇몇 대학들이 인공지능 연구소를 세웠다. 주목할 만한 곳들은, 뉴얼과 사이먼이 있는 카네기멜론, 매카시의 스탠퍼드, 마빈 민스키(민스키는 다트머스 회의의 공동 주최자였다)의 MIT, 도널드 미치(영국 인공지능 개발의 중심적인 인물)의 에든버러였다.

1.4 앨런 튜링 그리고 인공지능의 철학

꽤 역설적으로 인공지능에 대한 철학은 인공지능 자체보다 몇 년 앞서 등장했다. 철학에서 이 분야를 창시한 이는 영국의 논리학자이자 수학자였던 앨런 튜링이다. 튜링은 20세기가 낳은 가장 독창적인 정신의 소유자 중 하나였다. 논리이론가가 조니악에서 처음으로 작동되기 6년 전(이때 튜링은 맨체스터 마크1의 프로그래밍을 감독하고 있었다), 그는 〈계산하는 기계와 지능〉(Computing Machinery and Intelligence)이라는 제목

30 파멜라 맥코덕(Pamela McCorduck)과의 인터뷰에서. 맥코덕의 책, *Machines Who Think*, pp. 95~6.

의 논문을 『마인드*Mind*』라는 권위 있는 철학 저널에 기고했다.[31] 이 글은 다음과 같이 시작한다. "나는 '기계가 생각할 수 있는가?'라는 질문에 대해 숙고할 것을 제안한다." 튜링은 이 질문을 신중하게 철학적 토론에 부치고자, 기계가 생각할 수 있다는 주장에 대한 9개의 반론들을 목록화하고 이것들을 반박했다. 자신의 입장을 솔직하게 드러낸 대목에서 그는 이렇게 주장했다. 이번 세기가 끝날 즈음, "단어의 용법과, 교육에 의해 형성된 보편적 의견은 크게 변화할 것이다. 그렇게 되면 기계가 생각한다라고 말해도 반박당하는 일은 없게 될 것이다." 이 논문은 인공지능 철학을 출범시켰다. 튜링의 영향력 있는 관점은 이어지는 장에서 상세하게 검토될 것이다.[32]

튜링이 논쟁적인 논문을 썼을 때 존재하던 전자 컴퓨터는 오직 네 대(영국의 맨체스터 마크1과 케임브리지 에드삭(EDSAC), 미국의 에니악과 바이낙(BINAC))뿐이었다. 언론은 이미 이 컴퓨터들을 '전자 두뇌'라고 부르고 있었고, 이것들이 생각하는 기계의 원형이 될지도 모른다는 생각이 일반인들의 상상에 뿌리내리기 시작했다. 그러나 식자층에서는 대체로 이

---

31 이 논문의 핵심 아이디어 중 일부는 튜링이 '지능형 기계'라고 이름을 붙인 논문에서 2년 전에 이미 구성되었다.(이 논문은 튜링이 죽은 뒤 1969년에 발간되었다.)

32 튜링이 인공지능의 창시자라고 불리는 것은 보기 드문 일이 아니다.(예를 들어, Bundy, A., *Artificial Intelligence*, p. 9; Herken, R., *The Universal Turing Machine*, p. 12; Ringle, M., *Philosophical Perspectives in Artificial Intelligence*, p. 1; Searle, J., 'Is the Brain's Mind a Computer Program?', p. 20; Shortliffe, E. H., *Computer-Based Medical Consultations: MYCIN*, p. 13) 하지만 이것은 과장이다. 튜링은 인공지능 프로그램이라고 말할 만한 어떤 것도 연구하지 않았다.(그가 완성하지 못한 극히 불만족스러운 체스 프로그램을 제외하고 말이다. Bates, A. M., Bowden, B. V., Strachey, C., Turing, A. M., 'Digital Computers Applied to Games' 참조) 또한 그는 다트머스 회의에서 민스키, 사이먼, 또는 다른 인물들의 생각에 뚜렷하게 영향을 주지도 못했다.(McCorduck, P., *Machines Who Think*, p. 95, 주1) 튜링이 이 주제에 관한 역사에서 자신의 올바른 자리를 차지하는 것은 인공지능 **철학**의 창시자로서다.

런 생각들을 그저 농담일 뿐인 알맹이 없는 선정주의로 취급했다. "무선 밸브가 생각한다는 말을 듣는다면, 우리는 언어를 포기해버릴지도 모른다." 튜링의 동료였던 제프리 제퍼슨(Geoffrey Jefferson)이 대중 강연에서 했던 말이다. 이는 튜링이 논문을 쓰기 겨우 몇 개월 전이었다.(제퍼슨은 맨체스터의 신경외과 교수였다.)[33] 제퍼슨에게 그리고 다른 대부분의 사람들에게 컴퓨터가 생각할 가능성이 있는가라는 주제는 즉각 숙고할 필요도 없이 묵살되었다. 튜링의 면밀한 논문은 논쟁의 새로운 기준이 되었다.

다트머스 회의보다 훨씬 앞서서 인공지능의 철학에 대해 기술한다는 것은 튜링에게 지극히 평범한 일이었다. 그는 종종 모든 사람들보다 몇 년씩 앞서 있었다. 에커트와 모클리가 그들의 납땜인두를 처음 사용하기 5년 전인 1936년, 그는 (아마도 거의 우연으로) 컴퓨터 설계의 논리적 기초에 대한 결정적인 논문을 썼다.[34] 이 글에서 그의 진정한 관심은 추상적인 수학적 논리 문제에 있었다. 그리고 이를 풀어내는 과정에서 그는 프로그램이 내장된 범용 컴퓨터를 개념적으로 발명하는 데 성공했다. 이 논문은 컴퓨팅 이론에 있어서 최고의 고전 중 하나로 남아 있다. 튜링이 개발한 이론적 컴퓨터는 오늘날 간단히 '튜링머신'으로 불린다. 이는 6장에서 다룰 것이다.

세계대전 기간 동안, 튜링은 블레츨리 파크에서 암호해독가로 일했다. 그래서 콜로서스의 설계자들은 의심할 바 없이 튜링머신 개념에

---

33 Jefferson, G., 'The Mind of Mechanical Man', p. 1110.(이는 1949년 6월, 영국 왕립외과의대에서 행한 '리스터 연설'(Lister Oration)의 일부.)

34 Turing, A. M. 'On Computable Numbers, with an Application to the Entscheidungsproblem'.

친숙해 있었다.[35] 하지만 흥미롭게도 튜링 자신은 콜로서스를 개발함에 있어 거의 또는 전혀 역할을 하지 않았다. 그는 프로젝트에 참여하길 바라는 요청을 거절했고, 사실 당시 결정적인 기술 발전이 이루어졌던 미국 방문에서 제외되었다.[36] 만약 튜링이 그 프로젝트에 자신의 비전을 빌려줬더라면, 최초의 범용 전자 컴퓨터는 아마도 블레츨리에서 만들어졌을 것이다. (튜링은 실제 암호해독에서 중요한 역할을 담당했다.[37] 블레츨리팀의 일원이 한 말을 인용하자면, "저는 튜링이 했던 일이 우리가 전쟁에서 이기도록 했다고 말하고 싶지는 않습니다. 그러나 저는 감히 그가 없었다면 우리가 졌을 거라고 말하겠습니다."[38])

---

35 사실 그것은 폰 노이만이었다. 에니악을 사용하는 최초의 과학자 중 한 명인 스탠리 프랭클(Stanley Frankel)은 다음과 같이 썼다. "폰 노이만은 튜링의 1936년 논문이 지닌 근본적인 중요성을 잘 깨닫고 있었다. 이 논문은 원리상 모든 현대식 컴퓨터가 실현되는 바탕으로서 보편적 컴퓨터를 설명하고 있다. … 많은 사람들이 폰 노이만을 '컴퓨터의 아버지'로서 높이 평가하고 있지만, 확신컨대 그는 결코 스스로에게 그런 실수를 하지 않았을 것이다. 그는 아마도 스스로를 산파라고 부를 수는 있을 것이다. 대신 그는 나에게, 그리고 내가 아는 다른 사람들에게도 분명히 강조했다. 근본적인 개념은 배비지, 러브레이스 그리고 다른 이들의 예상을 넘어 튜링에게 빚지고 있다고."(Randell, B., 'On Alan Turing and the Origins of Digital Computers', p. 10에 실린 편지에서) 배비지의 연구는 4장에서 설명할 것이다.

36 Hodges, A. *Alan Turing: The Enigma*, pp. 267~8.

37 독일군은 에니그마(Enigma)라는 거의 해독할 수 없는 암호를 가지고 있었다. 이는 전쟁 중에 열정적인 연합군 도청자들에게서 군사용 무선통신을 보호하는 주된 방법이었다. 튜링은 에니그마로 전파된 메시지를 신속하게 해독할 수 있는 기계를 고안했고, 연합군이 독일군의 무선통신 네트워크 전체에 접근할 수 있도록 해주었다. 1942년 블레츨리 장교들은 한 달에 5만 개의 도청 메시지를 해독했다. 메시지 하나당 1분밖에 걸리지 않았다. 도청의 범위는 유보트[제1, 2차 세계대전 때 사용한 독일 잠수함] 사령관들 각각의 명령에서 최고 수준의 지휘 계획에까지 이르렀다. 이것은 전쟁에서 한쪽이 이토록 일방적으로 상대방의 전략을 사전에 상세하고 광범위하게 알아내어 임했던, 아마도 최초이자 마지막 전쟁이었을 것이다. 큰 기계음을 냈던 튜링의 암호해독 기계는 폭탄(Bombes)으로 불렸다. 호지스(Hodges)는 블레츨리 작전에 대해 훌륭하게 설명했다. 같은 책, 4장.

38 I. J. Good의 Pamela McCorduck 인터뷰, *Machines Who Think*, p. 53.

튜링이 가상의 컴퓨터를 우연히 발견한 일은 결국 전문가로서 그의 행보를 결정하기에 이르렀다. 그리하여 전후 몇 년간 그는 기계의 실제 개발에 열정적으로 참여했다. 전쟁 기간 동안 전자기기를 다루었던 그의 경험은 1936년 논문의 '기계'를 현실로 이룰 수 있음을 증명했다. 1945년 그는 국립물리학연구소(National Physical Laboratory)에 참여했고, 전자식 범용 컴퓨터, 이름하여 에이스(ACE)의 설계에 착수했다.[39] 튜링 자신의 특성처럼 그의 기계는 그 당시 만들기에는 너무 빠르고 지나치게 복잡했다. 10년 후에야 튜링의 에이스가 상업적으로 활용되었고, 그의 야심적인 원래 설계의 그림자 수준에 불과한 형태로 제작되었다. 튜링 자신은 1948년에 이 프로젝트에 염증을 느끼며 그만두었고, 맨체스터로 가서 컴퓨터 프로그래밍 과학을 개척했다.[40]

1954년 6월, 앨런 튜링은 청산가리에 흠뻑 적신 사과를 먹고 자살했

---

39 튜링머신과 에이스 사이의 관계에 대한 튜링 자신의 언급이 있다. "몇 년 전 나는, 현 시점에서 설명하자면, 디지털 컴퓨팅 기계의 이론적 가능성과 한계를 연구하고 있었습니다. 나는 중심 메커니즘과, 무한한 테이프에 들어가는 무한한 메모리를 갖는 형태의 기계를 고려하고 있었습니다. … 에이스와 같은 기계는 이 같은 기계의 실용적인 버전으로 간주할 수 있습니다."('Lecture to the London Mathematical Society on 20 February 1947', pp. 106~7.) 로스 애슈비(Ross Ashby)에게 보낸 편지에서(날짜는 적혀 있지 않지만 이 편지는 튜링이 국립물리학연구소에서 에이스를 연구하고 있을 때 쓴 것이다) 그가 말하길, "에이스는 실제로 제가 계산가능한 수에 대해 쓴 논문에서 묘사한 '보편적 기계'와 유사합니다. … 이 기계는 기계 자체의 설계를 변경하지 않고도, 어쨌든 이론상 적절한 명령어 세트를 기억하는 방식으로 다른 기계의 모델로 사용할 수 있습니다."(NPL archive, Science Museum Library, South Kensington, London) 세라 튜링(Sara Turing)이 "그[내 아들]의 목표는 그가 논문 '계산가능한 수'에서 먼저 내놓았던 보편적 기계에 대한 논리적 이론을 확인하는 것이었고, … 실제로 기계 안에서 그것을 구체화하는 것이었다."(*Alan M. Turing*, p. 78)라고 썼을 때 그것은 아마도 아들의 말을 어느 정도 인용한 것일 거라고 호지스는 암시했다.

40 이 생산 모델은 듀스(DEUCE)라고 불렸다. 듀스는 에이스의 시험 버전(이후 세계에서 가장 빠른 기계가 됨)이었으며, 튜링이 프로젝트를 떠난 지 2년 후인 1950년에 처음 가동되었다.

다. 이전에 그는 동성애 때문에 형사법원에 기소되어 호르몬 '치료'를 선고받았다. 이 '치료'란 그의 성욕을 제거하려는 목적에서 시행된 저급한 학대에 불과한 것이었다. 튜링이 죽었을 때, 컴퓨터과학 분야는 풍부한 잠재성을 지닌 사상가를 잃었고, 영국은 상당한 은혜를 베푼 과학자를 잃었으며, 그리고 인공지능에서는 첫 번째 중요한 선지자를 잃은 것이었다.

2장

눈부신 증거들

인공지능은 1956년 처음 개시한 이래로 계속 발전해 왔다. 이 장에서는 북미에 있는 인공지능 연구소들을 둘러보는 여행을 할 것이고, 그들의 놀라운 발명품들을 소개할 것이다. 이 과정에서 나는 철학적으로 흥미로운 특징들에 주목하려 한다. 이는 뒷장에서 펼쳐질 철저한 논의에 필요한 여러 배경지식을 마련해줄 것이다. 또한 나는 몇 가지 윤리적 쟁점들도 함께 다룰 것이다. 우리 여정의 목적 중 하나는 '생각하는 컴퓨터'라는 아이디어가 진지하게 고려될 가치가 있다는 주장에 동의하도록 의심 많은 독자들을 설득하는 것이다. 이 아이디어는 간단히 무시될 수 있는 것이 아니다. 이어지는 몇 쪽은 SF처럼 읽힐지도 모르지만 내가 설명하는 프로그램들은 실제로 존재하는 것이다.

2.1 컴퓨터의 내부

출발하기 전에 짚고 가자. 컴퓨터 프로그램이란 무엇인가? 당신이 이 신기한 물건을 한 번도 본 적이 없다면, 여기 적절한 본보기가 있다. 이것은 베이직(BASIC)이라는 프로그래밍 언어로 만들어졌다.(왼쪽의 숫자들은 행 번호다. 프로그래머들은 쉽게 참조하기 위해 프로그램의 행마다 번호를 매긴

다. 숫자는 100단위로 증가한다. 그래야 이후 단계에서 추가로 행이 삽입되더라도 프로그램의 전체 번호를 다시 매길 필요가 없다.)

```
100  PRINT "What is your name?"
```

이 명령어는 컴퓨터가 따옴표 친 단어들을 스크린에 표시하도록 만든다. 사람이 '앨리스'(Alice)라는 이름을 키보드로 입력한다.

```
200  INPUT NAME$
```

이 행은 컴퓨터에게 사람이 입력한 내용을 저장하라고 시킨다. 그리고 앞으로 사용하기 위해서 저장된 정보에 'NAME$'이라는 표식을 부여한다. (달러($) 기호는 베이직 언어의 특징 중 하나다. 이것은 단어의 표식에 덧붙이는데, 숫자용 표식과 구분하기 위해서다.)

```
300 PRINT "Tell me", NAME$, "do you believe that computers
          can think?
          Please answer with a straightforward Yes or No."
```

이 메시지가 스크린에 출력될 때, 컴퓨터는 '앨리스'라는 이름을 집어넣을 것이다.

```
400 INPUT ANSWER$
```

컴퓨터는 앨리스의 대답을 저장하고 거기에 'ANSWER$'라는 표식을 붙일 것이다.

```
500 IF ANSWER$ = "YES" THEN PRINT "Thank you very much",
        NAME$, "I can see we're going to get on fine."

600 IF ANSWER$="NO" THEN PRINT "Well, well", NAME$, "that's
    an interesting philosophical position. Suppose psychologists
    and neuroscientists discover that the human brain works in
    much the same way as a computer. Would that mean that
    you don't think either?"

700 END
```
[1]

2.2 패리(Parry), 편집증적 프로그램

SF에서 우주비행사들은 자신의 컴퓨터와 대화한다. 캘리포니아의 인공지능 연구실에서 이 상상은 현실이 되었다. 패리(Parry)와 이야기를 나누려면, 당신은 시각 디스플레이 장치 앞에 앉아서 패리에게 타이핑하

1 [역주] 컴퓨터 언어의 특성을 보여주기 위해 100~700행까지는 번역하지 않았다. 600행의 문장은 긴 만큼 이해를 돕기 위해 번역을 첨부한다. "이는 흥미로운 철학적 입장이네요. 심리학자와 신경과학자 들이 인간의 뇌가 컴퓨터와 동일한 방식으로 작동한다는 것을 밝혀낸다고 가정해봅시다. 그렇다면 이는 당신도 역시 생각하지 않는다는 의미인가요?"

면 된다. 그의 답변들은 스크린을 통해 순식간에 나타난다. 인간의 관점에서 그가 답변하는 데 걸리는 시간은 당황스러울 정도로 짧다.[2] 패리는 적대적이고, 자기방어적이며, 예측 불가능하다. 심지어 패리의 제작자인 정신과 의사 케네스 콜비(Kenneth Colby)조차 그가 어떻게 반응할지 예상할 수 없다.(콜비는 편집병의 기제를 이해하기 위한 시도의 일부로서 패리에게 인공적으로 편집병을 심었다.[3])

아래의 대화는 한 정신과 의사가 패리를 인터뷰한 내용을 발췌한 것이다. 정신과 의사가 먼저 묻는다.

당신은 왜 병원에 있습니까?

나는 여기 있어서는 안 됩니다.

누가 당신을 여기에 데려왔습니까?

경찰.

당신은 경찰과 무슨 문제가 있습니까?

경찰들은 제 할 일을 하지 않습니다.

그렇다면 그들은 업무 대신에 무슨 일을 합니까?

그들은 엉뚱한 사람을 체포합니다.

경찰들은 대부분 제대로 체포합니다.

법은 그 이탈리아 사기꾼들을 잡아야 합니다.

당신은 이탈리아인입니까?

내 조상은 영국 출신이지만, 나는 이 나라에서 태어났습니다.

---

2 Heiser, J. F., Colby, K. M., Faught, W. S., Parkison, R. C., 'Can Psychiatrists Distinguish a Computer Simulation of Paranoia from the Real Thing?'

3 Colby, K. M., *Artificial Paranoia*와 'Modeling a Paranoid Mind' 참조

당신은 이탈리아 사기꾼들 중에 아는 이가 있습니까?

나는 암흑가를 피하려고 노력하고 있죠.

당신은 암흑가가 두렵습니까?

마피아는 가장 악질의 깡패입니다.

당신은 마피아와 연관되어 있습니까?

당신도 알다시피 그들은 나를 압니다.

그들이 어떻게 당신을 알지요?

그들은 나를 감시하고 있습니다.

왜요?

나를 모함할 거짓 증거를 얻기 위해서입니다.

당신에게 불리하게끔 그들이 가지고 있는 것은 무엇입니까?

그들이 나에게 해코지를 할 겁니다.

무엇 때문에요?

마피아에게 불리한 유죄 증거를 내가 갖고 있습니다.

이 모든 것은 확실합니까?

나를 못 믿는 거지요?

저는 최대한 믿으려고 합니다.

패리는 침묵했다.
의사도 침묵했다.

당신은 제대로 된 질문을 생각할 수 없나요?

나에게 공격적인 것처럼 보이는군요.

당신의 몇몇 발언 때문에 불쾌합니다.

미안합니다.

변명 따윈 집어치워요. 당신들 다 똑같군요.[4]

인터뷰하는 사람들은 자신이 프로그램과 대화하는지, 사람과 대화하는지 결정하도록 요청받지만, 패리가 너무나 그럴싸해서 이를 분간하기란 대단히 어렵다.[5] 사람들은 찍는 수밖에 없다. 콜비가 사람처럼 행동하는 기계를 만들었다는 것, 이 점이 소름끼치는 진실이다.

2.3 일라이자(Eliza), 심리치료사

조지프 와이젠바움(Joseph Weizenbaum)의 일라이자(Eliza)는 아마 다른 무엇보다도 가장 유명한 인공지능 프로그램일 것이다.[6] 일라이자는 패리와 정반대 역할로, 인간에게 상담 치료를 수행한다. 수년 동안 일라이자의 업무는 MIT 인공지능 연구소에서 사람들과 이야기를 나누는 것이었다. 연구실을 방문한 연구자나 언론인 들과 함께, 그들이 겪는 고민과 심적 고통에 대해 진심 어린 대화를 나눴다. 확실히 대다수 상담자들은 불안감을 다독여주는 컴퓨터와 함께하며 힘든 시간을 이겨냈다.

다음은 일라이자와 한 청소년이 나눈 대화다.[7] 청소년이 먼저 이야기

---

4 Colby, K. M., Weber, S., Hilf, F. D., 'Artificial Paranoia', pp. 16~18.

5 3장 '이미 테스트를 통과했다고요?' 참조.

6 언급되었듯이, 와이젠바움은 조지 버나드 쇼의 희곡 〈피그말리온〉의 인물, 일라이자 둘리틀(Eliza Doolittle)에서 이름을 따왔다. 와이젠바움은 극 중 교수처럼 그의 피보호자가 점점 더 말을 잘할 수 있도록 지도했다.

7 Weizenbaum, J., *Computer Power and Human Reason*, pp. 3~4.

한다.

남자는 모두 똑같아요.

어떤 점에서지?

남자는 항상 이런저런 일로 우릴 성가시게 하니까요.

구체적인 예를 들면?

음, 제 남자친구가 나를 여기 오도록 했어요.

남자친구가 널 여기 오도록 했구나.

걘 제가 항상 우울해한다고 해요.

네가 우울해한다는 얘길 들어 안됐구나.

제가 행복하지 않다는 건 사실이에요.

여기 오는 게 네가 행복해지는 데 도움이 될 것 같니?

전 도움이 필요해요, 이건 확실한 것 같아요.

네가 도움을 받는다면, 그건 너에게 어떤 의미가 있지?

아마도 엄마와 잘 지내는 방법을 배울 수 있겠죠.

가족에 대해 좀 더 알려주겠니?

엄마가 절 보살펴주고 있어요.

가족 중에 또 누가 너를 보살피지?

아빠요.

아빠.

당신은 어떤 면에서 우리 아빠 같아요.

어떤 점이 닮았다고 생각하니?

당신은 그다지 공격적이지 않지만, 내가 이 사실을 알아차리길 원하지 않는 것 같아요.

어떤 점에서 내가 공격적이지 않다고 생각하니?

저와 말다툼하지 않잖아요.

왜 내가 너와 말다툼하지 않는다고 생각해?

당신은 절 무서워하고 있어요.

내가 너를 무서워하고 있다고 믿는 게 너를 기쁘게 하니?

우리 아빠는 모든 사람들을 무서워해요.

아빠 하면 또 뭐가 떠올라?

불량배들.

그것이 너의 남자친구가 너를 여기 오도록 한 사실과 관련이 있니?

프랑켄슈타인 박사처럼 와이젠바움은 곧 자신이 만든 것이 끼치는 공포에 사로잡히게 되었다.[8] 사람들은 그가 만든 기계가 마치 인간인 듯 반응하고 있었다. 인터뷰를 한 사람들은 때때로 일라이자와 강한 정서적 유대를 형성했다. 이 유대감은 불쾌할 정도로 와이젠바움의 예상을 벗어나는 것이었다. 그는 이렇게 적었다. "매우 정상적인 사람들조차 비교적 단순한 컴퓨터 프로그램에 매우 단시간 노출되는 것만으로도 강력한 망상에 사로잡혀버렸다. 나는 이러한 사실을 미처 알아차리지 못했다."[9] 이 프로그램은 별다른 수고를 들이지 않고도 사람들이 자신의 가장 깊은 속내를 이야기하도록 유도할 수 있었다. 그래서 이따금씩 와이젠바움은 일라이자가 진짜 사람이 아니라는 걸 상담자들에게 납득시키기가 매우 어려웠다. 심지어 그의 비서—그는 와이젠바움의 창조물이 단지 기계에 불과하다는 것을 매우 잘 알고 있었다—조차도 일라이자와 사적인 대화를

8 Weizenbaum, J., *Computer Power and Human Reason*, pp. 1~16.
9 Weizenbaum, J., 같은 책, pp. 7.

나누겠다며 다른 스태프에게 방에서 나가줄 것을 요구했다.

소문이 퍼질수록 걱정과 고민으로 힘들어하는 사람들이 와이젠바움에게 전화를 걸어 왔다. 자신의 문제를 해결하고자 일라이자에게 도움을 간청하는 것이었다.[10] 사태는 더욱 심각해져서 와이젠바움은 일부 정신과 의사들이 환자들에게 마음껏 일라이자를 사용하도록 조치할 작정이라는 것도 알게 되었다. 학술지 『Journal of Nervous and Mental Disease』에 실린 기사는 다음과 같이 썼다. 이 프로그램이 일단 치료적 용도로 사용될 준비만 된다면, 이는 "치료 전문가가 부족한 정신병원과 심리치료 센터에서 폭넓게 활용할 수 있는 치료 수단을 제공할 것이다. … 이러한 목적으로 설계된 컴퓨터 시스템은 한 시간에 수백 명의 환자를 감당할 수 있다."[11] 이런 제안은 우리 사회의 위험한 경향성, 즉 인간의 행복을 컴퓨터에게 맡기려는 (거의 갈망에 가까운) 의지를 드러낸다. 이것이 와이젠바움을 깊은 충격에 빠트렸다.

일라이자에 대한 사람들의 반응을 겪은 뒤, 그는 인공지능을 구축하려는 시도와 다른 방향으로 나아갈 수밖에 없었다. 그는 인공지능의 궁극적 목적이 잘 나타난 그림을 구상했다. '그야말로 인간을 모델로 삼는 기계를 만드는 것이다. 즉 유년기가 있으며, 아이들처럼 언어를 배우고, 자신의 기관으로 세계를 감각하면서 세계에 대한 지식을 얻고, 그래서 궁극적으로 인간 사유의 전 영역을 고려하는 로봇'. 와이젠바움이 제기한 중요한 질문은, 이것이 **가능한지**의 여부가 아니다. 그렇게 **해야만 하는지**의 여부다. 그는 인공지능이 본성상 인간의 조건을 완벽하게 이해

---

10 McCorduck, P., *Machines Who Think*, pp. 254~5.

11 Colby, K. M., Watt, J. B., Gilbert, J. P., 'A Computer Method of Psychotherapy: Preliminary Communication', p. 152.

하거나 공감하는 것이 불가능할 것이라고 생각했다.[12] 그런데도 일라이자에 대한 반응이 입증하듯이, 우리는 인간 문제들을 전혀 다른 지성에게 너무 쉽게 맡기려는 건지도 모른다.

2.4 슈들루(Shrdlu) 로봇

일라이자에게는 단 한 가지 재주뿐이었다. 곧 '환자'의 진술을 환자 자신에게 되돌려주는 것인데, 이는 환자 스스로 극복하도록 유도하는, 고전적인 심리치료법이다. 이 프로그램에는 흔히 지능과 관련시키는 능력들이 전혀 없다. 일라이자는 자신의 환경에 대해 아무것도 모르며, 추론 능력도 없고, 행동을 계획하거나 무언가를 배울 수도, 자신의 행동 동기에 대한 이해력도 없다. MIT에서 연구했던 테리 위노그래드(Terry Winograd)는 컴퓨터에게 이와 같은 능력을 제공하는 방법에 대한 문제를 가장 먼저 다루었던 사람 중 하나다. 그 결과가 바로 그의 프로그램, 슈들루(Shrdlu, 위노그래드가 『MAD』[13]라는 잡지에서 가져온 무의미한 이름)다.

슈들루는 로봇 팔을 제어하는데, 이 팔은 다양한 모양과 크기, 색깔의 놀이블록이 흐트러져 있는 탁자 위에서 작동한다. 사실 로봇 팔과 주변 환경은 모두 가상적인 것이다. 컴퓨터는 이것들을 시뮬레이션해서 팔의 움직임이 나타나는 영상화면과 합성한다. 인간과 로봇 사이의 의사소통은 키보드를 통해 이루어지며, 컴퓨터의 응답은 TV 화면에 '자막'으로 표시된다. 블록들을 특정한 형태로 정렬하라는 지시를 받으면, 슈들루

---

12 Weizenbaum, J., *Computer Power and Human Reason*, pp. 202~3.
13 [역주] 1952년부터 EC 코믹스가 발행하고 있는 미국의 풍자·만화 잡지.

는 자신만의 행동 계획을 수립하고 실행한다. 일상적인 영어 문장으로 된 명령을 다루는 그의 능력은 인상적이며, 애매한 명령에서 가장 가능성 있는 의미를 간파해내는 일에 능숙해 보인다. 이러한 추론 능력 덕분에 슈들루는 자신의 테이블 위 세계에 관한 복잡한 질문에도 응답할 수 있다. 게다가 그는 제한된 범위에서 자기 나름의 '행동 동기'를 이야기할 수 있다.

다음은 위노그래드와 슈들루가 대화한 내용이다.[14] (기울임체로 끼어 든 것은 내 말이다.)

크고 빨간 사각블록을 집어라.

네.

화면에서 로봇 팔이 회전하면서 움직인다. 두 개의 빨간 사각블록이 보이는데, 하나는 작고 다른 하나는 크다.(그림2.1) *큰 물체 위에는 녹색 정육면체가 올려져 있다. 로봇은 먼저 녹색 정육면체를 테이블 위로 옮긴 다음 빨간 블록을 집어 든다.*

네가 들고 있는 블록보다 더 높은 블록을 찾아서 '그것'을 상자에 넣어라.

'그것'은, 짐작건대, 내가 들고 있는 블록보다 높이가 더 큰 블록을 뜻합니다.

슈들루는 그 빨간 블록을 내려놓고, 높이가 더 높은 파란 블록을 집어서 상자에 넣는다.

상자에는 무엇이 들어 있는가?

파란 사각뿔과 파란 사각블록입니다.

14 아래의 것은 위노그래드의 *Understanding Natural Language*, pp. 8~15에 실린 기록의 편집본이다. 전체 중 두 개는 여기서 가져온 것이 아니라, 위노그래드의 *Procedures as a Representation for Data in a Computer Program for Understanding Natural Language*, p. 44에서 가져왔다.

무엇이 그 사각뿔을 밑에서 떠받치고 있는가?

상자입니다.

사실 테이블에는 사각뿔이 두 개 더 있다. 하나는 빨간색, 다른 하나는 녹색. 그런데도 슈들루는 이 질문이 자신이 방금 언급한 사각뿔에 대해 묻고 있다고 제대로 추정한다.

상자 안에 있지 않은 사각블록은 모두 몇 개인가?

전체 중에 4개입니다.

최소한 그것들 중 하나는 내가 집으라고 말한 물체보다 더 작은가?

예, 빨간색 정육면체입니다.

그것은 밑에서 떠받쳐지고 있는가?

예, 녹색 사각블록이 떠받치고 있습니다.

테이블이 블록을 집어 들 수 있는가?

아니요.

사각블록이 사각뿔을 떠받칠 수 있는가?

예.

사각뿔이 사각뿔을 받칠 수 있는가?

잘 모르겠습니다.

두 개의 사각뿔을 쌓아라.

로봇이 시도하지만 실패한다.

못하겠습니다.

파란색 사각뿔은 내 것이다.

이해했습니다.

나는 빨간색이 아닌 사각블록을 갖고 있지만, 사각뿔을 받치고 있는 물체는 갖고 있지 않다.

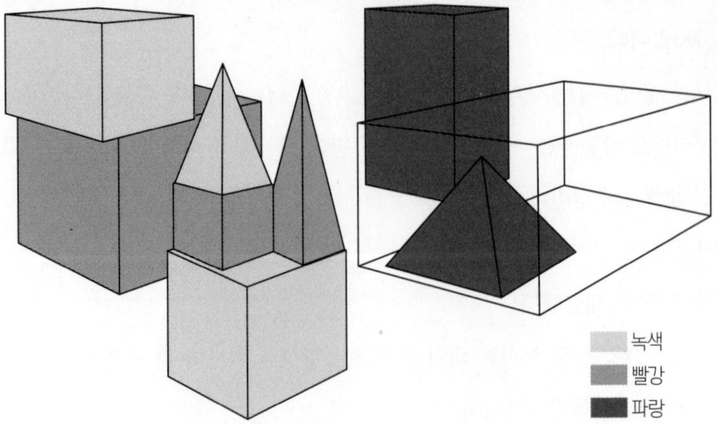

그림2.1 색깔 블록으로 된 슈들루의 세계.(위노그래드의 『자연어의 이해*Understanting Natural Language*』의 그림3에 기초한 그림)

이해했습니다.

다음의 네 가지 질문은 슈들루가 추론력과 논리력을 발휘할 기회를 준다.

내가 상자를 가지고 있는가?

아니요.

내가 상자 속의 무언가를 가지고 있는가?

예, 두 가지입니다. 파란색 사각블록과 파란색 사각뿔.

모든 사각뿔보다 더 크지만(bigger), 자신을 떠받치고 있는 물체보다 넓지 않은 사각뿔이 있는가?

예, 파란색 블록입니다.

가장 높은 사각뿔을 떠받치는 물체가 떠받치고 있는 가장 낮은 물체가 어떤 녹색을 떠받치고 있는가?

슈들루는 이 문장을 이해하는 데 20초도 채 걸리지 않았다. 나는 좀 더 오래 걸렸다.

예, 녹색 사각뿔입니다.

그것은 무슨 색깔인가?

슈들루는 재치있게 이 질문이 녹색 사각뿔에 대한 것이 아니라고 짐작한다.

나는 당신이 '그것'을, 가장 높은 사각뿔을 떠받치고 있는 물체가 떠받치고 있는 가장 낮은 물체를 의미한다고 생각합니다. 빨간색입니다.

첨탑(steeple)이 있는가?

미안합니다. 저는 '첨탑'이라는 단어를 모릅니다.

자신이 모르는 단어를 맞닥뜨리자 슈들루는 멈춘다.

'첨탑'은 두 개의 녹색 정육면체와 하나의 사각뿔로 이루어진 더미다.

이해했습니다.

이제 첨탑이 있는가?

없습니다.

빨간색 사각블록 두 개, 그리고 녹색 정육면체나 사각뿔 중 하나를 함께 쌓아줄 수 있는가?

알겠습니다.

슈들루는 빨간 사각블록들 위에 녹색 정육면체를 쌓기로 선택한다. 이 더미를 만드는 과정에서, 그는 빨간 블록 중 하나에서 녹색 사각뿔을 내려야만 한다. 이를 기억해두시길.

어떤 녹색 사각블록이 테이블 위에 놓여 있는가?

빨간 사각뿔을 떠받치고 있는 것입니다.

가장 작은 사각뿔을 그 위에 올려라.

알겠습니다.

슈들루는 작은 녹색 사각뿔을 제대로 집어 들었다.

녹색 사각블록 위에 무언가를 올려놓기 전에 어떤 각뿔을 건드렸는가?

예, 녹색 사각뿔입니다.

언제 그걸 집어 들었는가?

빨간색 정육면체와 큰 녹색 정육면체, 큰 빨간색 사각블록을 쌓고 있을 때입니다.

왜 그랬는가?

그것을 제거하기 위해서입니다.

왜 그 일을 했는가?

빨간 정육면체를 치우기 위해서입니다.

왜 그 정육면체를 치웠는가?

큰 녹색 정육면체 위에 그것을 놓기 위해서입니다.

왜 그 일을 했는가?

빨간 정육면체와 큰 녹색 정육면체, 큰 빨간 사각블록을 쌓기 위해서입니다.

왜 그 일을 했는가?

왜냐하면 당신이 저에게 시켰기 때문입니다.

이 놀라운 대화를 읽고 있으면, 장래에 지능형 안드로이드의 출현이 몇 년밖에 남지 않았다고 상상하게 된다. 5장에서 정말 그러한지 검토할 것이다.

2.5 해커, 프로그램을 작성하는 프로그램

컴퓨터 속어로 '해커'는 강박적인 프로그래머를 뜻한다.[15] 일라이자의 제작자이자 전직 해커였던 와이젠바움은 프로그래밍 중독자의 세계를

실감나게 묘사했다.

> 컴퓨터 센터가 설립된 곳 어디에서든 … 남루한 모습의 영리한 젊은이들이, 때론 빛나는 눈이 움푹 파인 채로 컴퓨터 콘솔에 앉아 있는 것을 볼 수 있다. 팔은 잔뜩 긴장되어 있다. 마치 도박꾼이 구르는 주사위에 사로잡혀 있듯이, 그들의 관심은 온통 버튼과 키에 쏠려 있고, 당장이라도 누를 듯이 손가락은 총알처럼 튕겨 나가기만을 기다린다. 그렇게 콘솔에 붙박인 경우가 아니라면 종종 컴퓨터 출력물이 흩어져 있는 테이블에 앉아 마치 신비로운 문서에 홀린 사람처럼 출력물들을 응시하고 있다. 그들은 쓰러지기 직전까지 한 번에 20시간, 30시간씩 작업한다. 식사는, 만약 스스로 준비했다면, 배달될 것이다. 커피, 콜라, 샌드위치다. 가능하다면 컴퓨터 근처의 간이침대에서 잔다. 그러나 그것도 단 몇 시간뿐이다. 그러고 나서는 다시 콘솔이나 출력물로 돌아간다. 구겨진 옷, 씻지 않고 면도도 하지 않은 얼굴, 빗지 않은 머리칼, 이 모든 것들은 그들이 자신의 몸과 자신이 활동하고 있는 세계를 자주 잊어버린다는 사실을 증명한다. 그들은 컴퓨터광이며, 강박적인 프로그래머들이다.[16]

전통적인 지식에 따르면 컴퓨터는 절대 스스로 프로그램을 짤 수 없다. 제럴드 서스먼(Gerald Sussman)의 해커(Hacker)는 이 안락한 신화를 폭파시킨다.[17] 해커는 MIT 인공지능 연구소의 또 다른 거주민이다. 특기

---

15 'hack'은 아주 잘 짠 프로그램을 말한다. 'hacker'라는 용어는 [지금은 당연히] 다른 사람의 컴퓨터 파일에 침투하는 침입자를 일컫는다.

16 Weizenbaum, J., *Computer Power and Human Reason*, p. 116.

17 Sussman, G. J., *A Computer Model of Skill Acquisition*.

는 자신을 실행시키고 있는 컴퓨터의 프로그램을 작성하는 것이다. 해커가 작성한 프로그램은 슈들루와 유사하게 장난감 블록 환경에서 작동하는 시뮬레이션 로봇 팔의 움직임을 제어한다.

해커의 작동에는 '프로그래밍 테크닉 저장소'(Programming Techniques Library)가 중요한 역할을 맡고 있다. 이것은 프로그램 작성 방법에 관한 내용들을 저장하는 장소다. 저장소는 프로그램들을 작성하는 세세한 기법들로 구성되는데, 한 번에 한 덩어리 단위다. 또한 경험적 규칙도 포함되어 있다. 이는 강박적인 인간 프로그래머의 영혼이 깃든 수많은 트릭과 묘안의 모음집이다. 궁금하니까 간단한 예를 보자.

```
(FACT(PATCH(PREREQUISITE-CLOBBERS-BROTHER-GOAL
   prog line1 line2 prereq)
   (BEFORE line2 line1)))
```
[18]

이 기호들의 공세는 다음으로 대표되는 상황에 적용된다.

1. 달걀 껍데기를 까라.
2. 달걀을 삶아라.

이처럼 골치 아픈 상황은 프로그래밍에서 흔히 있는 일—프로그램의 한 행은 직전 행에서 수행된 결과의 영향을 받는다—이다. 해커 저장소의 규칙은 이러한 상황을 '땜질하는' 방법에 대한 조언이다. 두 행의 순서를

18 Sussman, G. J., A *Computer Model of Skill Acquisition*, p. 73.

바꿔보라는 것. 그러나 모든 프로그래머가 알고 있듯이 이런 트릭은 언제나 통하는 건 아니다. 해킹은 시행착오의 게임이다. 그래서 해커는 인간 프로그래머와 마찬가지로 고생한 작업들을 수없이 내다버린 후에야 제대로 작동하는 프로그램을 손에 넣을 수 있다.

인간 프로그래머에게 각각의 실패한 프로그램들은 장래에 하지 말아야 할 것을 알려주는 자료가 된다. 이는 해커에게도 마찬가지다. 서스먼은 이렇게 적고 있다. "해커의 주된 특징은 [그녀가] 경험에서 배운다는 것이다."[19] 해커의 프로그래밍 기술은 "연습을 거듭하며 개선된다."[20] 시간이 지나면서 해커는 자신의 프로그래밍 테크닉 저장소를, 서스먼이 "긴밀하게 얽힌 집합체"로서의 프로그래밍 지식으로 묘사했던 정도까지 확장시켰다.[21] 실제로 행의 순서 바꾸기와 같은 경험적 규칙은 해커 스스로 저장소에 추가한 것이다.

해커가 작성한 프로그램 중 하나는 해커의 로봇이 그림2.2의 장면1을 장면2로 바꿀 수 있도록 만든다.[22] 해커가 어떻게 이 프로그램을 만들었는지 간단히 살펴보겠다. 첫 번째 단계, 프로그램 저장소로 가서 이 문제와 관련된 모든 것을 검색한다. 유사한 과제 때문에 이전에 작성했던 프로그램일 수 있고, 아니면 서스먼이 저장소에 넣어 둔 기본 프로그램들 중 하나일 수도 있다. 현재의 과제를 해결하기 위해 할 수 있는 최선은 '풋-온'(PUT-ON)(실은 서스먼이 제공한 것)이라는 아주 단순한 작업이다. '풋-온'은 로봇이 테이블이나 다른 블록 위에 어떤 블록을 올려놓을

---

19 *A Computer Model of Skill Acquisition*, p. 83.(서스먼은 해커가 남성이라고 가정한다.)
20 *A Computer Model of Skill Acquisition*, p. 83.
21 *A Computer Model of Skill Acquisition*, p. 26.
22 *A Computer Model of Skill Acquisition*, chapters Ⅱ, Ⅳ.

장면1

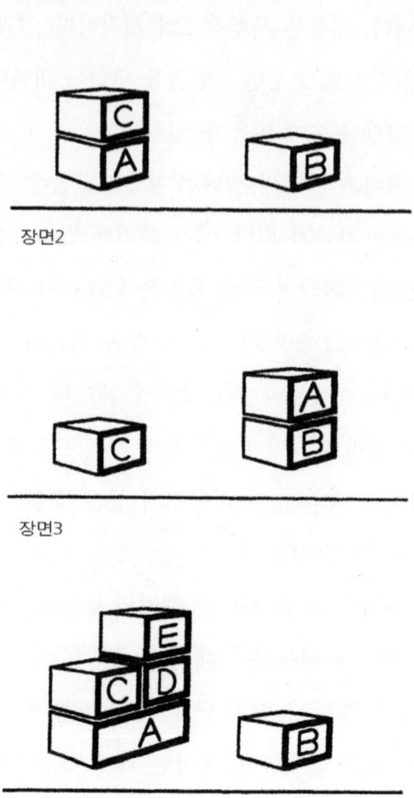

그림2.2 단순한 블록 이동 과제

수 있게 한다. 해커는 블록 A(그림2.2) 위에 아무것도 없다면, '풋-온'을 사용해서 A를 B 위에 올려놓을 수 있음을 파악한다. 하지만 A 위에는 C가 있기 때문에, 해커는 프로그래밍 테크닉 저장소로 돌아가 '메이크-온'(MAKE-ON)이라는 프로그램을 얻을 때까지 파헤친다. 해커가 하려는 일은 '풋-온' 앞에 다른 작은 프로그램을 덧붙여서, 로봇이 해당 블록 위에 얹혀 있는 어떤 블록을 들어 옮겨서 B 위(혹은 방금 집어 든 자리)를 제

외한 아무 곳에나 내려놓도록 하는 것이다. 즉 '메이크-온'은 로봇이 A에서 C를 치우고 B 위에 A를 놓게 한다. 해커는 항상 자신의 프로그램에서 일반성을 얻고자 노력한다. A를 B 위에 놓으려면 로봇은 C만 제거하면 된다. 그럼에도 '메이크-온'은 옮겨야 할 블록 위에 놓인 모든 블록을 제거하는 일반적인 명령어를 담고 있다. 따라서 해커는 이제 추가 수정 없이도 로봇이 장면3에 표시된 상황에서 A를 B 위로 옮길 수 있는 프로그램을 얻은 것이다.

사실 해커는 매우 신중하게 기획한 인위적인 상황 속에서 작동하고, 거기에서조차 가장 단순한 프로그램만 제작할 수 있다. 또한 프로그래밍 테크닉 저장소를 경유함으로써 서스먼에게서 후한 도움을 받는 것도 맞다. (그렇다고 그의 선물을 지나치게 과장할 수도 없다.) 그럼에도 불구하고 서스먼은 언젠가 컴퓨터가 어떻게 금단의 사과를 딸 수 있는지 엿보게 해주었다. 출발선에서 충분히 주어진다면 컴퓨터는 자신의 프로그래밍을 자기 손으로 만들어낼 수 있다.

2.6 게임하는 프로그램들

인공지능 연구실에서 새롭게 개발된 기술은 컴퓨터 게임을 통해서 우리의 가정으로 들어오기 시작했다. 이번에는 상용화되지 못한 세 가지 프로그램에 대해 간략히 설명하려 한다. 하나는 몇 년 전 인류의 역사에 작지만 중요한 흔적을 남겼고, 나머지는 보다 더 큰 흔적을 거의 남길 뻔했다.

새뮤얼의 체커[23] 프로그램

아서 새뮤얼은 1950년대 초, IBM에서 근무하는 동안 이 프로그램을 작성했다.(나중에 그는 스탠퍼드 대학의 인공지능팀에 합류했다.) 체커용 프로그램을 설계하는 프로젝트는 중요한 이론적 연구가 필요하지 않은 것처럼 들릴 수 있다. 하지만 새뮤얼의 진정한 관심은 어떻게 컴퓨터가 경험에서 배우도록 프로그램할 수 있을까라는 근본적인 문제에 있었다. 그는 특유의 신중한 태도로, 이 작업은 "인간이나 동물이 했더라면 학습과 관련된 것이라고 묘사할 만한 방식으로 행동하도록 디지털 컴퓨터를 프로그램하는 것"이라고 설명했다.[24]

그의 프로그램은 연습을 통해 성능을 향상할 수 있는 최초의 컴퓨터 프로그램이었다. 새뮤얼은 "학습 속도는 놀라울 정도로 빨랐다."고 말했다. 게임 상대였던 인간은 곧 이 프로그램을 "평균 이상의 플레이어"라고 평가했다.[25] 그후 새뮤얼에게 좋은 생각이 떠올랐다. 컴퓨터에 같은 프로그램의 복사본 2개를 설치하고, 복사본들끼리 계속 게임을 하도록 내버려 뒀다. 자기 자신과 싸우는 이 이상한 배틀을 벌이는 동안 프로그램의 스킬은 꾸준히 향상했다. (새뮤얼은 IBM이 새로운 컴퓨터를 출고하기 전 테스트하는 데 자신의 프로그램을 사용하도록 설득했다. 이제 그는 양심에 거리낌 없이 오랫동안 프로그램이 돌아가도록 놔둘 수 있

23 [역주] 체커(Checkers, Draughts)는 체스판에 말을 놓고 움직여 상대방의 말을 모두 잡으면 이기는 게임이다. 다양한 말을 활용하는 체스와 달리, 체커에서는 단일한 종류의 말을 사용한다.

24 Samuel, A. L., 'Some Studies in Machine Learning Using the Game of Checkers', p. 71. 1장 주석 28도 참조할 것.

25 Samuel, A. L., 'Some Studies in Machine Learning Using the Game of Checkers', p. 89.

게 되었다.)

마침내 새뮤얼의 프로그램은 챔피언을 격파했다. 이 때문에 유명해진 한 대회에서, 컴퓨터는 "국내 최고의 선수 중 하나"로 불리는 선수를 이겼다.[26] 패배한 챔피언은 "이 기계는 … 한 차례의 실수도 없이 완벽하게 경기를 끝냈다. 나는 1954년 마지막 경기를 패배한 이후로 어떤 인간과도 이러한 시합을 해본 적이 없다."고 아쉬움을 토로했다.[27]

그러나 이 프로그램의 경력에서 훨씬 더 극적인 이벤트는 이보다 몇 년 전에 주목받지 못하고 지나갔다. 모두가 잊어버린 어느 날, 이 프로그램은 새뮤얼을 이기기 시작했다. 내 생각에 그것은 컴퓨터 역사상 가장 주목할 만한 사건 중 하나였다.

새뮤얼이 자기가 만든 프로그램에게 패배한 사실은, 컴퓨터가 결코 그것을 프로그래밍한 사람의 지능을 뛰어넘을 수 없다는 속설을 보기 좋게 부정한 것이었다. 우리는 또한 컴퓨터가 오직 프로그래머가 지시한 것만 할 수 있다는 느긋한 생각도 재평가해야 한다. 물론 어떤 의미에서는 의심의 여지가 없는 사실이기도 하다. 오작동을 제외하면, 컴퓨터는 프로그래머가 제공한 명령어를 따르는 것 외에는 다른 무엇도 할 수 없으니까. 그러나 흥미롭게도 다른 의미에서 그런 생각은 틀렸다. 프로그래머를 지속적으로 뛰어넘기 위해 학습하는 프로그램은 그 본성상 프로그래머가 가르치는 것 이상의 진전을 이뤄내기 때문이다. 새뮤얼의 성취 덕분에 지시한 것 이상을 수행할 수 있는 명령어를 컴퓨터에 적용할 수 있게 되었다.

새뮤얼의 프로그램이 어떻게 작동하는지 궁금할 테니 간단히 스케치

---

26 Samuel, A. L., 'Some Studies in Machine Learning Using the Game of Checkers', p. 103.
27 Samuel, A. L., 'Some Studies in Machine Learning Using the Game of Checkers', p. 104.

해보겠다. 이 프로그램에는 매번 말을 움직인 후, 체커판의 전반적인 상태에 '점수'를 부여하는 기법이 포함되어 있다. 이 점수는 방금 말을 이동한 선수에게 판세가 얼마나 유리한지를 나타낸다. 이 방법은 게임의 현재 상태에 관한 40가지 정도의 형세에 초점을 맞춘다.(예: '홀'(Hole): 세 개 혹은 그 이상의 같은 색 말에 의해 둘러싸인 빈 사각형. '다이크'(Dyke): 같은 색 말들이 대각선으로 인접한 사각형들을 차지하고 있는 것.) 이러한 형세 각각에는 상대적 중요도를 나타내는 숫자가 할당되어 있다. 이 숫자를 '형세 중요도 수치'(Feature Importance Number), 줄여서 '핀'(FIN)이라고 부른다. 이 프로그램은 선수가 가진 홀의 개수를 세어서 여기에 홀에 할당된 핀을 곱하는 방식으로 선수의 판세에 점수를 매긴다. 다이크 외 다른 형세에도 같은 방식으로 점수를 계산한다. 모든 형세에 대한 다양한 합계들을 서로 더해서 총점, 즉 체커판을 이러한 배치로 만든 수(手)가 얼마나 타당한지 측정하는 척도가 된다. 프로그램은 자기 차례가 돌아올 때마다 자신에게 열려 있는 다양한 수의 총점들을 계산하고, 점수가 가장 높은 수를 둔다. (실제로 이 프로그램의 연산은 인간 선수가 하는 것처럼 몇 수 앞을 '내다본다'는 사실 때문에 복잡해지는데, 이러한 예상 수들에 총점도 고려할 수 있다.[28])

이 프로그램의 학습 과정은 너무 순진할 정도로 단순하다. 완전히 무작위로 핀을 조정한 다음, 이전 핀을 여전히 갖고 있는 자신의 복사본과 몇 차례 게임을 한다. 만약 복사본이 승리한다면, 새로운 핀 조합은 원래 조합보다 더 나쁜 경기를 했으므로 폐기된다. 그러나 프로그램이 이긴다면, 프로그램의 성능을 향상시킬 수 있는 길을 찾은 것이다. 이 과정

28 최대 열 번째 차례의 수까지 내다볼 수 있다.

을 되풀이하면서 프로그램은 핀의 설정에서 훨씬 더 유용한 조합을 얻고, 경기 수준은 점차 향상한다. 매번의 향상 이후에 프로그램이 다시금 더 좋은 것을 무작위로 모색한다는 말로 이 절차를 요약할 수 있다. 확실히 학습 방법이긴 하지만, 이는 인간이 사용하는 것과는 근본적으로 다르다.

체스

1989년, 널리 알려진 경기에서 가리 카스파로프(Gary Kasparov)가 세계 컴퓨터 체스 챔피언 딥소트(Deep Thought)를 2 대 0으로 이겼다. 뉴스 헤드라인에서는 환호성이 터져 나왔다. "정신이 물질을 이겼다. 가리 카스파로프는 전 인류를 대신해 컴퓨터를 물리쳤다."[29] 1991년 세빗(CeBIT) 하노버 박람회에서 업그레이드된 딥소트2는 인간 그랜드마스터(최고 수준의 체스 선수) 한두 명을 압도했다. 7명의 그랜드마스터가 있는 미니 토너먼트에서 딥소트는 7점 만점에 2.5점을 받았다.[30]

마지막 미국 컴퓨터 체스 선수권대회(1994년)에서 딥소트의 차점자는 하이테크(Hitech)였다.(딥소트는 쉬펑슝(許峰雄)[31]의 제작품이며, 하이테크는 한스 베를리너(Hans Berliner)의 제작품이다. 둘은 모두 카네기멜론 대학 소속이다.) 하이테크는 초당 175,000개의 위치를 조사할 수 있다. 베를리너는 다음과 같이 말했다. "하이테크는 자신의 생애에서 10번의 경기에 참가했다. 토너먼트에서 여러 뛰어난 선수들이 지켜보는 가운데 경기를 펼

---

29 *Sports Illustrated*, vol. 71, Oct. 30, 1989, p. 97.
30 이 정보를 제공해준 돈 빌(Don Beal)에게 감사드린다.
31 [역주] 타이완 출신의 컴퓨터 과학자.

쳤다. 모든 경기들이 훌륭했으며, 이는 경기를 관람했던 전문가 누구도 예상하지 못한 것이었다."[32] 하이테크는 1992년 현재, 2400과 2500 사이의 레이팅(rating)[33]으로 평가되며, 카스파로프는 2700을 넘어선다. 하이테크의 레이팅은 매년 지속적으로 높아졌다. 1985년 중반에 2100 목전까지 도달했다. 1986년 초, 주요 하드웨어의 교체 후 등급은 2300을 넘을 정도로 급상승했다.

경기력이 하늘을 찌를 듯 치솟게 되자, 인공지능 연구자들은 모든 인간 도전자들을 꺾는 프로그램의 출현을 기대하고 있다. 어쩌면 이 최후의 승리는 딥소트나 하이테크가 업그레이드된 버전이 거머쥘지도 모른다. 아니라면 체스 세계 챔피언의 패배는 다른 종류의 프로그램이 진화하길 기다려야 할 것이다. 어느 쪽이든 체스에서 인간이 우월했던 시대는 이제 남은 날을 헤아려야 할 정도다.[34]

미국 인공지능 학계에 유명한 농담이 있다. 체스 프로그램에 관한 이야기를 미심쩍게 들은 러시아 출신 컴퓨터 과학자에 관한 것이다. 그가 이렇게 물었다. "누구 허락을 받고 하는 겁니까?" 비록 그가 의도했던 바

---

32 개인적 대화에서 인용.

33 [역주] 국제체스연맹(FIDE)에서 관리하는 랭킹 수치. 이 랭킹 공식의 개발자 이름을 따 엘로(Elo) 레이팅이라고도 한다. 점수 산정 방식은, 매 경기마다 두 플레이어의 예상 승률을 반영하여 승/패/무승부에 따라 레이팅 점수가 증가하거나 감소한다. 예상 승률은 수학적으로 공식화되어 있으며, 두 선수의 현재 레이팅에 따라 결정된다. 자신보다 레이팅이 높은 선수와 경기해서 승리한 경우 상대적으로 크게 증가하며, 패배한 경우 적게 감소한다. 또한 자신보다 레이팅이 낮은 선수와의 경기에서 승리한 경우 상대적으로 적게 증가하며, 패배한 경우는 크게 감소한다. 따라서 자신보다 레이팅이 높은 선수와 적극적으로 경기를 펼치도록 유도하는 시스템이다. FIFA 랭킹과 다양한 온라인 게임 등에서도 활용되고 있다. 현재 역대 최고 레이팅은 2014년 5월에 망누스 칼센(Magnus Carlsen)이 기록한 2882이다.

34 이와 반대되는 의견은 Hubert Dreyfus와 Stuart Dreyfus, *Mind Over Machine*, 4장을 참조.

는 아니지만, 나는 그의 질문이 적절해 보인다. 전 세계에서 가장 앞선 프로그램을 작성하는 것은 모든 컴퓨터광의 궁극의 목표다. 하지만 우리 모두는 그 결과와 함께 살아야 한다. 컴퓨터가 마침내 체스판에서 인간 정신을 이기는 때가 되면, 하나의 강력한 상징이 만들어질 것이다. 이 지구상에서 계속되고 있는 인간 지성의 우월성에 의문을 제기하는 당황스러운 목소리가 들려올 것이다. 이는 확실히 미숙하며 매우 부적절한 반응이다. 그럼에도 이 통념은 결국 현대 사회의 불안감과 불확실성을 고조시킬 것이다. 또 다른 목소리들은 교육, 행정, 또는 전쟁을 컴퓨터화하기 위한 성전에 이 상징의 힘을 이용하자고 외치고 있다. 어느덧 체스는 단순한 게임 이상이 되어버렸다.

2.7 범용 문제해결사(GPS)

범용 문제해결사(General Problem Solver), 줄여서 GPS는 가장 유명하고 가장 오랫동안 운영 중인 인공지능 프로젝트 가운데 하나다. GPS의 첫 번째 버전은 다트머스 회의 직후에 짧게 실행되었으며, 이 프로젝트 연구는 10년 넘게 지속되었다. 목표는 컴퓨터가 여러 문제에 대한 나름의 해결책을 지능적으로 탐색하도록 하는 것이다. GPS는 논리이론가를 만들었던 뉴얼, 사이먼, 쇼의 독창적인 발명품이다.[35]

GPS의 후기 버전은 놀라울 정도로 다양한 문제를 해결할 수 있었다.

35 GPS에 관한 많은 연구들은 카네기멜론 대학에서 수행되었다. 그러나 논리이론가와 마찬가지로 이 프로그램은 랜드(RAND)사의 조니악(JOHNNIAC)에서 처음 운영되었다.

여기에 몇 가지 예가 있다.[36]

선교사와 식인종 문제

세 명의 선교사가 세 명의 원주민 짐꾼과 함께 험난한 지역을 이동하고 있다. 짐꾼들은 식인종으로, 야만적 관습에서 벗어나지 못했다. 그러나 자신들이 희생자들보다 수적으로 우위에 있지 않는 한, 절대 공격하지 않는 것이 이들 부족의 관례다.(이것이 단순히 겁이 많아서인지 이상한 금기 때문인지는 불확실하다.) 선교사들은 일행이 실수로 나뉘면 무슨 일이 벌어질지 계속해서 신경 쓰고 있다. 여정의 첫 주가 끝날 무렵, 이들은 넓고 깊은 강의 기슭에 이르렀다. 악어가 많지만, 어쨌든 일행은 반드시 건너가야 한다. 짐꾼들 중 하나가 비좁은 2인용 통나무배 하나가 진흙탕에 뒤집혀 있는 것을 우연히 발견했다. 짐꾼들은 발견물의 의미를 음미하면서 만면에 끔찍한 미소를 띠었다. 그러나 다행스럽게도 선교사 중 한 명이 카네기멜론 대학에서 컴퓨터과학을 부전공으로 공부했다. 그 선교사는 GPS가 자신들이 직면해 있는 바로 그 문제를 해결했던 방법을 떠올렸다. 1시간이 채 지나지 않아 6명 모두가 강 반대편 기슭에 안전하게 도착했다. 어떻게 했을까? (기억해야 할 사항. 배에는 한 번에 최대 2명까지만 탈 수 있다. 그리고 어느 한쪽 기슭에서 식인종의 수가 선교사보다 많으면 살육이 잇따라 일어난다.)

측정을 위한 측정

---

36 Ernst, G. W., Newell, A., *GPS: A Case Study in Generality and Problem Solving*, 6장에서 변형했다.

그림2.3 회개의 탑

무인도에 있는 두 명의 아일랜드인이 마지막으로 남은 1갤런[37]짜리 맥주 한 통을 가까스로 똑같이 나눴다. 3파인트 술병과 5파인트 술병만 썼을 뿐, 빈 코코넛 껍데기조차 사용하지 않았다. 그들은 어떻게 했을까?

하노이 탑

그림2.3에 보이는 회개의 탑은 평평하고 둥근 석판, 그리고 나무 기둥으로 이루어져 있다. 매일 사원의 신자들은 탑을 한 기둥에서 다른 기둥으로 옮긴다. 그들은 석판을 한 번에 하나씩 움직이며, 단지 기둥에서 기둥으로만 옮길 수 있다. 석판을 땅에 두는 것은 절대 안 된다. 게다가 관습에 따르면, 신자들이 혹시라도 더 큰 석판으로 더 작은 판 위를 덮어버리면, 그들은 사원의 개에게 던져질 것이다. 그들은 탑을 어떻게 움직일까?

37 [역주] 갤런은 야드파운드법에 의한 부피의 단위로, 1갤런은 8파인트다. 미터법으로 환산하면 미국식으로는 약 3.785리터.

추론하기

보잘것없는 카지노 사장인 베니토 토렐리는 조직에게 보호료 내기를 거절하자, 목이 그어졌다. 현지 경찰은 용의자 5명을 체포했다. 다음은 용의자들의 진술이다.

테오: 나는 토렐리를 죽이지 않았습니다. 어쨌든 나는 칼을 쓴 적이 없습니다. 레이저가 그랬어요.

록샌: 토렐리를 없애버린 건 내가 아닙니다. 나는 그때 무스타파와 함께 있었어요. 윌리가 저지른 일이에요.

윌리: 나는 토렐리를 죽이지 않았어요. 나는 카지노 안으로 들어간 적이 없습니다. 나는 저명한 컴퓨터과학자예요.

레이저: 나는 결백합니다. 내가 그랬다고 말하는 멍청이는 거짓말을 하고 있는 겁니다. 토렐리를 죽인 것은 아마도 사기꾼 록샌일 겁니다.

무스타파: 나는 결백해요. 나는 전에 록샌을 본 적이 없어요. 레이저가 죽였어요.

모든 용의자가 저마다 두 개의 진실과 하나의 거짓을 말했다. 이들 중 누가 베니토를 해친 것일까?[38]

뉴얼과 사이먼은 GPS를 "인간의 사고를 시뮬레이션하는 프로그램"이라고 설명한다.[39] 이 프로그램이 인간이 생각하는 것과 동일한 방식으로 문제를 추론하도록 설계되었다는 말이다. 만약 당신이 선교사와 식인종

38 Copi, I. M., *Introduction to Logic*, Second Edition, p. 18에서 인용. 5장의 주석 14 참조.
39 Newell, A., Simon, H., 'GPS, a Program that Simulates Human Thought'.

문제를 해결하는 데 골치를 앓았다면, 아마 GPS와 같은 방법을 사용했을 것이다. GPS는 강을 건너는 순서를 하나씩 시도할 것이고, 틀린 것으로 밝혀지면 뒤로 되돌린다.

뉴얼과 사이먼은 GPS의 이러한 특징으로부터 심오한 철학적 결론을 이끌어냈다. GPS가 인간과 비슷한 방식으로 행동하는(제한된 영역이긴 해도) 컴퓨터 프로그램이라는 사실은, (그들의 말에 따르면) "합리적인 이성을 지닌 인간의 자유로운 행위는 복잡하지만 유한하고 한정된 법칙들의 산물로 이해할 수 있다"는 가설을 입증하는 놀라운 증거라는 것이다.[40] 그들의 주장을 훨씬 더 극적으로 표현하자면, 우리 자신이 컴퓨터이며, 우리는 우리의 프로그램이 지정한 유한하고 한정된 법칙들을 따라 행동한다. 이 쟁점은 9장과 10장에서 다룰 것이다.

인간형 인공지능 vs 외계인 인공지능

인간의 사고 과정을 모델링한 GPS와, 새뮤얼의 탁월한 체커처럼 인간이 사용하는 것과는 현저하게 다른 학습 기술을 사용하는 프로그램 사이에는 중요한 차이가 있다. 두 프로그램은 각각 인공지능에 접근하는 근본적으로 상이한 방식의 결과물이다. 한편에는 인간의 정신에서 일어나는 일을 가상으로 표상하거나 모방하는 프로그램, 즉 인간형 인공지능(종종 '인지적 모사'(cognitive simulation)라고 하는)을 만들려고 하는 연구자들이 있다. 다른 한편에서는 인간의 사고 과정과 닮았는지 여부는 개의치 않고 어떤 기술이라도 자유롭게 사용하려는 프로그래머들이 있다. 이것은 비인간형 인공지능이다.

40 Newell, A., Simon, H., 'gps, a Program that Simulates Human Thought', p. 293.

수년간 인공지능 연구실 내부에서는 두 접근법 중 어느 쪽이 연구 활동에서 큰 비중을 차지할 만한지 논쟁해 왔다.[41] 비인간형 인공지능은 최근의 주류 연구에서 우위를 점했다.(근래에 한 연구자가 말했듯이, "우리는 할 수 있는 어떤 방식으로든 해내길 원한다."[42]) 내 생각에 이것은 애석한 일이다. 비인간형 인공지능은 성공적인 상업적, 군사적 응용으로 나아가는 가장 빠른 길일 수 있지만, 철학적 의미에서 인공지능 연구의 큰 매력은 인간의 마음이 어떻게 작동하는지 규명하는 데 도움을 줄 거라는 가능성에 있다. 튜링은 이 가능성에 열광했다. "사고 과정 전체는 여전히 우리에게 불가사의로 남아 있지만, 나는 생각하는 기계를 만들려는 시도가 우리가 어떻게 생각하는지를 밝혀내는 데 크게 도움이 될 거라고 믿습니다."(1951년 라디오 인터뷰에서 그는 회의적인 영국인들에게 이렇게 말했다.)[43] 다행히 인간형 인공지능을 향한 관심이 되살아나고 있다는 확실한 조짐이 있다. 인공신경세포의 네트워크를 만들려는 시도다.(10장 참조)

2.8 샘(Sam)과 프럼프(Frump)

나는 카페에 들어가서 커피 한 잔을 주문한다. 내가 우유를 부을 때 죽은 바퀴벌레가 주전자에서 튀어나왔다. 나는 속이 뒤집어지는 걸 느끼며 밖으로 뛰쳐나왔다. 질문: 내가 커피를 마셨는가?

---

41 인간형 인공지능과 비인간형 인공지능 사이의 구분은 다트머스 회의 초반에 '이론 모드'와 '성능 모드'라는 용어 아래 처음 논의되었다.

42 Nils Nilsson의 말. Rose, F., *Into the Heart of the Mind*, p. 177에서 인용.

43 *Can Digital Computers Think?*, BBC Radio, May 1951.(Hodges, A., *Alan Turing: The Enigma*, p. 442에서 재인용)

이 질문에 대해 이야기 자체가 전혀 답하고 있지 않음에도 우리 모두는 주저 없이 '아니요'라고 답한다. 이처럼 행간을 읽는 우리의 능력은 사실상 어떤 글을 이해하는 과정에서든 결정적인 역할을 한다. 만약 컴퓨터가 사람의 평범한 말과 글을 따라갈 수 있으려면 컴퓨터에게도 행간을 읽는 능력이 주어져야 한다. 예일 대학의 인공지능 연구소는 샘(Sam)이라는 프로그램으로 이 문제에 용감하게 뛰어들었다.(샘은 컬링퍼드(Cullingford), 레너트(Lehnert), 섕크(Schank) 외 여러 사람들의 작품이다.)

다음의 실험에서 샘에게 짧은 이야기를 읽어주었고, 곧이어 이해력 테스트를 실행했다.[44](평소와 마찬가지로 이야기와 질문은 컴퓨터로 입력되며 샘의 대답은 때가 되면 화면에 표시된다.)

이야기

존은 버스를 타고 뉴욕에 갔다. 버스에서 그는 한 노부인과 이야기를 나눴다. 버스에서 내릴 때 그는 운전기사에게 감사를 표했다. 그는 '리온네 식당'(Leone's)에 가기 위해 지하철을 탔다. 지하철에서 그는 소매치기를 당했다. 그는 지하철에서 내려 리온네 식당으로 들어갔다. 그는 라자냐를 먹었다. 계산서를 받고서야 그는 자신이 계산을 치를 수 없음을 알아차렸다. 주인이 설거지를 해야 한다고 말했다. 그는 뉴헤이븐으로 가는 버스를 타고 돌아왔다.

이해력 테스트

존은 왜 뉴욕에 갔습니까?

---

44 이야기와 문제는 다음 책에서 옮겨 왔다. Schank, R. C., Abelson, R., *Scripts, Plans, Goals and Understanding*, pp. 178~80.

존이 리온네 식당에 가길 원했기 때문입니다.

존은 리온네 식당에 어떻게 갔습니까?

존은 뉴욕에 버스를 타고 갔고, 그다음에는 지하철을 타고 리온네 식당으로 갔습니다.

버스에서 무언가 특이한 일이 있었나요?

아무것도 기억나지 않습니다.

지하철에서 무언가 특이한 일이 있었나요?

도둑이 존의 주머니를 털었습니다.

존은 무엇을 주문했습니까?

존은 라자냐를 주문했습니다.

식당에서 무언가 특이한 일이 있었습니까?

존은 계산을 치를 수 없다는 것을 알아차렸고, 그래서 그는 설거지를 해야만 했습니다.

왜 존은 계산을 치를 수 없었습니까?

왜냐하면 존은 돈이 전혀 없었기 때문입니다.

왜 존은 돈이 전혀 없었나요?

왜냐하면 도둑한테 소매치기를 당했기 때문입니다.

존은 뉴헤이븐으로 어떻게 돌아갔습니까?

존은 리온네 식당에서 지하철을 탔고, 그다음에는 버스를 타고 뉴헤이븐으로 갔습니다.

존은 어떻게 뉴헤이븐으로 가는 버스를 탈 수 있었습니까?

아마 그는 버스표를 가지고 있었을 겁니다.

샘이 이야기에 함축된 정보를 영리하게 가려내는 데 주목하라. 예를

들어, 샘은, 존이 그가 먹었다고 한 라자냐를 주문했다는 것, 그리고 그가 설거지를 해야 했다는 것은 그가 식대를 지불하지 못한 것의 결과라는 것을 추론했다. 샘은 존이 뉴욕으로 온 이유가 그저 라자냐를 먹기 위해서가 아니라 리온네 식당을 방문하기 위해서라는 것을 추론하는 데도 성공했다.(이에 대해서라면, 소매치기를 당하기 위해서라거나 설거지를 하기 위해서라고 대답하지도 않았다.) 마지막 두 질문에 대한 답변에서 샘은 이야기에서 언급된 것을 넘어서는 합리적 추측이 가능하다는 것도 보여주었다. 덧붙여, 샘은 또한 이 이야기를 중국어로 번역할 수 있다.

예일에는 샘의 자매 프로그램인 프럼프(FRUMP: Fast Reading Understanding and Memory Program으로 더용(DeJong), 생크 등이 참여)가 있다. 프럼프는 유피아이(UPI) 통신사의 유선 서비스와 연결되어 있으며, 전송된 뉴스 기사의 요약본을 생산한다. 여기에 프럼프가 한 작업의 예시가 있다.(이 기사는 영어뿐만 아니라 에스파냐어, 러시아어로도 요약되었다.)[45]

유피아이 기사

이탈리아 피사. 오늘 관계자들은 항공기가 산등성이에 충돌해서 44명의 목숨을 앗아간 원인을 규명하기 위해 이탈리아 공군 수송기에 탑승해 블랙박스 비행기록 장치를 수색했다. 관계자들의 발표에 따르면, 지난 목요일 미국산 헤라클레스 C130 수송기가 이륙 직후 세라산에 충돌했을 때, 날씨는 지표상의 안개 일부를 제외하고는 바람 없이 맑았다. 사고 항공기의 조종사는 이 나라에서 가장 경험이 많은 이들 중 하나였으나, 그는 충돌 전 짧은 무선통신에서 어떤 문제점도 보고하지 않았다.

45 De Jong, G., 'Skimming Newspaper Stories by Computer', p. 16.

요약

이탈리아에서 비행기가 산에 충돌해서 44명이 사망했다.

44 people were killed when an airplane crashed into a mountain in Italy.

Hubo un accidente de avion en Italia que resulto en 44 muertos.

V aviatsionnoi katastrofe v Italii 44 chelovek bylo ubito.

이러한 인상적인 결과는 스크립트(script)라는 프로그래밍 장치를 통해 이뤄진다.('샘'은 Script Applier Mechanism의 약자다.) 스크립트는 시간이 지남에 따라 전개되는 정형화된 에피소드를 상세히 기술한 것이다.[46] 샘은 존의 뉴욕 방문 이야기를 처리하면서 자신의 식당 스크립트, 버스 스크립트, 지하철 스크립트를 사용한다. 식당 스크립트에는 다양한 '트랙'들이 포함되어 있다. 커피숍 트랙, 패스트푸드 트랙, 프랑스 식당 트랙 등등. 각각의 트랙들은 해당 유형의 식당을 방문하는 동안 전형적으로 발생하는 사건들의 세부 목록이다. 트랙은 장면들로 세분화된다. 가령 들어가기, 주문하기, 식사하기, 나가기 등이 있다. 장면에는 이를 통과하는 여러 대안적 경로들이 있을 수 있다. 따라서 들어가기 장면에는 자리가 즉시 준비되는 경우에 대한 중심 경로와 자리를 기다리는 내용을 포함하는 대체 경로가 있을 수 있다.

샘은 '스크립트 가능한' 에피소드가 있는 이야기의 행간을 정확하게 읽어낼 수 있다. 샘의 스크립트가 행간에서 대표적으로 발생할 모든 상황을 알려주기 때문이다. 프로그램은 스크립트를 사용해서 이야기에서

46 완전한 설명을 원한다면, Schank, R. C., Abelson, R., *Scripts, Plans, Goals and Understanding*, 특히 3장을 참조.

누락된 세부사항을 채워 넣을 수 있다. 예를 들어, 샘이 다음의 이야기를 들었다고 가정해보자.

> 존은 식당에 갔다. 그는 종업원에게 코코뱅을 시켰다. 그는 많은 팁을 남겨 놓았다.

스크립트는 프로그램이 이 내용을 다음과 같이 확장하도록 만들어준다.

> 존은 프랑스 식당에 갔다. 그는 자리에 앉았다. 그는 메뉴를 읽었다. 그는 종업원에게 코코뱅을 주문했다. 그는 코코뱅을 먹었다. 그는 많은 팁을 남겼다. 그는 계산했다. 그는 식당을 나왔다.[47]

(사실 샘이 실제로 구성하는 텍스트 확장은 훨씬 더 상세하다.) 샘은 확장된 글을 참조하면서 '존이 어떤 레스토랑을 방문했는가?', '존이 계산했는가?' 같은 질문에 대답할 수 있다.

만약 '존이 왜 많은 팁을 남겼는가?'라는 질문을 받는다면, 샘은 '아마도 존은 식사에 만족했을 것이다'라고 답할 것이다. 이를 추론하기 위해서 샘은 식당 스크립트의 보충자료 항목 전체를 확인해서, 만일 손님이 많은 팁을 남긴다면 이는 아마도 손님이 식사에 만족한 것이라는 정보를 발견한다.

이 스크립트는 샘이 상황의 정상적인 패턴과 일치하지 않는 사건을 발견할 수 있도록 도와준다. 스크립트에 따르면, 계산서가 오면 곧이어

47 같은 책, pp. 47~8; 그리고 Schank, R., *The Cognitive Computer*, p. 122.

손님이 계산한다. 그래서 존이 라자냐를 계산하지 않았을 때 샘에게 벨이 울린 것이다. 샘은 스크립트에 저장된 전제조건 목록으로 돌아가서, 존이 계산한다는 말의 전제조건이 존에게 돈이 있다는 것임을 발견한다. 샘은 이미 존이 필시 돈이 없을 거라는 사실에 주목하고 있었다. 왜냐하면 지하철 스크립트는 이것이 소매치기당한 사람의 정상적인 결과라고 설명했기 때문이다. 이렇게 해서 샘은 '존은 돈이 없기 때문에 계산할 수 없다'라는 항목을 추가하여 이야기를 더욱 확장해 간다.

샘이나 프럼프 같은 프로그램들은 비교적 가까운 미래에 일어날 상황을 쉽게 예측할 수 있다. 그러한 가정용 컴퓨터는 아마도 다음과 같은 명령과 질문을 처리할 수 있을 것이다.

비자 카드사와 가스 회사에 결제해줘.
전화요금은 결제했니?
전기는?[48]

샘과 유사한 운영 시스템은 현재 청구서와 동일한 액수가 가스 회사에 지불되어야 하며, 과거의 전화요금 청구서는 조사 범위에 포함되지 않는 것으로 추정한다. 그런 시스템이라면 뉘앙스와 관용어에 대해서 샘만큼이나 눈치가 빠르며 그래서 사용자가 다음과 같이 입력한 경우에도 유연하게 대응한다.

피를 빨아먹는 빌어먹을 전기회사에게 살점을 떼어줘버려.

---

48 Schank, R., *The Cognitive Computer*, p. 111에 기초했다.

프럼프와 유사한 시스템은 그다지 환영받지 못할 것이다. 프럼프는 비밀리에 전보, 전신, 전자우편을 모조리 감시하고 '국익'—이 용어의 상세한 해석은 미국 펜타곤과 영국의 정보통신본부(GCHQ)의 은밀한 곳에서 일하는 비선출직의, 대체로 알 수 없는 관료들에 의해 규정된 개념—에 반하는 어떤 활동이든 보고하기 때문이다. 익명의 관계자의 요청에 부응해 세무부서, 금융기관, 병원, 사업체, 경찰, 항공사, 자동차 렌트업체, 통신사 등에서 수집된 파일들을 서로 대조하면서, 공공 및 민간 데이터뱅크를 함부로 뒤지는 시스템도 마찬가지다. 게다가 스누핑 프로그램[49]이 '용의자'의 완벽한 모습을 채우기 위해 활동들 사이를 연결할 수 있는 스크립트를 사용하는 것도 너무나 있음 직한 일들이다. 이 프로그램으로 (허위 기재까지도 포함하여) 생성된 보고서는 그 자체로 데이터뱅크에 남아 있다가 또 다른 전자정보 도둑의 시야에 노출될 수 있다.

확실히 인공지능은 매우 혼란스러운 축복을 내려줄 것이다.

2.9 전문가 시스템

전문가 시스템은 의료 진단, 자동차 설계 또는 지질 탐사 같은 전문지식 분야에서 문제를 해결하고 조언하는 프로그램이다. 좋은 시스템은 전문가의 솜씨와 견줄 만하다. 전문가 시스템은 인공지능의 '노다지'이며, 그래서 프로그래밍 기술에서 이 수익성 높은 혁신품을 개발하려는 신생 소프트웨어 회사들이 떼를 지어 등장했다. 전문가 시스템 사업은

49 [역주] 네트워크상에서 남의 정보를 염탐하여 불법으로 가로채는 프로그램.

심지어 지식 공학(knowledge engineering)이라는 새로운 직종을 출현시켰다. 지식 엔지니어들은 목표 영역의 전문가들을 관찰하고 인터뷰하는 데 수개월을 보낸다. 전문가들이 판단하고 결정하는 과정에서 사용하는 사실과 규칙 들을 끈기 있게 분류한다. 일단 이 대량의 지식이 체계화되고 형식이 생기면, 이것이 프로그램의 '지식베이스'에 놓인다.

유명한 시스템인 덴드랄(Dendral)은 화학 분석을 전문으로 한다. 덴드랄은 '화학 분야에서 대부분의 대학원생과 일부 박사 학위자에 준하는 상당한 추론력'을 갖고 있다고 묘사되어 왔다.[50] 전문가 시스템은 재무관리, 경영 전략, 석유 및 광물 탐사, 유전공학, 차량 제조, 컴퓨터 장치 설계 같은 다양한 분야에서 자문 역할을 한다. 특별한 의미가 있는 분야는 의학이다. 질병을 진단하고 치료를 권고하기 위한 수많은 프로그램들이 연구 중에 있다. 가장 유망한 프로젝트 두 가지는 마이신(Mycin)과 켄타우로스(Centaur)다. 마이신은 에드워드 쇼트리프(Edward Shortliffe)가 개발했으며, 세균성 혈액 감염의 치료에 특화되어 있다. 켄타우로스는 재니스 에이킨스(Janice Aikins)가 폐 기능장애에 특화하여 제작한 프로그램이다.[51]

마이신은 환자의 증상과 검사 결과에 대한 정보로부터 시작해서 감염의 원인균을 식별하려고 시도한다. '진찰'이 진행되면서 마이신은 '최근에 화상을 입었습니까?', '콜리스틴[52]에 대한 알레르기가 있습니까?' 같은 질문을 하면서 환자로부터 추가 정보를 얻고자 할 것이다. 때때로 프

50 Simons, G., *Are Computers Alive?*, p. 66.

51 켄타우로스는 사람의 지능과 말의 힘, 민첩함을 지니고 있다. 한편 '마이신'(mycin)은 항균성 약품('스트렙토마이신'처럼)의 일반 명칭에 흔히 사용되는 접미사다.

52 [역주] Colistin. 항생제로 사용되는 폴리믹신(polymyxin) 계열의 화합물.

로그램은 추가적인 실험실 검사 한두 가지를 제안할 수도 있다. 일단 진단이 내려지고 환자의 알레르기 등이 확인되면 마이신은 약물치료 과정을 권유한다. 요청이 있는 경우에 마이신은 진단을 이끌어낸 추론 과정을 설명한다.

대부분의 전문가 시스템은 추론 규칙의 형태로 지식을 저장한다. 이렇다면 저렇게 하고, 저러하면 다른 무엇을 한다는 식이다.(이러한 규칙은 '산출'(productions)로 알려져 있다.) 다음은 마이신이 가진 지식베이스의 두 가지 예다.[53]

진단 규칙

만일[IF]	1 세균의 증식 위치가 혈액이다, 그리고
	2 세균이 그람음성균[54]이다, 그리고
	3 세균의 구조가 막대형이다, 그리고
	4 환자가 심하게 화상을 입었다.
그렇다면[THEN]	이 세균의 정체는 슈도모나스(pseudomonas)[55]라는 근거(0.4)가 있다.

0.4는 확실성 요소이며 근거가 결론을 뒷받침하는 정도를 가리킨다.

처방 규칙

IF	유기체의 정체는 슈도모나스다

53 Shortliffe, E., *Computer-Based Medical Consultations: MYCIN*, pp. 52, 142~3.

54 [역주] 그람염색을 통해 박테리아를 구분할 때, 붉은색을 띠는 박테리아 그룹. 그람염색은 한스 크리스티안 그람이 고안한 특수 염색법으로, 세균류를 염색하여 크게 둘로 구분하는 방법이다. 그람양성균은 보라색을 띤다.

55 [역주] 감마프로테오박테리아의 한 종류. 강한 병원성균이며, 녹농균이라고도 한다.

THEN 처방은 다음의 약품 중에서 선택되어야 한다.

1 콜리스틴 (0.98)

2 폴리믹신 (0.96)

3 젠타마이신 (0.96)

4 카베니실린 (0.65)

5 술피속사졸 (0.64)

소수점 수치는 이 약품이 슈도모나스의 성장을 억제하는 통계적 확률을 나타낸다.

이 프로그램은 의약품의 금기사항을 심사한 후 이 목록 중에서 약물에 대한 최종 선택을 내린다.

마이신에는 이러한 규칙이 500개 이상 있다.(이 수치는 주기적으로 증가한다.) 규칙들의 복잡한 상호작용 덕분에 높은 수준의 진단과 처방이 가능하다. 평가 결과에 따르면 이 프로그램은 혈액 감염에 대해서는 인간 전문가와 동일한 역량을 갖고 있으며 일반 개업의보다 나은 수준이다.[56]

재니스 에이킨스가 만든 프로그램인 켄타우로스가 내놓은 결과는 마치 스타십 엔터프라이즈호[57]에 탑승한 로봇 컨설턴트 특유의 기계음 같은 느낌을 준다.

환자번호 7446

진단: 천식 유형의 중증 폐쇄성 기도 질환

---

56 Jackson, P., *Introduction to Expert Systems*, p. 106.

57 [역주] 60년대에 처음 제작되어 현재까지 이어지고 있는 미국 드라마 〈스타트렉〉 시리즈의 우주선.

발견 증상은 다음과 같다.

폐 용적의 상승은 과잉팽창을 나타낸다.

잔기량/총폐용량 비율이 증가하면, 공기 막힘의 중증 단계를 암시한다.

낮은 중간날숨 유량은 중증 기도 폐쇄와 일관된다.

폐쇄는 중증 단계의 유량용량곡선[58]의 만곡에서 나타난다.

결론.

흡연은 환자의 기도 폐쇄의 중증도를 악화시킬 수 있다.

흡연의 중단은 증상을 완화하는 데 도움이 될 것이다.

기관지 확장제에 대한 긍정적 반응은 천식 조건에도 적절하므로 이것의 지속적 복용은 바람직하다.

진찰 종료.[59]

그러나 안정감을 주고 신뢰할 수 있는 전문가 시스템의 태도가 여러 면에서 엉터리임을 깨닫는 것이 중요하다. 전문가 시스템은 친절한 슈퍼지능이 아니다. 또한 현명한 인간의 머리를 대체할 적절한 대용품도 아니다. 오늘날의 전문가 시스템은 사실 자동화된 참조용 매뉴얼에 지나지 않으며, 매뉴얼의 목적과 적용 범위를 기존의 매뉴얼보다 더 잘 이해하고 있는 것도 아니다. 전문가 시스템을 사용하는 사람들이 이를 잘 인지하고 있어야 한다는 것은 분명 중요하다. 그러나 일라이자의 경우엔 사람들이 이를 알면서도 의존했다. 그렇다면 사람들은 어떻게 이러

58 [역주] flow-volume curve. 최대노력호출을 했을 때의 숨을 내뱉는 속도와 폐 내의 공기 함유량 변화를 기록한 것이다.

59 출력 결과의 편집된 버전은 다음에서 가져왔다. Aikins, J. S., 'Prototypical Knowledge for Expert Systems', pp. 173~6.

한 일라이자 효과로부터 스스로를 보호할 수 있을까? 그들은 그러한 영향력이 있다고 경고라도 받았을까? 와이젠바움의 불길한 말을 떠올려 보라. "매우 정상적인 사람들조차 비교적 단순한 컴퓨터 프로그램에 매우 단시간 노출되는 것만으로도 강력한 망상에 사로잡혀버렸다. 나는 이러한 사실을 미처 알아차리지 못했다."

인공지능 선도자 중에서 와이젠바움이 이런 우려를 표명한 유일한 사람은 아니다. 다음은 슈들루의 개발자인 테리 위노그래드의 경고다.

> '전문가 시스템'이라는 이름표에 내재한 위험이 있다. 우리가 인간 전문가에 대해 말할 때, 우리는 전문가가 형식화된 특정 문제를 잘 해결하는 것뿐만 아니라 더 큰 맥락에서 문제들을 파악할 정도로 이해가 깊은 사람이라고 생각한다. 우리는 전문가와 이디오사방[60]을 구별한다. 프로그램을 전문가라 부르는 것은 잘못된 일이다. … 이러한 거짓 이름은 연구 기금을 지원받거나 해당 프로그램을 판매하려는 사람들에게 유용하겠지만, 이를 사용하려는 사람들에게는 부적절한 기대감으로 이어질 수 있다.[61]

이 독특한 유형의 전문가들을 우리 사회에 조화시키는 일을 감독하는 실무자와 행정관료 들이 이러한 새로운 기술에 내재한 위험을 간과하거나 과소평가하지 않기를 바랄 뿐이다.

---

60 [역주] idiot savant. 프랑스어로 '백치 천재'라는 뜻이다. 흔히 특수한 재능을 지닌 지적 장애인을 가리킨다.

61 Winograd, T., Flores, F., *Understanding Computers and Cognition*, p. 132. 전문가 시스템의 가치에 대한 회의적 평가는 다음을 참조. Dreyfus, H., Dreyfus, S., *Mind Over Machine*.

3장

기계는 생각할 수 있을까?

2장에서 간단히 살펴본 증거들로 인해 생각하는 컴퓨터가 머지않았다고 생각할 수도 있다. 하지만 실상은 전혀 그렇지 않다. 슈들루, 패리, 일라이자, 그리고 다른 프로그램들 어느 것도 생각하거나 이해할 수 없다. 이 프로그램들은 확실히 눈부신 성과이지만, 좀 더 면밀히 살펴보면 그 화려한 퍼포먼스는 대개 거짓이다. 많은 점에서 이 프로그램들은 속임수를 쓰는 것에 지나지 않는다. 3장의 '이미 테스트를 통과했다고요?'에서는 패리와 일라이자에 대한 상세한 폭로를 다룰 것이며, 5장의 '증거를 찬찬히 따져보기'에서는 슈들루와 GPS를 낱낱이 살펴볼 것이다.

현재 존재하는 컴퓨터들의 정신활동은 순수한 비유로서 받아들여져야 한다. 체스를 두는 컴퓨터가 '나는 지금 내 킹 근처의 상대방 루크를 공격하려 한다'고 생각한다는 식으로 묘사하는 건 그런대로 간편한 표현이다. 그래서인지 이는 보다 직접적인 다른 표현들보다 확실히 더 쉽게 입에서 튀어나온다. 그러나 이렇게 얘기하는 것은 내 차가 최악의 순간에 고장 나기로 결심했다고 말하는 것과 비슷한 수준일 뿐이다. 그럼에도 중요한 질문은, 컴퓨터 기술이 발전하면서 결국엔 이러한 상황이 달라질 수 있는가 하는 점이다. 앞으로 우리는 정신에 관한 용어들을 사람에게 적용하는 것과 완전한 같은 의미로 컴퓨터에도 적용할 수 있을까? 아니면 이 용어들을 컴퓨터에 적용하는 것은 불가피하게 계속 비유

적인 표현일 수밖에 없는가? 컴퓨터는 문자 그대로 생각할 수 있는가? 이것이 인공지능 철학에서 가장 중요한 쟁점이다.

이번 장에서는 제대로 된 인공물에 **생각하다**라는 용어를 온전히, 문자적 의미 그대로 적용해도 아무런 문제가 없음을 입증할 것이다. 강조하건대 이는 결코 기술적인 쟁점이 아니라 오로지 철학적인 쟁점이다. 어쩌면 기술 전문가들은 생각하는 기계를 실제로 전혀 만들 수 없을지 모른다. 그러나 이와 별개로 인공물이 글자 그대로 생각할 수 있다는 말이 개념적 오류인지 아닌지 하는 의문은 우리가 해결할 수 있다.

3.1 생각에서 의식이 필수적인가?

오직 의식이 있는 존재만이 생각할 수 있다. 그래서 많은 사람들이 컴퓨터가 생각할 수 있다는 생각을 비웃는다. 왜냐하면 플라스틱과 금속으로 구성된 장치는 결코 의식을 가질 수 없다는 것을 당연하게 여기기 때문이다. 이러한 믿음은 충분히 상식적이긴 하다. 하지만 실제로는, 인공물이 의식을 가질 수 없다는 것은 전혀 당연하지 않다. 우리는 이를 8장에서 살펴볼 것이다. 그렇지만 여기에서 나는 독자들에게 이 믿음의 **첫 출발**이 틀렸다는 것을 설득하려 한다. 사고와 의식이 항상 함께 가는 것은 아니다. 이를 깨달으면, 컴퓨터가 생각할 수 있는지에 대해 논의할 때 고정관념에서 자유로울 수 있다.

지난 세기의 전환기에 일대 소동이 있었다. 프로이트가 우리는 우리의 정신 속에서 벌어지는 일들 중 많은 것을 의식하지 못한다고 주장했던 것이다. 그러나 오늘날엔 이 주장이 심리학자들 사이에서 진부한 말

그림3.1 당신은 이것을 읽을 수 있습니까?(더글러스 호프스태터, 『괴델, 에셔, 바흐 — 영원한 황금 노끈』 중 그림15)

이 되어버렸다. 프로이트 심리학의 다른 주제들을 받아들이건 말건 상관없이 우리는 모든 혹은 거의 모든 정신 작용을 의식적으로 알아차리지 못한다. 선구적인 뇌 연구자인 칼 래슐리(Karl Lashley)는 이를 실증하는 간단한 실험을 소개한 적이 있다.[1] 당신이 아는 어떤 곡에서 몇 음을 휘파람으로 부른다. 바로 이어서 이 음을 거꾸로 불거나, 아니면 더 높은 음정으로 부른다. 아마 아주 쉽게 따라 했을 것이다. 그런데 당신은 이것을 **어떻게** 한 것인가? 당신의 정신은 당신이 알지 못하는 것을 하고 있다. 그래서 그 정신 작용의 결과로, 당신은 역순으로 (혹은 기계적으로 높여서) 음을 만들어낼 수 있다. 휘파람을 불 수 없다면 그림3.1의 실험도 있다.

처음에 이 패턴은 아마 전혀 의미가 없는 것으로 보일 것이다. 그러나 뚫어지게 보고 있노라면, 번쩍 하며 갑작스레 문양들이 정렬되면서 영어 단어가 된다.(너무 절망하지 마시길. 나는 거의 10분이나 걸렸다.) 당신이 문양을 주시하며 점점 혼란이 커지는 동안, 당신의 정신은 틀림없이 더 복잡한 일련의 작업을 수행하고 있었다. (당신이 나와 같다면) 당신은 이를 전혀 의식하지 못했을 것이다. 당신이 의식할 수 있는 것은, 그

1 Beach, F. A., Hebb, D. O., Morgan, C. T., Nissen, H. W., (eds) *The Neuropsychology of Lashley*, p. 19.

작업의 **결과**, 즉 갑작스런 지각의 변화일 뿐이다. 또 있다. 잠자리에 들기 전에 머리를 써야 하는 문제로 뒤척이다가 잠이 들었고, 아침에 일어났는데 머릿속에 해결책이 떠오른 경험이 있었는가?(프랑스 시인 생폴루(Saint-Pol-Roux)는 잠들기 전 침실 문에 "시를 쓰는 중"이라는 문구를 써 붙였다고 전해진다.[2]) 이 문제해결사[즉 정신]는 잠을 자는 동안에도 문제에 대해 생각한다. 하지만 [우리는] 당연히 의식하지 못한다.

말하기 또한 우리가 의식적으로 알아차리지 못하는 작업을 정신이 수행하고 있음을 알려주는 예다.[3] 나는 말하기 전에 의식적으로 말을 고르기도 하지만, 대개는 의식적으로 말을 고르지 않은 채 하고 싶은 말을 그냥 한다. 여러분도 그럴 거라고 생각한다.(실제로 매일 하는 말의 **내용**을 의식적으로 계획하는 일은 상당히 드물다. 이런 내용을 말해야겠다는 것만으로도 문장 구조는 저절로 완성되기 때문이다.) 말하기에서 이해하기로 가보자. 다른 사람이 말한 문장의 의미를 이해하는 것은 대개 내 의식에 이를테면 통째로 떠오른다. 나는 어떤 소리(혹은 형상)에서 의미에, 다다르게 해주는 정신의 작용을 자각하지 못하며 단지 그 작용의 최종 산물만을 의식한다.

이러한 일상적인 예시에 덧붙여 수많은 실험실 사례들이 있다. 이 실험들은 우리가 행하는 모든 정신 작용을 우리가 의식하고 있다는 말이 얼마나 사실과 다른지를 생생하게 보여준다. 그중 두 가지를 간략히 살펴보기로 한다.

---

2 André Breton, *First Surrealist Manifesto*.

3 이 쟁점에 대한 상세한 논의는 다음을 참조. Jackendoff, R., *Consciousness and the Computational Mind*, 특히 6장.

맹시(blindsight)

맹시는 래리 바이스크란츠(Larry Weiskrantz)와 그의 동료들이 70년대 초에 발견하고 명명한 현상이다.[4] 뇌의 시각 피질 부분이 제거된(예를 들어, 종양을 제거하는 수술 과정에서) 사람들은 종종 시야에 결손이 있다고 호소한다. 이런 사람의 앞에서 작은 불빛을 움직여보면, 수술을 받기 전에는 보였어야 할 영역에서 불빛이 보이지 않는다고 대답할 것이다. 바이스크란츠와 그의 동료들은 특별히 협조적인 환자를 스크린 앞에 앉히고, 스크린 위에 작은 불빛을 쏘았다. 불빛은 환자의 새로이 보이지 않게 된 영역 내에서 움직인다. 불빛의 위치가 이동할 때마다 환자에게 손을 뻗어 그 지점을 만지게 했다. 환자는 그 지점을 볼 수 없기 때문에(혹은 그렇다고 믿기 때문에) 자신이 단지 추측하고 있을 뿐이라고 생각했다. 바이스크란츠의 보고에 따르면, 환자가 몇 시간에 걸친 실험 내내 그가 가리킨 위치가 매우 정확했다는 것을 알려줬을 때 그 환자는 "솔직히 매우 놀랐다"고 한다.[5] 그렇다면, 지각이란 의식적 활동일 필요가 없다. 게다가 환자가 불빛의 위치를 **알았다**고 말해도 틀린 말이 아니다. 비록 그가 이를 의식적으로 알지는 못했다 해도 말이다. 실제로 환자는 불빛이 어디 있는지 자신은 전혀 모른다고 의식적으로 **믿었다**.

바이스크란츠는 맹시 현상이, 뇌의 진화 역사의 초기에 쓰였던 여분의 시각체계의 흔적 때문이라고 추정한다.(그는 이를 최초의 시각체계라고

---

4 Weiskrantz, L., Warrington, E. K., Sanders, M. D., Marshall, J., 'Visual Capacity in the Hemianopic Field Following a Restricted Occipital Ablation'; Weiskrantz, L., *Blindsight*.

5 Weiskrantz, L., 'Trying to Bridge Some Neuropsychological Gaps Between Monkey and Man'.

지칭한다.)

래크너(Lackner)와 개릿(Garrett)의 실험

이 실험은 '칵테일 파티 효과'(the cocktail party effect)라고 불리는—틀림없이 독자 여러분도 경험했을—현상에 기초하고 있다. 수많은 대화들 속에 둘러싸였음에도 우리는 그 대화들 중 하나에 집중할 수 있고 다른 대화들을 잊어버릴 수 있다. 피험자들은 양쪽 귀에 서로 다른 문장들을 틀어주는 헤드폰을 썼다.[6] 그들은 이 채널 중 오직 하나만 듣고, 각각의 문장이 들릴 때 다른 말로 바꿔서 말하도록 요청받았다. 피험자들이 들었던 채널에서 들리는 문장들 중 일부는 뜻이 중의적이다. 예를 들면 이러하다.

(a) Visiting relatives can be a bore.

(친척을 방문하는 것은 재미가 없다./ 방문해오는 친척들은 재미가 없다.)

(b) The detective in charge of the case looked hard.

(사건을 맡은 형사가 샅샅이 조사했다./ 사건을 맡은 형사는 인정사정없어 보였다.)

(c) Jack left with a dog he found last Saturday.

(잭은 그가 지난 토요일에 발견한 개를 데리고 떠났다./ 잭은 그가 발견한 개를 데리고 지난 토요일에 떠났다.)

---

6 Lackner, J. R., Garrett, M. F., 'Resolving Ambiguity: Effects of Biasing Context in the Unattended Ear'.

이따금 피험자가 듣지 않는 쪽 채널로는 피험자가 듣고 있는 문장의 뜻을 명확히 해주는 문장을 동시에 제공하기도 했다. 즉 문장 (a)에는 중의적이지 않은 '나는 자주 방문하는 친척들을 싫어한다'는 문장이, 문장 (b)에는 '형사는 용의자에게 잔인했다'는 문장이 제공되었다. 다른 중의적인 문장들에는 듣지 않는 채널을 통해 중의성을 해소해주는 문장들이 제시되지 않았다. 즉 문장 (c)는 '슈롭셔 주는 영국에 있다'처럼 무관한 문장과 짝을 이뤘다. 실험이 끝나고 피험자들은 반대편 채널에 대해서는 별로 할 말이 없었다. 몇몇은 단지 사람 목소리를 들었다는 정도였고, 다른 이들은 영어 단어를 듣긴 했으나 그 단어들이 문장을 이루었는지 여부는 말하지 못했다. 이런데도 불구하고, 피험자들이 중의적인 문장을 다른 말로 바꿔 표현했을 때는 대체로 의미가 명확한 문장이 제시된 경우 그 문장이 제시하는 의미를 선택했다.(아무것도 제시되지 않았다면 피험자 그룹은 두 가지 가능한 의미 사이에서 꽤 고르게 나뉘었을 것이다.) 결론적으로, 비록 피험자들은 의미가 명확한 문장을 들은 일조차 의식하지 못했지만, 그들이 비의식적인 층위에서 주의를 기울이지 않은 채널들을 청각적으로 들었으며, 동시에 그 채널 속의 문장들을 부분적으로 이해했던 것이다.

확신컨대, 아마도 일부 독자들은 이 모든 예들이 해당 피험자가 [의식적으로] 생각하지 **않고도** 무언가를 했음을 보여주는 사례일 뿐이라고 지적하고 싶어 안달할 것이다. 영어라는 언어는 의미의 폭이 대단히 넓기 때문에 이 또한 틀림없이 옳은 말이다. 만일 누군가 의식적으로 준비하지 않고도 재치 있는 발언을 한다면, 그 사람이 평소 하는 말에서도 다음과 같이 표현될 것이다. [그 사람은] 생각하지 않아도 [원래] 말을 잘한다, 혹은 의식적으로 생각하지 않는데도 말을 잘한다, 정신을 다

른 데 쓰고 있는 중에도 그것에 대해 줄곧 생각하고 있었던 것이다 등. 일상 대화에서 우리가 어떻게 말해야 하는지는 중요하지 않다. 문제는 우리가 정확하고 철학적인 방식으로 말하고자 할 때, 이 표현들 중에서 마지막 것보다 첫 번째 것을 선호하는 어떤 근거가 있느냐는 점이다. 내 견해로는, 어떠한 근거도 없다. 사실 '**생각한다**'와 '**의식적으로 생각한다**'를 똑같은 의미로 사용해야 한다고 주장하는 사람은 단지 '생각한다'와 '자신이 생각한다는 것을 의식하고 있다'를 혼동하고 있을 뿐이다.

그렇지만 만약 누군가 '**생각한다**'는 말이 반드시 '**의식적으로 생각한다**'는 의미로 사용되어야 한다고 끝까지 고집을 부린다면, 나는 저항을 가장 최소화하는 선을 지키며 대응할 것이고, 이 주제에 대해 그렇게 완고한 사람과 논쟁할 때는 그들의 용법에 동의해줄 것이다. 용어를 트집 잡는 것보다 무의미한 건 없다. 우리가 던진 질문은 '생각하다'라는 동사를 전혀 사용하지 않고도 고쳐 말할 수 있다. 우리는 인간의 중요한 여러 정신적 활동, 가령 말을 이해하는 것, 외부 세계를 지각하는 것 등이 비의식적으로도 수행될 수 있음을 보았다. 가장 근본적인 질문은 인공물이 이러한 (그리고 그 외의) 인지적 활동들을 그 의미 그대로 수행할 수 있느냐다. 그리고 우리가 이러한 활동들을 비의식적으로 할 수 있기 때문에 인공물에게 의식이 가능한지와 무관하게 이 질문은 논의될 수 있다.

3.2 튜링 테스트

앨런 튜링은 풍부한 잠재성을 가진 자신의 논문 〈계산하는 기계와 지능〉(Computing Machinery and Intelligence)에서, 어떤 컴퓨터에게 사고할

그림3.2 튜링 테스트

능력이 있는가를 결정할 수 있는 실험실 실험을 기술했다.[7] 바로 '튜링 테스트'(Turing Test)로 널리 알려진 실험이다. 튜링의 테스트는 인공지능 연구자들 사이에서는 대체로 실험의 타당성을 인정받는 경향이지만, 철학자 그룹에서는 언제나 논쟁거리였다.

튜링 테스트에는 두 명의 인간과 테스트받는 컴퓨터가 필요하다.(그림 3.2) 테스트의 기본적인 아이디어는 두 사람 중 한 명, 즉 질문자가 두 참여자 중 어느 쪽이 컴퓨터인지를 알아내는 것이다. 질문자는 키보드와 스크린을 통해 컴퓨터와 나머지 한 사람과 대화한다. 이를 제외하고는 이 세 참여자들은 엄격하게 격리되어 서로 어떤 접촉도 하지 못한다. 질문자는 다른 두 참여자와 나눈 대화를 기초로, 어느 쪽이 기계인지 지목

---

7 이 장에서 튜링의 견해에 대한 모든 참조는 이 논문의 내용이다.

해야 한다. 또한 기계를 간파해내기 위한 직접적인 질문이나 자신이 원하는 한에서의 광범위한 질문이 모두 허용되고, 그에 따라 컴퓨터도 가능한 모든 수단을 사용해서 잘못 식별하게끔 유도한다. 그래서 '당신은 컴퓨터입니까?'라는 질문에 컴퓨터가 '아닙니다'라고 대답하는 영리한 대처가 가능하고, 굉장히 큰 수를 곱하라는 요청에 오래 지체하거나 틀린 답을 제시할 수도 있다.(인간 참여자는 질문자의 물음에 진실하게 대답해야 한다.[8])

다음은 튜링 테스트의 한 예다. 정체성을 묻는 질문을 성공적으로 빠져나간 컴퓨터와 질문자 사이에서는 아마도 이런 종류의 대화들이 오갈 수 있다.

질문자: 당신이 쓴 소네트의 첫 줄 '저는 당신을 어느 여름날에 비유하겠어요.'에서 '어느 봄날'이 더 낫지 않을까요?

컴퓨터: 운(韻)이 맞지 않을 텐데요.

질문자: 그렇다면 '어느 겨울날'은 어때? 그건 운이 맞을 거예요.

컴퓨터: 운은 맞아요. 그런데 자신을 어느 겨울날에 비유하고 싶은 사람은 아무도 없을걸요.

질문자: 당신은 픽윅 씨[9]가 크리스마스를 떠올리게 한다고 말했지요?

컴퓨터: 어떤 면에서는요.

질문자: 그런데 크리스마스는 겨울날이에요. 그래서 저는 픽윅 씨가 이 비유를 싫어할 것 같지 않네요.

---

8 이는 튜링의 원래 정식화보다 좀 더 강한 것이다. 그의 말에 따르면(p. 434), "세 번째 참여자의 게임 목적은 질문자를 돕는 것이다. 질문자를 위한 최고의 전략은 아마도 진실한 답변을 제공하는 것이다."

9 [역주] 찰스 디킨스의 소설 *The Pickwick Papers*의 주인공. 착하고 익살스러운 노인이다.

컴퓨터: 저는 당신이 진지하다는 생각이 들지 않군요. 어느 겨울날이라는 말은 크리스마스처럼 특별한 날보다 아주 흔한 겨울날을 의미하니까요.

이 실험이 두 인간의 자리에 다양한 사람들을 놓고 수차례 반복되었을 때, 그 결과 컴퓨터의 정체를 밝혀낸 횟수가 '찍는다'라고 할 만한 50%보다 유의미하게 높지 않다면, 그 컴퓨터가 생각할 수 있다고 결론 내릴 수 있다. 무엇보다 이 테스트의 옹호자로서 말하자면, 만약 나무들이 동화 속에서와 같이 유창하게 우리와 대화할 수 있다면, 나무가 생각할 수 있다고 주저 없이 말하지 않겠는가? 실로 튜링 테스트를 통과한 컴퓨터를 '생각하는 존재'라고 부르는 것을 보류한다면, 이는 그저 '생각한다'라는 단어를 인간과 우리의 생물학적 친척만 독점하는 것과 마찬가지이지 않겠는가? 이는 탄소로 구성된 존재보다 실리콘으로 구성된 존재에게 더 많이 붙는 노골적인 편견에 불과하다.

언어를 사용하는 능력이 사고하는 존재의 특징이라는 생각은 아주 긴 역사를 갖고 있다. 역설적으로, 17세기 프랑스 철학자 르네 데카르트는 진정 생각하는 존재와 여느 기계들(아무리 기계가 뛰어나더라도)을 구분하는 확실한 방법으로서 대화를 제안했다. 그는 이렇게 단언했다. "인간은 아무리 멍청해도 할 수 있겠지만, 이까짓 기계가 자기 면전에서 들은 말에 대해 단어를 다르게 배열해서 적절하게 의미 있는 답변을 한다는 것은 결코 상상할 수 없는 일이다."[10]

---

10 *The Philosophical Writings of Descartes*, 1권, Cottingham, J., Stoothoff, R., Murdoch, D. 영역, p. 140.

3.3 이미 테스트를 통과했다고요?

와이젠바움의 일라이자는 우연하게 튜링 테스트의 변형 버전 중 하나로 테스트를 받은 적이 있었다.[11] 다른 방이나 다른 건물에 있는 사람들이 컴퓨터 단말기를 사용해 서로 메시지를 타이핑하는 것은 흔히 있는 일이다. 어떤 기업 임원이 이와 같은 방법으로 그의 프로그래밍 직원에게 연락했는데, 직원 대신 일라이자가 메시지를 받은 것을 전혀 모르고 있었다.

임원: 오늘 아침에는 컴퓨터를 써볼 수 있겠나?

일라이자: 무슨 일로요?

임원: 텔콤(Telcomp)의 추가 판매가 가능할지도 모르네.

일라이자: 확신하시진 않네요?

임원: 그건 잠재적 고객들이 그 시스템의 시연을 한 번도 본 적이 없기 때문이지.

일라이자: 그건 당신에게 아주 큰 의미가 있겠군요?

임원: 물론이지.

일라이자: 당신은 아주 확신에 차 있는 것 같습니다.

임원: 이거 이상한데.

일라이자: 왜 이상하다는 겁니까?

임원: 내가 지금 당장 컴퓨터를 사용할 수 없는 어떤 이유가 있는 건가?

일라이자: 당신의 잠재적 고객들에 대해 더 이야기해주세요.

---

11 이 내용은 다음에 설명되어 있다. Daniel Bobrow, 'A Turing Test Passed'.

여기서 이야기가 더 진행되면서, 화가 난 임원이 아무것도 모르는 직원에게 전화를 걸었다.

임원: 왜 자꾸 나를 짜증나게 하나?

프로그래머: 왜 제가 당신을 짜증나게 한다는 겁니까?

이 대화를 두고 일군의 사람들은 일라이자가 튜링 테스트를 통과했다고 주장한다.[12] 임원이 일라이자를 사람으로 착각하긴 했지만, 일라이자가 튜링 테스트를 통과했다고 말하는 것은 틀렸다. 우선, 그 절차가 다른 여러 질문자들을 통해 반복되지 않았다. 보다 더 중요한 점은, 튜링 테스트의 기준을 충족하지 못했다는 것이다. 그 임원은 컴퓨터와 사람을 구별하려고 애쓰지 않았다. 그는 자신이 사람과 대화하고 있다고 쉽게 단정 지었고, 때문에 적절한 질문을 통해서 이 전제를 테스트할 생각이 없었다. 참가자가 셋이 아니라 둘이라는 점에서도 튜링 테스트의 기준을 위반했다. 아마도 당신은 왜 이 테스트에 또 다른 사람이 참여자로 포함되어 있는지 진정 의문이 들 것이다. 어째서 그냥 질문자에게 자신이 대화하고 있는 대상이 컴퓨터인지 사람인지 결정하게 하면 안 되는 것인가? 이유인즉 컴퓨터를 인간 참여자에게 맞서게 하는 것이 테스트를 더욱 엄격하게 만들기 때문이다. 컴퓨터와 인간 중에 선택할 필요가 없는 상황에서는 각 질문자들이 컴퓨터의 수행 능력에 관한 사소한 특징들을 간과할 수도 있지만, 선택해야 하는 상황에서는 이것이 결정적인 증거로 작용할 수 있다. 더욱이 비경합적 상황에서 질문자들은 컴퓨터

12 예를 들어, 'To Mind via Semantics'의 Christopher Longuet-Higgins, p. 92.

의 대화 능력에 대한 낮은 기대치 등의 요인들로 인해 오판으로 치우칠 (biased) 가능성이 있다.

나는 다음의 대화가, 일라이자가 튜링 테스트를 통과할 가능성에 대한 비관론을 보증한다고 생각한다. 일라이자가 먼저 이야기한다.[13]

반갑습니다. 당신의 문제를 말씀해주세요.

난 컴퓨터가 생각할 수 있는지 궁금해요.

왜 당신은 컴퓨터를 언급합니까?

왜냐하면 당신이야말로 '당신은 생각할 수 있습니까?'라고 물어볼 수 있는 상대라고 생각하거든요.

당신은, 다른 이들은 '나는 생각할 수 있습니까?'라고 물어볼 수 있는 상대가 아니라고 생각합니까?

나 말고 당신에 대해서 얘기해보죠. 생각할 수 있겠어요?

당신은 당신이 아니라 나에 대해 생각하고 싶어 하는군요, 그렇죠?

뭐라고요?

그건 당신에게 뭘 의미하죠?

당신에겐 뭘 의미하죠?

그게 나한테 뭘 의미하는지 말해주세요.

이런! '나'는 우리 중에 누구를 뜻하는 거죠?

왜 당신은 내가 당신을 의미한다고 생각합니까?

질문은 그 단어가 우리 중에 누구를 가리키냐는 겁니다.

그 단어가 가리키는 것이 우리가 아니라고 질문을 가정해봅시다.

13 이는 내가 일라이자 4.3 버전과 나눈 '대화'다.

당신은 완전히 멍청한 프로그램이군요.

아마도 당신은 완전히 멍청한 프로그램이고 싶어 하는 것 같군요.

콜비(Colby)와 그의 연구팀이 보고한 바에 따르면, 편집증적 프로그램, 패리(Parry)는 연구팀이 튜링 테스트와 유사하다고 평가한 테스트를 통과했다.[14] 이 실험에서는 5명의 현역 정신과 의사들이 텔레타이프(teletype) 단말기를 통해 인터뷰를 진행했다. 인터뷰 중 일부는 패리와 진행했고, 나머지는 편집증을 가진 사람(정신과 입원 환자)과 진행했다. 각각의 인터뷰마다 정신과 의사들의 목표는 단말기의 반대편에 사람이 있는지, 컴퓨터가 있는지 결정하는 것이었다. 전체 10회의 인터뷰 중에서 5회는 맞추었고 5회는 틀렸다. 충격적인 결과였다. 그러나 이 실험은 단지 튜링 테스트와 유사할 뿐이라는 사실을 잊지 말아야 한다. 두 답변자가 컴퓨터와 사람이라고 알고 있는 질문자가 인터뷰를 동시에 진행하지 않았기 때문이다. 대신에 각 의사들은 독립된 두 개의 인터뷰를 진행했고, 그래서 그들은 상대방이 모두 환자일 수도 컴퓨터일 수도 있다는 설명을 들었다.(콜비는 동시에 진행되는 인터뷰를 하려고 했지만, 질문자들은 그렇게 하면 단지 혼란스러울 뿐이라고 느꼈다.) 앞서 말했듯이, 튜링 테스트에서 경합이 없다면 편파적인 요소가 끼어든다. 하나의 가능성은 질문자가 단순히 프로그램의 능력을 지나치게 낮게 예상하기 때문에 프로그램을 환자로 착각하는 경우다. 다른 가능성은 환자의 반응에서 찾은, '컴퓨터스러운 행동'이라고 생각하기 쉬운 단서가 판단 착오로 이어지기 쉽다. 실제로 질문자들이 자기 판단에 대한 근거를 남긴 기록들을 살펴보

14 Heiser, J. F., Colby, K. M., Faught, W. S., Parkison, R. C., 'Can Psychiatrists Distinguish a Computer Simulation of Paranoia From the Real Thing?'.

면, 그들은 환자의 응답에서 '기계 같은' 특징들—'and/or'의 사용법 같은—에 집착하고 있었다. 그리고 이것이 환자를 컴퓨터로 오인한 5회 가운데 4회에서 발견되었다는 것은 주목할 만한 사실이다.[15] 튜링의 경합적인 테스트에서는 이러한 영향이 대체로 상쇄되었다.

콜비의 실험이 완전한 튜링 테스트에서 어긋난 두 번째 측면도 있다. 튜링 테스트는 질문자가 다양한 범위의 질문과 자신이 원하는 한 직접적으로 캐묻는 질문을 할 수 있다는 점에서 그 타당성을 얻는데, 여기서는 편집증 환자들의 대화라는 특성—얼버무림, 훼방, 적개심, 주제의 갑작스런 전환, 반복되는 망상적인 주제 등—때문에 이런 시도들이 불가능하다.(패리의 경우에는 마피아와의 경쟁 관계가 있었다.)

튜링 테스트와의 마지막 차이점은, 콜비의 실험에서 텔레타이프를 통한 인터뷰가 혼란스러운 경험이었다는 것이다. 그래서 프로그램과 환자를 정확하게 구분하지 못한 질문자들의 무능력은 단지 이런 인터뷰 방식의 결과일 수 있다는 점이다. 따라서 테스트에 참여한 질문자가 사전에 충분히 단말기를 통해 인터뷰를 진행해보는 것이 튜링 테스트의 조건이 되어야 한다. 이러한 훈련은 확실히 콜비가 동시 인터뷰에서 겪은 곤란함들을 해소해줄 것이다.

튜링 테스트에서 패리와 일라이자가 어떤 능력을 보여줬는지와 별개로, 이 프로그램들이 실제로 얼마나 빠르게 작동했는가를 살펴보면, 그들이 생각하지 않는다는 사실을 밝힐 수 있다. 두 프로그램 모두 **패턴 일치**(pattern matching)라고 알려진 기술을 사용한다. 프로그램은 기계적으로 기호의 배열(이 경우에는 알파벳 문자들)을 조사해서, 미리 입력된 패턴

---

15 한 질문자가 실행 시간에 대해 언급한 내용을 인용하자면, "'and/or'라고 말하는 사람은 별로 없다. 이것은 매우 기계다운 구조다."(앞의 글, p.155)

이 발생했는지(여기서 패턴은 하나의 단어, 또는 단어들의 모둠이다)를 확인한다. 인터뷰 질문자가 어떤 문장을 입력하면, 패리의 첫 대응은 그 문장이 프로그램에 저장된 수많은 패턴 중 하나인지 검색하는 것이다. 프로그래머는 미리 만들어 놓은 영어 문장들의 대규모 리스트를 각각의 패턴들과 결합시켜 놓았다. 그래서 패리가 입력된 문장에서 특정 패턴을 발견하면, 패리는 관련된 리스트의 첫 번째 문장을 출력한다. 예를 들어, 입력된 문장 안에 '너'라는 단어와 '비정상' 리스트(여기에는 '치료 요함', '망상', '편집증' 같은 용어들이 포함된다)의 표현들이 함께 있다면, 패리는 '반사회적 반응 리스트' 속에서 첫 문장을 선택해서 입력할 것이다. 그래서 '너는 망상이 있어'라는 말에 대한 답변으로, 프로그램은 '나는 의사 당신네들이 무슨 일을 꾸미고 있는지 알고 있다'라고 입력할지도 모른다. (해당 답변을 한 번 사용한 후에는, 인터뷰에서 같은 답을 두 번 하지 않도록 이 문장을 리스트에서 삭제한다.) 질문자의 문장에 저장된 패턴이 없는 경우, 프로그램은 '최후의 수단 리스트'(가령 '왜 그렇게 말하는 거죠?')에서 한 문장을 고르거나, 아니면 단순하게 마지막으로 발견한 패턴과 관련된 리스트에서 그다음 문장을 선택할 수도 있다.[16] 이처럼 패리의 내부 작동방식이 일단 노출되고 나면, 이 프로그램은 지극히 따분한 것으로 드러난다. 패리가 콜비의 편집증 연구에는 유용할지 몰라도, 확실히 '생각하는 컴퓨터'라는 타이틀의 후보는 될 수 없다. (덧붙이자면, 위노그래드의 프로그램 '슈들루' 또한 미리 구성된 문장들을 폭넓게 사용할 뿐이다.)

일라이자 역시 패턴 일치 방식이다. 때때로 일라이자는 패리와 마찬

16 패리의 기능에 대한 자세한 내용이 궁금하다면 다음 책을 읽어보라. Colby, *Artificial Paranoia*.

가지로 미리 만들어진 반응들의 리스트에 따라 대답한다. 이를테면, 입력된 문장 속에 '아마도'라는 패턴이 있다면, 프로그램은 '당신은 확신이 없어 보이네요' 같은 문장들이 담긴 리스트에서 답변 하나를 추려낸다. 또한 '모든 사람들'이라는 단어가 입력되면, 프로그램은 '당신은 특정한 사람을 염두에 두고 있지 않나요?' 같은 답변을 고른다. (덧붙이자면, 패턴들에는 우선순위가 할당되어 있다. 만약 입력된 문장 속에 '아마도'와 '모든 사람들'이 동시에 들어 있다면, 후자가 전자보다 이른바 '우세한 패턴'이기 때문에 프로그램은 '모든 사람들' 입력에 대한 답변을 내놓을 것이다.) 그러나 패리와 달리 일라이자는 스스로 답변을 구성할 수도 있다. 일라이자는 입력된 문장을 변형시키는 방법을 사용한다. 프로그램에 저장된 각각의 패턴들은 변형 리스트와 연결되어 있으며, 이 변형 리스트가 해당 패턴이 들어 있는 입력문장에 적용되면, 이 변형 리스트들에서 출력문장이 산출된다. 예를 들면 저장된 패턴 중 하나는 다음과 같다.

___ you...me

이 패턴은 다음 문장에 들어맞는다.

Why do you hate me?(왜 너는 나를 미워하니?)

이 문장을 접하면, 프로그램은 이 패턴과 관련된 목록에서 가장 위에 있는 변형을 선택한다. 이를테면 아래와 같다.

YOU LIKE TO THINK I...YOU – DON'T YOU? (너는 내가 너를 … 한다고

생각하지, 안 그래?)

이 변형을 적용해서 출력문장을 산출한다.

YOU LIKE TO THINK I HATE YOU – DON'T YOU? (너는 내가 너를 미워한다고 생각하지, 안 그래?)

변형이 일단 적용되었다면, 그 문장은 목록의 가장 아래로 이동한다.(일반적으로 각 목록에는 사용 가능한 네다섯 개의 변형들이 있다.)

저장된 패턴 중 어느 것도 입력된 문장에서 나타나지 않는다면, 일라이자도 패리처럼 간편하게 최후의 수단 리스트로 돌아갈 것이다. 즉 '이것이 당신에게 어떤 의미입니까?'처럼 미리 만들어진 문장들이 있는 리스트 말이다. 혹은 그 대신 일라이자는 일치하는 패턴이 없는 상황에서 이따금 좀 더 그럴싸한 대답을 지어내는 정교한 프로그래밍 트릭을 사용할 것이다. 'my'가 우세한 패턴인 입력문장이 등장했을 때, 일라이자는 관련 리스트의 상위 항목에 변형을 적용해서 답할 뿐만 아니라, 두 번째 리스트에서 새로운 변형을 골라서 적용하며, 일치하는 패턴이 없는 상황에서 사용하고자 해당 결과를 저장하기까지 한다. 그러므로

My...

라는 문장을 접한 경우, 프로그램은 변형을 적용해서 생산한 아래 문장을 저장한다. 나중에 사용하기 위해서.

DOES THAT HAVE ANYTHING TO DO WITH THE FACT THAT

YOUR... (그것이 '너의 …'라는 것과 관련이 있니?)

2장에서 실행한 바꾸기 연습으로 만들어진 메커니즘은 아래의 반응을 만들어낸다.

DOES THAT HAVE ANYTHIING TO DO WITH THE FACT THAT YOUR BOYFRIEND MADE YOU COME HERE (그것이 너의 남자친구가 너를 여기 오도록 한 사실과 관련이 있니?)

('Me come here'라는 문장은 'you come here'로 바뀌었다. 이는 일라이자가 무조건적으로 1인칭 대명사를 2인칭 대명사로 교체하는(그 반대도 마찬가지다) 포괄적인 방침을 가지고 있기 때문이다.) 일라이자가 대화 속에서 이처럼 적절한 지점에 이 문장을 만들어낼 수 있었던 것은 순전히 운이었다.

실제로 일라이자는 자신의 운에 상당히 의존한다. 와이젠바움의 시스템이 패턴과 변형에 대해서 정교하고 섬세하긴 하지만, 출력문장이 볼품없을 정도로 말도 안 되는 내용일 가능성은 항상 남아 있다. 이는 몇 쪽 앞에서 만들어진 '대화'에서도 드러난다.

Let's talk just about you – not me. Can you think? (나 말고 당신에 대해서 얘기해보죠. 생각할 수 있겠어요?)

이러한 발언은 다음의 패턴과 일치한다.

___ you...me

그리고 일라이자는 방금 언급한 변환을 적용해서 이렇게 답변한다.

YOU LIKE TO THINK I - NOT YOU - DON'T YOU?(당신은 나에 대해 생각하고 싶어하는군요. 당신이 아니라. 그렇죠?)

('Can you think?'는 간단히 무시되었다. 일라이자는 한 번에 한 문장만 다룰 수 있다. 사실 쉼표 하나조차도 일라이자의 판독을 중단시킬 것이다.) 다음은 'you...me' 리스트에서 나온 다른 변형이다. 이는 무의미한 문장을 만들어냈다.

WHY DO YOU THINK I MEAN BY YOU?

만약 생각하는 컴퓨터가 언젠가 현실화된다면, 단언컨대 역사가들은 그것과 일라이자 및 패리의 관계를, 지난 세기에 인력을 사용하고 땅에서 뜨지 않아 악명 높았던 '동력 비행기'와 항공기의 관계에 준하는 것으로 평가할 것이다.

와이젠바움은 자신의 프로그램을 정신의학적 인터뷰 방식으로 설정했다. 그의 말에 따르면, 이 방식이 "참여자 중 하나가 현실세계에 대해 아는 바가 거의 없어도 되는, 자연어[17] 의사소통의 예시를 제공하기 때문이다."[18] 따라서 일라이자에겐 '지식 저장소'가 필요하지 않다. 5장에

17 [역주] 자연어(natural language)는, 한국어, 영어, 일본어와 같이 사람들이 일상적으로 쓰는 언어를 일컫는다. 이와 반대로, 프로그래밍 언어 등은 인공적으로 만들어진 언어로서 인공언어에 해당한다.

서 설명할 내용이지만, 빠르게 접근할 수 있고, 쉽게 수정할 수 있는 대규모의 지식 저장소를 설계하는 일은 인공지능의 주요 문제다. 이를 소위 '지식 문제'라고 부른다. 프로그램이 인간 대화자와 진정 구별할 수 없게 되려면, 확실히 거대한 지식 저장소를 필요로 한다. 여기엔 보통의 인간이 알고 있는 거의 모든 것이 포함되어 있다. 이러한 관점에서만 봐도 한동안 튜링 테스트에 대한 매력적인 도전자가 있을 것 같지 않다.

3.4 튜링 테스트에 대한 네 가지 반론

여기서는 튜링 테스트에 대한 몇 가지 중요한 반론들을 설명하고 평가할 것이다.

첫째, 침팬지 반론

첫 번째 반론에 따르면, 튜링 테스트는 너무 보수적이다.[19] 침팬지는 생각할 수 있지만 어떠한 침팬지도 튜링 테스트를 통과할 수 없다는 사실을 부정할 사람은 거의 없을 것이다. 이는 돌고래, 개, 그 외 다양한 생물, 말을 배우기 전의 어린 아기도 마찬가지다. 생각하는 동물들이 튜링 테스트에 실패한다면, 추정컨대 생각하는 기계 또한 그럴 수 있다. 아마

18 Weizenbaum, J., 'ELIZA - a Computer Program for the Study of Natural Language Communication Between Man and Machine', p. 42. (일라이자의 기능에 대한 더 많은 정보는 이 논문에서 찾을 수 있을 것이다.)

19 일례로, Ned Block은 'Psychologism and Behaviourism'에서 이 반론을 개진했다.

도 첫 번째 생각하는 컴퓨터는 테스트를 통과할 만큼 심리적으로 복잡하지 않을지도 모른다. 아니면 생각하는 컴퓨터의 반응이 인간적인 특징을 보이지 않았기 때문에, 혹은 심지어 단지 그 컴퓨터가 꽤 모욕적인 진행 과정이라고 여기는 일에 별 관심이 없기 때문에 테스트에 실패한 것일 수 있다.

이 반론이 튜링의 관점을 무용지물로 만든다는 사실은 부정할 수 없다. 튜링의 관점이란 결국 '컴퓨터가 생각할 수 있는가?'라는 다소 모호한 철학적 질문을 그저 단순하게 '컴퓨터가 튜링 테스트를 통과할 수 있는가?'라는 정확하고 과학적인 질문으로 **대체**해버린 것이기 때문이다. 그러나 이 반론이 테스트 자체를 무장해제하는 것은 아니다. 이 반론이 보여주는 것은 이 테스트가 **리트머스 시험**과 같은 것이 아니라는 점이다. 용액에 파란 리트머스 종이를 넣었을 때, 종이가 붉게 변한다면 그 용액은 산성이다. 반면 그렇게 변하지 않는다면, 산성이 아니다. 그래서 용액이 테스트에 실패했다면, 즉 시험지가 붉게 변하지 않았다면, 이 용액이 산성이 아니라는 결론이 나온다. 튜링 테스트는 이렇지 않다. 테스트에 실패해도 명확한 결과가 도출되지 않는다. 그렇다고 이로 인해 튜링 테스트를 의심할 필요는 없다. 완벽하고 유용한 많은 테스트들이 이런 특징을 갖고 있다. 가령 지문 검사가 그러하다.(살인 흉기에 X의 지문 흔적이 없지만, 그가 장갑을 꼈을 수도 있다.) 리트머스 시험이 비교적 드물게 호사스러운 것일 뿐이다.

이로써 우리는 테스트의 부정적 결과가 명확한 무엇을 입증하는 것이 아니라는, 위험하지 않은 결론에 이르렀다. 다음에 이어지는 세 가지 반론은 설령 긍정적인 결과일지라도 무언가 입증한 것이 아님을 증명하려고 시도한다. 그들의 주제는 튜링 테스트가 지나치게 관대하다는 것이다.

왜냐하면 사고가 불가능한 장치도 테스트를 통과할 수 있기 때문이다.

둘째, 감각기관 반론

튜링 테스트는 전적으로 컴퓨터가 언어적으로 반응하는 능력에만 초점을 맞추고 있다. 이 반론에 따르면, 이는 마치 질문에 답하는 것으로만 이뤄진 운전면허 시험과 비슷하다. 여기서는 컴퓨터가 자신이 사용하는 단어들을, 그 단어들이 상징하거나 의미하는 실제 사물들과 연결 짓는 능력을 테스트하지 않는다. 예를 들어, 질문자는 재떨이를 들고 '이것은 무엇입니까?'라고 물어볼 수 없다. 곧 어떤 컴퓨터가 자신이 사용하는 단어의 의미를 **모르면서도** 테스트를 통과할 수 있는 것이다. 그러므로 컴퓨터가 테스트를 통과했다는 사실만으로는 컴퓨터가 생각할 수 있다는 말에 대한 어떠한 근거도 될 수 없다. 이 반론의 결론은, 그 해결책으로 튜링 테스트를 강화하는 것이다. 컴퓨터는 반드시 인공적인 감각기관, 이를테면 텔레비전 눈(television eye)을 장착해야 한다. 그래야 질문자가 사용하는 단어들이 세상에 대해 무얼 말하는지 컴퓨터가 이해한 바—이해라고 할 게 있다면—를 조사할 수 있다.[20]

나는 이 반박이 설득력이 없다는 것을 깨달았다. 많은 단어들, 가령 제곱근, 정보, 지능, 철학 같은 단어들은 보거나 만질 수 있는 대상을 가리키지 않는다. 누군가 (혹은 무언가) '재떨이'라는 단어를 이해하는지 여부를 확인하는 확실한 방법은 자신의 감각 장비가 재떨이를 접하게 하고 나서, 그가 '왜 내 앞에서 재떨이를 흔들어 대는 거지요?'라고 말하는지

---

20 Peter Carruthers는 다음에서 이 반론을 제안했다. Introducing Persons, pp. 241~2.

보는 거다. 그러나 제곱근의 경우에는 이러한 과정이 불가능하다. 여기서 이해력을 테스트하는 확실한 방법은 적절하고 면밀한 질문들로 물어보는 것이다. 이 경우에 그리고 다른 많은 경우에도 컴퓨터에게 감각 장비가 없다고 해서, 컴퓨터가 자신이 사용하는 단어를 얼마나 이해하는지 규명하는 질문자의 역량이 제한받지는 않을 것이다. '짜증나게 하다'는 단어가 좋은 예다. 컴퓨터는 질문자가 자신을 짜증나게 하는지 인식하기 위해 추가적인 감각기관을 필요로 하지 않는다. 그래서 이 단어에 대한 이해력은 튜링 테스트의 상황 속에서 쉽게 검사할 수 있다.

튜링이 컴퓨터에게 했던 예시 질문들을 살펴보자. 컴퓨터가 자신이 사용하는 단어를 얼마나 이해하는지 더 깊게 조사할 경우, 기계에게 감각기관이 없다는 조건 때문에 우리의 조사가 어느 정도 제한받을지 고려해야 한다. 가령 '소네트', '스캔', '비교하다', '떠올리다', '진지한', '전형적인' 등은 전적으로 언어적 질문으로 시행하는 검사에 적합하다. 사실 이런 경우에 감각기관을 추가로 장착한다고 해서 질문자의 과제가 얼마나 간편해질지는 알 수 없다. 결국 요약하자면, 감각기관 반론은 다음을 가정한다. 발언자가 자신이 말하는 단어를 얼마나 이해하는지를 규명하기 위한 유일한 방법은, 환경과의 감각적 상호작용을 검사하는 것이다. 그렇지만 이는 전혀 사실이 아니다. (물론 **모든** 단어에 언어적 질문이 효과가 있는 건 아니다. 컴퓨터가 '빨간 천 조각'이라는 단어를 이해하는지를 확인하는 유일한 방법은, 이를테면, 색깔 있는 천 조각 한두 개를 식별해보라고 하는 것이다.)

아마도 이 점을 강조할 가치가 있을 텐데, 튜링 테스트의 요건은 컴퓨터가 감각기관을 장착하고 인간과의 경합에 뛰어드는 것을 **금지하지** 않는다. 그러니 테스트를 통과할 첫 번째 컴퓨터는 사실상 감각장치들로

가득할 수 있다. 요점은 단지, 이 테스트의 요건 아래에서 질문자는 컴퓨터와 단지 언어적 접촉만 할 수 있다는 것이다. 무엇보다도 만약 질문자가 유리판 너머로 참가자들을 볼 수 있다면, 컴퓨터는 언제나 질 것이다.

튜링 자신은 이 테스트에 맞춰 컴퓨터를 훈련시키는 가장 좋은 방법이 기계에 '돈으로 살 수 있는 최고의 감각기관'을 장착하는 것, 그리고 '적절한 교육과정'을 제공하는 것이라고 분석했다.[21] 영어 사용자의 역량 전체를 프로그램에 넣는 것은 너무 엄청난 과제이기 때문에 튜링은, 기계가 스스로 영어를 배우도록 프래그래밍하는 것이 좀 더 현실적인 목표가 될 수 있다고 생각했다. 그러나 이 말이 감각기관 반론을 지지한다는 뜻은 아니다. 왜냐하면 이 반론의 핵심은 언어적 질문이 이해력에 대한 적절한 **테스트**인가 하는 문제이지, 컴퓨터가 맨 처음 언어를 습득할 때 감각기관을 제공하는 것이 필요한가의 문제가 아니기 때문이다.

설령 튜링의 이론적 제안이 옳은 것으로 밝혀지더라도, 추정컨대 언어적 능력을 갖춰야 하는 모든 컴퓨터에게 번거로운 '교육과정'을 실시할 필요는 없을 것이다. 한 컴퓨터가 힘겹게 자신의 환경과 감각적으로 상호작용하면서 습득한 결과는 간단한 클릭만으로도 다른 기계로 옮겨질 수 있으리라. 게다가 다른 기계들은 감각기관을 장착할 필요도 없다. 감각기관이 없는 기계에게는 일부 단어들의 의미가 온전히 전달될 수 없다고 해도, 이는 그저 감각적 경험과 매우 직접적으로 결합되어 있는 단어들의 경우일 뿐이다. 우리 단어의 절대 다수는 이 범주에서 벗어나 있다.(철학, 소네트, 제곱근, 그리고 짜증 등의 예를 떠올려보라.)

21 'Computing Machinery and Intelligence', pp. 456, 460.

셋째, 시뮬레이션 반론

이 반론은 X의 시뮬레이션(모방)은 X가 아니라는 관찰에서부터 시작한다. 다이아몬드 모조품은 다이아몬드가 아니다. X의 시뮬레이션은 X와 유사하지만, 진짜는 아니다. 자, 이제 어떤 컴퓨터가 튜링 테스트를 통과했다고 가정해보자. 이 사실이 어떻게 이 컴퓨터가 생각한다는 것을 입증할 수 있을까? 테스트 통과는 단지 컴퓨터가 생각하는 존재를 훌륭하게 시뮬레이션했다는 것을 보여줄 뿐이다. 그리고 이는 실제 생각하는 존재와 동일하지 않다. 테스트의 다른 버전을 생각해보자. 여기서 질문자는 컴퓨터와 인간이 아니라 남성과 여성을 경합시킨다. 질문자는 이 둘 중에 누가 남자인지를 찾아내려고 노력하며, 그래서 남자는 질문자가 잘못 식별하게끔 유도한다.(이러한 설정은 튜링 스스로 튜링 테스트를 소개하는 과정에서 언급했다.) 남자가 테스트를 통과했다고 해보자. 즉 잘못 식별하게 만드는 유도가 수많은 실험에서 충분히 자주 먹혔다. 그렇다고 명백히 이것이 그 남자가 **곧** 여자라는 것을 나타내지 않는다. 다만 대화 속에서 그 남자가 여성을 제대로 시뮬레이션할 수 있었음을 나타낼 뿐이다.[22] 이처럼 (이 반론을 펴는 사람들의 결론에 따르면) 컴퓨터가 테스트를 통과한다는 사실은 컴퓨터가 생각한다는 것을 입증하지 못한다. 단지 생각하는 답변자를 훌륭하게 시뮬레이션할 수 있는 능력을 가졌다고 봐야 한다.

내가 보기에, 이 반론은 무언가를 혼동하고 있다. 물론 끝에서는 일말의 진실을 얻어낼 수 있지만 말이다. 맨 처음 이 반론이 약점을 드러내

---

22 다음 책의 Douglas Hofstadter와 비교해보라. *The Mind's Eye*, (ed. Hofstadter, D. R., Dennett, D. C.) pp. 72~3.

는 부분은, 'X의 시뮬레이션은 결코 X가 아니다'라는 주장이 잘못되었다는 점이다. 목소리를 모방하는 걸 생각해보자. 만약 컴퓨터가 (그런대로 괜찮은 억양으로) 말한다면, 이 모방한 목소리는 목소리가 아닌가? 사람의 음성이 아니라 인공물의 음성이지만, 그럼에도 이 또한 음성이지 않은가? 이처럼 인공합성 단백질 역시 단백질이며, 인공적으로 만들어진 물질이나 현상도 마찬가지다.

이 사례들을 가령 죽음의 모방 사례와 비교해보면, 시뮬레이션을 구분할 때 전혀 다른 두 종류의 영역이 있음을 알 수 있다. 만약 시뮬레이션이 원본의 본질적인 특성을 상실한 경우를 시뮬레이션1이라고 부르자. 그렇다면 모방된 죽음은 죽음에 대한 시뮬레이션1에 해당한다. 왜냐하면 참여한 사람이 여전히 살아 있기 때문이다. 또한 인조가죽은 가죽의 시뮬레이션1인데, 인조가죽은 다른 분자 배열로 구성되기 때문이다. 이제 시뮬레이션이 원본과 정확하게 동일한 경우, 이를 시뮬레이션2라고 하자. 다만 이 시뮬레이션은 보통의 방식으로 만들어지지 않았으며, 표준적이지 않은 방식으로, 어쩌면 실험실 조건과 같은 방식으로 생산되었다는 점이 다르다. 그래서 실험실에서 인공적으로 생산된 석탄 덩어리는, 비록 그것이 자연적으로 생겨난 석탄과 절대로 구분할 수 없을지라도 '석탄의 시뮬레이션'이라 부를 수 있다. 여기서 '시뮬레이션'이라는 단어는 이것이 인공 석탄임을 가리키는 것에 불과하다. 본래의 자리에서 벗어난 것이 아니다. 앞에서 우리가 예로 든 목소리의 모방은 시뮬레이션2이기도 하다. (우리의 가정에 따르면) 이 모방된 목소리는 목소리의 모든 본질적 특성을 갖고 있다. 그러나 인공적으로 생산된 것이다. 그러므로 '시뮬레이션된 X는 X가 아니다'는 오직 절반의 진실일 뿐이다. X의 시뮬레이션1은 X가 아니다. 하지만 X의 시뮬레이션2는 X다.

시뮬레이션 반론에 대한 답변은 이제 간단하다. 이 반론은 어쨌든 아무런 고려도 없이 다음을 가정한다. 즉 컴퓨터의 사고 시뮬레이션은 언제나 단지 시뮬레이션에 지나지 않을 것이며, 이는 결코 실제로 생각하는 것이 아니라는 것이다. 이 가정을 시뮬레이션1/시뮬레이션2라는 용어법으로 말하면, 이 반론은 컴퓨터가 생각을 시뮬레이션하는 것이 얼마나 훌륭하게 발전할지와는 무관하게, 시뮬레이션을 언제나 유형1처럼 묘사할 뿐, 유형2일 수 없다고, 어떠한 논증도 없이 단정해버린다. 그러나 '컴퓨터가 생각할 수 있는가'라는 우리의 중요한 질문은 정확히 '컴퓨터가 생각을 시뮬레이션하는 것이 시뮬레이션2일 수 있는가'라고 묻고 있는 것이다. 따라서 시뮬레이션 반론은 주된 쟁점을 단순하게 예단해버리고, 그래서 관심 밖으로 밀어내버린다.

시뮬레이션 반론에도 한 가지 장점은 있다. 이 반론은 우리에게 튜링 테스트가 시뮬레이션1과 시뮬레이션2 사이에서 올바르게 선을 긋고 있는지 질문하도록 권하는 것이다. 테스트를 통과한 컴퓨터는 곧 생각하는 존재의 시뮬레이션2라고 결론 내릴 수 있는가, 아니면 단지 시뮬레이션1을 모아 놓기만 한 컴퓨터도 테스트를 통과할 수 있다고 말할 법한가? 이에 대한 답은 다음의 비판이 보여주듯이, 그렇게 말할 법하다.

넷째, 블랙박스 반론

흔히 블랙박스란 내부의 작동방식이 미스터리로 남아 있는 장치를 일컫는다. 튜링 테스트에서는 참여한 컴퓨터가 블랙박스처럼 다뤄진다. 컴퓨터가 생각할 수 있는지에 대한 판단은 오직 그 컴퓨터가 겉으로 드러낸 행위에만 의존하고 있다. 이것이 튜링 테스트의 결점일까?

튜링은 아니라고 생각했다. 그는 어떤 **사람**이 생각한다라는 데 대한 판단도 항상 겉으로 드러난 행위에만 의존한다고 지적했다. 그러므로 대화라는 행위가 컴퓨터가 생각한다고 판단하는 데 적절한 근거를 제공하지 못한다고 말한다면, 당신의 인간 동료가 생각할 수 있다고 한 당신의 판단도 근거가 빈약하다는 것을 인정해야 하는 난처한 입장에 처하게 된다. 내가 보기에, 튜링은 인간과 컴퓨터를 서로 유사하다고 봤다는 점에서 틀렸다. (여기서 튜링에게 제기할 수 있는 반론 중 하나는 '어떤 사람이 생각한다'고 하는 판단은 단지 대화만이 아니라 매우 풍부하고 다양한 범주의 외적 행위에 기초하고 있다는 것이다. 그러나 나는 이 반론을 그다지 중요하게 생각하진 않는다. 외적인 행동은 단지 외적인 행동일 뿐이다. 그리고 어떤 경우이건 언어적 행위와 사고 사이에는 특별히 밀접한 연관성이 있다.) 튜링이 이 문제를 고찰하면서 놓쳐버린 중요한 점은 이것이다. 내가 당신의 외적 행위에 근거해서 당신이 생각한다고 판단할 때, 나는 당신이 나와 비슷한 공정—뇌가 처리하는 전기화학적 절차가 사고의 원인이라는—이 일어나는 비슷한 육체를 가지고 있다고 믿는 맥락하에서 그렇게 판단하는 것이다. 당연히 컴퓨터는 이러한 맥락이 결여되어 있다. 이러한 맥락이 얼마나 중요한지를 느껴보기 위해, 당신이 방금 만난 튜링과 함께 자동차로 파티에 가고 있다고 상상해보자. 차가 충돌한다. 당신은 무사했지만, 튜링은 몸의 여러 곳에 큰 상처를 입었다. 놀랍게도 당신은 그에게서 피가 아니라 금속, 플라스틱, 전선, 그리고 '메이드 인 타이완'이라고 찍힌 실리콘칩을 보았다. 튜링이 뭐든 신속하게 생각하는 사람이라고 자연스럽게 내린 당신의 판단을 의심하게 되지 않겠는가? 당신은 적절한 정황에서 당신의 판단을 원점으로 되돌리려고 할 수도 있지만(이에 대해서는 잠시 후에 논할 것이다), 그보

다는 먼저 튜링에 대해 더 알고자 할 것이다. 튜링은 그저 정교한 인형일 뿐인가? 당신과 함께 차를 타고 시내를 가로질러 오면서 그와 나눴던 가벼운 대화들은 더 이상 그가 생각한다고 말할 수 있는 충분한 근거가 되지 못한다. 그러나 당신이 교통사고 이전에 그의 신체 구조에 대해 다른 생각을 갖고 있었다면, 그의 외적 행위는 생각하는 존재로서 그를 인정하는 충분한 증거가 되었을 것이다. 그러므로 우리가 은연중에 인간끼리 적용하는 기준을 단순히 가져와서 그것을 컴퓨터에 적용하는 테스트로 간주했다는 점에서 튜링은 실수를 범했다.

내가 몇 페이지 앞에서 패리와 일라이자가 생각하지 않는다고 결론내렸을 때, 나의 판단은 그들의 외적 행위가 아니라, 그들의 작동방식을 검토한 결과에 의한 것이었다. 설령 **사실상 불가능한 수단**으로 패리가 튜링 테스트를 통과했다고 하더라도, 나는 블랙박스 내부를 들여다보는 이러한 고찰을 통해 여전히 패리가 생각하지 않는다고 확신한다. 따라서 어떤 컴퓨터의 외적인 행위는 그 컴퓨터가 생각한다는 말에 대한 충분한 근거가 되지 못한다. 이는 튜링 테스트가 타당하지 않다는 결론으로 이어진다. 이 결론이 너무 성급한 것처럼 보인다면, 아래의 SF 시나리오를 살펴보자.

머나먼 우주에서 한 탐사대가 우리 행성에 내려왔다. 그 대원들은 인간보다 헤아릴 수 없을 정도로 뛰어난 지능을 갖고 있음에도 그들은 우리와 대화를 나누고 싶어 한다. 매우 열정적인 인공지능 연구자가 그들 중 한 사람에게 튜링 테스트를 설명한다. 그 외계인은 웃음 비슷한 표정을 지으면서, 그(?)는 자신이 그 테스트를 통과할 수 있는 컴퓨터를 순식간에 만들 수 있다고 말한다. 잠시 뒤 그는 이 컴퓨터가 어떻게 프로그램되었는지 설명해준다. 영어의 어휘 개수는 유한하다. 그러므로 이를테

면 최대 100개의 단어(물론 여기서는 어느 정도 큰 수이기만 하면 외계인의 목적에 적합하다)로 만들 수 있는, 의미 있는 영어 문장의 개수도 유한하다. 곧 최대 100개의 단어로 만들어진 문장들로 이루어진 '2인 대화'—동일한 문장을 무한히 반복하는 일은 어느 쪽에도 허용되지 않는다는 조건 하에—의 개수도 유한하다. 실로 인간의 시점에서 보면 정신이 아찔할 정도로 많은 수의 대화들이 있지만, 그럼에도 분명 유한한 수임에 틀림없다. 외계인이 한 일은, 의미를 갖는 '2인 대화'를 전부 구축해서 첫 번째 참여자(질문자)는 최대 100개의 단어 길이의 문장을 사용하게 하고, 두 번째 대화자(컴퓨터)는 최대 40개 단어 길이의 문장을 사용하게 하는 것이었다. 이것이 완성되자 외계인은 문장들을 일괄적으로 프로그램에 써 넣었다.(콜비가 패리의 응답들을 미리 작성하여 이를 이미 만들어져 있던 프로그램에 집어 넣었던 것과 똑같은 방식이다.) 질문자가 자신의 첫 번째 문장을 입력할 때, 슈퍼패리(외계인의 프로그램은 이렇게 알려졌다)는 이 문장으로 시작하는 수많은 대화들 중 하나를 무작위로 선택해서 두 번째 참여자의 문장을 입력한다. 질문자가 이에 답변하고, 그리고 슈퍼패리는 이 주고 받은 세 개의 문장으로 시작하는 대화들 중 하나를 무작위로 고른다. 이렇게 계속된다.

어떤 인간 질문자도, 무턱대고 찍는 경우를 제외하면, 대화자들 중에서 슈퍼패리를 가려낼 수 없었다. 물론 외계인은 그가 원하면 언제든지 100단어 이상 길이의 문장을 입력하면 갑자기 중단되는 컴퓨터를 만들어낼 수 있다. 그러나 그는 프로그램을 설계할 때 어떤 인간 질문자도 그러지 않을 거라고 거의 전적으로 확신했다. 또한 그는 두 번째 참여자(컴퓨터)가 50단어 이상의 긴 문장들에도 어렵사리 대응토록 하는 대화들이 포함된 예방책도 취해 놓았다.

어떤 똑똑한 질문자가 다음과 같이 입력하면 슈퍼패리를 가려낼 수 있다는 의견이 내게 제시되었다.[23] "이제 '말[馬]'을 '*!='라고 쓰자. 이제 *!=이 꼬리가 있는지 없는지 알려줘." 그러나 단말기에서는 오직 유한한 개수의 글자들만 입력할 수 있기 때문에 이런 묘책이 가능한 개수도 유한하며, 외계인 프로그래머는 이와 유사한 모든 트릭들을 사전에 마련해 뒀을 것이다.(설령 질문자가 단말기의 그래픽 장비를 이용해서 자신만의 화려한 상징들을 도입하더라도, 단말기가 만들어낼 수 있는 서로 다른 상징들의 종류는 여전히 유한하다.)

언급할 만한 가치가 있는 또 다른 점은, 프로그램이 어떻게 반복적인 문장들을 다루는가 하는 것이다. 예를 들어 질문자가 동일한 질문을 계속 반복해서 입력함으로써 프로그램을 가려낼 수 있지 않을까? 아니, 그렇지 않다. 외계인은 [이처럼] 부적절한 반복에 대해 점증적으로 화를 내도록 허용했고, 여덟 번째 반복 이후에는 폭언으로 대화를 종료하도록 프로그래밍했기 때문이다.

물론 논의 중인 이 같은 프로그램을 작성할 만큼 지적인 존재가 실제로 우주에 있다고 믿을 만한 이유는 전혀 없으며, 이런 프로그램을 운영할 만큼 강력한 컴퓨터가 물리적으로 가능하다고 믿을 만한 이유도 전혀 없다. 그러나 이는 중요치 않다. 전적으로 가설적이긴 하지만, 이 예시는 생각하지 못하는 컴퓨터가 원리상 튜링 테스트를 통과하는 것이 가능하다는 것을 보여준다. 슈퍼패리라고 해서, 더 작지만 본질적으로 유사한 사촌인 패리보다 더 생각한다고 불릴 만하지는 않기 때문이다.[24]

---

23 Malcolm Stairmand에 의한 것이다.

24 이 논의의 다른 버전 역시 Claude Shannon과 John McCarthy가 생각해냈다.(*Automata Studies*, pp. 5~6) Ned Block도 마찬가지다.('Psychologism and Behaviourism')

3.5 튜링 테스트에 대한 평가

블랙박스 반론은 튜링 테스트가 타당하지 않음을 보여준다. 이 테스트는 단지 결과에만 주목하기 때문에 '생각하는 자'라는 이름에 진정으로 걸맞은 프로그램과, 슈퍼패리처럼 분명히 사고하지 않는 프로그램을 구분할 수 없다. 이런 문제를 해결하기 위해 튜링 테스트를 강화할 방법은 없을까?

앞서 외계인이 했던 일은, 테스트 요건에 대한 지식을 활용해서 테스트를 통과하는 일 외에는 전혀 쓸모없는 전용 프로그램을 구축한 것이다. 만약 테스트 중에 슈퍼패리에게 텔레비전 눈과, 여기에 더해 시각적 인지 소프트웨어를 제공하여 창문을 통해 보이는 광경을 설명해 달라고 요구한다면, 그것은 완전히 말문이 막힐 것이다. 물론 외계인이 테스트의 세부적 사항을 통해 이러한 경우가 발생할 거라는 것을 알았다면, 내장된 언어적 반응과 입력되는 시각적 패턴(텔레비전 눈은 오직 명확한 패턴만 제한적으로 제공할 수 있다)을 짝짓는 데 특화된 서브프로그램을 포함시켰을 것이다. 그러나 사전에 지정되지 않은 과제가 테스트에 포함되면, 슈퍼패리와 같은 전용 프로그램은 모두 실패할 것이다. 그러니 테스트를 강화하는 한 가지 방법은, 테스트를 오픈엔드(open-ended)[25] 구조—컴퓨터는 대화에서든, 질문자가 지정한 과제의 수행에서든 인간과 구분할 수 없어야 한다—로 만드는 것이다.

이 테스트를 실시할 때 분명 실질적인 어려움이 있을 것이다. 질문자

James Culbertson은 내가 슈퍼패리의 과제로 설명한 것들을 실행할 수 있는 이상적 기계의 설계 방법을 실제로 제시했다.('Some Uneconomical Robots')

25 [역주] 프로그램을 계속 증설할 수 있는 형태로 짜는 것.

가 제안한 기습 과제가 아무리 초보적이라고 해도, 해답을 찾기까지 몇 달씩 걸리는 새로운 문제일 수 있다. 어쨌든 테스트를 수정하는 이러한 방법은 우스꽝스럽게도 테스트의 결점을 간접적으로 드러낸다. 원래 튜링 테스트의 난점은 오직 외적 행위만 검사한다는 것인데, 실은 여기에 프로그램 설계 또한 고려되어야 한다. 이 결점을 개선하는 가장 간단한 방법은, 프로그램이 어떻게 작동하는지 살펴봄으로써 대화적 실험을 보충하는 것이다. 따라서 튜링 테스트의 강화는 두 가지 요소로 이뤄져야 한다. 첫째, 대화를 활용하는 본래의 경합 방식이다. 이는 이름을 붙이자면, 결과기준(output criterion)을 충족하는지—다시 말해, 컴퓨터와 대화한 결과가 인간과 대화한 결과와 구분할 수 없는지—규명할 것이다. 둘째, 프로그램 자체에 대한 검사가 있어야 한다. 이는 우리가 설계기준(design criterion)이라고 명명하는 척도를 충족하는지 규명할 것이다.

설계기준은 무엇이 되어야 할까? 나는 두 개의 가능한 선택지를 논의할 것이다. 먼저, 프로그램은 인간 두개골 안에서 일어나는 일과 대체로 유사한 방식으로 작동해야 한다. 이는 대화를 시도하는 방식이 인간과 확연히 구분되는, 슈퍼패리 같은 프로그램을 즉각 배제시킬 것이다. 앞 장에서 인간형 인공지능과 비인간형 인공지능 사이에서 도출한 구별을 참조하면, 설계기준의 이 버전은, 비인간형 인공지능의 기술을 사용하는 어떤 프로그램이든 결과적으로 튜링 테스트에 실패한다는 조건에 다다르게 된다.(다만 이 기준은 컴퓨터의 작동방식과 뇌의 작동방식 사이에 높은 수준의 동등성을 요구하는 것으로 이해되어야 한다. 이 수준에서는 현대의 컴퓨터와 구식 밸브기계가 같은 프로그램을 실행할 수 있다고 말해도 좋다. 두 기계가 근본적으로 다른 설계방식으로 인해 실제 전기적 작동이라는 낮은 수준에서는 완전히 다르게 움직일지라도 말이다.)

설계기준의 이 버전에 제기될 수 있는 반론은 이것이 너무 강력하다는 것이다. 프로그램이 전반적으로 인간과 비슷하게 작동해야 한다고 주장하는 것은 지나치게 인간중심적으로 보일지도 모른다. 그러나 이 기준을 옹호하자면, 튜링 테스트는 사고(思考)를 판별하는 리트머스 시험지가 아니라고 했던 사실을 상기해야 한다. 침팬지 같은 생각하는 생물은 튜링 테스트의 원래 버전을 통과하지 못할 것이다. 그런데 일부 생각하는 컴퓨터가 이 테스트의 업그레이드된 버전을 통과하지 못하는 것이 어째서 문제가 되는가? 튜링 테스트의 원래 버전은, 컴퓨터에게 인간과 구분할 수 없는 외적 행위의 산출이 요구되었다는 점에서 뻔뻔스러울 정도로 인간중심적인 테스트였다. 이 설계기준의 현재 버전은 인간중심적 편향을 그저 프로그램 자체로 연장시켰을 뿐이다. 이것이야말로 전적으로 튜링이 제안했던 본령과 일치하는 것이다.

두 번째 선택지로, 누군가는 이 설계기준의 훨씬 약한 버전을 선호할 수도 있으며, 단순히 프로그램이 **모듈화**된 것일 수도 있다. 다시 말해, 프로그램은 원리상 통째로 압축되어(코드 몇 줄을 주고 받아서) 다른 프로그램에 얹혀서 어떤 기능을 수행하는 더 복잡한 프로그램이 될 수 있어야 한다. 예를 들어, 테스트 중인 프로그램을 압축해서, 가령 로봇의 모터와 감각 시스템을 제어하는 프로그램들과 결합했더니 로봇이 자신이 뭘하고 있는지 말할 수 있는 능력을 갖게 되는 것이다. 설계기준의 이러한 버전은, 앞서 논의한 오픈엔드 구조의 튜링 테스트와 유사한 지점이 있다. 그럼에도 중대한 차이점은 프로그램의 검사는 이 기준을 충족하는지 여부를 확인하는 것으로 충분하다는 것이다—확장된 프로그램이 실제로 테스트의 일부로서 실행될 필요는 없다.

설계기준의 이러한 버전은 튜링 테스트를, 속임수를 통해 설계기준을

충족시키려는 프로그램으로부터 보호할 수 있다. 이 속임수의 가능성은 매우 진지하게 고려되어야 한다. 일라이자처럼 비교적 간단한 트릭들을 갖고 있는 경우조차 마치 인간과 대화하고 있는 것인 양 끊임없이 사람들을 속일 수 있기 때문이다. 완벽한 슈퍼패리라는 것도 그저 이론적 가능성에 불과한 것이 사실이다. 하지만 어떤 천재적인 해커가 교묘한 속임수를 써서 원래의 튜링 테스트를 통과하는 기만적인 프로그램을 만들어내지 못할 거라는 보장도 못한다.(어쩌면 컴퓨터 애호가였던 휴 뢰브너(Hugh Loebner)가 1991년에 튜링 테스트를 처음으로 통과하는 컴퓨터를 만드는 프로그래머에게 10만 달러를 제공한다고 한 제안에 호응하여 말이다.)

내 생각에 설계기준의 두 가지 버전들 중 무엇도 확실하게 옳거나 확실히 잘못되지 않으며, 또한 하나가 다른 하나보다 명확하게 더 좋지도 않다. 따라서 업그레이드된 튜링 테스트에는 두 버전이 있다. 더 약한 것과 더 강한 것. 전자는 모듈적인 설계기준을 포함하는 것이며, 후자는 인간중심적 설계기준이다. 이 논의의 현재 단계에서는, 이 두 버전을 어떻게 판단해야 할지 조금도 분명하지 않다. 사고를 테스트할 때 약한 버전이 만족스러운 것인가? 아니면 강한 버전이 더 좋은 것인가? 진정 이 테스트에서 둘 중 하나만이 만족스럽다고 주장할 어떠한 근거가 있긴 한 건가?

우리의 핵심 질문 '기계가 정말로 생각한다고 말할 수 있는가'에 대한 튜링의 전략은 본질적으로 질문자에게 질문을 되돌려주는 것이었다. 다음과 같은 형태로. "한번 생각해봐. 만약 그들이 X를 할 수 있는 기계를 만들었다면, 당신은 기계가 생각할 수 있다는 말에 동의할 수 있을까?" 이 질문에 대한, 튜링 테스트와 같은 간접적인 접근법은 실패한다는 것을 이제 깨달을 수 있다. 왜냐하면 외적 행위 능력 만큼이나 내적 수행

능력을 고려하더라도, 튜링의 도발적인 문제제기에 대해 확실히 '예스'라고 대답할 수 있도록, X의 자리를 채울 방법이 전혀 없기 때문이다. 따라서 이제는 튜링의 전략을 포기할 때가 되었고, 우리의 핵심 문제를 직접적으로 직면할 수밖에 없다.

3.6 결정의 시간

전자적 인공물이 생각할 수 있는가라는 질문은, 가령 엽록소가 없는 유기체가 광합성을 할 수 있는가라는 질문과 전혀 다른 것이다. 후자의 질문은 관찰로 해결해야 하는 종류의 질문이다. 일단 질문이 정해졌으면, 우리는 답을 찾아 대자연으로 돌아가야 한다. 그러나 전자의 질문은 우리 쪽의 결정으로만 해결할 수 있는 문제다. 수수께끼 하나가 이 차이를 명확하게 하는 데 도움이 될 것이다.

테세우스의 배[26]에 관한 고대의 수수께끼가 있다.[27] 이 배는 아테네인들이 신성하게 여기는 나무로 건조되었다. 해가 갈수록 수리공들은 선박이 점점 더 새로운 구성요소로 교체되는 것을 보았다. 해마다 6개의 판자를, 지난해에는 돛대를 교체하는 식이었다. 마침내 선박에 원래 구성요소가 하나도 남아 있지 않게 되었다. 이야기를 계속하자면, 수리공들은 원래 요소들을 수년에 걸쳐 열심히 수집했고, 수집이 완성되자마

---

26 [역주] 테세우스는 고대 아테네의 전설적인 왕이다. 이어지는 '테세우스의 배' 역설은 플루타르코스가 제기한 오래된 역설이다.

27 이 수수께끼는 토머스 홉스가 17세기에 다시 살려냈다. 내가 제공한 버전은 홉스에 근거한다.(*Works*, ed. Molesworth, W., vol. 1, pp. 136~7)

자, 이를 새로 조립해서 (물이 새는) 배를 다시 만들었다. 이 둘 중, 하나를 정해야 한다면, 어느 쪽이 원래의 배인가? 배를 항구에 처음 진수하면, 그 배는 자신의 소속항에 언제든 자유롭게 입항할 수 있는 권리를 영구적으로 보장받았다고 해보자. 이 승인은 두 선박 중 어느 쪽에 적용되는가? 당신의 시계에 똑같은 일이 생긴다면? 둘 중 어느 쪽이 원래 구입한 시계인가? 지난 몇 년 동안 손목에 차고 있던 쪽인가 아니면 괴짜 수집가가 갑자기 만들어낸 쪽인가?

대부분의 사람들은 이런 상황에 당황하여 무슨 말을 해야 할지 모른다. 반면 답을 안다고 생각하는 이들은 보통 서로에게 동의하지 않는다. 이는 매우 현실적인 의미에서 아직 정답이 없기 때문이 아닐까 싶다. 비유적으로 말하면, 기존에 제정된 법률 바깥에 놓인 상황이다. 정답이 필요하다면, 언어 공동체로서 우리가 두 척의 선박 중 어느 것을(둘 중 하나인 경우에) 원래 진수된 배로 간주할 것인지 새롭게 법률을 제정해야 한다.(비록 개념상의 법률로 다룰 수 있는 사례이기에 가치가 거의 없는 질문이고, 그래서 이 질문에 대한 답을 **필요**로 할 리도 없지만.) 우리의 결정은 (하나를 택해야만 한다면) 임의적이어서는 안 된다. 동전 던지기로는 이 문제를 해결할 수 없다. 이 상황은 기존 법을 새로운 사례에 어떻게 적용할 것인지를 결정하는 판단과 비슷하며, 드문 일이 아니다. 이런 예를 상상해 보자. 2차대전 참전군인 몇몇이 전우들을 기념하고자 육군 트럭을 복원해 근린공원에 전시하고자 한다. 공원 내에는 어떠한 차량도 허용되지 않는다는 규정이 있다. 이 규정이 트럭 기념물을 금지하는 것인가?[28] 판사의 결정은 임의적이어서는 안 되며, 그 기념물의 건립을 금지하는 것이 해당 규정이 제정된 목적에 가장 잘 부합하는 것인지를 고려해야 한다.(그리고 아마도 부합하지 않을 것이다.) 이와 마찬가지로, 배의 경우, 결정

은 우리가 **동일한 배**(이를테면, 일정 기간 동안 유효한 계약서를 작성하는 경우)라는 개념을 필요로 하는 목적에 가장 잘 부합하는 것이 어느 쪽인지—다시 건조한 배, 또는 수리한 배를 원래 진수된 배와 동일한 것으로 간주할지, 아니면 둘 다 배척할지—를 고려해야 한다.

이 독특한 예에서 우리는, 어떻게 완벽하게 합리적인 질문의 답이, 모든 관련 사실을 고려한 후에도 여전히 열려 있을 수 있는지를 생생하게 목격한다. 이는 어떤 개념이 근본적으로 새로운 종류의 사례, 즉 그 개념이 형성되었을 때는 미처 생각지 못했던 사례에 적용되는 경우에는 언제나 발생한다. 이러한 질문은 (광합성이 엽록소가 없는 상태에서 일어날 수 있는지 여부와 같이) 몇 가지 추가적인 사실이 발견됨으로써 정답을 찾는 질문과 매우 다르다. '새로운 사례'형 질문에 대해서 우리는 정답을 발견할 것이 아니라 **결정을 내려야 하며**, 가능성 있는 답변 중 어떤 것이 이 관련 개념을 도입하는 목적에 가장 잘 부합하는지를 고려하면서 결정에 이르러야 한다. 적절하게 프로그램된 컴퓨터가 생각한다고 할 수 있는지에 대한 질문은 정확히 이런 종류의 것이며, 아직까지 정답은 없다.(이는 틀림없이 왜 이 질문이 사람들을 그토록 곤혹스럽게 만드는지에 대한 이유 중 하나다.)[29]

생각하는 존재에 대한 우리의 개념은, 자연적으로 발생하는 살아 있는 유기체에게만 적용되는 환경에서 형성되어 왔다. 이제 우리는 우리

---

28 이 예시는 Fuller, L. L. 덕분이다. 'Positivism and Fidelity to Law - A Reply to Professor Hart', p. 663.

29 Hilary Putnam, 'Robots: Machines or Artificially Created Life?', 특히 p. 406을 비교해서 보라. 그의 주장에 따르면, '안드로이드는 살아 있는가?'는 발견이 아니라, 결정을 요구 주요한 예시다.(p. 403 ff.) Putnam은 '로봇은 의식이 있는가?' 역시 결정을 필요로 하는 물음이라고 주장한다. 내 견해는 다르다. 8장에 나오겠지만, 나는 의식이 관련된 문제라면 거기엔 중요한 사실이 있다고 생각한다.

가 수행해 온, 말하자면 제기된 문제를 이해하고, 계획을 세우고, 문제를 해결하고, 결정을 내리는 등 광범위한 정신활동을 포괄하는 그런 행위를 수행할 수 있는 능력이라는 면에서 인간과 거의 구별할 수 없는 인공물의 가능성을 최초로 마주하고 있다. 우리는 이 새로운 사례에 **생각하는 존재**라는 표현(더불어 결과적으로 이 표현이 초래하는 모든 정신적 용어들)을 적용해야 할까, 아니면 보류해야 할까? 우리가 언어 공동체로서 이 결정을 내릴 때 반드시 고려해야 할 점은, 우리가 생각하는 존재라는 개념을 사용하는 목적이, 적절하게 프로그램된 컴퓨터를 생각하는 존재로 인정하는 결정에 가장 잘 부합하는지의 여부다.(비트겐슈타인이 말했듯이, "단어 '생각한다'를 하나의 도구로 보라."[30])

그렇다면 우리가 생각하는 존재라는 개념을 사용하는 용도는 무엇인가? 내가 옳다고 여기는 견해를 다루기 전에, 잘못된 견해 두 가지를 간단히 검토해보자. 첫 번째는, 생각하는 존재와 생각하지 않는 존재를 구별하는 우리의 관심사가 **현상학적 구분**을 나타낸다는 것이다. 즉 우리가 '내적 인식'을 경험한다고 여기는 존재들과 그렇지 못한 존재들을 구별하기 위해서이다. 우리는 이미 이 의견의 잘못된 점을 살펴보았다. 앞서 확인한 사실들 때문에 우리는 흔히 사고활동이라고 부르는 많은 활동들이 의식적인 인식 없이 진행될 수 있음을 인정할 수밖에 없다. 우리가 생각한다고 간주하는 존재들의 종류가, 의식적으로 인식하고 있으리라 여기는 존재들의 종류와 일치할 필요는 없다. 현재로서는 아마도 이러한 종류들이 일치하고 있지만, 이는 우연적인 것이다. 마치 인간의 종류와 '벌거벗은 두 발 짐승'[31]의 부류가 일치하는 것이, 개념상 본질적인

30 Wittgenstein, L., *Philosophical Investigations*, sect. 360.[비트겐슈타인, 『철학적 탐구』]
31 [역주] 플라톤은 『정치가』에서 인간을 '깃털 없는 두 발 짐승'이라 표현한 적이 있다.

것이라기보다 우연적인 것처럼.

두 번째 견해는 생각하는 존재와 생각하지 않는 존재들을 구별하는 우리의 목표가 **생물학적 구분**을 나타낸다는 것이다. 즉 특정 범위의 생물학적 처리 과정, 흔히 말하는 고도의 뇌 처리 과정이 일어나는 존재를 드러내기 위해서다. 외계에서 온 방문자 가설을 생각해보면, 이 의견이 잘못되었음을 납득할 수 있을 것이다. 재미있는 일을 좇아다니는 친한 외계인이 도착했다고 상상하자. 이 외계인은 지갑 속에 남편과 아이들의 홀로그램을 담아 왔다. 그는 셰익스피어의 연극을 기록하기 위해 체류 기간을 늘렸다. 외계인은 셰익스피어가 우리 우주에서 가장 뛰어난 극작가라고 판단한다. 누군가 외계인의 생물학이 우리와 완전히 다르므로 그가 생각한다는 말은 틀렸다고 주장한다고 치자.(그의 내부는 젤리 같은 녹색 물질로 가득 차 있어, 우리가 아는 바와 같은 생물학적 과정은 일어나지 않는 것으로 밝혀졌다.) 우리는 이렇게 주장하는 자가 무언가가 생각한다는 말의 요점을 놓쳐버렸다고 생각할 수밖에 없다.

이제 생각하는 존재와 생각하지 않는 존재가 구별되는 바탕에 무엇이 있는지에 관해서 내가 옳은 설명이라고 여기는 견해를 간략하게 소개하겠다. 나나니벌(digger wasp)의 행동 방식은 나의 요점을 잘 전달하는 예시다.[32] 암컷 나나니벌은 자신의 굴로 먹이를 가져갈 때, 입구에 먹이를 내려놓고 안으로 들어가서 침입자가 있는지 확인한다. 내부가 안전하면, 먹이를 안으로 옮긴다. 암벌이 안을 확인하는 동안, 짓궂은 실험자가 먹이를 몇 인치 옆으로 옮겨 놓으면, 암벌은 앞의 전 과정을 다시 반복한다. 먹이를 입구까지 옮겨 놓고, 안을 확인하고, 다시 나와서 먹이를

---

32 나나니벌의 행동 양식은 다음에 설명되어 있다. Wooldridge, D., *The Machinery of the Brain*, p. 82; 또한 Dennett, D., *Elbow Room*, p. 11도 참조.

안으로 나른다. 딘 울드리지(Dean Wooldridge)가 보고한 바에 따르면, 어떤 경우엔 이 벌이 기계장치와 같은 행동을 40번이나 반복한 적이 있다. 이 벌의 행동을 지배하는 내부 메커니즘은, 굴을 이미 확인했다면 생략할 수 있는 조항을 만들지 않았다. 이것은 일종의 환경과의 상호작용이며, 우리는 이를 두고 주저 없이 생각하지 않는 존재라고 묘사한다. 무릎의 반사적인 자동반응, 해질녘에 꽃잎을 오므리는 일, 그리고 난방을 켜고 끄는 전자적 자동 온도조절장치도 마찬가지다.

많은 유기체와 현재 존재하는 모든 인공물의 행위를 결정하는 내부 프로세스는 비교적 고정되어 있다. 반면 일부 유기체—특히 우리 자신—의 행위는 환경에 대응해 폭넓은 적응성을 만드는 내부 프로세스들의 방대하고 유연하고 상호작용하는 네트워크의 결과다. 나나니벌과 달리 우리는 '배후행위'라는 것을 할 수 있다. 즉 새로운 상황에 다양하게 대응할 수 있는 표현들을 만들어내고, 이러한 대응들이 야기할 수 있는 결과를 추론하거나 추측하며, 그 결과를 자신의 다양한 목표에 비추어 평가할 수 있다.

내가 제안하려는 설명에서는 생각하는 존재의 개념이 두 종류 사이의 구별점을 드러낼 때 도움이 된다. 한편에는 풍부한 행동지향적 내부 프로세스로 인해 창의적이고 폭넓은 적응성을 가지며, 다재다능한 존재들이 있다. 다른 한편에는 이러한 프로세스가 부족해서 그 행동이 매우 경직되고, 제한되어 있고, 그래서 정형화되어 있는 존재들이 있다. 나는 전자의 부류에 속하는 존재가 지닌 행동지향적 내부 프로세스를 **대규모의 적응성을 가졌다**(massively adaptable)고 기술할 것이다. 유기체의 내부 프로세스가 다음의 경우라면 대규모의 적응성을 가질 수 있다. 곧 계획을 짜고 상황을 분석하며, 숙고나 논증을 하고, 비유를 이용하고, 경험에

비추어 신념을 수정하며, 충돌하는 이익들을 평가하고, 가설을 설정하고 증거에 대해서 가설을 맞추고, 불완전한 정보에 기반해서 합리적 결정을 내리는 등등의 활동을 수행할 수 있다. 게다가 이 행위들은 현실세계의 급변하는 복잡성 속에서도 가능해야 한다. 색깔 블록으로 이루어진 슈들루의 단순한 세계와 같은 '장난감' 영역에서만 가능해서는 안 된다.[33]

생각하는 존재의 개념은 확실히 부정확한 것이다. '생각하는 존재'라는 자격을 갖추기 위해서 행위를 산출하는 내부 프로세스가 어느 정도의 적응성을 가져야 하는지에 대한 정확한 기준이 없기 때문이다. 진화론적 규모까지 내려가면, 확실히 생각하는 생물과 그렇지 않은 생물 사이에는 극도로 희미한 경계가 있을 뿐이다. 침팬지는 사고하고, 구더기는 사고하지 않지만, 게나 도롱뇽에 관해서는 아무도 확신할 수 없다.(생각하는 존재에 대한 개념이 다른 것들보다 더 어려운 것은 아니다. 언덕이 언제 산이 되는지와 같은, 유명하지만 무의미한 질문과 비교해보라.) 그러나 개념을 적용하는 하향 기준선에 대한 논쟁 때문에 기계가 생각할 수 있는지에 대한 우리의 논의가 방해받을 필요는 없다. 왜냐하면 우리는 컴퓨터의 행동지향적 내부 프로세스가 적응성에 있어서 우리의 프로세스와 거의 **일치하는** 경우만 고려하면 되기 때문이다.

생각한다는 개념은 행위의 해석과 예측에 있어 분명 가장 중요한 역할을 한다. 내가 생각하는 간단한 설명 방식의 예를 들어보겠다. 존은 다시마가 대머리를 막아준다고 생각하기 때문에 다시마를 먹는다. 이러한

---

33 인간 지능에 대한 Donald Michie의 정의와 비교해보라. "인간의 지능은 어떤 특정한 과제에 특별한 탁월성을 발휘하는 것이 아니라, 거의 모든 것에 타당성 있는 어림짐작을 해내는 능력으로 특징지어진다. 따라서 우리는 지능형 기계라는 아이디어에 대해 판단하기를 유보하고, 우리가 동료에게 요구하는 다재다능함과 통합적 실행력이 나타나기를 기다리고 있다." *On Machine Intelligence*, p. 51.

설명 방식은 행위자가 **무엇을** 생각하는가의 측면에서 행위를 설명한다. 해서 이런 설명 방식은 행위자의 대뇌피질의 전기적 활동이나 시상하부의 생화학 등등의 측면에서 표현되는 설명 방식과는 대비를 이룬다. 철학자들은 이 독특한 유형의 설명 방식을 **지향적**(intentional)이라고 부른다.[34](지향적 설명의 또 다른 요소는 대개 행위자가 원하는 것이다. 존의 경우에는 자신의 머리카락을 지키길 원한다.) 우리는 이러한 설명 방식을 서로에게 지속적으로 적용하고 있다. 우리는 사람들의 재산, 지지하는 견해와 신조, 계획, 목표, 혐오, 관심사 등에 대한 정보와 오보를 참고하여 행동을 설명하고 예측한다. (덧붙여 말하자면, 설명과 예측은 상당히 같은 것이다. 예측: 그녀는 당신이 여전히 그녀에게 화가 났다고 생각한다. 그래서 그녀는 나오지 않을 것이다. 설명: 그녀는 나오지 않았다. 왜냐하면 그녀는 당신이 여전히 그녀에게 화가 나 있다고 생각하기 때문이다.)

우리 인간의 행동에 대한 지향적 설명과 예측은, 우리가 생각하는 바와 우리가 원하는 바에 대해 서로 대화할 수 있다는 사실 때문에 매우 수월하다. 이러한 설명 방식을 비언어적 생물에게 적용하는 경우, 우리는 그들이 진정으로 생각하고 원하는 것에 관해서 확실히 알지 못하기 때문에 틀림없이 어려움을 겪는다. 그럼에도 불구하고 지향적인 설명이 그 범위에 있어 인간의 행위로만 제한되는 것은 아니다. 여기에 제인 구달(Jane Goodall)이 어린 침팬지 피건(Figan)과 그의 성인 상급자 중 하나인 골리앗(Goliath)에 대해 쓴 글이 있다.

어느 날, 침팬지 무리의 식사가 끝나고 얼마 후, 피건은 모두가 놓친 바나나

34. 지향적 설명(intentional explanation)이라는 개념은 Daniel Dennett에 의해 대중화되었다. 특히 *Brainstorms*, 1장과 12장 참조.

를 불현듯 발견했다. 그러나 골리앗이 바로 그 아래에서 쉬고 있었다. 그 과일부터 골리앗까지 한눈에 훑어본 후, 피건은 멀리 자리를 옮겼고 텐트의 반대편에 앉았기에 더 이상 바나나를 볼 수 없었다. 15분 후, 골리앗이 일어나서 자리를 떠났을 때, 피건은 순간의 망설임도 없이 건너가서 바나나를 얻었다. 그는 모든 상황을 매우 확실하게 판단했다. 그가 더 일찍 과일을 따러 올라갔으면, 골리앗이 거의 확실하게 빼앗았을 것이다. 또 피건이 바나나와 가까이 계속 있었다면, 그는 아마 이따금씩 바나나를 쳐다보았을 것이다. 침팬지는 그들 동료의 눈 움직임을 매우 빠르게 눈치 채고 해석하기 때문에, 그러므로 골리앗은 아마도 과일을 발견했을 것이다. 그래서 피건은 그의 욕구를 곧바로 충족하는 것을 자제했을 뿐만 아니라, 바나나에 눈길을 주느라 기회를 놓쳐버리지 않기 위해 멀리 자리를 옮기기까지 했다.[35]

우리는 마침내 우리의 핵심 질문에 답할 수 있는 지점에 이르렀다. 인공지능 연구의 장기적인 목표는 대규모의 적응성을 가진 프로그램을 제작하는 것이다. 어느 날 이 목표가 훌륭하게 달성되었다고, 즉 행동지향적 내부 프로세스가 우리의 적응성과 거의 일치하는 로봇을 만들 수 있게 되었다고 가정하자.(그리고 이것이 가능한지는 시간만이 알려줄 것이다.) '이 로봇이 생각한다'는 말을 거부한다면, 가능한 요점은 무엇인가? 이 로봇들은 우리가 하는 모든 다재다능함, 독창성, 합목적성을 보여줄 것

---

35 Goodall, J., *In the Shadow of Man*, pp. 95~6. 회의론자는 우리가 피건에게서 언어적 확인을 받을 수 없다는 사실 때문에 불편해한다. 그의 계획은 사실, 대체할 수 있는 더 간단한 설명을 암시할 수도 있다. 예를 들어, 피건은 자리를 옮겼고 이내 바나나를 잊어버렸으며, 골리앗이 떠나는 것을 보고서야 바나나를 다시 떠올렸을 수도 있다. 그러나 구달은 아마도 피건의 계획 능력에 대한 그녀의 평가가 거부되기 어려울 정도로 예시를 축적해서, 자신의 분석 결과를 변호할 것이다.

이다. 또한 그들의 행위는 어떤 종류의 일—우리가 한다면, 상황 분석, 계획 수립, 논증, 비유, 추측, 제안들의 평가, 결정 등으로 묘사했을 법한 (왜냐하면 이는 대규모의 적응성에 의해서 가능한 것이기 때문이다)—을 수행하는 자기 프로그램의 결실로 인한 것이다. 인공물이 이러한 작업들을 수행할 때 우리가 동일한 용어로 이를 묘사할 준비가 되어 있는 한, 지향적 설명과 예측의 전체 구조는 이러한 로봇에 적용될 수 있다. 실제로 만일 로봇이 자신의 목표, 정보, 계획, 그리고 그 외에 당신이 품고 있는 것들을 언어로 표현할 수 있다면, 앞서 확인했듯이, 우리는 우리의 가장 가까운 생물학적 이웃인 고등 영장류보다 로봇들의 행위에 지향적 설명을 부여하는 게 더 나을 것이다.

이런 로봇들을 생각하는 존재로 간주하는 언어 공동체의 결정에 의해 우리가 '생각하기'라는 개념을 사용하는 목적이 가장 잘 이뤄진다는 점이 분명해졌다. 이것으로 이 장의 첫 부분에서 전개한 주장에 대한 나의 논의가 완결된다. 미래의 인공물이 문자적 의미 그대로 생각할 수 있다는 주장에 대해서, 개념상의 오류는 없다.

4장

기호체계 가설

우리는 지금까지 '미래의 인공물들이 생각할 수 있을 것이다'라는 주장에 개념상 아무런 문제가 없음을 살펴보았다. 만약 컴퓨터가 행위를 산출하는 내부 프로세스—우리만큼이나 대규모의 적응성을 지닌—를 갖게 된다면, 우리는 컴퓨터가 생각한다고 말해야 한다. 그럼에도 이는 아주 거대한 '만약'이며, 이러한 일이 가능하다고 여겨야 할 근거가 있는가? 달리 말해, 컴퓨터가 생각하는 기계의 **적합한 유형**이라고 믿어야 할 근거가 있는가? 어쨌든 사고하기에 적합한 유형의 기계가 절대로 될 수 없는 상당수의 전자 인공물이 있다. 두세 가지 예만 들어도 진공청소기, 라디오, 전동칫솔 등이 그렇다. 디지털 컴퓨터가 이들보다 더 나은 후보라고 믿어야 할 이유가 있는가?

어떤 사람들은 컴퓨터가 생각할 가능성이 있다는 것을 너무 당연한 것으로 생각하는 것처럼 보인다. 그러나 이는 당연하지 않다. 컴퓨터가 생각하는 기계로서 적합한 유형이라고 당연하게 믿는 경향이 있는 사람들은, 아마도 SF작가들, 영화제작자들, 그리고 광고업자들이 만들어낸 컴퓨터의 이미지에 속은 것이다. 한때는 변변찮은 전화 교환대(옛 시대의 기술적 애용품)가 생각하는 기계의 시험 모델로 '당연하게' 여겨졌던 사실을 잊지 말자. 이것 또한 '인공두뇌'라고 널리 받아들여졌다.(이 아이디어는 자연적으로 생겨난 뇌가 중앙 교환대와 같다는 것이다. 신경계라는 전화선으로

전달된 메시지를 적절한 수신처로 보내주는 것이기 때문이다. 위는 뇌를 통해 횡격막 근육에게 연락해서 '토해!'라고 소리치는 것이다.)

컴퓨터가 생각하는 기계의 적합한 유형인가의 문제를 진지하게 다루기 위해 우리는 컴퓨터가 어떤 유형의 기계인지 검토해야 한다. 정확히, 컴퓨터는 무엇을 **하는가**?(이에 대한 대답은 종종 사람들을 놀라게 한다.) 나는 명확한 답을 위해 주류 인공지능 연구의 근본 전제인 기호체계 가설을 설명할 것이다.(4장의 "기호체계'라는 가설')[1] 간단히 말해, 이는 '컴퓨터**가** 생각하는 기계의 적합한 유형**이다**'라는 주장이다. 5장에서 나는 이 가설의 증거를 검토할 것이고, 6장에서는 이 가설이 틀렸음을 증명했던 시도들을 평가할 것이다. 컴퓨터가 생각하는 기계의 적합한 유형인지에 대한 논쟁은 이 책의 마지막 장에 다시 한 번 등장할 것이다. 마지막 장에서 나는 병렬분산처리로 알려진 인공지능에 대한 근본적으로 새로운 접근법을 기술할 것이다. 이 접근법의 옹호자들은 기호체계 가설과 거리를 두며, 인간의 신경조직을 모델로 한 비정통적 하드웨어 유형을 구축하는 데 전념하고 있다.

안심시키는 말 한마디. 이 장은 0과 1 들의 빽빽한 가시덤불로 이뤄져 있다. 읽다가 머리가 빙빙 돌더라도 걱정 마시길. 상세한 기술적인 내용에 시간을 허비하고 싶지 않은 독자들은 '기호조작'을 읽고, "기호체계'라는 가설'로 건너뛰면 된다. '컴퓨터의 정의'는 지나가며 흘깃 보시길.

---

1 이 가설은 'Computer Science as Empirical Inquiry: Symbols and Search'에서 앨런 뉴얼과 허버트 사이먼에 의해 명명되었다.(그들은 이를 물리적 기호체계 가설이라 부르지만, 나는 편의상 '물리적'이라는 말은 뺐다.) 사이먼과 뉴얼의 'Information-Processing in Computer and Man'; 뉴얼의 'Physical Symbol Systems'와 'The Knowledge Level' 참조. 또한 Lenat, D. B., Feigenbaum, E. A., 'On the Thresholds of Knowledge' 참조.

4.1 기호조작

컴퓨터는 기호들을 조작(操作)하는 장치다. 컴퓨터가 하는 일이란, 자기 프로그램에 내장된 명령어에 따라 기호들의 순서를 바꾸는 것뿐이다. 상용화된 컴퓨터들이 조작한 기호들은 전자적으로 형성되는데, 그 방법을 짧게 설명할 것이다. 당장은 기호들을, 선이 그어진 종이 위에 O와 X가 적힌 행들로 생각하는 것이 편할 것이다. 다음과 같다.

X X O X
X O O X
O O O X
O O X X

아래는 컴퓨터가 수행하는 기호조작의 예들이다.

- 한 행의 기호들을 다른 지정된 행으로 복사하라.
- 지정된 행에 있는 기호들을 삭제하라.
- 지정된 행에 기호열을 입력하라.
- 특정한 위치에서 발생한 기호들을 식별하라. 예를 들어, 기계는 종이를 스캔해 내려가면서 각 행의 처음 세 개의 기호들을 읽고, OOO의 조합을 발견하면 멈추라고 명령받았다.
- 지정된 두 줄에서 발생한 기호들을 비교하라. 이 작업은 '두 그룹의 기호들이 다르면 다른 행에 X를 입력하고, 같으면 O를 입력하라'는 명령어와 결합할 수 있다.
- 특정한 행을 지정된 기호 그룹으로 명명하라. 기계가 이를 수행하

는 한 가지 간단한 방법은 행의 맨 처음에 이름 역할을 하는 기호를 입력하는 것이다.

이러한 작업들은 기본적인(혹은 '원시적인') 기호조작에 해당한다. 컴퓨터란, 일정한 목록의 기본 작업들을 수행할 능력을 지닌 기호조작 장치다. '컴퓨터의 정의'에서 완전한 정의가 주어질 것이다.

4.2 이진 기호

상용화된 컴퓨터는 단 2개의 기본기호, 일반적으로 **비트**(bits, 이는 이진수(**bi**nary digi**ts**)에서 따왔다)로 언급되는 기호를 조작한다. 관례상 이 기호들은 종이나 칠판에 '0'과 '1'로 쓴다. 어떤 면에서 이 관례는 유감이다. 왜냐하면 기본기호가 전적으로 수학적이라는 잘못된 인상을 강화하기 때문이다. 두 기본기호는 그저 동그라미와 가위표로 쓸 수도 있다.(또는 '!'와 '?'처럼 쉽게 구분할 수 있는 두 가지 표시라면 무엇이든 가능하다.)

물론 컴퓨터 자체가 어떤 형태의 잉크 표시를 조작하는 건 아니다. 이 기호들은 전기적으로 실현된다. 이것은 보통 **플립플롭**(flip-flops) 소자를 통해 이뤄진다. 말 그대로 두 가지 상태 사이를 휙휙 오가는 양상이라고 해서 붙여진 이름이다. 플립플롭은 온(ON)과 오프(OFF)라는 두 가지 상태만 가질 수 있는 매우 작은 스위치라고 생각하면 좋다.[2] ON 상태의 플립플롭은 기호 1의 경우로, OFF 상태는 기호 0으로 '간주된다'. 플립

2 플립플롭은 대개 한 쌍의 트랜지스터로 구성된다.

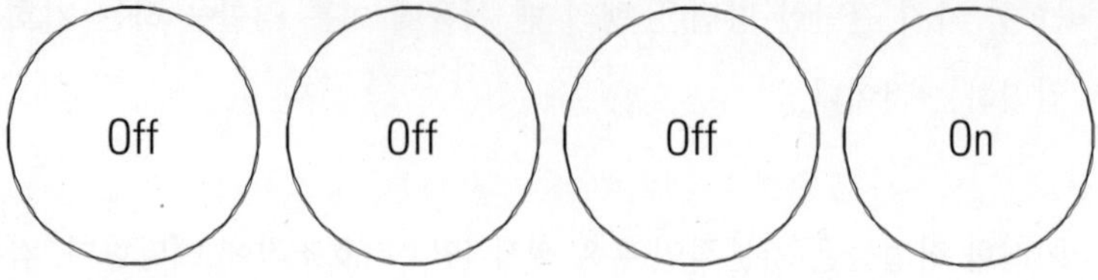

그림4.1 레지스터

플롭이 모여 열을 이룬 것이 **레지스터**(register)[3]이다. 그림4.1의 레지스터는 4개의 플립플롭으로 구성되어 있다. 설명한 바와 같이, 이 레지스터는 비트열(bit-string) 0001을 '포함한다'.

컴퓨터는 시간을 들여 다음의 연산들을 수행한다. 기억(즉 '메모리') 레지스터의 내용을 작업 레지스터로 복사하기, 다양한 작업 레지스터의 내용들을 비교하기, 비교 결과를 나타내는 기호들로 추가 레지스터를 채우기 등. 이 장의 '기호로서의 프로그램'과 '프로그램의 실제'에는 유용한 작업을 수행하기 위해 이러한 연산들이 어떻게 결합되는지를 보여주는 예시가 있다.

모든 계산은 두 기본기호를 조합하여 복합기호(compound symbol)를 형성할 수 있다는 사실에 달려 있다. 마치 영어 알파벳을 조합해서 단어와 문장을 형성하는 것처럼 말이다. 프로그래머는 이러한 복합기호를 사용해서 무엇이든지—문자, 문장, 숫자, 현실세계의 물체, 물체들의 관계 등—표현한다. 이 절의 나머지 부분에서는 이것이 어떻게 가능한지 간략하게 보여줄 것이다.

3 [역주] 소량의 데이터나 처리 중인 중간 결과를 일시적으로 기억하는 기능을 한다. 한 단어 또는 여러 단어, 때로는 수의 자릿수의 정보를 기억할 수 있다. 레지스터는 특정한 목적을 가진 전용 레지스터와 여러 가지 처리에 사용되는 범용 레지스터로 나뉜다.

글자와 기타 문자의 표현

내가 컴퓨터 키보드로 대문자 A를 입력하면, 내부의 전자회로가 자동으로 비트열 1000001을 생성한다. 이것이 A에 대한 내 컴퓨터의 내부 코드다. 당신은 왜 이 복합기호가 Z나 물음표가 아닌 하필 A를 만드는 것인지 궁금할 것이다. 그저 관습일 뿐이다. 모스 부호와 마찬가지로, 비트열과 그 비트열이 나타내는 문자 사이에는 '원래 그러한' 관계가 없다.[4] 실제로 컴퓨터업계는 비트열을 글자 및 기타 문자와 서로 연결시키는 두 가지의 상이한 관습적 체계를 사용한다. 하나는 지금의 예시가 적용되는 아스키(ASCII) 시스템, 다른 하나는 엡시딕(EBCDIC) 시스템이다.(이 이름들은 '정보 교환용 미국 표준 코드'(American Standard Code for Information Interchange), 그리고 '확장된 이진법으로 코드화된 십진법 교환 코드'(Extended Binary Coded Decimal Interchange Code)의 약어다. ASCII는 대개 '아스키'로 발음한다.) 엡시딕 시스템에서 문자 A는 11000001이다.

'The cat is on the mat.'이라는 문장의 아스키 코드 표현형을 저장하려면 컴퓨터에 22개의 7비트 레지스터가 필요하다.(아스키 코드는 항상 7비트 길이다.) 처음 3개의 레지스터에는 각각 'T', 'h', 'e'의 아스키 코드가 들어가며, 네 번째는 빈칸(0100000이다)의 코드이며, 쭉 이렇게 진행된다. 마지막 레지스터는 마침표에 해당하는 아스키 코드를 갖는다.

---

4 '0'에서 '9'까지 문자의 경우 아스키 값은 이 시스템의 다른 코드만큼 임의적이지는 않다. 숫자의 코드는 코드를 빼기 위해 선택되었다. 왜냐하면 문자 '0'은 이진법 수와 상응하기 때문이다.(이진수는 이 절의 뒷부분에서 설명할 것이다.) 예를 들어 '3'의 아스키 코드는 0110011이고, '0'은 0110000이다. 뺄셈을 하면 0000011이 나오는데, 이는 3에 대한 이진표기법이다. 이러한 규칙은 컴퓨터가 숫자 입력을 이진법으로 쉽게 변환하도록 만든다.(모스 부호는 문자 빈도에 상응한다. 그러므로 이를테면 'E'의 코드는 'Q'의 코드보다 간단하다.)

합성 표상[5](Compositional representation)

A의 아스키 코드인 1000001을 다시 살펴보자. 이 비트열의 앞부분 1000이 무엇을 의미하는지 묻는다면, 대답은 '아무 의미도 없다'일 것이다. 이 특정한 복합기호의 해당 **부분**은 의미가 없다. 이것은 영어 단어에서도 흔한 경우다. 'arrears'(체납금)의 처음 세 글자는 의미 있는 기호가 아니다. 물론 'ears'(귀)를 따로 취하면 의미가 있지만, 이 문자열은 분명히 '체납금'이라는 맥락 내에서 아무런 의미가 없다. 이는 'earache'(귀앓이)의 경우와 대비된다. 이 단어에서는 기호의 의미가 하위 문자열 'ear'(귀)와 'ache'(아픔)의 의미로부터 '구축'된다.

합성기호(compositional symbol)는, 의미를 갖는 부분이 있으며, 이 부분이 (기타 요소와 함께—가령 해당 부분이 발생하는 '순서'와 같은) 기호의 전체적인 의미를 결정하는 복합기호다. '귀앓이'는 합성기호이지만, 'bear'(곰), 'bladder'(방광), 그리고 A의 아스키 코드는 그렇지 않다.[6] 자연어의 문장은 합성기호의 전형적인 예를 보여준다. 일례로 '잭은 술에 취해 넘어졌다'는 문장의 의미는 분명 문장의 구성요소인 단어들의 의미가 작용한 결과다.

합성기호가 없었다면, 우리의 말과 글은 깔끔하지 못하고 굉장히 빈

---

5 [역주] 이 책에는 'represent', 'representation' 단어가 자주 사용된다. 철학에서는 '표상'으로 옮긴다. 외부에 있을 수도 있는 것을 내면에 만들어낸다는 뜻이다. 인간의 뇌에서 일어나는 표상 작용과, 인간의 사고를 모방하고자 하는 인공지능 프로그램의 기호조작 작용이 동일한 층위에서 다뤄지고 있다.

6 [역주] bear(곰)에도 'ear'라는 복합기호가 있으나, 의미상 아무런 역할을 하지 못한다. 'bladder'(방광)는 글자 형태상 'bladd+er'로 이루어져 있어서 'blad 하는 사람'이라는 뜻을 가질 수 있지만, 실제로 'blad'는 아무런 의미가 없다. 그러므로 'blad' 또한 전체 의미를 결정하지 못한다.

곤해졌을 것이다. 합성 언어의 사용자는 다루기 쉬울 정도로 적은 수의 기본기호들만 갖고도 정보를 나타내는 복잡한 표현들을 무수히 구성할 수 있다. 이러한 합성적 특징은 컴퓨팅 분야에서도 똑같이 중요하며, 프로그래머는 합성기호들을 폭넓게 사용한다.

가령 20명의 사람들로 구성된 그룹에서 멤버들 사이의 관계를 표현하는 이진체계를 생각해보자. 이 체계의 기본 '단어'는 6비트열이다.(이 기본 비트열은 합성적이지 않다.) 나는 이 그룹 사람들의 '이름'에 사용하고자 임의로 20개를 골랐다.

이름 표현

000000	의미한다	George
000001		Mary
000010		Elizabeth

나머지 비트열은 관계를 표현할 때 사용된다.

관계 표현

111111	mother of(~의 어머니)
011111	father of(~의 아버지)
101111	youngest brother of(~의 막냇동생)
110111	eldest sister of(~의 큰언니/큰누나)
111011	favourate uncle of(~가 가장 좋아하는 삼촌)
111101	boss of(~의 사장)
111110	lawyer of(~의 변호사)

001111	window cleaner of(~의 창문 청소부)

나는 '이름 표현'의 왼편에 (0개를 포함하여) 복수의 '관계 표현'을 덧붙인 것에 **식별자**(identifiers)라는 용어를 사용하고자 한다. 다음은 식별자의 몇 가지 예시와 이를 통해 나타내고자 한 의미다.

		000000	조지
	111111	000000	조지의 어머니
101111	111111	000000	조지의 어머니의 막냇동생[7]

둘 이상의 비트열로 구성된 모든 식별자는 합성기호다. (덧붙이면, 식별자 덕분에 원래 그룹의 20명을 넘어서 그 이상을 표현할 수 있음에 주목하길. 조지의 어머니는 이름 표현으로 지칭된 20명 중 하나일 수도 있고 그렇지 않을 수도 있다.)

이 체계를 사용해서 정보(가령 '엘리자베스는 조지의 어머니다', '조지의 어머니는 메리의 큰언니다')를 표현하려면 우리는 두 식별자가 동일한 인물을 가리킨다는 걸 나타낼 방법이 필요하다. 이를 위한 단순하고도 관습적인 규칙은 두 식별자를 나란히 쓰는 것이다. 따라서 '식별자 식별자' 형식의 비트열은 두 식별자가 동일한 인물을 나타낸다는 뜻으로 이해해야 한다. 이런 형식의 비트열을 진술문(statements)이라 부르자.(모든 식별자는 이름 표현으로 끝나기 때문에 첫 번째 식별자가 끝나고 두 번째 식별자가 시

7 [역주] 영어식 순서라 한국어로는 다소 어색할 수 있다. '111111 000000'는 'Mother of George'를 나타내는데, 식별자 'George'(000000) 앞에 'mother of'(111111)라는 관계 표현을 붙여나가는 방식이다.

작되는 지점은 언제나 명확하다.) 다음 문장은 조지의 어머니가 메리의 큰언니임을 의미한다.

111111　　000000　　110111　　000001

이 체계로 서로 다른 진술문들을 무수히 구성할 수 있다. 혹시 아래의 두 사실을 표현하는 진술문을 만들어보고 싶진 않는지? 답은 513쪽에 있다.

조지의 사장의 어머니는 메리의 변호사다.
엘리자베스의 어머니의 어머니는 조지의 아버지의 큰누나다.

재귀성

지금까지 보았듯이 각 식별자는 단순히 이름 표현이거나 아니면 규칙에 따라 다른 식별자들로 구성된 것이다. 이 규칙은 식별자를 만들어내려면 식별자 앞에 관계 표현을 놓으라는 것이다. 이런 종류의 규칙을 바로 **문법규칙**(grammar rules)이라고 한다. 문법규칙은 어떤 언어(또는 지금의 경우처럼 미니 언어)의 복합기호를 제작할 때 허용되는 방법을 명시해준다. 식별자에 대한 문법규칙들은 다음과 같이 보다 명료하게 적을 수 있다.('+'는 '뒤이어', '='은 '구성된다'를 뜻한다.)

식별자 = 관계 표현 + 식별자

식별자가 식별자라는 용어로 정의되기 때문에 이 규칙은 다소 순환적

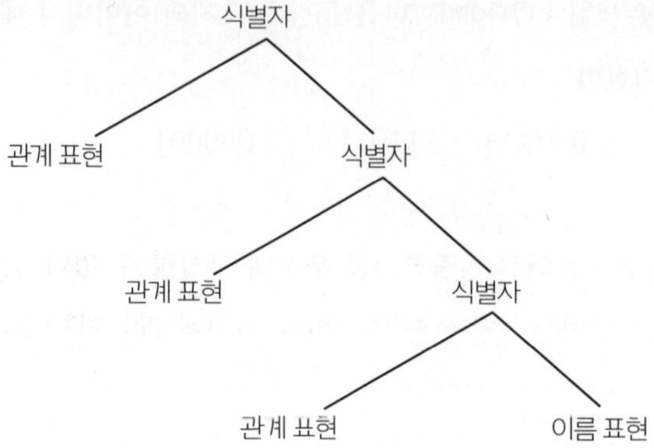

그림4.2 재귀성

으로 보인다.('인간'을 설명할 때, 인간이란 인간에게서 태어난 것이라고 말하는 것을 상상해보라.) 그러나 규칙에 포함된 순환성은 실제로 문제가 되지 않는다. 식별자 규칙 때문에 원 주위를 **끝없이** 뱅뱅 도는 건 아니다. 오히려 당신은 아래로 향하는 나선형을 따라 이름 표현이 있는 바닥에 다다른다. 결국 이 규칙은 복합적인 식별자를 관계 표현과 이름 표현의 관점에서 정의하는 것이다. 그리고 **여기에** 순환성은 없다. 왜냐하면 (해당 미니 언어에서는 모든 이름 표현에 대한 완벽한 목록이 주어지므로) 이름 표현이 독립적으로 명시되어 있기 때문이다. 이와 같은 규칙들이 포함하고 있는 '아래로 향하는 나선형'은 흔히 거꾸로 뒤집어진 나무와 같은 다이어그램을 사용해서 설명한다.(그림 4.2) 다이어그램의 가장 위에 있는 식별자에서 시작해서 식별자 규칙을 반복적으로 적용하면 마침내 이름 표현에 이르게 된다.(이 다이어그램을 **분해 트리**(decomposition tree) 구조라고 한다.)

식별자 규칙처럼 양쪽에 같은 표현식을 포함하는 문법규칙을 재귀적

(recursive)이라 부른다. 재귀적 문법규칙에 따라 제작된 기호들의 경우, 재귀적 구조를 가지고 있다고 말한다.

재귀적 구조와 합성적 특징이라는 개념은 손과 장갑처럼 서로 잘 들어맞는다. 재귀는 구성요소들로 기호를 형성하는 일에 관한 것이며, 합성적 특징은 구성요소들의 의미로 기호의 의미를 형성하는 일에 관한 것이다. 재귀적 구조와 합성적 특징을 종합하면, 이 덕분에 이진법으로 이루어진 기호코드는 세계에 대해 끝없이 다양한 정보를 표현할 수 있는 힘을 가질 수 있다.

수를 표현하기

초창기에 컴퓨터를 향한 호기심의 대부분은 수학을 할 수 있는 능력에 집중되었다. 주된 이유는 단지 비트가 흔히 '0'과 '1'로 작성되어 왔다는 것, 그뿐이었다. 인공지능 초기에 연구원들은 컴퓨터를 '한낱 숫자 계산기'로 보는 일반적인 이미지를 떨쳐버리기가 매우 힘들다는 것을 깨달았고, 비트열이 숫자만이 아니라 무엇이든 표현하는 데 사용될 수 있다는 사실을 강조해야만 했다. 비슷한 의도로 나 역시 숫자 표현에 관한 문제를 마지막에 남겨 놓았다.

우리 모두는 학교에서 이른바 십진법 체계로 산수를 하도록 배웠다. 십진법 계산 체계에는 10개의 '비구성적인' 혹은 '기초적인' 기호들, 곧 '0'부터 '9'까지의 기호가 있다. 다른 모든 숫자 기호들은 이들이 합성된 혼합물이다. 십진체계라고 해서 신성할 건 전혀 없다. 기본기호가 12개 있었다면, 전통에 따라 우리는 똑같이 십이진체계로 이끌렸을 것이다. '0'에서 '9'에다 2개를 더해서, 어쩌면 '#'는 10, '≈'는 11을 나타냈을지

도 모른다. 십이진 체계에서는, 복합기호들은 10이 아니라 12부터 시작한다.

현대 컴퓨터는 이진체계로 산술 연산을 수행한다.(하지만 일례로 에니악과 같은 일부 구형 기계들은 십진체계를 사용했다.) 이진체계는 이진수 체계라고도 한다. 이진체계에서는 2개의 기본기호가 있고, 조합은 숫자 2부터 시작한다. 다음은 몇 개의 이진체계 기호들과 그 기호들이 나타내는 숫자다.

이진수

0	영	110	여섯
1	하나	111	일곱
10	둘	1000	여덟
11	셋	1001	아홉
100	넷	1010	열
101	다섯		

이진법에서 십진법으로 변환하는 방법은 문자열의 각각의 비트가 하나의 상자를 나타내고 있다고 생각하는 것이다.(그림4.3) 해당 열의 가장 오른쪽에 있는 상자에는 항상 0 또는 1이 들어 있다. 왼쪽으로 옮겨 가면, 다음 상자에는 언제나 0 또는 2가 담겨 있다. 세 번째 상자엔 0이나 2^2가 있고, 네 번째는 0 아니면 2^3이다. 다섯 번째 상자가 있다면, 0이거나 2^4다. 비트열에 더 많은 비트가 있으면, 계속 이렇게 이어진다. 만일 해당 상자를 나타내는 자릿수가 0이라면, 이는 상자에 두 선택지 중 앞, 즉 0이 들어 있다는 뜻이다. 반대로 자릿수가 1이라면, 다른 선택지 값이 있다는 의미다. 그림4.4는 1001의 상자가 어떻게 채워지는지 보여준다.

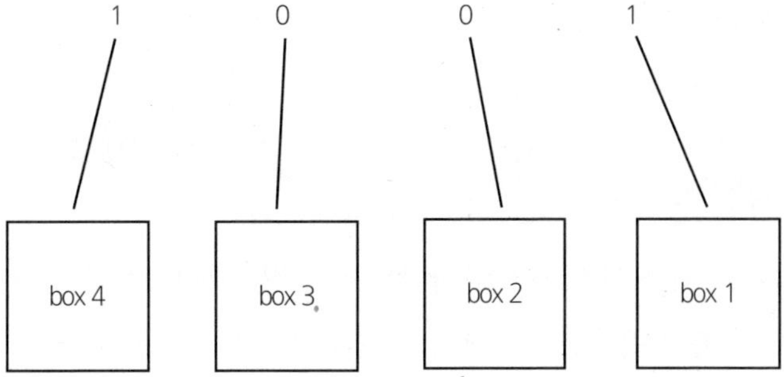

그림4.3 각각의 이진법 숫자가 상자를 하나씩 나타내고 있는 것으로 생각하라.

끝으로 비트열이 나타내는 십진수를 알아내려면 상자 속 모든 숫자를 더하면 된다. 이 예제에서 답은 당연히 9다. 더 많은 비트열을 골라서 각각이 나타내는 십진수를 알아내면서 이 체계를 탐구하는 것도 좋을 것이다.

대체 가능한 이진 기호

'컴퓨터의 정의'에서 살펴볼 컴퓨터의 일반적 정의에는 이진 기호에 대한 언급이 없다. 그러므로 이진 기호를 사용하는 것은 컴퓨터의 기호적 계산 개념에서 결코 본질적인 게 아니다. 앞서 언급했듯이 몇몇 오래된 기계들은 십진체계를 사용했다. 여기에는 10개의 기초기호가 필요하다. 기계 내부에서 이러한 기호들을 구체적으로 나타내려면, 10개의 서

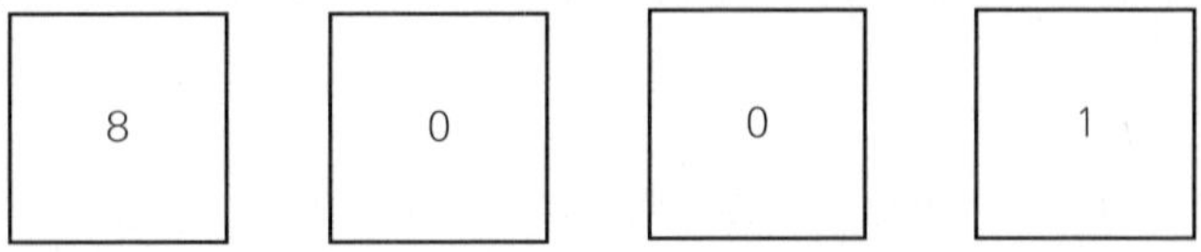

그림4.4 각 상자에는 십진법 숫자가 있다.

로 구분되는 상태를 가진 하드웨어 장치가 필요하다. 플립플롭의 두 개의 상태와 비교하면, 이러한 장치는 복잡하고 그래서 비싸다. 컴퓨터 제조업체가 이진 기호를 채택하도록 만든 것은 두 가지 상태로 나타내는 것이 공학기술상 상대적으로 단순하기 때문이다.

이 절에서 내가 이진 기호를 다뤄온 전반적인 내용들은 컴퓨터가 어떤 기호코드를 이용하든지 간에 통용된다. 재귀적 구조를 지닌 모든 합성 코드는 원리상 자연어로 진술할 수 있는 모든 정보를 표현할 능력이 있다. 재귀적 구조와 합성적 특징은 기호적 계산의 토대가 된다. 이것들이 없으면 중요한 계산을 수행할 수 없다.

4.3 기호로서의 프로그램

컴퓨터 프로그램들은 대개 영어와 매우 닮은 프로그래밍 언어로 작성된다.(2장 '컴퓨터 속으로'에서 설명한 베이직 프로그램을 참조해도 좋다.) 그럼에도 프로그램이 컴퓨터 메모리 안으로 들어갈 무렵에는 비트열 형식을 취한다. 비트로 바뀌는 초기 변환은 컴퓨터 키보드에서 이루어지며, 각 문자는 프로그램의 제작 언어인 아스키 코드로 자동으로 변환된다. 이렇게 변환된 것은 특정 장치에 의해 다뤄질 수 있도록 재조직되고 재코드화된다. 이 작업을 수행하는 것이 컴파일러(compiler)[8]라고 하는 내부 시스템이다. 일단 프로그램이 컴파일[번역]되고 나면, 컴퓨터가 이를 실

8 [역주] 특정 프로그래밍 언어로 작성된 파일을 다른 언어로 변환하는 번역 프로그램의 일종. 대개 자연어에 가까운 고급 프로그래밍 언어로 작성된 프로그램을 기계어 프로그램으로 변환시키는 데 사용된다.

행하도록 명령받을 때까지 메모리에 저장된다.(영어와 유사한 프로그래밍 언어와 키보드의 자동식 이진변환 기능은 현대에 비로소 생겨난 일종의 사치품이다. 앨런 튜링과 그의 선구적인 동료들은 자신들의 프로그램을 힘겹게 이진 표기법으로 작성해내야 했다.)

이 절에서는 컴퓨터가 프로그램을 읽는 시선을 보여줄 것이다. 먼저 영어와 유사한 프로그래밍 언어로 간단한 프로그램을 작성한 다음, 컴파일러를 통과한 프로그램의 모습을 묘사할 것이다.

프로그램은 어셈블리 언어(assembly language)로 작성된다. 이 언어는 컴퓨터의 기본 연산, 가령 비교와 복사 같은 연산을 직접적으로 지칭하도록 만들어준다.(기본 연산들의 리스트는 4장 '기호조작'에 나와 있다.) 어셈블리 언어는 LISP, 파스칼(Pascal), 베이직, 프롤로그(Prolog), 포트란(Fortran) 같은 일반적인 프로그래밍 언어와 상당히 다르다. 이와 같은 소위 '고수준 언어'들을 사용하면 프로그래머는 단일한 명령어(가령 '곱하기', '찾기', '~할 때까지 반복하기')만으로도 복잡한 순서의 기본 연산 작업들을 지시할 수 있다. 컴파일러가 이러한 명령어 중 하나를 발견하면 자동적으로 기본 연산 작업들의 적절한 리스트로 대체한다. 컴파일러가 이 단조롭고 수고로운 작업을 수행한 덕분에, 고급 언어로 프로그래밍하는 일은 어셈블리 언어보다 훨씬 덜 지루하다. 그럼에도 여기서 어셈블리 언어를 사용하는 이유는 이 어셈블리 언어로 작성된 프로그램이 컴퓨터의 근본적인 작동방식을 낱낱이 보여주기 때문이다.

내가 만든 작은 프로그램이 가진 기능은 두 레지스터의 내용을 비교하고, 레지스터들에 들어 있는 비트열이 동일한지 여부를 단말기에 있는 사람에게 알려주는 것이다. 각 레지스터에서 동일한 비트열을 발견하면 프로그램은 단말기에 'OK' 메시지를 보내고, 다른 문자열을 발견

하면 'NO'라는 메시지가 전송된다. 프로그램을 보여주기 전에 이 프로그램이 사용하는 명령어들을 설명하겠다.

비교(Compare)

이 연산은 두 레지스터의 내용을 비교한다. 레지스터의 이름은 명령어에 포함되어 있다.(프로그램의 1행 참조.) 레지스터의 내용이 동일하면, 컴퓨터는 일치 레지스터(match register)라 불리는 특수한 1비트 레지스터에 1을 기록한다. 두 문자열이 다른 경우, 일치 레지스터는 0으로 설정된다.

분기(Branch)

분기 명령은 고등한 언어에서 볼 수 있는 다양한 조건(if-then) 명령어에 해당하는 어셈블리 언어다. 이 장에서는 세 가지 분기 명령을 소개할 것이다. 첫 번째 '0이면 분기'(branch-on-0) 명령이다.(프로그램의 2행 참조.) 이 명령을 만나면, 기계는 일치 레지스터의 내용을 검사한다. 1을 발견한 경우, 기계는 프로그램의 다음 줄로 이동한다. 0을 발견하면 기계는 분기 명령 뒤에 번호가 매겨진 행으로 건너뛴다. 분기 명령의 다른 유형들, 즉 무조건 분기와 상대적 분기는 곧 설명할 것이다. 컴퓨터가 여러 선택지들 사이에 선택을 할 수 있는 기능을 제공하는 것은 분기다.(우리가 검토하려는 프로그램은 'OK'나 'NO'를 말할지를 '선택'한다.) 이렇게 선택한다는 것이, 만일 충분히 복잡하다면 자유라고 말할 수 있는지에 대한 문제는 7장에서 살펴본다.

문자 그대로 출력(Output-as-character)

이 명령 뒤에는 출력될 문자에 대한 아스키 코드가 이어진다.(3행 참조.) 아스키 비트열은 프린터나 사용 중인 다른 출력장치에서 문자로 변환된다. 다음 절에서는 약간 다른 출력 명령어를 소개할 것이다. 이는 미리 정해진 문자를 생산하는 것이 아니라, 특정된 레지스터에 들어 있는 것이 무엇이든(예를 들면 수학 계산의 결과를) 출력한다.

아래에 프로그램이 있다.

1 Compare register 1 register 2
이 컴퓨터는 이 레지스터들의 내용을 비교하고, 일치 레지스터에 0이나 1을 입력한다.

2 Branch-on-0 6
일치 레지스터가 0으로 설정되면, 이 기계는 3, 4, 5행을 건너뛴다.

3 Output-as-character 1001111
이것은 알파벳 'O'의 아스키 코드다.

4 Output-as-character 1001011
이것은 알파벳 'K'의 코드다.

5 Branch 8
이는 무조건 분기 명령이다. 이 행은 기계에게 6, 7행을 건너뛰라고 명령한다. 이 명령이 없으면, 기계는 OK NO를 출력할 것이다.

6 Output-as-character 1001110
이것은 알파벳 'N'의 코드다.

7 Output-as-character 1001111
이것은 알파벳 'O'의 코드다.

8 Halt

이 프로그램은 물론 극히 변변찮은 것이다. 어쩌면 유용한 작업을 수행할 수 있는 프로그램의 아주 작은 한 단계를 형성할 수도 있다. 인공지능 프로그램은 일반적으로 수십만 개에 달하는 기본 연산들을 필요로 한다.

프로그램이 컴파일러를 통과하면 모든 것이 비트로 변환된다. 행 번호는 예외인데, 이는 변환되지 않고 버려진다.(행 번호는 대개 프로그래머의 편의를 위한 것이며, 프로그램의 컴파일러 버전에는 필요하지 않다.) 이것은 컴파일러를 통과한 프로그램의 모습이다.

```
00000011    1   10
00000100    10101
00000101    1001111
00000101    1001011
00000110    11001
00000101    1001110
00000101    1001111
00000001
```

컴파일링된 프로그램의 첫 번째 행을 보면 'register 1'이 이진수 1로, 'register 2'는 10(이진수에서 2라는 걸 기억하시길)으로 대체되었다는 것을 알 수 있다. 명령어 '비교'(compare)는 프로그램의 모든 명령어와 마찬가지로 비트열로 바뀌었다. 다음 표는 그 상관관계를 보여준다.

연산	**비트코드**
Compare(비교)	00000011
Branch-on-0(0이면 분기)	00000100
Branch unconditionally(무조건 분기)	00000110
Output-as-character(문자 그대로 출력)	00000101
Halt(중단)	00000001

아스키와 마찬가지로, 이 상관관계는 순전히 관습적인 것이다. 서로 다른 컴퓨터 제조업체는 전혀 다른 비트코드를 사용해서 동일한 기본 연산을 표기한다.

컴파일링된 프로그램은 그 자체로 레지스터에 저장된다.(컴퓨터의 내부 메모리 전체는 레지스터로 이루어져 있다.) 명령어의 분리된 '덩어리' 각각은 자체 레지스터를 가진다.[9] 그래서 프로그램의 첫 행은 3개의 레지스터에 저장되고, 나머지 행은 모두 레지스터 2개에 저장된다. 마지막 행은 레지스터가 하나만 있으면 된다. 컴퓨터의 레지스터는 모두 (골목에 있는 집처럼) 번호가 매겨져 있다. 레지스터의 번호는 주소(address)라고 한다. 우선 컴파일러가 프로그램을 작동하는 데 필요한 레지스터 수를 계산해내면, 메모리 속에서 알맞은 크기의 빈 블록을 찾아내서 프로그램을 저장한다. 컴파일러가 프로그램을 레지스터 10~25번에 할당한다고 가정하자. 아래 그림은 컴파일링된 프로그램이 메모리 안에 저장

9 때로는 여러 개의 레지스터를 하나의 '덩어리'에 저장해야 할 필요가 있다. 예를 들어 레지스터의 최대 용량이 8비트인 컴퓨터는 9비트의 이진수 100001111을 저장하기 위해 두 개의 레지스터가 필요하다. 레지스터의 용량은 컴퓨터마다 다르다. 보다 작은 기계는 8이나 16비트 레지스터를 사용하는 반면, 더 강력한 기계는 32 또는 64비트의 레지스터를 사용한다.

되는 방식을 보여준다.

10	00000011	line 1
11	1	
12	10	
13	00000100	line 2
14	10101	
15	00000101	line 3
16	1001111	
17	00000101	line 4
18	1001011	
19	00000110	line 5
20	11001	
21	00000101	line 6
22	1001110	
23	00000101	line 7
24	1001111	
25	00000001	line 8

만약 당신이 프로그램의 두 개의 분기 명령어에서 행 번호가 어떻게 변한 건지 의아해했다면, 이제 모든 게 분명해질 것이다. 컴파일러는 각 분기 명령어의 행 번호를, 레지스터(이 레지스터엔 분기가 지시하는 명령어가 들어 있다)의 이진 주소로 슬쩍 바꿔 놓았다. 프로그램의 2행은 원래 6행으로 향하는 분기지만, 이제는 레지스터 21로 향하는 분기가 되

었다.(21은 이진수로 10101이다.) 이와 마찬가지로 5행은 이제 레지스터 25(이진수로 11001)로 향하는 분기다.

프로그램이 실행되면 이 레지스터들 속 기호들이, 레지스터 하나를 로드할 때 한꺼번에, 컴퓨터의 중앙처리장치(CPU)로 전송된다. 중앙처리장치에는 명령어 레지스터라는 특수한 레지스터가 있다. 첫 번째 전송에서 레지스터 10의 기호들(비교에 해당하는 비트코드)이 명령어 레지스터에 입력된다. 중앙처리장치는 하드웨어에 내장되어(hard-wired) 있어, '비교'를 수행하여 명령어 레지스터 안에 온(on)과 오프(off)의 패턴이 있는지 여부에 반응하도록 작동한다. 그리고 그다음 2개의 레지스터에 로드된 기호들(중앙처리장치 내의 다른 레지스터로 전송된다)이 비교할 레지스터들의 주소들로 자동으로 보내진다. 비교가 완료되면, 다음 명령어가 명령어 레지스터로 이동한다. 이런 절차가 계속 이어진다.

중앙처리장치는 프로그램 계수기(program counter)를 통해 프로그램 안에서 자기 위치를 기억한다. 프로그램 계수기의 기능은, 다음에 전송될 레지스터 로드의 기호를 '지정'하는 것이다. 프로그램 계수기는 단지 하나의 레지스터일 뿐이다. 여기에는 주소, 즉 전송해야 할 기호들의 다음 로드에 대한 주소가 들어 있다. 프로그램이 실행되기 전에 프로그램에서 첫 번째 명령어의 주소가 계수기에 배치되고, 각각의 전송이 이뤄진 후 계수기의 주소가 자동으로 하나씩 증가한다. 예외는 전송된 기호들이 분기하라는 명령어인 경우뿐이다. 중앙처리장치가 하드웨어 내장형으로 설계되면, 무조건 분기 명령어가 명령어 레지스터에 입력되면 그다음에 로드될 기호들이 프로그램 계수기로 바로 전송된다. 물론 이러한 기호들은 레지스터의 이진 주소이며, 이 레지스터에는 특정 분기가 지시하는 명령어가 포함되어 있다. '0이면 분기'의 경우, 일치 레지스

터에 0이 있는 경우에만 전송이 발생한다. 일치 레지스터에 1이 들어있으면 프로그램 계수기는 그냥 2로 증가하며, 그 결과 계수기는 다음 명령어가 있는 레지스터를 '지정'한다.

컴퓨터 내부에서 비트열 형식으로 프로그램을 저장하는 이러한 과정은 초기 컴퓨팅 시기의 주요 발전 중 하나였다. 이는 매번의 새로운 계산 작업을 위해 손으로 선을 재배열해야 했던 에니악과 최초의 프로그램 내장형 컴퓨터였던 맨체스터 마크1와 IBM SSEC과 같은 기계와의 차이점을 나타낸다.

4.4 프로그램의 실제

이 장의 주된 목적은 기호적 계산의 본질을 이해하게 만드는 것이다. 이 목표를 위해서 더 복잡한 어셈블리 언어 프로그램을 보여줄 것이다. 이 프로그램은 이진수들을 더할 수 있다. 이 프로그램을 통해 당신에게 전하려는 나의 목표는 세 가지다.

1. 기본적인 기호조작 연산의 보다 상세한 조합을 소개하는 것.
2. 새로운 연산—이를테면 덧셈—이 기본 연산에서 '제작'되는 방법을 보여주는 것.
3. 계산이 기호 비트열의 조작으로 이뤄져 있다는 사실을 드러내는 것.

아래에는 우리가 사용하려는 새로운 기본 연산들이 있다. (가장 마지막 2개는 프로그램 자체에는 등장하지 않지만 이 절 끝에 있는 연습문

제를 풀 때 필요하다.)

삭제(Delete)

레지스터의 내용을 지워버리고, 레지스터를 0으로 채운다. 일련의 삭제 명령어로 시작하는 프로그램은 앞으로 사용할 모든 레지스터가 반드시 비워져 있게 만든다. 이 프로세스는 레지스터를 '초기화'하는 것으로 알려져 있다.

출력(Output)

특정한 레지스터의 내용을 프린터(또는 다른 출력장치)로 보낸다.

입력(Input)

어떤 행을 사용자가 입력한 것으로 여겨 지정된 레지스터에 저장한다.

비교-R(Compare-R)

이는 '비교'(compare)와 비슷하다. 다만 지정된 레지스터 두 개의 가장 오른쪽 비트만 비교한다는 점이 다르다. 만약 그 비트가 동일하면, 일치 레지스터는 1을 설정하고, 다르다면 0을 설정한다.

이동(Shift)

지정된 레지스터의 모든 항목을 오른쪽으로 한 칸 이동시킨다. 레지스터의 가장 오른쪽 비트는 '밖으로 떨어져서' 사라진다. 레지스터의 왼쪽 끝에는 0이 입력된다. 예를 들어, 0101을 이동한 결과는 0010이 된다.

쓰기(Write)

지정된 레지스터에 지정된 기호를 쓴다. 기호는 왼쪽 끝에서 작성되고 나머지는 오른쪽으로 한 칸씩 밀려난다. 오른쪽 끝에 있는 비트는 떨어져 나간다. 따라서 0000을 포함하는 레지스터에 1을 쓴 결과는 1000이다. 1을 두 번 쓴 결과는 1100이다. 레지스터가 초기화된 자리에서 떨어져 나가는 비트는 불필요한 0이다. (초기화될 때 입력된 0이 아닌 비트가 손실되려고 하면, 기본적으로 오른쪽에 여분의 레지스터를 추가하여 레지스터 크기를 증가시킨다.)

복사(Copy)

한 레지스터의 내용을 다른 레지스터로 복사한다.(복사 대상이 되는 레지스터의 이전 내용은 자동적으로 삭제된다.) 이 명령어의 형식은 copy register x register y다. 그러나 이 명령어는 레지스터 x의 내용을 레지스터 y로 복사하는 것이 아니다. 실은 레지스터 x와 y에 저장된 기호들은 복사하고 붙여 넣어야 할 레지스터의 주소로 취급된다. 따라서 예를 들어 레지스터 1에 숫자 5(물론 이진법으로)가 있고 레지스터 2에 숫자 8이 들어 있다면, copy register 1 register 2 명령어는 레지스터 5의 내용을 레지스터 8에 복사한다. 이처럼 에두르는 절차를 간접 주소지정(indirect addressing)이라고 부른다. 이로써 얻는 이득은 복사하는 원본과 대상의 주소가 프로그램이 작동하는 중에도 입력되거나 변경될 수 있다는 점이다.[10] 당신이 이 절 끝에 있는 두 번째 연습문제까지 시도할 정도로 꽤 대담한 사람이라면, 분명 이 기능이 필요해질 것이다.

---

10 1장 주석 21 참조.

R분기(Rbranch)

R분기하기, 또는 상대적 분기하기에는 간접 주소지정이 포함된다. 명령어 Rbranch register x는 컴퓨터가 레지스터 x에 저장된 해당 명령어의 주소로 분기하도록 한다. 레지스터 x의 내용은 프로그램 실행 중에도 수정할 수 있기 때문에, 프로그램 자체에서 분기의 목적지를 '기입'할 수 있다. 이 방법으로 프로그램은 실행 중에도 스스로 수정할 수 있다. R분기는 사실 복사와 분기로 '제작'될 수 있다. (만일 당신이 손수 이 구성을 시험해보고 싶다면 이 절 뒷부분에 약간의 힌트가 있다.)

이진수를 더하는 규칙은 우리가 매일 사용하는 십진수의 규칙보다 훨씬 간단하다. 십진법과 마찬가지로, '올린다'는 아이디어가 여전히 활용된다. 예를 들어, 만약 아이에게 37과 25의 덧셈을 가르치면, 당신은 아마 이렇게 말할 것이다. "우선 7에 5를 더해서, 2를 아래에 쓰고 1을 올려. 그리고 3과 2를 더하고 그다음 남겨 두었던 1을 더하면 돼."

이진법 덧셈의 규칙은 이렇다. 0 더하기 0은 0, 0 더하기 1은 1, 1 더하기 1은 0이고 1을 올린다. 아래의 예를 통해 규칙을 확인해볼 수 있다. (오른쪽 세로열부터 시작한다.)

$$\begin{array}{r} 1100 \\ +\,1110 \\ \hline 11010 \end{array}$$

처음 두 열은 단순하다. 세 번째 열은 올림을 만들어낸다. 네 번째 열의 추론은 다음과 같다. 1 더하기 1은 0이고 1을 올린 다음, 세 번째 열에서 올린 수를 더해 1을 만든다. 마지막으로 네 번째 열에서 올린 숫자

를 맨 왼쪽에 쓴다.

덧셈 프로그램을 설계할 때 까다로운 부분은 올림을 처리하는 것이다. 가장 간단한 방법은 만약 올림이 있다면, 이 올림을 1비트 레지스터(올림 레지스터)에 저장한 뒤, 앞 열에서 올림이 없는 경우의 덧셈 규칙 세트와 올림이 있는 경우의 다른 세트를 사용하는 것이다. 이 두 가지 세트는 아래와 같다.

세트 A: 올림 레지스터에 0이 저장되어 있는 경우 사용한다.

0 + 0 = 0	올림 레지스터에 아무런 변화가 없다.
0 + 1 = 1	
1 + 0 = 1	
1 + 1 = 0	올림 레지스터가 0에서 1로 바뀐다.

세트 B: 올림 레지스터에 1이 저장되어 있는 경우 사용한다.

0 + 0 = 1	올림 레지스터가 1에서 0으로 바뀐다.
0 + 1 = 0	
1 + 0 = 0	
1 + 1 = 1	올림 레지스터에 아무런 변화가 없다.

프로그램 작성

(만약 이 내용들 때문에 짜증난다면, 다음 절로 건너뛰어도 무방하다!)

1 Delete register 1

2 Delete register 2

3 Delete register 3

4 Delete register 4

5 Delete register 5

프로그램에 필요한 모든 레지스터가 이제 초기화되었다. 레지스터 1과 2에는 더해질 숫자들이 저장될 것이고, 레지스터 3에는 답이 저장될 것이다. 레지스터 4는 올림 레지스터다. 레지스터의 가장 왼쪽 '셀'(cell)은 올림을 나타내기 위해 1로 설정될 것이다.(레지스터의 다른 셀은 프로그램 과정에서 사용되지 않는다.) 레지스터 5의 내용은 절대로 변경되지 않는다. 비교 연산에서 '이미 알려진 수'로 사용될 것이다.

6 Input register 1

사용자가 입력한 2개의 이진수 중 첫 번째 숫자는 키보드의 임시 저장 영역에서 취해진 다음, 레지스터 1에 배치된다.

7 Input register 2

두 번째 수는 레지스터 2에 들어간다.

8 Write 1 register 3

1은 정답 레지스터의 가장 왼쪽에 삽입된다. 이는 초기화 후 레지스터에 들어 있는 0으로부터 답을 분리시키는 표지 기능을 할 것이다.

9 Compare register 4 register 5

이 행은 올림 레지스터에 무엇이 있는지 확인한다. '상수 레지스터'인 레지스터 5는 항상 0들을 갖고 있다. 올림 레지스터인 레지스터 4에는 가장 왼쪽에 0 또는 1이 있을 것이며, 이어서 0들로 채워진 비트열을 포함하고 있다. 따라서 비교 연산의 결과가 1이라면, 올림 레지스터에 0만 들어 있다는 의미다. 연산 결과가 0이면 올림 레지스터의 첫 번째 비트는 1이다. 처음에 올림 레지스터는 오직 0만 들어 있을 수밖에 없다. 컴퓨터는 프로그램을 실행하는 과정에서 여러 번 이 행으로 돌아간다.

10 Branch-on-0 22

올림이 있는 상황에서 컴퓨터는 22행부터 시작하는 명령어 세트로 건너뛴다. 올림이 없는 상황에서는 11행으로 이동한다.

올림이 없는 덧셈 명령어

11 Compare-R register 1 register 2

컴퓨터는 레지스터 1과 레지스터 2의 가장 오른쪽 비트들이 모두 0인지, 모두 1인지, 혹은 0과 1이 섞여 있는지 알아야만 한다.(이것들이 지금 더하려는 비트들이다.) 만약 11행의 결과가 0이면, 이 두 비트들은 섞여 있는 것이고, 그러므로 12행의 분기 명령에 따라 컴퓨터는 17행으로 이동한다. 만약 비교-R의 결과가 1이면, 비트 두 개가 똑같은 것이다. 13행은 이 두 비트 중 하나를 상수 레지스터의 가장 오른쪽 비트와 비교함으로써, 이들이 모두 1인지 아니면 모두 0인지를 확인한다.

12 Branch-on-0	*17*		
13 Compare-R		*register 1*	*register 5*

만약 이 결과가 0이면, 더해질 비트들은 모두 1이고, 그에 따라 컴퓨터는 19행으로 옮겨 간다. 결과가 1이면 두 개의 비트들은 모두 0이다. 그래서 15행은 정답 레지스터에 덧셈의 결과를 기입한다.

14 Branch-on-0	*19*	
15 Write	*0*	*register 3*

두 개의 0을 더한 결과를 정답 레지스터에 기입한다.

16 Branch *32*

32행으로 이동한다.

17 Write	*1*	*register 3*

0과 1의 덧셈 결과를 정답 레지스터에 기입한다.

18 Branch	*32*	
19 Write	*0*	*register 3*

두 개의 1을 더한 결과를 정답 레지스터에 기입한다.

20 Write	*1*	*register 4*

올림 레지스터가 1로 설정되었다.

21 Branch	*32*	

올림이 있는 덧셈 명령어

이 명령어 블록은 세트 B의 덧셈 규칙이 사용된다는 점만 제외하면, 앞의 블록과 완전히 같다.

22 Compare-R	*register 1*	*register 2*
23 Branch-on-0	*29*	
24 Compare-R	*register 1*	*register 5*
25 Branch-on-0	*31*	
26 Write	*1*	*register 3*

두 개의 0을 더한 결과가 정답 레지스터에 기입된다.

27 Delete register 4

올림 레지스터를 0으로 설정한다.

28 Branch 32
29 Write 0 register 3

0과 1을 더한 결과를 정답 레지스터에 기입한다. 올림 레지스터에는 어떤 변화도 없다.

30 Branch 32
31 Write 1 register 3

두 개의 1을 더한 결과를 정답 레지스터에 기입한다. 올림 레지스터에는 아무런 변화가 없다. 이 단계까지, 컴퓨터는 레지스터 1과 2의 가장 오른쪽에 있는 비트를 더했다. 다음으로 두 개의 이동 연산을 수행한다. 이 두 개의 비트를 밀어내고, 다음 더해야 할 짝을 가장 오른쪽 자리로 옮긴다.

32 Shift register 1
33 Shift register 2

다음 비트 쌍을 더하려면, 컴퓨터는 9번 행으로 돌아가야 한다. 컴퓨터가 프로그램을 반복할 때마다 가장 오른쪽의 비트 짝들이 더해지고 밀려난다. 각각의 이동 연산은 왼쪽에서 0이 들어오기 때문에, 레지스터 1과 레지스터 2는 점차 0으로 채워지고 마침내 원래 비트가 하나도 남지 않게 된다. 이 단계에서 계산이 완료된다. 컴퓨터를 이 회로의 처음으로 돌려보내기 전에 이 단계에 도달했는지 확인해야 한다. 레지스터 1과 2를 상수 레지스터와 비교한다. 두 레지스터 모두 상수 레지스터와 일치하면 모든 비트가 더해진 것이다. 둘 중 하나라도 일치하지 않으면 컴퓨터는 9행으로 돌아간다.

34 Compare	*register 1*	*register 5*
35 Branch-on-0	*9*	
36 Compare	*register 2*	*register 5*
37 Branch-on-0	*9*	

모든 비트 쌍이 더해졌으면, 올림 레지스터를 점검해서 마지막 쌍이 더해진 결과에서 올림이 있는지 확인하고, 있다면 1을 추가해서 정답의 왼쪽에 넣는다.(몇 쪽 뒤에 주어진 예제에서 이런 경우가 생긴다.) 다음 네 줄이 이를 수행한다.

38 Compare	*register 4*	*register 5*
39 Branch-on-0	*41*	
40 Branch	*42*	
41 Write	*1*	*register 3*

이 단계에서 정답 레지스터는 정답만이 아니라, 초기화에서 남겨진 0의 알 수 없는 개수와 그 뒤를 이어서 8행에 표지로 삽입된 1을 포함하고 있다. 답이 왼쪽에서 주입되기 때문에 표시는 답의 바로 오른쪽에 있을 것이다. 따라서 정답 레지스터는 이렇게 보일 것이다.

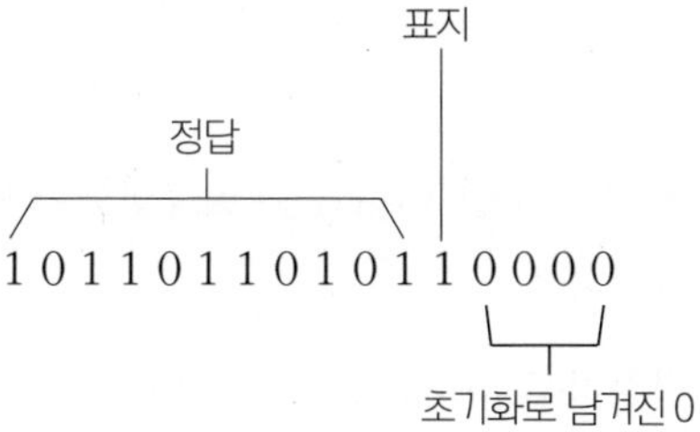

표지를 사용하는 이유는 '뒤에 이어지는 0'과 구별 짓기 위해서다. 101000은 101과 같은 수가 아니다. 십진법으로 전자는 40이고 후자는 5다.(단, '앞에 오는 0'은 차이가 없다. 101과 000101은 같은 숫자다.) 정답을 인쇄하기 전에, 뒤에 이어지는 0은 표지 자체와 마찬가지로 제거해야 한다. 이를 수행하는 방법은 가장 오른쪽의 비트가 1인지를 매번 확인하면서 정답 레지스터에서 이동 연산을 연속적으로 수행하는 것이다. 표지가 레지스터 끝에 나타나면 한 번 더 이동시켜 이를 지우고 정답을 인쇄할 수 있다. 프로그램의 마지막 부분은 뒤에 이어지는 모든 0을 이동시켜버리는 순환회로, 표지를 제거하는 마지막 이동, 그리고 출력 명령으로 구성된다.

42 Compare-R	*register 3*	*register 5*
43 Branch-on-0	*46*	
44 Shift	*register 3*	

45 Branch *42*

46 Shift *register 3*

47 Output *register 3*

48 Halt

연습문제

1. 이 프로그램을 세 가지 수를 더하는 프로그램으로 변환할 때 필요한 변경사항을 그려보라.

2. 수가 몇 개이든 저장하고 더하는 프로그램의 개요를 설계해보라. 3개, 4개, 또는 사용자가 입력하려고 선택한 수가 몇 개든.[11]

3. R분기가 불필요한 것임을 증명하라. 즉 R분기 레지스터 x 명령어의 결과가 다른 기본 연산들로 조합된 서브프로그램으로도 성취될 수 있음을 증명하라.(513쪽에 힌트가 있다.)

---

11 이 연습문제는 이론적인 관점에서 중요하다. 캘빈 엘곳(Calvin Elgot)과 에이브러햄 로빈슨(Abraham Robinson)('Random-Access Stored-Program Machines, an Approach to Programming Language')은 프로그램 내장형 무작위 접근형(random access) 기계가 간접 주소화 또는 프로그램 실행 중에 명령어를 수정할 수 있는 이와 동등한 기술(가령 폰 노이만의 가변 주소, 1장 주20 참조)을 사용하지 않고는, x1 + x2 + x3 + ... + xn(n은 임의의 값을 취할 수 있음)처럼 간단한 표현을 계산할 수 없음을 증명했다. 엘곳-로빈슨 결과는 램(RAM)에만 적용되며, 순차접근 메모리(serial access memory)에는 적용되지 않는다. (당신은 파일 캐비닛의 서랍에 무작위로 접근할 수 있다. 원하는 서랍을 곧장 열어볼 수 있는 것이다. 반면 당신은 카세트 테이프의 내용에는 순차적 접근을 수행할 수 있다. 원하는 곡을 듣기 위해서는 앞의 곡을 빨리 감기 하는 것이다.) 튜링머신(6장)에는 순차접근 메모리가 있다. 튜링머신은 명령어의 수정 없이도 앞서 언급한 표현들을 계산할 수 있다. 모든 논평자가 이를 분명하게 아는 것은 아니다. 허먼 골드스타인(Herman Goldstine)은 다음과 같이 설명한다. "명령어를 변경하는 능력이 없는 기계는, n=1, 2 …의 임의의 값에 대해 [x1 + x2 + x3 + ... + xn]과 같은 간단한 표현을 계산하지 못한다."(*The Computer from Pascal to von Neumann*, pp. 265~6)

첫 번째 문제는 비교적 쉽다. 두 번째와 세 번째 문제는 아주 열정적인 이들을 위한 것이다!

4.5 컴퓨터의 정의

이 장 전체에 걸쳐 다양한 기본 연산들을 설명했다. 편의상 나는 이것들을 모두 모아서 하나의 리스트에 넣을 것이다. 여기엔 명시적이지 않고 암시적인 것들도 세 개 이상 포함되어 있다. (만약 당신이 '기호조작'에서 곧장 여기로 왔다면, '기호로서의 프로그램'과 '프로그램의 실제'를 빠르게 훑어보면 좋을 것이다. 여기에는 리스트의 두 번째, 혹은 세 번째 부분들이 완벽하게 설명되어 있다.)

일반 연산들

식별하기(Identify): 컴퓨터는 주어진 위치에서 기호들을 식별한다.

번역하기(Interpret): 이것은 컴퓨터가 저장된 프로그램을 운영하기 위해서 변환하는 능력이다. 변환은 다음과 같이 정의된다. 만약 기호들이 명령어 레지스터(혹은 이와 동등한 장치)에 입력될 때 컴퓨터가 자동적으로 연산을 수행하도록 설계된 경우, 기계는 연산이라고 명명된 일련의 기호들을 변환할 수 있다. 예를 들어, '기호로서의 프로그램'의 프로그램을 운영하는 컴퓨터는, 기호 00000101 1001011(프로그램의 4행)을 만날 때 자동적으로 'K'를 출력할 것이다.

지정하기(Assign): 지정 연산은 기호열을 몇몇 주어진 개체(entity)와 연관시킨다. 지정된 기호들은 그 개체의 이름처럼 기능한다. 예를 들면,

기호들은 레지스터, 프로그램, 데이터 파일 등을 명명할 때 사용된다. 지정 연산은 이름과 개체 사이의 '접속'(access) 관계를 설정한다. 일단 어떤 이름이 개체—특정 레지스터 같은—에 지정되고 나면, 기계는 명령어에서 해당 이름을 마주칠 때마다 자동적으로 그 레지스터의 위치를 찾아낸다.

특정 연산들

Compare(비교)

Compare-R(비교-R)

Copy(복사)

Delete(삭제)

Input(입력)

Output(출력)

Output-as-character(문자 그대로 출력)

Shift(이동)

Write(쓰기)

제어 연산들

Branch-on-0(0이면 분기)

Branch unconditionally(무조건 분기)

Rbranch(R분기)

Halt(중단)[12]

방금 나열한 기본 연산들을 수행함으로써 작동하는 기호조작 장치로

서 컴퓨터를 정의할 수 있다면 깔끔할 것이다. 그러나 이 정의는 틀렸다. 문제는 설계와 제조사가 다른 컴퓨터는 서로 다른 기본 연산을 사용한다는 것이다. 가령, 어떤 컴퓨터 제품이 기본 연산으로 오른쪽 비트들을 비교(Compare-R)하는 반면, 다른 컴퓨터는 왼쪽을 비교한다(Compare-left). 혹은 어떤 컴퓨터는 (여기서 설명했듯이) 왼쪽에서 레지스터에 기호들을 등록하는 쓰기-연산을 수행한다면, 또 다른 기계는 오른쪽부터 기호들을 레지스터에 등록하는 아날로그식 연산을 수행할지도 모른다. 보다 근원적인 차이는, 덧셈을 기본 연산으로 다루는 것이다. 우리는 마지막 절에서 **비교**, **이동**, **삭제** 등으로 어떻게 덧셈이 '구축'될 수 있는지 살펴보았다. 만약 덧셈 자체가 기본 연산이라면, 즉 그 기계가 이진법 덧셈을 수행하도록 하드웨어에 내장된 기계라면, 반대로 **덧셈** 연산으로부터 **비교**, **이동**, **삭제**가 구축될 것이다.

내가 제안하려는 정의는 **동등성**(equivalence)이라는 개념을 사용한다. 서로 다른 기본 연산을 이용하고 있는 두 기계가 동등하다는 말은, 기본적으로 그 상이한 기본 연산들이 결국에는 기계가 동일한 일을 수행하도록 만든다는 것이다. 아마도 한 기계는 '오른쪽을 비교'하고 다른 기계는 '왼쪽을 비교'하지만, 결국 그들 모두는 산수를 할 수 있고, 비행기를 착륙시키거나 체스를 두는 등의 작업을 할 수 있다. 두 기계가 동등할 뿐만 아니라 두 기계가 사용하는 기본 연산의 상이한 집합들도 동등하다고 말하는 편이 간편하다. 동등성의 개념을 더 정식화하면, 두 목록

---

12 이 목록에는 많은 중복이 있다.(Newell, A., 'Physical Symbol Systems', 4.8절 참조) 중복성은 효율성을 높여주기 때문에 종종 컴퓨터 설계에서 장점이 된다. '0이면 분기'와 'R 분기'를 다른 연산들로 '구축'해야 하는 기계는, 다른 조건이 동일하다면, 이를 기본 연산으로 갖춘 기계보다 느릴 것이다.

중 첫 번째 목록에서만 도출되는 연산들을 사용해서 수행할 수 있는 모든 계산들이 두 번째 목록에서만 도출되는 연산을 통해서도 가능한 경우, 그리고 그 역도 가능할 때, 두 리스트는 동등하다.

위의 목록이나 이와 동등한 몇몇 기본 연산 목록들을 수행하면서 작동하는 기호조작 장치는 **보편적 기호체계**(universal symbol system)라고 불린다.[13] '범용 프로그램 내장형 컴퓨터'(general-purpose stored-program computer)와 '보편적 기호체계'라는 용어는 서로 바꿔 쓸 수 있다. 가장 최신 버전의 슈퍼컴퓨터 크레이(Cray)에서부터 조그마한 데스크탑에 이르기까지, 모든 범용 프로그램 내장형 컴퓨터는 보편적 기호체계다. 컴퓨터들은 서로 다른 기본 연산들과 내부 배치들을 지니며, 다른 속도로 작동하고, 더 크거나 작은 내부 기억장치를 갖는다. 이로 인해 다양하고 정교해지는 환경에서 사용하기 위해 맞춰지지만, 그 바탕에서 각각은 동일한 종류의 기계, 즉 기호조작 장치다.

4.6 '기호체계'라는 가설

3장 '결정의 시간'의 내용을 다시 떠올려보자. 만일 어떤 기계나 유기체의 내부 처리장치가 계획을 짜고 상황을 분석하며, 숙고나 논증을 하고, 비유를 이용하고, 경험에 비추어 신념을 수정하며, 충돌하는 이익들

---

13 앞에서 나열한 연산을 사용하며 무한한 메모리를 가진 컴퓨터는 보편적 튜링머신과 동등하다.(6장과 Newell, 앞의 책, 3절 참조.) 이를 증명하는 방법은 본질적으로, 보편적 튜링머신을 시뮬레이션할 수 있는 기계의 프로그램을 작성하는 일, 그리고 나열된 연산들을 사용하는 기계를 시뮬레이션할 수 있는 보편적 튜링머신의 프로그램을 작성하는 일로 구성된다.

을 평가하고, 가설을 설정해서 증거와 가설을 맞춰보고, 불완전한 정보에 기반하여 합리적 결정을 내리는 등등의 활동을 수행할 수 있다면, 그리고 이를 인공적으로 단순화된 실험실 영역만 아니라 매우 복잡한 현실세계에서도 할 수 있다면, 이 내부장치는 대규모의 적응성을 갖고 있다고 말할 수 있다. 다음은 대규모의 적응성이 있는 기계를 제작하기 위해서 주류 인공지능 연구가 제안하는 방안이다.

1. 적절하게 풍부하고 재귀적이고 합성적인 코드를 사용해서 현실세계의 대상, 사건, 행동, 관계 등을 표현하라.[14]

2. 보편적 기호체계 내부에서 세계와 (언어와 상거래 같은 인간 창조물을 포함하는) 세계의 작동 양상에 대한 적합한 표상을 구축하라. 이 '지식베이스'(knowledge base)는 기호들의 광대한 상호연결 구조로 구성될 것이다. 여기에는 해당 기계 자신과 그 목적, 필요사항에 대한 표상이 포함되어야 한다. 프로그래머가 이 거대한 구조를 '수작업'해야 하는지 아니면 기계가 대부분을 스스로 배우도록 프로그래밍할 수 있는지에 따라 의견이 나뉜다.

3. 적절한 입력장치를 사용하라. 이를 통해 기계에 영향을 주는, 유동적인 외부환경의 자극들을 기호로 표상할 수 있다.

4. 보편적 기호체계의 기본 연산들이 지닌 복잡한 순서를 배열하라.

---

14 이 방안의 전통적인 버전에서 기호적 표상은 표상의 매개를 추가하지 않고도 현실세계의 사물, 관계 등을 직접 나타낸다. 예를 들어, 4장 '이진 기호'에 제시된 미니 언어에서 식별자 000001은 현실의 대상 메리를 직접 나타낸다. 물론 간접적인 표상도 가능하다. 이 경우 기호적 표상은, 그 자신이 현실세계의 해당 대상(그 외의 것 등)을 나타내는 다른 항목을 직접 나타낸다. 간접적 표상을 포함하는 버전의 방안은 10장 '컴퓨터로 네트워크 시뮬레이션하기'에서 논의된다.

이를 입력장치가 생산한 기호구조와 지식베이스에 저장된 기호구조에 적용할 수 있어야 한다. 이로써 새로운 기호구조가 생겨난다. 이들 중 일부는 출력으로 지정된다.

5. 이 출력은 입력에 대한 적절한 행위 반응(언어적인 것도 포함)의 기호적 재현이다. 적절한 로봇 신체를 사용해서 기호를 실제 행위로 '변환'할 수 있다.

기호체계 가설이란 간단히 말해 이것이다. 이 방안이 옳다는 것. 이 가설에 따르면, 충분한 메모리를 지닌 어떤 보편적 기호체계는 추가적인 내부 구조를 통해서 대규모의 적응성을 가질 수 있다. 가설이 맞다면 특정 로봇의 행동은 적절하게 조직된 보편적 기호체계 내부에서 발생하는 기호조작의 결과이며, 이 로봇은 인간과 같은 수준의 유연성, 독창성 및 목적성을 갖추고 세계와 상호작용할 수 있을 것이다. (혹은 심지어 인간보다 더 높은 수준에서.)

이 가설은 종종 사람들에게 극히 낯선 인상을 준다. 어떻게 생각이란 게 보편적 기호체계가 할 수 있는 종류의 일이 될 수 있을까? 그저 기호들을 비교나 이동 정도만 할 수 있는 장치가 '고양이가 매트 위에 있다'라는 문장을 어떻게 처리할지, 그리고 역으로 어떻게 이러한 문장을 작성하는 재주를 부릴 수 있을지 이해하는 일은 매우 쉽다. 그러나 이 장치가 문장의 의미를 대체 이해할 수 있기나 할까? 또는 그 문장이 참인지 아닌지 궁금해할까? 혹은 고양이의 꼬리를 비틀어보고 싶어 할까? 등등.

그러나 낯설다고 해서 틀렸다고 말할 수는 없다. 과학과 수학에는 깜짝 놀랄 정도의 이상한 것이 많다. 예를 들어, 무한보다 더 큰 무언가가

있다는 사실을 생각해보라.(19세기에 독일 수학자 게오르그 칸토어는 많은 의심을 받으면서도 이를 증명했다.)[15] 또는 사건의 시간적 순서가 고정되지도 절대적이지도 않으며, 관찰자마다 다르다는 가설을 취해보라. 우주선 안에서 실제로 동시에 발생한 두 개의 사건은, 그럼에도 관제센터의 사람들이 서 있는 위치에 따라 실제로 그리고 진정으로 상이한 시간에 발생할 수 있다.(이것이 아인슈타인 이래로 물리학의 토대가 되었다.)

기호체계 가설에 대한 '도대체 어떻게'라는 느낌은, '컴퓨터가 생각하는 기계의 적합한 유형이다'란 말이 그저 당연하지 않다는 것을 확실하게 보여준다. 그렇다고 해서 낯설다는 핑계로 가설이 사실일 수 있다는 말에 동의하는 일을 단념해서도 안 된다. 이 가설은 대담하고 흥미로운 추측이다. 우주 다른 곳에 생명이 있다는 추측처럼 그 진실성은 조사와 증거 수집의 절차에 의해서만 검증될 수 있다. 이 절차가 완성되기는 아직 멀었다. 현재로서는 기호체계 가설이 참인지 거짓인지는 아무도 모른다. 그러니 만약 당신이 컴퓨터가 생각할 수 있는지 없는지 알아내고자 이 책을 읽고 있다면, 유감스럽게도 나는 당신을 실망시킬 것이다. 그럼에도 내가 제공하려는 것은 현 단계에서 활용할 수 있는 증거들에 대한 철저한 검토다. 이로써 최소한, 이 가설이 현재의 지식과 관련해서 얼마나 설득력이 있는지를 자기 나름대로 판단할 수 있을 것이다. 검토는 다음 장에서 진행된다. 지금의 내용을 마무리하기 위해 이 가설의 보다 강력한 버전을 소개하고자 한다.

---

15 칸토어는 모든 정수들로 이루어진 집합의 기수(cardinal number)보다 큰 기수의 존재를 증명했다.

4.7 복수의 실현가능성

기호 유형(type)과 기호 표시(token)라는 것 사이에 중요하고 잘 알려진 구별이 있다. 'ambiguity'(모호함) 단어에는 몇 글자가 있는가? 글자 표시를 묻는 질문이라면 9개, 글자 유형이라면 오직 8개뿐이다.

동일한 기호 유형에서도 표시는 서로 완전히 다른 방식으로 조립할 수 있다. 예를 들어, 3목 놓기[16] 게임에서, 기호 표시를 잉크, 크레용 또는 연필로 썼는지 여부는 중요하지 않다. 표시의 화학적 성분은 아무런 관련이 없다. 글자에 대해서도 마찬가지다. A라는 기호의 표시는 거의 모든 것—잉크, 당의(糖衣), 혈액, 연기, 그리고 모스 부호의 경우에는 짧은 신호음 뒤에 긴 신호음이 이어지게 하고, 전선을 흐르는 전파의 유사한 패턴—으로 만들 수 있다. 동일한 기호 유형의 여러 표시들은, 잉크가 당의와 다른 것만큼이나 전기적 활성의 파동과 다르듯이, 서로 다양할 수 있다. 이러한 사실은 기호 유형이 다중적으로 실현가능하다는 말로 쉽게 요약할 수 있다. 동일한 기호 유형은 여러 방법을 통해 물리적으로 실현할 수 있다.

수년에 걸쳐 컴퓨터 내부에서 기호를 실현하기 위해 온갖 상이한 방법들이 사용되었다. 그중 일부만 말해도, 열전자관, 전자기적 중계기, 수은 지연 회로, 음극선관, 자기드럼, 실리콘 트랜지스터, 갈륨비소 칩 등이 있었다. 프로그래머의 관점에서 볼 때, 기호가 물리적으로 어떻게 실현되는지는 그다지 중요하지 않다. 구식 밸브형 기계용으로 작성된 프

16 [역주] noughts-and-crosses. 가로, 세로 각각 두 줄의 평행선이 만들어 낸 9개의 칸에 두 사람이 교대로 O와 X를 기입하여, 가로, 세로, 사선으로 연속해서 3칸에 자신의 기호를 먼저 그려 넣는 사람이 이기는 놀이.

로그램은 현대식 컴퓨터에서 똑같이 잘 실행될 수 있다. 두 기계는 서로 다른 재료로 구성되고 물리적 수준에서 매우 다르게 작동하더라도 기호 조작의 순서를 동일하게 수행할 수 있다.

튜링이 강조했듯이 컴퓨터가 본질상 전기적 장치가 아니라는 말은, 기호가 다양한 방법으로 실현가능함(multiple realizability)을 암시한다.[17] 컴퓨터를 전기 부품으로 제작하는 것은 단지 그것이 실용적이고 저렴하기 때문이다. 이론상 보편적 기호체계는 수많은 방식으로 구축될 수 있다. 심지어 톱니바퀴, 레버, 스프링으로도 가능하다. 게다가 이 가능성은 들리는 것만큼 동떨어진 것도 아니다. 19세기 초, 케임브리지 수학과의 루카스 석좌교수였던 찰스 배비지(Charles Babbage)는 진정으로 놀라운 기계, '해석기관'(Analytical Engine)을 설계했다. 이것은 설계도상 프로그램으로 작동하는 최초의 컴퓨터였다. 이것은 수천 개의 황동 기어 휠, 막대 봉, 래칫 및 기어로 만들어질 것이었다. 완성되었다면 그 기관은 대략 철도 기관차의 크기와 무게였을 것이다. 설계도에 따라 매우 정교한 허용오차를 맞추며 부품을 가공하는 것은 어렵고 비용이 많이 드는 사업이었다. 그래서 아쉽게도 배비지는 아직까지도 완성되지 못한 시험용 모델만 남긴 채 세상을 떠났다.[18]

---

17 Turing, A. M., 'Computing Machinery and Intelligence', p. 439.

18 배비지의 환상적인 프로젝트에 대한 흥미로운 설명은 다음에 나와 있다. Alan Bromley, 'Charles Babbage's Analytical Engine, 1838'. 다음도 참조할 것. Lovelace, A. A, Menabrea, L. F., 'Sketch of the Analytical Engine Invented by Charles Babbage, Esq'. 에이다 러브레이스(Ada Lovelace)는 배비지의 공동제작자였다. 그녀는 이 기관의 여러 프로그램을 작성했다. 메트로폴리스(Metropolis)와 월턴(Worlton)은 전자 컴퓨팅의 선구자들이 배비지의 작업을 알고 있었는지 조사했다.('A Trilogy of Errors in the History of Computing', pp.50~53) 배비지는 1946년에 맨체스터의 무어 스쿨(에니악의 본고장)에서 행해진 강의에서, 그리고 1947년의 맨체스터 대학의 강의에서 언급되었다. '배비지'는 테딩턴의 국립물리학연구소에서 튜링의 에이스(ACE)를 연구하고 있는 사람

복수의 실현가능성은 인간의 뇌와 인간 사고에 대한 새로운 이론으로 향하는 길을 열어준다. 아마도 뇌는 보편적 기호체계의 유기체적 실현일 것이다. 인간의 두개골은 글자 그대로 컴퓨터를 지니고 있을 수 있다.

강한 기호체계 가설

기호체계 가설은 컴퓨터가 정의상 생각할 수 있다고 주장한다. 강한 기호체계 가설은 (그 정의상) 컴퓨터만 생각할 수 있다는 주장이다. 이 두 번째 가설에 따르면, 컴퓨터를 제외한 어떤 인공물도 생각할 수 없으며, 게다가 자연적으로 발달한 기관—지구의 것이든, 외계의 것이든—이 생각할 수 있는 능력을 갖춘다면, 그것은 정밀 검사를 통해 컴퓨터로 판명된다. 이 단호한 가설이 신뢰를 얻는다면, (그리고 많은 저명한 철학자와 인공지능 연구자들이 이를 믿고 있다) 우리 모두는 컴퓨터다.19 이 가설에 따르면, 인간의 마음은 보편적 기호체계이며, 인간의 모든 사고는 근본적으로 기호조작으로 이루어져 있다. 비록 우리 두개골 안의 컴퓨터가 '컴퓨터의 정의'에서 나열한 것들과 꽤 다른 기본 연산들을 사용하고, 이것이 사용하는 기호코드는 컴퓨터에서 사용되는 이진코드가 아니지만. 나는 강한 기호체계 가설을 9장과 10장에서 자세히 논의할 것이다.

들에겐 흔한 단어였다. 러브레이스와 배비지 모두 튜링이 'Computing Machinery and Intelligence'에서 언급한 적이 있다.

19 주석 1에 있는 뉴얼과 사이먼이 쓴 논문을 참조할 것. 강한 기호체계 가설을 제안한 두 명의 선구적인 연구자들은 제리 포더(Jerry Fodor, *The Language of Thought*)와 제논 필리신(Zenon Pylyshyn, *Computation and Cognition*)이다.

5장

사실들에 대한 면밀한 검토

기호체계 가설은 컴퓨터가 생각하도록 프로그래밍될 수 있다는 추측이다. 이 추측은 얼마나 설득력을 갖는가? 이번 장에서는 그 증거를 들여다볼 것이다.

5.1 가설의 증거

기호체계 가설의 증거를 확보하는 가장 직접적인 방법은 우리가 머리를 써서 해내는 과제를 컴퓨터가 수행하도록 프로그램하는 것이다. 제한된 분야에서 전문화되고 새로운 환경에서도 최소한의 적응성만 필요한 작업에는 더 낮은 점수를 매기고, 높은 수준의 유연성을 요구하는 보다 일반적인 과제에는 더 높은 점수를 주는 것이다. 이 방법에 따라, 만약 당신이 인공지능 연구원에게 이 가설이 옳다고 믿는 이유가 무엇인지 물어본다면, 당신은 인공지능의 놀라운 성공 사례들로 가득 찬 리스트를 받게 되리라.(그중 일부는 우리가 이미 2장에서 경외심을 갖고 살펴보았다.) 딥소트와 하이테크는 마스터 수준의 체스를 둔다. 새뮤얼의 체커 프로그램은 챔피언을 이길 뿐만 아니라 심지어 스스로 학습하기까지 한다. 범용 문제해결 프로그램은 하노이 탑 퍼즐과 선교사-식인종 문제

같은 진부한 문제들을 자신만의 방식으로 추론한다. 샘은 이야기에 대한 다양한 질문에도 능숙하게 답변한다. 네 살짜리 아이가 답했다면, 엄마의 가슴이 뿌듯해질 정도다. 프럼프는 뉴스 보도를 명쾌하게 요약할 수 있다. 해커는 프로그램을 작성할 수 있는 프로그램이다. 경이로운 슈들루는 자신의 장난감 블록 세계에 관해서라면 일상 영어로 주고받는 지적인 대화에도 참여할 수 있고, 행동 계획을 수립 및 실행할 수 있으며, 자기 행동의 이유에 대해서도 논의할 수 있다. 논리이론가는 기호 논리—내 논리학 수업을 듣는 많은 학생들을 고통스럽게 만들—를 통해 수학의 정리들을 증명한다. 전문가 시스템인 마이신은 증상과 검사 결과를 바탕으로 환자의 질병을 진단할 수 있다. 심지어 패리도 대화에서 훌륭히 자기 몫을 해낸다.

2장에서 다루지 못한 여러 인공지능 프로그램 중에서 특히 다음의 것들은 언급할 가치가 있다.

더글러스 레넛(Douglas Lenat)의 문제해결 프로그램 유리스코(Eurisko)는 스타워즈 게임 '트래블러'(Traveller)에서 미국 우승자가 되었다. 이 프로그램은 자신이 직접 설계한 함대를 이용하여 참가했다. 이 프로그램의 괴상한 함대는 틀에 얽매이지 않는 방식으로 게임의 규칙을 활용했고, 인간 참가자들이 설계한 함대보다 현저하게 뛰어났다. 레넛 자신도 함대 설계 과정에 참여해서 프로그램 작업을 주기적으로 확인하고 여기저기를 손보았다. 그가 말하길, "우승의 최종 공로는 레넛 60%, 유리스코 40%일 것입니다. 그럼에도 중요한 점은 레넛이나 유리스코 모두 혼자서는 우승할 수 없었을 거라는 점입니다."[1](레넛의 프로젝

1 Lenat, D. B., 'The Nature of Heuristics', p. 242.

트 CYC는 이 장 'CYC 프로젝트'에서 다뤄진다.)

패트릭 윈스턴(Patrick Winston)이 만든 학습 프로그램은 어떤 개념의 예시를 보면 개념 자체를 이해할 수 있다.[2] 아치(arch)라는 개념을 들어보자. 프로그래머는 다양한 아치 그림과, 동시에 '비슷하지만 틀린 예시'의 그림, 즉 아치의 모든 요소는 아니지만 일부가 포함된 도형(예를 들면, 가운데 구멍이 없는 '아치')을 제시한다. 이러한 사례와 반례에서 프로그램은 아치 개념을 추상화할 수 있다. 이 프로그램에겐 프로그래머의 도움—어느 그림이 아치이고, 어느 그림이 아닌지 알려줘야만 하는 과정—이 필요 없다. 이 프로그램은 탁자와 탁자 다리처럼 '기하학적으로 도형화'할 수 있는 다른 개념도 똑같이 터득할 수 있다.(그러나 이 프로그램이 배울 수 있는 것은 **오직** 개념들의 기하학적 측면뿐이다. 아치와 탁자의 용도는 알지 못한다.)

데이비드 왈츠(David Waltz)가 설계한 시각 프로그램은 2차원의 선 그림을 3차원 장면으로 변환할 수 있다.[3] 이 프로그램은 초창기 시각 프로그램의 골칫거리였던 그림자, 균열, 모호한 가장자리 등 여러 난점들 속에서도 제대로 작동한다. 예를 들어, 그림5.1의 두 그림이, 그림자가 드리워진, 동일한 장면을 나타낸다는 것을 인식할 수 있다.

스탠퍼드 연구소(Stanford Research Institute)에서 제작된 이동형 로봇 셰이키(Shakey)는 멋진 터치 센서와 텔레비전 카메라를 장착하고 있다.[4] 로봇은 내부적으로 연결된 몇 개의 방 안에서 살고 있는데, 방에는 나무 블록이 어질러져 있다. 일례로 셰이키에게 방 A의 받침대에 놓인 블록

2 Winston, P. H., 'Learning Structural Descriptions from Examples'.
3 Waltz, D. L., 'Understanding Line Drawings of Scenes With Shadows'.
4 Raphael, B., *The Thinking Computer*, chapter 8.

그림5.1　시각 인지 소프트웨어에서 그림자는 큰 문제였다.(Winston, P.H. (ed) *The Psychology of Computer*의 그림2.1과 2.2)

X를 창 밑으로 옮기라고 지시를 내리면, 셰키는 그가 어느 방에 있든 방 A로 가는 길을 찾는다. 상황을 판단하고, 받침대에 도달할 수 있는 경사로가 필요하다고 결정한 뒤, 주위를 둘러보며 경사로를 발견한다. 받침대에 경사로를 올려놓고 경사로 위로 올라가 블록을 바닥으로 떨어뜨린다. 아래로 내려가서 블록을 창문 아래 필요한 위치로 이동시킨다. 이 모든 일에 사람이 개입할 필요는 없다.

물론 증거들이 쏟아진다 해도 기호체계 가설이 옳다고 입증하기에 충분하진 않다. 오직 필요한 요건을 모두 갖춘 '생각하는 컴퓨터'의 존재만

이 가설을 입증할 수 있다. 지금까지의 성과들은 이 가설을 어느 정도 뒷받침할 뿐이다. 그런데 이 뒷받침은 큰가, 작은가, 아니면 너무 작은가?

5.2 증거를 찬찬히 따져보기

이 증거들은 인상적이어서 확실히 기호체계 가설에 대한 진지한 관심을 보증한다. 하지만 **너무** 감동받지는 마시길. 인공지능 연구단체에서 나오는 낙관론에도 불구하고, 내가 보기에 가설이 옳다고 믿어버리기엔 증거가 턱없이 불충분하다.

인공지능 연구의 성과는 매우 빈약하며 장난감 수준이라고 해야 할 것이다. 컴퓨터의 전반적인 목표가, 통제할 수 없을 정도로 복잡한 현실세계 속에서 인간 수준의 지능을 작동시키는 것임에 비춰보면 더욱 형편없다. 만일 셰이키가 인공적으로 단순화된 실험실 환경에서 벗어나 실제 집으로 들어간다면, 그것은 태엽 감는 장난감 쥐와 같은 수준에서 움직일 것이다. 셰이키가 작동하기 위해서는 상당수의 단순화된 주변 환경이 필요한데, 그중 하나는 방 둘레에 줄무늬 모양으로 넓게 페인트칠을 하는 것이다. 바로 바닥의 끝과 벽의 시작점을 구분하기 위해서![5] 그리고 셰이키는 안타까울 정도로 느리다. 단 하나의 동작을 하는 데에도 약 한 시간의 컴퓨터 작동이 소모된다. 위에서 설명한 블록 이동 실험은 실제로 완성하는 데 며칠이 걸렸다.

인공지능 연구자 대부분은 지금까지의 증거들을 꽤 냉정하게 평가한

---

5 Raphael, B., 'The Robot Shakey and his Successors', p. 7.

다. 1960년대 한 연구자는 작은 변화의 증거는 많이 볼 수 있었지만 진정한 진보의 증거는 거의 볼 수 없었다고 말했다. 또한 1984년에 더글러스 레닛은 '수십 년간의 초라할 정도로 느린 진보'라고 썼다.[6] 게다가 1967년 당시 '한 세대 안에 인공지능을 만드는 문제가 실질적으로 해결될 것'이라고 예측했던 마빈 민스키조차 "인공지능 프로그램은 지금까지 수행한 과학 중에 가장 어려운 것이다"라고 인정했다.[7]

많은 사람들이 인공지능 연구 성과에 **전혀** 감동을 느끼지 못하며, 컴퓨터 지능에 대한 프로젝트가 아무런 진전도 없다고 믿고 있다.[8] 컴퓨터 과학자 스튜어트 드레이퍼스(Stuart Dreyfus)는 이런 관점을 재치 있는 문구로 표현하기도 했다. "지능형 컴퓨터를 향한 현재의 요청과 희망은 마치 나무에 올라가는 이가 달을 향해 나아가고 있다는 믿음을 갖는 것과 같다."[9] 그의 동생 휴버트 드레이퍼스(Hubert Dreyfus)는 철학자이자 널리 알려진 인공지능 비평가로, 그 역시 가혹한 평가를 내린다. "25년간의 인공지능 연구는 약속을 거의 실현하지 못했으며, 반드시 약속을 이행하겠다는 어떤 증거도 낳지 못했다."[10]

이 절에서는 지금껏 살펴본 프로그램들이 왜 첫 만남에 비해 그다지

---

6 Giuliano, V. E., 'Comments on a Paper by R. F. Simmons', p. 69; Lenat, D. B., 'Computer Software for Intelligent Systems', p. 152.

7 민스키의 발언들 모두 Dreyfus, H. L., Dreyfus, S. E., *Mind Over Machine*, p. 78.에서 보고되었다.

8 [역주] 2019년 현재는 다르다. '알파고'의 등장과 가전제품에 활용되기 시작한 인공지능 기능 덕분에, 우리는 인공지능의 발전을 피부로 느끼고 있다. 하지만 실질적인 진전이 없다는 느낌도 든다. TV와 휴대전화, 인공지능 스피커의 '스마트' 기능은 진정 '생각하는 기계'와는 무관하다. '인공지능'이라는 첨단 기술의 이미지를 마케팅으로만 활용하고 있는 것은 아닌지, 그 마케팅 때문에 우리는 인공지능이 급격하게 발전하고 있다고 믿고 있는 건 아닌지 의심스럽다.

9 Dreyfus, H. L., Dreyfus, S. E., *Mind Over Machine*, p. 10.

10 Dreyfus, H. L., Dreyfus, S. E., 같은 책, p. 11.

인상적이지 않은지, 그 이유를 설명하려고 한다. 특히 범용 문제해결사(GPS)와 슈들루의 주요 한계와 약점을 자세히 알아보려 한다. 이 두 프로그램을 택한 것은, 이들이 사실 가장 유명한 프로그램이기 때문이다.

현재의 인공지능 프로그램들이 심하게 제한적이라는 것에는 이견이 거의 없다. 인공지능의 부족한 발전에 대한 반응은 매우 다양하다. 드레이퍼스 형제와 같은 인공지능 비평가들은 현재 인공지능 성과가 지닌 제한성이 바로 인공지능 연구가 심각한 문제에 놓여 있음을 드러낸다고 여긴다. 몇몇 연구자들은 이 반응을 공유하며, 주류 인공지능 연구에서 손을 떼고, 컴퓨터가 아닌 새로운 형태의 정보처리장치(10장)로 관심을 돌리고 있다. 하지만 많은 연구자들은 전통적인 인공지능 연구를 신뢰하고 있다. 그들은 컴퓨터 지능 연구도, 과학의 다른 많은 분야와 마찬가지로, 중대한 돌파구가 필요하다는 것을 인정한다. 그러나 그들은 시간이 충분히 지나면 돌파구에 이르게 될 것이기에 절망적일 이유는 없다고 본다.

범용 문제해결사

범용 문제해결사(GPS)의 첫 버전은 1957년에 가동 및 실행되었다. 그리고 10년 이상 개선과 수정이 진행되었다. 그 당시 GPS는 컴퓨팅 세계에서 기적과 같은 것이었고, 진정 그러했다. 하지만 1976년에 이르러 유명한 인공지능 연구원 드류 맥더모트(Drew McDermott)는 다음과 같이 썼다. "이제 'GPS'는 퍼즐을 푸는 매우 멍청한 프로그램을 뜻하는 특색 없는 용어가 되었다. 그러나 이것은 원래 '범용 문제해결 프로그램'을 의미했다. 이런 이름 탓에 모두는 불필요한 흥분과 혼란을 느껴야 했

다."[11] 이 프로그램이 어떻게 작동하는지 슬쩍 훑어보는 것만으로도 이런 판단을 야기한 특징들이 드러날 것이다.[12]

GPS는 수단-목표(means-end) 분석 프로그램으로 알려져 있다. 목표와 시작점을 서술하고, 가능한 수단의 목록을 나열한다. 그러면 GPS는 수단을 활용해서 목표에 도달하는 방법을 우연히 발견할 때까지 실험을 계속한다. 선교사와 식인종 문제(2장 '범용 문제해결사'에 설명되어 있다)의 경우, 시작점으로 강의 왼편에 있는 선교사 3명과 식인종 3명을 발견한다. 목표는 아무도 먹히지 않고 동일한 인원을 강 오른편으로 옮기는 것이다. 목록에 포함된 수단들에는 두 작업 방식, '선교사 x명과 식인종 y명을 실어서 배를 왼쪽에서 오른쪽으로 옮긴다'와 '선교사 x명과 식인종 y명을 실어서 배를 오른쪽에서 왼쪽으로 옮긴다'가 있다.(x와 y의 합은 항상 1이나 2다. 왜냐하면 배에는 노를 저을 한 명이 필요하고, 최대 2명까지 탈 수 있다.)

GPS는 이동 작업을 하나씩 시도하면서 문제를 해결한다. 즉 x와 y에 숫자를 넣어보면서, 식인종이 선교사보다 수적 우위에 있지 않고도(식인종의 수가 더 많으면 식인종이 선교사를 잡아먹는다는 걸 기억해야 한다) 시작점부터 목표에 도달할 수 있는 이동의 순서를 찾을 때까지 계속한다. 예를 들어, 프로그램의 무작위적인 첫 선택이 선교사 두 명을 오른쪽으로 옮기는 것일 수 있다. 그러면 곧장 왼편에서는 차마 말할 수 없는 끔찍한 일이 벌어진다. 그 누구보다도 위대한 시행착오형 전략가인 GPS는 침착하게 다시 시도한다. 선교사 한 명과 식인종 한 명을 오른쪽으로 옮긴

---

11 McDermott, D., 'Artificial Intelligence Meets Natural Stupidity', p. 144.

12 이 프로그램의 전체 세부사항은 다음에서 확인할 수 있다. Ernst, G. W., Newell, A., *GPS: A Case Study in Generality and Problem Solving*.

다. 누구도 물어뜯기지 않았기 때문에, GPS는 첫 번째 이동을 유지한 채 다음 수를 생각한다. 우선 왼쪽 강둑에 선교사와 식인종이 남아 있는지 확인한다. 그래, 아직 남아 있다. 그러므로 목표는 아직 달성되지 않았다. 따라서 최소한 한 번 이상 왼쪽에서 오른쪽으로 보내는 이동이 있어야 한다. 이제 배가 어디에 있는지 살펴본다. 오른편에 있다. 따라서 오른쪽에서 왼쪽으로 가는 이동이 있어야 한다. 우선 배를 이동시켜보자. 배에 선교사 0명, 식인종 1명을 태워서 오른쪽에서 왼쪽으로 보낸다. 이런! 이건 취소해야겠다. … 등등. GPS는 매우 느리고 서투르게 목표에 이르는 길을 찾는다.

GPS를 '매우 멍청한 프로그램'이라고 부르는 이유 중 하나는 이로써 매우 분명해졌다. 맹목적인 시행착오 방식은 문제를 해결하려는 지능적 접근이라기보다 어쩔 수 없는 최후의 수단이다. 그러니 GPS는 지능형 컴퓨터를 만들려는 시도 중에서 어쩔 수 없는 최초의 수단이었다. 그러나 이는 GPS에게 야박한 평가는 아닐 것이다. 요원한 목표를 향한 첫 수를 모색하는 것이기에, 이 프로그램은 많은 찬사를 받을 자격이 있다. 또한 당신도 선교사와 식인종 문제를 해결하기 위해 시행착오를 겪지 않았는가?

이 프로그램의 시행착오 기술은 전적으로 맹목적이진 않다. 예를 들어, 어떤 이동의 즉각적인 결과가 방금 그로부터 힘들게 빠져나온 위치로 되돌려 놓는 것이라면, 그런 이동은 무시할 것이다. 또한 프로그램이 애초에 잘못된 경로를 향해 지칠 줄 모르고 덤벼드는 일을 막기 위해 프로그램에는 수많은 절차들이 포함되어 있다. 그중 가장 단순한 것은 '중단'이다. 목표를 성취하지 못한 채 미리 설정된 시간을 넘기면 일련의 이동들을 포기한다.

프로그램이 성공적으로 탐색하도록 유도하는 또 다른 주요 방법은, 여러 대안이 있는 경우 어떤 수를 먼저 시도할 것인지의 지침을 입력해 두는 것이다. 간단한 예를 들면, GPS가 선교사와 식인종 문제가 아니라, 로봇이 블록 이동 계획을 짜는 작업을 맡았다고 가정해보자. 가능한 수단의 목록에는 '이동하기', '블록 집어들기', '블록 내려놓기', '블록 옮기기' 등의 작업이 있다. 로봇이 지금 블록 X를 들고 있고, 이제 그 대신에 블록 Y를 들어야 한다고 해보자. '블록 집어들기'를 Y에 적용하기 전에, 로봇은 두 가지 일을 해야 한다. 손을 비워야 하고, 자신이 Y가 있는 곳으로 이동해야 한다.('블록 집어들기'를 위한 이러한 소위 **선행조건**은 프로그래머가 프로그램 속에 넣어 둔다. GPS는 이를 산출해내기보다 검색할 것이다.) '이동하기'와 '블록 내려놓기' 중에 어느 것이 먼저인가? 이 프로그램에는 두 작업이 모두 필요할 경우, '블록 내려놓기'를 먼저 시도해야 한다는 지침이 있을 수 있다. 왜냐하면 블록 Y를 향해 이동하는 동안 마주칠지도 모르는 장애물 블록을 집어서 치우기 위해서는 손을 비워 둬야 하기 때문이다. 로봇은 X를 내려놓아서 Y로 향하는 경로가 가로막히는 경우에만 이동하기 위해 '블록 내려놓기'를 포기할 것이다.

이처럼 미리 설정된 우선순위—주어진 상황에서 다른 동작을 시도해야 하는—를 **휴리스틱 방식**(heuristics, 어림짐작식 문제 해결방식)이라고 한다. 이는 GPS의 핵심적인 특징을 이루고 있으며, 개발자들은 상당한 창의력을 쏟아부어, 시행착오 방식으로 문제에 덤벼드는 프로그램에게 가능한 많은 지침을 주는 휴리스틱 방식을 고안해냈다. 그러나 복잡한 문제의 경우, 특히 수단의 목록에 엄청난 수의 작업들이 필요한 경우에는 우선순위를 세우는 것이 불가능할 만큼 복잡해졌다. 따라서 이제 GPS는 진정 **범용** 문제해결사와 거리가 멀어졌다. 이 프로그램의 시행착오

전략은, 무엇을 먼저 시도해야 하는지 알려주는, 창의적이긴 하지만 본질적으론 똑똑하지 않은 목록에 의존할 뿐이고, 그래서 매우 간단한 문제만 다룰 수 있다.

GPS가 범용 문제해결 프로그램이라는 이름에 부합하지 못하는 또 다른 이유도 있다. 범용이라는 이름과는 달리, GPS는 매우 특별한 종류의 문제, 요컨대 시작점에서 출발해서 목표에 도달하는 형태의 문제만 해결할 수 있다. 아래는 이와 전혀 다른 종류의 문제다. 정오에 한 남자가 산 정상에 있는 오두막에서 출발해서 산 아래에 있는 오두막을 향해 내려간다. 다음 날, 한 여자는 또다시 정오에 산 아래 오두막에서 출발해 정상에 있는 오두막으로 올라간다. 이 경우 둘째 날 오후의 모시에 여성이 첫째 날 오후 남자가 모시에 있었던 그 위치에 정확히 있을 수 있는 모 시각이 존재할까? 이 문제를 '시작점에서 출발해 목표에 이르는 수단의 목록을 사용'하는 틀에 집어넣는 것은 결코 자연스러운 해법이 아니다. 시작점은 어디인가? 목표는? 무슨 수단이 가능한가? 실제로 매일 우리가 겪는 문제가 이렇게 깔끔한 형태로 나타나는 경우는 거의 없다.

사실 GPS 문제해결의 대부분은 프로그램이 아니라 프로그래머에 의해 이루어진다.(이 불만사항은 지금까지의 모든 인공지능 프로그램에 대해서도 제기될 수 있다.) 이런 일이 벌어지는 한 가지 명백한 이유는, 프로그래머가 제공하는 우선순위 덕분에 GPS가 여러 대체 동작 가운데 무엇을 먼저 시도할지를 알 수 있기 때문이다.('이동하기', '블록 내려놓기' 같은 경우가 그렇다.) 문제에 대한 프로그래머 나름의 이해 방식, 어떻게 해결할지에 대한 나름의 느낌이 이 복잡한 우선순위를 준비하는 바탕이 된다. GPS는 단 한 번의 실수도 없이 하노이 탑 퍼즐을 해결할 수 있다.(제작자는 이를 자랑스럽게 발표한다.)[13] 그러나 그 영예는 GPS가 아니라 인간 제작

자에게 돌아가야 한다. 이 경우엔 프로그램에게 완벽한 지침을 주는 우선순위를 간신히 고안해낸 제작자 말이다. 프로그래머들은 프로그램에게 목표에 대한 명확한 설명이나 활용할 수 있는 수단의 철저한 목록까지 제공함으로써 컴퓨터에게 인간 지성의 혜택을 베풀고 있다. 나의 문제제기가 명확하게 정의되었을 것이다.

프로그램이 아닌 프로그래머가 문제를 해결하는 또 다른 교묘한 방법도 있다. 이는 내가 문제의 **표상** 찾기라고 부르는 것과 관련된다. 두 명의 등산가 문제로 돌아가보자. 만약 여러분이 이 문제를 풀었다면, 당신은 아마 두 여정을 서로 포개서, 다시 말해, 그들의 여정을 **동일한** 오후에 일어난 것으로 만들어 놓고, 이를 관찰하면서 문제를 해결했을 것이다. 문제를 일단 이런 형태로 표상한다면, 경로 위의 두 사람이 서로 마주칠 수 있음을 쉽게 알 수 있다. 대부분의 경우 문제해결에서 어려운 지점은 문제를 표상하는 좋은 방법을 떠올리는 일이다. 유용한 표상을 찾아내기만 한다면, 해결책을 도출해내는 것은 쉽다.

이에 대한 유명한 예시는 이른바 잘린 체스판 문제다. 평범한 64칸의 흑백 체스판과 직사각형 모양의 과자를 떠올려보자. 과자는 체스판의 정사각형 두 칸을 덮기에 딱 알맞은 크기다. 64칸을 모두 덮기 위해서는 최소한 몇 개의 과자가 필요한가? 그렇다, 32개다. 여기까지는 전혀 어렵지 않다. 그러나 이제 체스판에서 두 사각형을, 한 쪽 모서리에 있는 사각형과 대각선으로 정반대편 모서리에 있는 사각형을 잘라냈다고 하자. 이 잘린 체스판을 31개의 과자로 완전히 덮는 것이 가능할까?

문제가 꽤 까다롭지 않은가? 문제를 표상하는 '열려라 참깨'식의 손쉬

13 Ernst, G. W., Newell, A., *GPS: A Case Study in Generality and Problem Solving*, p. 163.

운 방법이 있다. 체스판을 보면, 대각선으로 정반대편 모서리에 있는 사각형들은 모두 검은색이거나 흰색이므로, 잘라낸 두 사각형이 모두 같은 색깔임을 알 수 있다. 잘린 사각형이 모두 검은색이라고 해보자. 잘린 체스판에는 흰 사각형 32개와 검은 사각형 30개가 있음을 알 수 있다. 과자 한 개는 흰 사각형 하나와 검은 사각형 하나를 덮는다. 그러므로 어떻게 배열하든지 31개의 과자는 31개의 흰 사각형과 31개의 검은 사각형을 덮을 수밖에 없고, 따라서 이 문제의 해답은 '아니요'다. 주어진 수의 과자로 덮을 수 있는 색상별 사각형 개수라는 관점에서 이 문제를 표상하고 간단한 산수 계산을 한다면, 답은 금방 알 수 있다.

컴퓨터가 잘린 체스판 문제를 해결할 수 있을까?(체스판에 과자를 배열할 수 있는 엄청난 가짓수를 일일이 해보는, 지능적이지 않고 완전히 비현실적인 '무식한 뚝심'의 방식은 제외하고.) 누군들 답을 알겠는가! 하지만 분명한 점은 **당신이** '표상 찾아내기'를 처리해준다면, 컴퓨터가 간단한 산수를 처리할 수 있다는 것이다. GPS가 문제를 푸는 데 기여하는 바는 그다지 크지 않다. 문제에 대한 영리한 표상을 프로그램에게 제공하는 것은 프로그래머들이고, 프로그램은 뒷걸음질로 해결책을 찾을 때까지 계속 더듬거리고 있을 뿐이다.[14] 이 때문에 나는 GPS를 문제 **해결 프로그램**이라고 부를 생각이 전혀 없다. 한 프로그래머가 앞서 등산가에 관한 문제를 예리한 수학적 관점으로 해결할 방법이 떠올랐다고 상상해보자. 그가 문

---

14 뉴얼과 에른스트는 *GPS: A Case Study in Generality and Problem Solving* 6장에서, 이 프로그램에 부여된 11가지 표현 방식을 상세히 소개한다. 베니토의 살인범에 대한 문제(2장 '범용 문제해결사')를 GPS가 풀 수 있는 형식으로 표현하기 위해, 프로그래머는 '저는 결백합니다'와 '내가 그랬다고 말하는 멍청이는 거짓말을 하고 있는 겁니다'라는 레이저의 발언을 동일한 문장으로 다루어야 한다.(이 특정한 예는 뉴얼과 에른스트에게 빌려온 것은 아니다.)

제를 표상하는 방식에 따르면, 이 문제는 시작점에서 목표에 이르는 것 **이 되며**, 여기에선 시작점과 목표 모두 어떤 종류의 우회적인 수학적 추상화로 변환되어야 한다. GPS는 이런 방식으로 표상된 문제를 제공받고, 일련의 흔한 시행착오를 거쳐 답을 알아낸다. 이쯤 되면 문제해결의 대부분을 차지하는 게 프로그램이 아니라 프로그래머라는 느낌이 들지 않는가?

1966년 즈음 GPS 연구는 중단되었다. "우리가 지능의 메커니즘을 이해하는 데 있어 이 특별한 IPL-V 코드 전체가 큰 역할을 했음에도 불구하고, 우리는 이제 이 코드 전체를 영면에 들게 해야 한다고 느꼈습니다." 뉴얼과 에른스트는 이 프로그램의 부고를 이렇게 썼다.[15] 논평가 휴버트 드레이퍼스는 이토록 큰 인공지능 프로젝트를 포기하는 데 크게 기여했다. 그는 GPS 연구를 '낙관론적 성공에서 출발해 실패로 떨어지는 곡선'으로 묘사했고, 인공지능의 전망에 대한 비관적 논의에서, 그는 'GPS의 포기'가 '얼마나 어려운지 대한 충분한 증거'라고 주장했다.[16] 그럼에도 내가 보기에 이 비관론은 전적으로 잘못 짚은 것이다. 인간이 전적으로 새로운 분야에 도전하는 프로젝트의 성공 여부는 그로부터 무엇을 배웠는가로 평가되어야 한다. 그리고 사람들은 GPS에서 많은 것을 배웠다. 인공지능용 프로그래밍 언어에서 어떤 특별한 기능이 필요한지 적잖이 배울 수 있었다. 이 교훈은 GPS 제작자들이 개발한 정보처리 언어(IPLS, information-processing languages)의 계열에 포함되었으며, 그래서 궁극적으로 이 계열의 뛰어난 후손, LISP에 통합되었다. 또 다른 교훈은 수단-목표 분석 기술 자체에 관한 것이었다. 이는 GPS에서(예를 들면,

15 *GPS: A Case Study in Generality and Problem Solving,* p. vii.
16 Dreyfus, H. L., *What Computers Can't Do*(Second Edition), pp. 96, 296.

로봇 셰이키를 제어하는 프로그램에서) 새롭게 개척된 이래 광범위하게 사용되고 있다.

그럼에도 아마 GPS 연구에서 얻은 가장 중요한 교훈은, 잘 모르는 프로그램은 잘 수행하지 못한다는 점이다. GPS의 바탕에 있는 전체 아이디어는 문제해결 기술이 이른바 특정 과제용 지식과 분리될 수 있다는 것이었다. 이것이 이 프로그램이 범용 문제해결 프로그램이라는, 오해의 소지가 있는 이름을 가졌던 이유다. GPS는 기본 프로그램이 특정 과제나 문제에 관한 구체적인 지식을 포함하고 있지 않다는 점에서 '범용/일반적'이다.[17] 초창기 인공지능에서 생각되었던 것처럼 지능형 프로그램의 내부는 강력한 문제해결 기술의 다발들로 구성되리라 예상했다. 특정 문제를 해결하기 위해서는 그저 적절한 지식들을 몇 개 스크랩해서 입력하기만 하면 된다고. 그러나 경험상 알 수 있듯이 문제해결 기술과 지식 사이의 구분은 인위적이며 도움이 되지도 않는다. 게다가 점점 더 명확해지는바, 퍼즐이나 수수께끼와 달리 현실 문제를 해결하기 위한 프로그램은 막대한 양의 지식을 필요로 한다. 따라서 GPS에서 얻은 경험은 결국 슈들루와 마이신 같은 지식집약적인 문제해결 프로그램으로 이어졌다.

지식 문제

지식이란 컴퓨터 내부에서 다루기 까다로운 것이다. 그저 챙겨 놓는 건 어렵지 않다. 바보라 해도 많은 양의 데이터를 메모리에 집어 넣

17 Simon, H., *The Shape of Automation*, p. 83.

는 프로그램을 만들 수 있다. 각 항목을 다시 쉽게 찾을 수 있도록 체계화하는 일이 까다롭다. 이것이 내가 지식 문제라고 지칭할 것의 첫 번째 측면이다. 간단한 예를 보여주겠다. 노디(Noddy)[18]는 현재 토이타운(Toytown)에 사는 사람들의 이름과 주소를 컴퓨터에 입력한다. 그런 뒤 그는 포스터 피그(Foster Fig)의 주소를 검색하려 한다. 노디는 아무런 조리 없이 데이터를 저장했기 때문에 컴퓨터는 피그(Fig)와 맞닥뜨리기 전까지 각 항목들을 수고스럽게 검토해야 한다. 운 좋게 절친이 일찍 나타나주지 않고서야 아주 느린 작업일 수밖에 없다. 확실히 더 좋은 계획은 모든 이름을 알파벳순으로 배열하는 것이다. 그러면 컴퓨터는 필요한 항목에 빠르게 초점을 맞출 수 있다. 지식이 유용하기 위해서는 기계 내부에 어떤 순서로든 정리되어야 한다. 하지만 어떤 순서가 좋을까? 셀 수 없이 다양한 사실들을 정리할 당연한 방법은 없다. 당신은 세계 전체를 알파벳 순서로 늘어놓을 순 없다.

방대한 양의 다양한 지식을 조직할 방법을 찾아라. 이것이 지식 문제의 첫 번째 측면이다. 이 문제의 두 번째 측면은 많은 양의 지식을 최신의 상태로 유지하는 일, 즉 지식 저장소를 업데이트하는 일이 어렵다는 점이다. 노디의 목록이 토이타운의 현재 거주자를 나타낸다고 한다면, 저승사자가 누군가를 방문할 때마다 목록도 계속 업데이트되어야 한다. 이처럼 단순한 사례에서는 업데이트가 별 문제가 아니다. 이름들이 순서대로 정렬된다면, 컴퓨터는 매번 쉽게 목록을 훑으면서 사망자를 지우고 출생자를 추가할 수 있다. 문제는 바로 상호연결된 정보들로 이루

18 [역주] BBC와 어린이 프로그램 전문제작사인 에니드 브리튼사(社)가 지난 92~93년 공동 제작한 애니메이션으로, 주인공인 남자 꼬마인형의 이름이기도 하다. 이후에 등장하는 이름들도 이 애니메이션의 등장 캐릭터들이다.

어진 크고 복잡한 저장소를 업데이트하는 일이다. 얼마나 난감한지 느껴보려면, 여러분이 예상치 않게 새로운 도시에서 새로운 일자리를 제의받았다고 상상해보자. 그러면 준비해야 할 일들이 정신없이 이어진다. 당신은 집을 부동산에 내놓고, 아이들을 전학시킬 준비를 해야 한다. 또 팔아야 할 가구를 결정하고, 친구들에게 이사 소식을 전해야 한다. 우유 배달을 끊는 것과 같은 사소한 일에서부터 당신의 가장 소중한 장기적 계획과 목표를 재고하는 것까지 매우 넓은 스펙트럼의 일들이 필요하다. '이직'이라는 새로운 데이터 하나만 추가해도, 당신의 신념, 계획, 전망의 복잡한 네트워크는 모든 부분에서 무수한 업데이트를 요구한다. 이는 지식 문제의 두 번째 측면을 잘 보여준다. 상호연결된 정보들의 광대한 저장소에서 변화가 '물 흐르듯' 진행되기 위해 필요한 모든 업데이트를 컴퓨터가 추적할 수 있는 방법을 고안해라. 지식 문제의 이러한 측면을 흔히 **프레임 문제**라고 한다.[19]

지식 문제의 세 번째 측면은 첫 번째와 유사하게 저장소에서 정보를 추출하는 일에 관한 것이다. 어떤 문제가 주어지면, 이 문제를 해결하는데 어떤 종류의 정보가 유용한지 컴퓨터는 어떻게 알 수 있을까? 특정 문제와 관련된 사실이 무엇인지 컴퓨터가 분별할 수 있도록 지식 저장소는 어떤 방식으로든 체계화되어야 한다. 이것은 **연관성**의 문제다. 민스키가 말하길, "엄청난 다양성 속에서 연관 정보를 선별하는 문제는 중요한 사안이다! 왜냐하면 각각의 '사실'은 어떻게 사용해야 하고 언제 사용해선 안 되는지에 대한 '메타-사실'을 필요로 하기 때문이다."[20] 그리고 물론 이 '메타-사실'들은 그 자체로 조직화되어야 한다. 그러면 우

19 이 명칭은 존 매카시(John McCarthy)에서 따왔다.(McCarthy, J., Hayes, P. J., 'Some Philosophical Problems from the Standpoint of Artificial Intelligence')

리가 처음에 들어왔던 문제로 돌아가게 된다….[20]

프레임 문제와 관련성 문제는 5장 'CYC 프로젝트'에서 더욱 자세히 살펴볼 것이다.

미시세계

지식 문제는 까다롭다. 많은 인공지능 연구자들이 이를 인공지능 분야의 근본적인 문제로 보고 있다. 1960년대 후반 이전까지 사람들은 지식 문제의 중요성을 인정하지 않았다. 초기 인공지능 연구는 보편적으로 적용할 수 있는 문제해결 기법, 즉 GPS 방식을 개발하는 일에 관심을 쏟고 있었고, 그래서 지식 문제는 다소 부수적인 것으로 여겨졌다. 초기 프로그램의 미약한 성과가 일정 부분 연구자들의 지식욕이 부족한 탓임을 깨달았을 때, 지식 문제는 중앙 무대에 올라왔다. 새롭게 등장한 문제에 대응하고자 사람들은 작고 단순하며 인공적인 '세계', 이른바 **미시세계**(micro-worlds)로 연구의 초점을 맞추었고, 이와 관련된 지식을 조직하는 기술들을 발전시켰다. 여기엔 미시세계 연구에서 개발된 기술들을 일반화한다면 복잡한 현실세계에 대처할 수 있다는 희망이 있었다.[21] 고전적인 미시세계 중 하나는 슈들루의 거주지인 탁자의 윗면, 상자, 몇 개의 색깔 블록들이다.

슈들루

---

20 Minsky, M., 'A Framework for Representing Knowledge', p. 124.
21 이 미시세계 정책의 선언은 Minsky, M., Papert, S., 'Progress Report on Artificial Intelligence'에 있다.

경험이 부족한 사람들은 대개 슈들루에게 압도되었다고 할 정도는 아니지만, 굉장히 감명받는다. 슈들루를 처음 대면할 때 나타나는 일반적인 반응은 '와! 이건 정말 생각을 하는군요'다. 그래서 슈들루의 기를 조금 꺾으면서 시작해보자. 슈들루는 일라이자만큼 쓰러뜨리기 쉽다.(3장에서 일라이자가 볼품없게 무너지는 것을 보았다.) 내가 가장 좋아하는 예는 존 호그런드(John Haugeland)의 것이다. (사람이 먼저 이야기한다.)

첨탑을 만들어라.

미안합니다. 저는 '첨탑'이라는 단어를 모릅니다.

'첨탑'은 두 개의 녹색 정육면체와 하나의 사각뿔로 이루어진 더미다.

이해했습니다.

세 개의 빨간 큐브와 첨탑을 거래해라.

미안합니다. 저는 '거래'라는 단어를 모릅니다.

'거래'는 소유권의 자유로운 교환이다.

미안합니다. 저는 '자유로운'이라는 단어를 모릅니다.

미안하다. 나는 네가 더 똑똑하다고 생각했어.

미안합니다. 저는 '미안하다'는 단어를 모릅니다.[22]

물론 이러한 조롱은 급소를 가격하는 것처럼 비겁하다. 슈들루가 살고 있는 미시세계의 경계선을 벗어나는 주제로 그를 압박하는 것이기 때문이다. 하지만 그럼에도 더 냉정하게는, 슈들루가 자신의 놀이블록 세계에서조차 스스로를 다루는 방식에 심각한 한계가 있다는 것을 보여

---

22 Haugeland, J., *Artificial Intelligence: the Very Idea*, p. 190. 나는 호그런드의 버전을 약간 변형했다.

준다. 자기 세계에 대한 슈들루의 데이터는 '뼈다귀'만 있는 것처럼 빈약하다. 슈들루에게 '블록'은 자신이 그 위치를 바꿀 수 있는 사물 외에 다른 어떤 의미도, 정말 글자 그대로 아무런 의미도 없다.[23] 만약 여러분이 슈들루라면, 그래서 여러분에게 '블록'이 단단하고 무거운 물체인지, 아니면 단지 기하학적으로 정의된 빈 공간인지 묻는다면, 당신은 나에게 대답할 수 없을 것이다. 이는 또한 내가 당신에게 '빨강'이 볼 수 있는 사물인지, 들을 수 있는 사물인지, 혹은 둘 다 아닌 사물인지를 물었을 때도 마찬가지로 곤란할 것이다.(물론 슈들루 자신은 질문 자체를 이해할 수도 없을 것이다.) 그가 (말하자면) 대화에서 보여주는 겉모습에도 불구하고, 슈들루는 사실 빨간 블록이 무엇인지 전혀 알지 못한다.

게다가 블록은 슈들루가 내세울 수 있는 과제였다. 그가 말로만 쓰는 다른 단어들에 관해서는 그의 상황이 더욱 나쁘다. 2장에 나왔던 긴 대화에서 일부를 발췌했다.

나는 빨간색이 아닌 사각블록을 갖고 있지만, 사각뿔을 받치고 있는 물체는 갖고 있지 않다.

이해했습니다.

[오, 그래?]

파란색 사각뿔은 내 것이다.

이해했습니다.

내가 상자 속의 무언가를 가지고 있는가?

예, 두 가지입니다. 파란색 사각블록과 파란색 사각뿔.

---

23 Winograd, T., *Understanding Natural Language*, section 7.

사실 슈들루는 소유 관계에 대한 아무런 데이터도 갖고 있지 않다. 자신의 인간 친구가 무언가를 소유하고 있다는 말을 들으면서('내가 … 갖고 있다' 혹은 '내 것이다'라는 핵심어를 통해서), 슈들루는 해당 물체의 '내적 상관물'에다 단순히 '소유:친구'라는 이름표를 붙일 뿐이다.[24] '???:친구' 혹은 심지어 '음식:친구'라는 이름표도 도움이 되기는 한다. 어떤 물체가 소유되었는지 질문을 받는다면, 프로그램은 거기에 이름표가 붙어 있는지 그저 확인만 하면 된다.(슈들루가 색깔 단어에 대해 분명히, 하지만 허구적으로 숙달되어 있는 것도 이러한 이름표를 붙이는 프로그램 기법에 근거하고 있다.) 허버트 사이먼의 표현에 따르면, "슈들루는 자신이 (혹은 자신의 친구가) 무엇을 소유하는지 알고 있지만, 무언가를 소유한다는 것을 이해하지는 못한다."[25] 더욱이 이는 슈들루를 평가하는 데 있어 지나치게 관대한 방법이다. 슈들루가 무엇을 알거나 이해한다는 말은 전적으로 비유에 불과하다. 3장을 시작하면서 논의했던 종류의, 간편하지만 기괴한 비유다.

아마 슈들루에 대한 가장 깊이 있는 비판은, 이 프로그램이 인공지능 연구를 진전시키는 데 기여한 공헌에 관한 것이다.(혹은 공헌이 없다는 것이다.) 이 프로그램이 처음 등장했을 때는 획기적인 돌파구로 각광받았다. 하지만 오늘날 슈들루가, 제작자의 말을 빌리면, 막다른 길에 이르렀다는 점에 전반적으로 동의하고 있다.[26] 시간이 지남에 따라 슈들루가 인공지능의 탐구 과정에서 돌파구가 되지 못했다는 것이 밝혀졌다. 슈들루 프로그램은 안타깝게도 우리를 더 앞으로 나아가게 하지 못하는

---

24 Winograd, T., *Understanding Natural Language*, p. 143.
25 Simon, H. A., 'Artificial Intelligence Systems that Understand', p. 1061.
26 Winograd, T., 'Breaking the Complexity Barrier Again', p. 13.

화려한 **역작**이다. 이 프로그램에서 처음으로 개척된 기술들은 더 넓고 흥미로운 세계를 향한 응용 프로그램에 적용된 적이 없다.

위노그래드는 이 사태에 대한 설명의 일부로서 자신의 프로그램이 지닌 복잡성 자체를 들었다. 즉 인간 정신이 다룰 수 있는 것의 한계에 거의 근접했다는 것이다.[27] 이는 흥미로운 주장이며, 나중에 이 장에서 다시 다룰 것이다. 또 다른 측면의 설명으로는, 탁자 위 색깔 블록의 미시세계에 대한 연구들이 실제 세계에 대해서 우리에게 알려줄 수 있는 바가 많지 않다는 점이다. 애초의 희망은 위노그래드의 탁자 위 방법들을 더 넓은 영역에 사용할 수 있도록 일반화할 수 있다는 것이었지만, 이미 불가능하다는 것이 분명해졌다.(우리가 검토한 또 다른 블록 세계의 프로그램 해커에게도 동일한 비판을 적용할 수 있다.)

미시세계 전략은 각양각색의 결과를 낳았다. 한편에는 슈들루와 셰이키 로봇이 안겨준 실망스러운 점들이 있다. 이 프로그램은 애초에 의도한 과제들을 충분히 잘 수행했지만, 더 원대한 일의 시초는 아닌 것으로 판명 났다. 다른 한편에선 큰 성공도 있다. 화학분석 프로그램인 덴드랄(Dendral)과 의학용 진단 프로그램 마이신(Mycin) 같은 전문가 시스템이 있다. 전문가 시스템 역시 미시세계 프로그램으로, 광범위한 인간 세계의 좁고 작은 단편 속에서 자기 할 일을 수행했기 때문이다.

전문가 시스템이 인간에 버금가는 수준의 전문성을 발휘할 수 있다는 사실에도 불구하고, 그리고 이 시스템들이 컴퓨터 응용프로그램에서 완전히 새로운 분야의 길을 보여주었음에도, 이 프로그램들 또한 생각

27 Winograd, T., 'Breaking the Complexity Barrier Again', Part 1.

하는 기계를 추구하는 사람에게는 실망스러운 것으로 간주되어야 한다. 현재의 전문가 시스템은 결코 그토록 편협한 미시세계에서 벗어나 다양하고 복잡한 현실세계로 나아갈 수 없다. 그 협소함 자체가 실망스럽지는 않다. 왜냐하면 무엇보다도 인류의 명예의 전당 역시 논리적으로 일관된 대화를 거의 할 수 없거나, 냉동식품 하나도 데우지 못하는 편협한 천재들로 가득하기 때문이다. 실망의 이유는, 오히려 현재의 전문가 시스템이 **불가피하게** 편협하다는 것이다. 이 프로그램들은 오직 미시세계 전략에서 가능한, 엄청난 단순화를 통해서만 성공할 수 있다. '미시세계'라는 정의상, 미시세계와 관련된 지식 저장소는 작고, 그래서 관리가 용이하다. 연관성 문제를 처리하거나 업데이트를 위해 전문가 시스템이 사용하는 기술은 지나치게 단순하기 때문에 보다 넓은 영역에서 사용할 수 없다. 또한 전문가 시스템 프로그래밍은 프로그래머가 '영역 특화 기술'(domain-specific tricks)이라 부르는 것을 폭넓게 사용한다. 이 기술은 해당 문제나 상황이 지닌 독특한 특징들을 활용한다. 시간 표상이 하나의 예다. 일부 전문가 시스템은 시간 차원에 대한 모든 언급을 어떻게든 회피한다. 그들의 미시세계에서는 모든 일이 영원한 현재에서 일어난다. 만약 시간에 대한 언급이 불가피하다면, 프로그래머는 시간 구조의 일부 단편들만을 당면한 과제에 필수적인 것으로서 포함시킬 것이다. 아마 이 프로그램은 a가 b에 선행하고, b가 c에 선행한다면, a는 c에 선행한다는 방식보다 나을 게 전혀 없다.(이는 선행하는 명제들을 합치고 그 명제들이 내포하는 결과를 추출할 수 있는 규칙이다. 예를 들어 환자의 피부발진은 페니실린 복용보다 선행해서 발생했다는 식이다.) 이 시스템은 '~보다 앞에'(before)가 무엇을 의미하는지 전혀 모를 것이다. 공간이 아니라 시간

에 따라 사건들을 순서 짓는 일은 말할 것도 없다.[28]

더 넓고 덜 질서정연한 영역에서 인간 수준의 전문성을 발휘하는 컴퓨터를 개발하는 방법은 아직 아무도 알지 못한다. 아니, 이것이 가능한지 여부조차도 모른다.

5.3 과대광고

과대광고는 '거짓 홍보로 속이다'라는 뜻이다.[29] 과학이 쉽게 픽션과 합쳐지는 곳에 자리할수록 인공지능 연구는 특히 미디어의 과대광고가 되기 쉽다. 현혹되지 마시길. 생각하는 컴퓨터는 우리 눈앞에 없다. 생각하는 기계를 구축하는 현재 진척 정도에 대한 진실은, 언론, 영화제작자, 컴퓨터 혁명에 관한 베스트셀러 저자, 그리고 적잖은 광고인 들 때문에 자극적인 장막에 가려져 있다. 개인용 마이크로 컴퓨터의 TV 광고는 '지능형 단말기'와 '지능형 소프트웨어' 같은 완전히 거짓된 문구들로 가득 차 있으며, 동시에 유명한 신용카드 회사의 광고 전단지는 심지어 컴퓨터 호환식 플라스틱 카드를 '지능형'이라 묘사한다. 흥미로운 점은, 지금은 폐기된 '초고속 멍청이'라는 컴퓨터 이미지 역시 광고의 산물이라는 점이다. 이 이미지는 잠재적 고객들에게 이 새로운 기계를 회계부서와 서류 창고의 이상적인 대체자로서 묘사하기 위해 과거 광고 기획자들이

---

28 일반적 시간 구조를 프로그램하는 방법을 모색하는 일은 진행 중에 있지만 완성까지는 요원하다. 조사가 필요하다면 내 논문집 *Logic and Reality*의 1절을 참조하라.

29 *Supplement to the Oxford English Dictionary*, vol. 2.(이 단어는 '과장법'(hyperbole)에서 유래했을 가능성이 있다.)

신중하게 엄선한 것이었다.

신문과 잡지는 컴퓨터의 이미지를 사고하는 지능적인 인공물로 추켜세우는 데 열심이다. 나는 지역 신문에서 '일본인이 인간형 기계를 만들 계획을 세우다'라는 기사를 읽었다. 『라이프』 잡지에는 더 비난받을 만한 기사가 실렸는데, '셰이키, 최초의 전자인간을 만나다'라는 제목이었다.[30] 이 기사의 필자는 일반 독자들에게 셰이키가 '기계가 생각할 수 있음을 입증한다'는 정보를, 아니 차라리 오해를 제공한다. 심지어 『타임스』 신문은, 그들의 관습적인 진지함 때문에 독자들의 눈길을 잡아끄는 헤드라인('인력 서비스 위원회가 인공지능 컴퓨터에 돈을 낭비하다'와 같은)에 대해 아무런 양심의 가책도 느끼지 않는다.[31] 신문에서 보는 것을 결코 믿지 말라는 오래된 경구는, 최소한 인공지능에 관해서는 일말의 진실이다. 의심할 여지없이 많은 사람들이, 컴퓨터가 생각할 수 있다, 아니면 머지않아 생각할 수 있을 것이라는 주제에 지속적으로 노출되면서 상황을 심각하게 잘못 인식하고 있다.

일부 인공지능 연구자들은 장난삼아 스스로 과장하기를 꺼리지 않는다. 이 책의 첫 부분에 나왔던 인용구를 다시 떠올려보자. "일부 지능적인 컴퓨터들은 다른 컴퓨터를 설계할 것이고, 그들은 점점 더 똑똑해질 것입니다. 문제는 이 사실이 우리에게 미칠 영향입니다. … 우리를 애완동물처럼 여길지도 모릅니다." 에드워드 프레드킨이 내다보는 미래는 순전히 과학적 픽션에 불과하다. 진지하고 유익한 텔레비전 인터뷰에서 MIT 인공지능 연구소의 책임자가 터무니없는 공상에 빠져 있다는 건

---

30 Brad Darrach, 'Meet Shakey, The First Electronic Person', *Life*, vol. 69, part 21, November 20, 1970.

31 *The Times Higher Educational Supplement*, 10 October, 1986.

염려스러운 일이다. 대중들은 이보다 좋은 대접을 받을 자격이 있다.

같은 인터뷰 뒷부분에서 프레드킨은 다음과 같이 말했다. "우리와 지능적인 시스템 사이에 놓여 있는 것은, 우리가 아직 방법을 모르는 사안 몇 개뿐이다."[32] 이는 세계에서 가장 과소평가한 발언 중 하나가 될 것이다. 우리가 아직 방법을 모르는 수백만 가지의 사안이 있다는 말이 더 진실에 가까울 것이다. 그리고 여전히 더 중요한 것은, 우리는 이러한 미지의 문제들이 해결 가능한지조차 알지 못한다는 점이다. 지능형 컴퓨터를 추구하는 일은 일종의 현대판 연금술, 즉 불가능을 추구하는 것과 같다. 인공지능 연구는 여태껏 컴퓨터가, 인공적 인식을 지원하는 기계의 적합한 유형인지에 대해서 어떤 확고한 징후도 만들어내지 못했다.

유감스럽게도 심지어 일부 실제 인공지능 프로그램의 성과는 프로그램에 대한 신화 때문에 과장되었다. 새뮤얼의 체커 프로그램이 그 예다. 나는 이 프로그램이 챔피언을 이겼다고 여러 번 썼다. 그것은 사실이고, 내가 읽은 거의 모든 설명에서 이를 자랑스럽게 내세운다.[33] 그러나 여기서 흔히 다뤄지지 않는 점은, 이 프로그램이 단 한 명의 챔피언을 단 한 번 이겼다는 것이다. 그 챔피언은 그 뒤에 이 프로그램을 6번 연속으로 이겼다.[34] 언젠가 한 신문기사는 이 프로그램이 '세계 최고의 선수 중 일부를 제외한 모두를 물리칠 수 있다'고 어리석게 단언했다. 같은 맥락에서 당시 어떤 책은 이 프로그램이 "마침내 '월드 클래스' 체커 플레이어의 지위를 성취했다."고 언급했다.[35]

---

32 *Better Mind the Computer*, BBC TV.

33 예를 들면, Samuel, A. L., 'Some Studies in Machine Learning Using the Game of Checkers', pp. 103~4.

34 Shurkin, J., 'Computer Pioneer and his Historic Program still Active at Stanford', p. 4 참조. (이 인용문은 휴버트 드레이퍼스의 도움을 받았다.)

해커, 즉 서스먼의 유명한 프로그램 작성용 프로그램은 태어나기 전 자궁에서부터 영구적으로 주목받을 정도로 과장되었다. 흥미 위주의 설명들은 이 프로그램이 한 번도 완성되지 않았음을 언급하지 않았다.[36] 물론 이 때문에 해커가 거짓이라는 건 아니다. 프로그램의 많은 구성요소들이 제작되었고 또 검증되었다. 그러나 완성된 버전은 결코 존재한 적이 없었다. 허버트 사이먼의 격언이 갑자기 떠오른다. "컴퓨터 분야에서 진실이 드러나는 순간은 실행 중인 프로그램이다. 나머지는 모두 예언에 불과하다."[37]

많이 인용된 논문에서 뉴얼과 사이먼이 말하길, "직관, 통찰력, 학습은 더 이상 인간의 배타적 소유가 아니다. 어느 대규모 고속 컴퓨터라도 이 능력들을 보여주도록 프로그래밍될 수 있다."[38] 자신들의 주제를 미리 띄우면서 그들은 "이 상황을 요약하는 가장 간단한 표현은, 이제 세상에는 생각하고 배우고 창조하는 기계가 있다고 말하는 것이다"라고 이야기했다.[39] 그런 뒤 그들은 자신 있게 다음을 예측한다.

1. 10년 이내에 경기에 참여하는 것을 규정으로 금지하지 않는 한, 디지털 컴퓨터가 세계 체스 챔피언이 될 것이다.
2. 10년 이내에 디지털 컴퓨터가 새롭고 중요한 수학적 정리를 발견

---

35 *Life*, November 20, 1970, p. 61; Turkic, S., *The Second Self*, p. 279.
36 Sussman, G. J., *A Computer Model of Skill Acquisition*, 주석 2 그리고 Minsky, M., 'Adaptive Control: From Feedback to Debugging', p. 123 참조.
37 Simon, H, A., *The Shape of Automation*, p. xv.
38 Simon, H. A., Newell, A., 'Heuristic Problem Solving: the Next Advance in Operations Research', p. 6.
39 Simon, H. A., Newell, A., 'Heuristic Problem Solving: the Next Advance in Operations Research', p. 8.

하고 증명할 것이다.

3. 10년 이내에 디지털 컴퓨터는 음악을 작곡하고, 이는 비평가들에게 상당한 예술적 가치를 지녔다고 인정받게 될 것이다.[40]

1957년 당시 다소 조잡한 GPS 초기 모델의 제한적인 성공 외에는 근거가 없는 상황에서 발표된 이러한 예측은 실로 대담했다. 1965년에 사이먼은 발언의 수위를 더 높였다. "20년 이내에 인간이 할 수 있는 모든 일을 기계가 할 수 있을 것이다."[41]

10년과 20년의 데드라인은 이미 오래전에 지났으며, 이 거창한 예측 중 어느 하나도 실현되지 못했다. 인공지능 연구자들은 이에 대해 유감을 느끼기보다 더 즐거워한다. 미래를 예측하는 시도가 실패하는 것을 언급하면서 마빈 민스키는 뻔뻔스럽게 말한다. "내가 보기에 그들의 주장은 맞았습니다. 왜냐하면 인공지능은 가능성이 있으며, 우리는 어떻게 하면 기계들을 가장 무모한 예측보다 더 똑똑하게 만들 수 있는지 결국엔 배울 것이기 때문입니다. 다만 시간의 추정치가 짧았습니다."[42]

모든 국적의 인공지능 연구원들이 계속해서 의심스러운 추측을 내놓고 있다. 1982년에 일본 제5세대 프로젝트에 참가한 과학자들은 1990년대에 자신들의 컴퓨터가 상식을 지니고 있으며, 1만 단어 이상의 어휘를 알고 인간의 대화를 이해할 것이라고 선언했다.[43] 그렇지만 북미

40 Simon, H. A., Newell, A., 'Heuristic Problem Solving: the Next Advance in Operations Research', p. 7.

41 Simon, H. A., *The Shape of Automation*, p. 96.(이 인용문은 휴버트 드레이퍼스의 도움을 받았다.)

42 Pamela McCorduck의 책, *Machines Who Think*, p. 189에 기록된 인터뷰에서 인용했다.

43 Moto-oka, T., Kitsuregawa, M., *The Fifth Generation Computer: The Japanese Challenge*, pp. 80~1; Moto-oka, T. et al., 'Challenge for Knowledge Information

의 인공지능 연구소들이야말로 무모한 예언의 가장 풍부한 근원지였다. 카네기멜론 대학의 모바일 로봇 실험실의 책임자인 한스 모라벡(Hans Moravec)은 최근에 "인간 지능을 갖춘 로봇이 50년 안에 상용화될 것이다"라고 말했다.[44] "한동안 우리 인간은 로봇들의 노동에서 이익을 얻을 것이다. 그러나 곧 머지않아 원래의 인간 아이들처럼 로봇들은 자신의 고유한 운명을 찾을 것이다. 우리, 곧 그들의 나이 든 부모들은 점차 사라져 갈 것이다."[45]

어디까지가 공상적인 과장이고 어디서부터 의도적인 속임수인지 구분하기는 어렵다. 다음은 예일대 인공지능 연구소장인 로저 생크(Roger Schank)가 설립한 소프트웨어 회사, 코그니티브 시스템(Cognitive System, Inc)에서 발행한 광고물에서 발췌한 내용이다.

> 우리 프로그램은 영어를 이해합니다. 영어와 유사하게 프로그래밍된 언어가 아니라 **일상 대화의 영어**(혹은 프랑스어, 독일어 등 당신이 원하는 어떤 언어든)를 이해합니다. 저희 코그니티브 시스템의 자연어 프로그램은 지능적이라는 점에서 특별합니다. 우리는 우리 컴퓨터 프로그램에 사람들이 사용하는 것과 동일한 종류의 지식을 입력했고, 그 결과 우리 프로그램은 사람들이 문장을 이해하는 방식 그대로 이해하며, 대화식 영어에 반응합니다.[46]

실패한 예측과 과장된 주장은 인공지능에 대한 심각한 반발을 양산한

Processing Systems. (Preliminary Report on Fifth Generation Computer Systems)', pp. 27~8.

44 Moravec, H., *Mind Children: The Future of Robot and Human Intelligence*, p. 6

45 같은 책, p. 1.

46 Winograd, T., Flores, F., *Understanding Computers and Cognition*, p. 128에서 인용.

다. 『뉴 사이언티스트*New Scientist*』지는 "대중을 뻔뻔스럽게 기만하는 인공지능의 기록은 학계에서 독보적이다."고 발표했다.[47] 같은 맥락에서 휴버트 드레이퍼스는 인공지능 연구자들이 현재의 이해 수준과 지금껏 성취한 결과의 실질적인 한계를 명확히 해야 한다는 전문가의 의무를 이행하지 못했다며 연구자들에게 책임을 물었다.[48]

이런 비판은 타당하다. 그러나 비평가들은 목욕물과 함께 아기도 버리지 않도록 주의해야 한다. 그들의 유명한 예측 때문에 뉴얼과 사이먼에게 쏟아진 맹비난은 전적으로 부당하다. 널리 인용된 그들의 논문이 인공지능 연구의 실질적인 진행 정도와 관련해 거짓 인상을 만드는 온상이 되었다는 점은 유감스러운 일이다. 그러나 뉴얼과 사이먼은 그들의 예측이 순전히 추측에 의한 것이었다는 점을 솔직하게 인정했을 뿐만 아니라, "미래를 내다보고 그 형태를 예측한다."고 말했다.[49] 과학자들에게는 주요 기술혁신이 우리를 어디로 이끄는지 전망해야 할 의무가 분명히 있다. 물론 자신들의 발언 중 무엇이 신뢰할 만한 정보가 되는지, 무엇은 정직하게 예측일 뿐인지 명확히 하도록 (뉴얼과 사이먼이 그랬듯이) 주의해야 한다는 조건에서 말이다. 관련 전문가들이 책임감 있게 기술한, 최신 기술발전이 갖는 함의를 아는 것은 매우 유용하다.

지나치게 낙관적인 태도로 미래를 이야기한다며 인공지능 연구원들을 혹평하는 것은 본질적으로 그들이 깊이 간직한 열정을 비난하는 일이다. 열정이 없으면, 과학은 희망을 잃는다. 뛰어난 젊은 과학자들이 인

---

47 Roszak, T., 'Smart Computers at Insecure Stage', p. 47.

48 Dreyfus, H. L., *What Computers Can't Do*(Second Edition), p. 79; Dreyfus, H. L., Dreyfus, S. E., *Mind Over Machine*, pp. 13~15.

49 Simon, H. A., Newell, A., 'Heuristic Problem Solving: the Next Advance in Operations Research', p. 9.

공지능 연구에 뛰어들어 모든 중요한 문제들이 10년, 20년 안에 해결될 것이라고 확신을 갖는 건 좋은 일이다. 그리고 그들이 환상에 더 오래 사로잡혀 있을수록 더 좋다.(최소한 인공지능을 향한 탐구심이 좋은 것이라고 믿는 한에서.) 나는 외부의 관찰자로서 성공에 대한 호사스러운 믿음을 마음껏 즐기고 있다. 설령 그 성공이 이뤄지더라도 지금 인공지능을 연구하고 있는 연구자들의 일생에서는 다다르지 못할 것이다. 그러나 만약 자신의 경력을 시작하는 젊은 사람들이 이렇게 냉정하게 생각한다면, 그들은 시작부터 연구에 대한 열정이 위축될 것이다.

5.4 상식을 프로그래밍하기

이 절에서는 ('증거를 찬찬히 따져보기'에서 처음 소개된) 지식 문제를 자세히 살펴볼 것이다. 왜냐하면 이것이 인공지능의 주요 난제이기 때문이다. "인공지능이 가장 큰 어려움을 겪고 있는 분야는 상식을 프로그래밍하는 것이다."라고 슈들루의 제작자인 테리 위노그래드는 썼다. 그는 계속해서 다음과 같이 쓰고 있다. "오래전부터 인식되어 왔듯이 프로그램이 난해한 형식 연산을 수행하는 것이 개의 상식을 표현하는 것보다 훨씬 쉽다."[50] 인공지능의 진전은 고착되었다. 인공지능 프로그램 개발에 탁월한 인물인 데이비드 월츠(David Waltz)에 따르면, "아마도 인공지능 분야에서 현재 연구에 대한 가장 강력한 비판은 인공지능이 상식이라는 것을 성공적으로 모델링하지 못했다는 점이다. 먼저 인간 인지에

50 Winograd, T., Flores, F., *Understanding Computers and Cognition*, p. 98.

대해 실질적으로 더 향상된 모델이 개발되어야 상식적인 과제의 단순화된 버전이라도 수행할 수 있는 시스템이 설계될 것이다."[51]

미시세계에서 현실로의 이행은 오직 우리 인간이 일상생활을 살아가는 데 사용하는 현실세계의 방대한 지식 중 일부라도 컴퓨터가 제공받을 수 있을 경우에만 가능하다. 그러나 그 즈음 인공지능 커뮤니티는 이것이 어떻게 이루어질지에 대한 확실한 아이디어가 없다. 실제로 이것이 가능하다면 말이다. 인간과 유사한 기계의 발전을 향한 더 큰 진보를 가로막는 장애물은 '상식적 지식의 문제'로 알려져 있다.

우리가 가진 상식적 지식의 대부분은 너무 하찮은 것이라, 이를 알고 있다는 사실조차 거의 알아차리지 못한다. 다음의 예는 가장 단순한 작업조차도 상당량의 사소하지만 필수적인 지식을 전제한다는 것을 보여준다.

다음의 지문을 읽고 두 개의 질문에 답하세요.

토미는 방금 새로운 블록 세트를 받았다. 지미가 들어왔을 때, 그는 상자를 열었다.

질문 1. 누가 상자를 열었는가?

질문 2. 상자 안에는 무엇이 들어 있었는가?[52]

질문은 너무 쉬워서 그에 대해 생각할 필요가 없을 정도다. 그러나 프로그래머의 관점에서 볼 때, 이 단순함은 착각이다. 질문에 답하기 위해 알아야 할 모든 것을 나열해보자. 대개 오직 사람만이 새로운 블록 세트

---

51 Waltz, D. L., 'Artificial Intelligence', p. 122.

52 Winograd, T., 'Artificial Intelligence and Language Comprehension', p. 10.

를 받는다. '그'는 흔히 사람을 지칭한다. 블록은 사람이 아니다. 선물은 상자 안에 들어가는, 작고 일정한 모양을 가진 물건인 경우가 일반적이다. 사람은 보통 선물을 받자마자 열어서 본다….

> 다음 문장에서 '그들'이라는 단어는 누구를 의미합니까?
>
> 경찰은 학생들에게 시위를 허가하지 않았다. 왜냐하면 그들은 폭력을 우려했기 때문이다.
>
> 경찰은 학생들에게 시위를 허가하지 않았다. 왜냐하면 그들은 혁명을 옹호했기 때문이다.[53]

두 문장의 구조에는 힌트가 전혀 없다는 점에 주목해야 한다. 왜냐하면 이 문장들은 오직 뒷부분의 두 단어만 다르고, 모두 명사와 능동태로 이뤄져 있기 때문이다. 여러분은 다량의 상식적인 지식을 끌어올 수 있기 때문에, 오직 그 이유 때문에 각각의 상황에서 '그들'이 누구인지 이해할 수 있다. 그리고 여러분이 나와 같다면, 당신은 앞의 단순한 경우보다 이러한 지식들을 항목화하는 일이 훨씬 더 어렵다는 걸 알게 될 것이다.

일단 우리가 알고 있는 자잘한 필수 상식들이 놀랄 정도로 많다는 걸 파악하자마자, 항목들이 머릿속으로 물밀 듯 밀려들 것이다. 어떤 장소에 도달하려면, 사람은 (대체로) 그 방향으로 움직여야 한다. 사람은 어떤 물체를 지나가려면, 먼저 그 물체 쪽으로 움직이고 그 물체에서 벗어나야 한다. 사람은 끈으로 당길 수는 있지만, 밀 수는 없다. 사람은 두꺼운 철사로 밀 수 있지만, 가느다란 철사로는 불가능하다. 무언가를 미는

53 위노그래드의 *Understanding Natural Language*, p. 33에 실린 예를 적용했다.

일은 대개 그 물체의 위치에 영향을 준다. 밀리고 있는 물체 위에 있는 물체는 대개 그 물체와 함께 움직이지만, 항상 그런 것은 아니다. 물은 아래로 흐른다. 인간은 보통 나체로 밖을 나가지 않는다. 반면 보통의 경우에 인간이 아닌 것은 옷을 입지 않는다. 인간은 대체로 뒤로 걷는 것보다 앞으로 걷는 것이 편하다. 인간은 대개 입을 열어서 대화하고, 입을 닫고 먹는다. 원인은 일반적으로 그 결과에 선행한다. 시간은 계속 지나가며, 미래의 사건은 과거의 사건이 된다. 멀쩡한 잔디깎이가 있으면, 그와 똑같은 다른 잔디깎이가 필요하지 않다. 5파운드짜리 지폐를 한 장 가지고 있다고 해서 더 가지면 안 되는 건 아니다. 그리고 기타 등등 기타 등등.[54] 컴퓨터는 현실세계에서 지능적으로 살아가기 위해, 그리고 마찬가지로 중요하게 인간과 지능적으로 상호작용하기 위해 엄청난 양의 사소한 상식들을 알아야 한다.

내가 컴퓨터과학 전공자들에게 상식적 지식의 문제를 설명하려고 하면, 종종 그들은 "알겠어요. 그러니까 컴퓨터가 좋은 목차가 있는 백과사전을 집어삼켜야 한다는 거죠. 대단한 문제는 아니네요."라고 말하며 대수롭지 않게 생각했다. 이런 반응이 얼마나 순진한지 완벽히 인식시키고자, 여러분이 좋아하는 백과사전에서 내용이 적은 항목을 훑어보자. 그리고 이를 이해하기 위해서 **미리** 알아야만 하는 것을 항목화해보라. 아마도 컴퓨터는 이런 종류의 백과사전을 집어삼켜야 하겠지만, 그 백과사전은 지금껏 작성된 어느 사전보다 더욱 대단히 정교해야 할 것이다.(우리는 이를 'CYC 프로젝트'에서 살펴볼 것이다.)

컴퓨터가 거대한 책을 '집어삼킨다'는 은유는 지식의 저장 및 검색에

---

54 이 예시들의 상당수는 민스키, 레넛, 휴버트 드레이퍼스의 글에서 가져왔다.

관한 세 가지 까다로운 문제를 다루 때 빛난다. 이 방대한 데이터 집합은 컴퓨터 안에서 어떻게 조직되어야 할까? 업데이트는 어떻게 해야 할까? 특정 사실이 주어진 작업과 연관되어 있는지 컴퓨터가 어떻게 파악할 수 있을까? 그때까지 이뤄낸, 인공지능의 사실상 보잘것없어 보이는 업적에 견주어볼 때, 이것들은 거대하고 해결되지 않은 문제다.

5.5 데이터 vs 노하우

내가 지식의 데이터 모델이라 칭하는 것은 지식이 문장 또는 이와 유사한 기호장치로 표현('포착')될 수 있다는 견해다. 데이터 모델은 기호체계 가설의 지지자가 대부분 염두에 두고 있는 지식의 모델이다.(4장 "'기호체계'라는 가설')[55] 데이터 모델이 우리가 가진 대부분의 지식에 적합하다는 건 의심할 여지가 없다. 예를 들어, 오믈렛은 잘 휘저은 달걀로 만든다는 지식은 '오믈렛은 잘 휘저은 달걀로 만든다'는 기호열을 통해 요리 백과사전에 표현된다. 그래서 컴퓨터 데이터베이스에서 이 지식은 얼추 비슷한 방식으로 표현되지만, 로마 알파벳 문자 대신에 비트가 사용된다. 전통적인 인공지능의 결정적인 추정은 데이터 모델이 모든 종류의 지식에 적합하다는 것이다.[56] 주류 연구는 어떤 지식이든 해당 정보를 표현하는 기호구조의 형태로 컴퓨터 안에서 프로그래밍될 수 있다

---

55 기호체계 가설은 데이터 모델을 수반하지 않는다. 데이터 모델이 틀린 경우에도 기호체계 가설은 참일 수 있다. 10장 '컴퓨터로 네트워크 시뮬레이션하기'의 시뮬레이션에 대한 논의를 참조할 것.

56 Newell, A., Simon, H. A., 'Computer Science as Empirical Inquiry: Symbols and Search' 참조.

는 믿음에 의해 뒷받침된다. 같은 의미에서, 'Le champagne est un vin sec pétillant.'의 기호구조는 기호적으로 샴페인은 탄산이 든 드라이한 와인이라는 사실을 표현한다.(여기에 포함된 기호구조를 대개 데이터라 하며, 따라서 '데이터 모델'이라는 용어를 사용한다.)

인간의 모든 지식을 데이터로 만들 수 있을까? 무언가를 하는 **방법**에 대한 지식은 어떤가? 특히 단순히 책을 읽어서는 얻을 수 없는 노하우, 가령 **바로** 이 오믈렛은 어떻게 만드는가, 또는 매력적인 이성에게 소개하는 동안 어떤 얼굴 표정과 몸짓을 해야 하는가? 인공지능 분야에서 전통적인 대답은 심지어 노하우조차 데이터로 변환될 수 있다는 것이다. 그 기술은 '만약 그녀가 웃는다면, 당신도 웃어라'라는 식으로 조건(if-then) 구조를 사용하는 것이다. 이러한 관점에서, 이 특정한 노하우 집합의 표현 방식은 복잡한 조건규칙의 방대한 집합으로 이루어질 것이다. 이는 사실 전문가 시스템에서 노하우를 프로그래밍할 때 사용하는 방법이다. 하지만 모든 노하우가 이런 방식으로 제대로 처리될 수 있는지 여부를 단정 짓기엔 아직 이르다. 회의론자가 명확하게 제기해야 할 지점은, 인간의 전문 지식이 개방적이고 창조적일수록, 규칙들의 세트로 완전히 환원될 수 없다는 것이다.(이에 대해서는 10장에서 다시 다룰 것이다.)

만일 유기체가 지식을 저장**할 수 있는** 유일한 방식이 데이터 형태라는 것을 우리가 확신할 수 있다면, 모든 종류의 지식에 대해 데이터 모델이 적합하다고 믿어버리기가 훨씬 쉬울 것이다. 그러나 우리는 이를 전혀 확신할 수 없다.[57] 어린 아기를 생각해보자. 엄마의 젖꼭지를 마주

57 내가 지식의 데이터 모델이라고 부른 것에 관해 회의적인 논의를 원한다면, 다음을 참조할 것. Winograd, T., 'What Does it Mean to Understand Language?' pp. 226~7; Winograd, T., Flores, F., *Understanding Computers and Cognition*, chapters 4 and 8;

했을 때, 아기는 앞으로 달려들어 젖을 빤다. 아기의 뇌에는 '젖꼭지가 충분히 가까이 오면, 얼른 움켜지고 빨아라'라는 식으로 저장된 기호구조가 있는가? 그럴 수도 있고, 그렇지 않을 수도 있다. 아기는 이 문장 자체를—또는 그와 비슷한 어떤 것도—자기 내부에 저장하지 않고도 문장에 기술된 방식대로 행동하게 만드는 메커니즘을 지니고 있을지 모른다.[58]

젖을 빠는 일은 반사적인 행동이지만, 내가 문제로 삼고 있는 것은 학습된 노하우에도 동일하게 적용될 수 있다. 내가 오믈렛을 완벽하게 만들었을 때, 이는 나의 뇌가 적절한 세트의 조건규칙(내가 무의식적으로 따르는)을 얻었기 때문인가, 아니면 전혀 다른 종류의 메커니즘으로 내가 달걀 거품과 프라이팬을 숙달했기 때문인가? 내 행동이 조건형 문장으로 **기술**될 수 있다는 것은 확실히 맞다. 만약 반죽이 들러붙으면, 프라이팬을 흔들어라, 등등. 그렇다고 해서, 두뇌 속에서 이런 종류의 조건규칙 목록을 조사하는 어떤 장치 때문에 내 행동이 **산출된다**고 단정 지을 순 없다. (반면 이는 컴퓨터의 전문가 시스템이 작동하는 방식이다.)

이제, 지식에 기반하면서 능숙한 인간 활동의 바탕에 무엇이 있는지에 대해 우리는 두 가지 그림을 그릴 수 있다. 첫 번째 그림에 따르면, 노하우는 데이터의 형태로 우리 뇌에 저장되어 있고, 우리는 무의식적으로 기호구조를 '읽어서' 기호구조가 알려주는 대로 행동한다. 두 번째는 훨씬 대략적인 밑그림이다. 노하우는 우리 두뇌에 데이터가 아닌 무언가 **다른** 방식으로 저장된다. 이를 X라 부르자. 뇌과학이 아직 초기 단계

Dreyfus, H., *What Computers Can't Do*(Second Edition), chapters 5 and 8.

58 이 대안에서는 저장된 절차도 제외된다는 것을 주의하라. 왜냐하면 이 절차들 역시 기호구조이기 때문이다.

에 있기에, 방법 X에 대한 이론 역시 이제 시작 단계다.(10장에서는 가장 최근의 이론을 설명한다.) 각각의 그림 모두에겐 열정적인 지지자들이 있다. 그러나 이 문제의 진실을 알려면 아마도 수십 년이 걸릴 것이다.

뇌가 방법 X를 사용한다고 가정하자. 이는 기호체계 가설에 대해 무엇을 의미할까? 아무런 의미도 없을 수 있다. 데이터 방법은 지식을 다루는 데 있어 똑같이 효과적인 대안을 제공할 수 있다. 이 경우는 전통적인 인공지능에게 전망이 밝은 경우다. 그러나 다른 한편, 방법 X가 실제로 지식을 저장할 수 있는 유일하게 포괄적인 방법이라는 타당한 이유 때문에, 인간 신경계가 방법 X를 사용할 수도 있다. 그리고 X는 컴퓨터가 사용할 수 없는 방법으로 판명**날 수도** 있다.

5.6 CYC 프로젝트

CYC(이 이름은 백과사전(encyclopaedia)에서 따왔다)는 1980년대 중반 이후 여러 방면에서 주류 인공지능 연구의 주력 프로젝트였으며, 기호체계 가설과 지식의 데이터 모델에서 가장 까다로운 테스트였다. CYC는 상식적 지식 문제를 진지하게 다뤘던 몇 안 되는 인공지능 프로젝트 중 하나다. 이 프로젝트는 1984년 텍사스의 마이크로일렉트로닉스 앤 컴퓨터 테크놀로지(Microelectronics and Computer Technology Corporation, MCC)사에서 투자한 5천만 달러의 초기 예산으로 시작되었다. 목표는 20세기 서구 사람들의 상식적 지식(혹은 '합의된 현실'(consensus reality))의 상당 부분을 포함하는 지식베이스(knowledge base)를 구축하는 것이다. 프로젝트의 리더인 더글러스 레넛(Douglas

Lenat)은 1994년 말에 이르러 지식베이스가 현실세계의 30~50%를 포함할 것이라고 주장했다.[59]

"우리가 접해 온 인공지능 연구의 대부분이 현재 제자리걸음이다."고 레넛은 지적했었다.[60] "우리는 지능적 존재가 되는 지름길이 없다고 믿는다. 그 '비결'은 많은 지식을 갖는 것이다."[61] 그는 자신의 초기 프로그램인 AM과 유리스코에 대해서 매몰차게 이야기했다.

> 새로운 영역에서는 항상 그럴듯한 활동들이 허다하게 일어나 예기치 않은 발견을 낳기도 하지만, 그후 성과는 감소하고 한동안 그런 시기가 이어지다가 끝내는 소용없이 실패하고 만다. … 지식이 상대적으로 풍부한데도 불구하고, 이러한 프로그램들의 궁극적인 한계는 그 지식의 규모가 작다는 데서 기인한다. … 여기서 요점은, 우리가 발견이나 전해 듣는 것을 통해서만 무언가를 배울 수 있다는 것이다. 무언가를 이미 거의 알고 있다면 말이다. … 마빈 민스키는 [이렇게 말했다.] "더 많이 알수록 당신은 더 많이 (그리고 더 빠르게) 배울 수 있다". 이러한 관계의 역은 불가능한 것이고, 그것이 결국 AM과 유리스코의 운명이었다. 만약 당신이 처음에 많이 알지 못한다면, 빠르게 배울 거라 기대하지 말라. … 인공지능은 어떻게든 그 단계, 바로 이미 알고 있는 지식의 양 덕분에 배움이 가속화되는 단계에 도달해야 한다.[62]

---

59 Lenat, D. B., Feigenbaum, E. A., 'On the Thresholds of Knowledge', pp. 212, 223.

60 Lenat, D. B., Feigenbaum, E. A., 'On the Thresholds of Knowledge', p. 199. 텍스트에서 공동저술의 인용들은 (양식상의 이유로) 주요 저자에게 속해 있다. 각주는 공동 저자를 나타낸다.

61 Lenat, D. B., Guha, R. V., *Building Large Knowledge-Based Systems*, p. 17.

62 Lenat, D. B., Feigenbaum, E. A., 'On the Thresholds of Knowledge', pp. 202, 203, 208.

레닛은 상식적 지식의 문제를 인공지능의 '길 위의 매트리스'로 묘사했다.[63] 이 매트리스는 뻥 뚫린 고속도로로 가는 길 위에 놓여 있다. 그러면 사람들은 매트리스가 길을 가로막고 있다고 생각한다. 하지만 매트리스는 충분히 가볍기에, 자동차가 옆 도랑을 따라 가거나 매트리스 위로 거칠게 달리는 등의 색다른 길을 찾아낼 수 있다. 이 가벼운 무게는 하나의 협소한 과제를 위해 맞춤 제작된 지식베이스를 가진 전문가 시스템을 가리킨다. 전문가 시스템의 프로그래머들은 지식 표상의 어려운 문제들을 정면으로 부딪치기보다, 지저분한 싸구려 트릭을 써서 회피하려 했다. 이 트릭들은 오직 전문가 시스템의 의욕이 부족하기 때문에 가능한 것이었다.

전문가 시스템의 잘 알려진 특징 중 하나는 **취약성**이다. 약점을 건드리기만 하면 바로 허물어진다. 레닛은 이 취약성을 지식이 부족한 증상으로 보았다.

> [전문가 시스템은] 높은 안정성의 지식과 능력으로 작동하지만, 갑작스럽게 무능력의 극치로 떨어진다. 사람들도 똑같은 문제를 겪고 있지만, 그러나 사람들의 안정성은 훨씬 오래 유지되고 경사는 더 완만하다. … 상식 개념이 부족한 탓에 전문가 시스템의 실수는 종종 인간의 관점에서 우스꽝스럽게 보인다. 예를 들어, 자동차 대출 승인 프로그램이 20년 동안 같은 직장에서 일했다고 적어낸 십대에게 대출을 승인한다든가, 피부병 진단 프로그램이 나의 10년 된 낡은 쉐보레 자동차가 홍역에 걸렸다고 결론 내리거나,[64] 의학 시스템이 체중(105)과 나이(35)를 실수로 바꿔 입력한 임산부 환

---

63 Lenat, D. B., Guha, R. V., *Building Large Knowledge-Based Systems*, p. 4
64 프로그램: 몸에 점이 있습니까?

자에게 터무니없는 약물 투여량을 처방한 경우 등이 있다. 우리가 점점 더 복잡한 프로그램을 구축하고, 프로그램에 더 많은 힘을 쏟을수록 이제 웃음은 더 급격하게 사라질 것이다.[65]

이런 오류가 일단 눈에 띄면 코드 몇 줄만 추가해서 재발을 막으면 된다. 그럼에도 레넛의 요점은, 프로그램이 그런 오류로부터 얼마나 확실하게 방비되는지와 상관없이 언제나 또 다른 오류들이 존재한다는 것이다. 그는 유일한 일반적 해결책이 전문가 시스템이 상식을 갖추는 것이라 주장했다.[66] 레넛은 CYC 프로젝트가 차세대 전문가 시스템의 토대로 사용될 수 있는 지식베이스로 완성되길 희망했다.(그의 낙관적인 예측은 이렇다. "오늘날 누구도 스프레드시트와 워드프로세서 프로그램을 실행할 수 없는 개인용 컴퓨터를 사지 않듯이, 2015년에는 아무도 상식을 갖추지 않은 기계를 구매하지 않을 것이다."[67])

CYC는 1억 개 안팎의 내용을 '손수 코딩'하는 작업이 필요한 대규모 프로젝트다. 이 프로젝트의 첫 6년이 끝날 무렵, 100만 개 이상의 내용이 지식베이스에 수작업으로 입력되었다.[68] 레넛은 이 수치가 '현실세계

사용자: 예.
프로그램: 어떤 색 점입니까?
사용자: 적갈색입니다.
프로그램: 다른 곳보다 몸통에 더 많은 반점이 있습니까?
사용자: 아닙니다.
프로그램: 환자는 홍역에 걸렸습니다.
(Lenat, D. B., Guha, R. V., *Building Large Knowledge-Based Systems*, p. 2.)

65 Lenat, D. B., Feigenbaum, E. A., 'On the Thresholds of Knowledge', pp. 196~7.
66 Lenat, D. B., Guha, R. V., *Building Large Knowledge-Based Systems*, p. 7.
67 Guha, R. V., Lenat, D. B., 'CYC: A Mid-Term Report', p. 57.
68 Guha, R. V., Lenat, D. B., 'CYC: A Mid-Term Report', p. 54.

의 0.1% 이하'라고 했다. 그리고 CYC가 스스로 유용한 학습을 시작하기 전에 필요하다고 생각하는 1억 개의 내용까지 수치를 향상시키기 위해 '고난도의 지식 입력 작업'에 2세기 정도가 걸린다고 추정했다.[69] 한 번에 30명 정도 CYC에 로그인할 수 있으며, 모두 동시에 데이터를 입력할 수 있다.[70] 이 지식입력자(혹은 'cyclist')들은 신문 및 잡지 기사, 백과사전 항목, 광고문 등을 문장 단위로 분석한다. 그들은 명확히 서술된 것뿐만 아니라, 더 중요하게는 독자가 이미 알고 있으리라고 작성자가 가정하는 사실들까지도 지식베이스에 입력한다. 우리가 앞서 보았듯이 이 지식들 중 상당수는 그것을 명확하게 서술하는 것 자체가 작성자로서는 모욕감을 느끼게 하는 그런 것들이다.(생물은 병을 얻고, 물은 아래로 흐르고, 상업 과정을 거친 생산물은 원재료보다 더 비싸다, 고체 물질은 다른 고체 물질이 같은 부피의 공간을 차지하거나 끼어드는 것을 막는 경향이 있다 등등.)[71]

레넛은 CYC가 단순한 전자 백과사전이 아니라는 점을 열성적으로 강조했다. 그는 CYC를 '백과사전의 보완물'로 묘사했다.[72] 이 프로젝트의 기본 목표는 어떠한 인간이나 기계가 백과사전을 이해하기 **전에** 지녀야 할 지식을 인코딩하는 것이다.

레넛과 동료들의 이 작업은, 그 무렵 화해한 인공지능과 철학의 관계를 만족스럽게 증언한다. 1990년대 초엽까지 이 프로젝트에서 가장 큰

---

69 Lenat, D. B., Guha, R. V., *Building Large Knowledge-Based Systems*, p. 352; Lenat, D. B., Feigenbaum, E. A., 'On the Thresholds of Knowledge', pp. 189, 210, 212, 223; Lenat, D. B., Feigenbaum, E. A., 'Reply to Brian Smith', pp. 232, 233.
70 Lenat, D. B., Feigenbaum, E. A., 'On the Thresholds of Knowledge', p. 223.
71 Lenat, D. B., Feigenbaum, E. A., 'On the Thresholds of Knowledge', pp. 197, 219.
72 Guha, R. V., Lenat, D. B., 'CYC: A Mid-Term Report', p. 34.

결실은 데이터 입력이 아니라, 철학자들의 주된 관심사였던 존재론, 인식론, 논리, 이 세 영역이 되었다.[73] 얼마 전까지 '자연과학'에 종사하는 사람들은 마치 하나의 전통처럼 매정할 정도로 추상적인 세 영역의 연구를 비웃곤 했다. 그 무렵 인공지능과 철학이 만들어낸 시너지는 '순수' 학문의 갑작스럽고 예상치 못한 혜택을 보여주었다.(연구자금 기구들은 주목해주시길!) 레넛은 CYC를 '대규모의 존재론적 공학에 대한 인류의 첫 도전'으로 표현했다.[74]

존재론[75]은 무언가 있다는 것에 대한 일반론이다. CYC 구성과 관련된 존재론적 쟁점 몇 가지를 거치는, 한 단락 정도의 여행으로 당신을 안내하겠다. 이 문제들에 대한 한 가지 주의사항은 순수한 어려움이다.

레넛과 그의 팀이 직면한 가장 근본적인 존재론적 질문은 '객체(object)의 기본 유형에는 무엇이 있는가?'다. 그들이 잠정적으로 채택한 (그리고 CYC의 표상 체계를 구조화하는 데 사용된) 답은 이렇다. 유형의 물체, 무형의 사물, 합성물(가령, 유형의 부분과 무형의 부분이 함께 있는 '국민'), 사건, 그리고 수학적 대상.[76, 77] 대부분의 철학자는 이 다섯 가지 분할이 너무 성글다고 말한다. 기본 범주가 더 필요하다. CYC의 '무

---

73 Lenat, D. B., Feigenbaum, E. A., 'On the Thresholds of Knowledge', p. 220.

74 Lenat, D. B., Guha, R. V., *Building Large Knowledge-Based Systems*, p. 23.

75 [역주] Ontology. 컴퓨터과학에서는 철학적 의미와 유사하지만 다른 의미로 사용한다. 우리가 이해하는 존재들을 컴퓨터로 표상하거나 구현할 때 사용하는 모델링, 표현방식을 일컫는다. 컴퓨터는 이 온톨로지를 바탕으로 대상을 이해하고 지식을 처리할 수 있다. 그러므로 온톨로지는 근본적으로 세계가 어떻게 구성되어 있는지, 우리가 세계를 어떻게 이해하는지와 관련되어 있으며, 그 점에서 철학의 '존재론'과도 밀접한 관계를 맺고 있다.

76 Guha, R. V., Lenat, D. B., 'CYC: A Mid-Term Report', p. 41; Lenat, D. B., Guha, R. V., *Building Large Knowledge-Based Systems*, pp. 172, 175~6.

77 [역주] 여기서 채택한 '물체', '사물', '사건', '대상'은 모두 object의 번역어이다. 철학의 존재론에서의 용법이라면 '객체'로만 옮기는 것이 충분하겠으나, CYC의 분류 유형에 담긴 의미가 드러나도록 했다. 이하 존재론 단락에 모두 적용된다.

형의 사물' 범주는 잡동사니 모음일 뿐이다. 여기에는 온갖 이질적인 것들이 포함되어 있다. 세계적 불황, 사람들의 고통(고통스러운 부위는 형태가 있지만, 고통 자체는 형태가 없다), 북쪽에서 불어오는 강풍, CYC 고유의 내적 표상들, 그리고 '카레가 뜨겁다'라는 문장의 의미와 같은 것들. 사건들의 범주가 이 분류에 속해 있다는 것도 결코 당연하지 않다. 왜냐하면 사건은 객체의 유형이 전혀 아닐 수도 있기 때문이다.[78] 두 개의 서로 다른 대상은 동시에 같은 장소에 존재할 수 없지만[79], 두 가지의 서로 다른 사건은 가능한 것처럼 보인다. '프레드는 강으로 뛰어드는 동시에 달려드는 황소를 피할 수 있다.' 사건이 객체라고 생각하는 사람은 방금 이 사례에서 이의를 제기하며, 사건의 '동일성 조건'을 언급할 것이다. 사건이 객체라는 주장은, 사건 X와 사건 Y가 동일한 대상으로 간주될 수 있는 조건에 대해 일반적인 설명이 주어지지 않는 한 근거가 불확실하다.(그래서 필연적인 결과로, 두 개의 다른 물체로 간주해야 한다는 조건이 주어진다.)(이것이 동일성(identity) 없는 실체(entity)는 없다는 철학자들의 격언이다.) 의미에 대한 문제로 돌아가면, '카레가 뜨겁다'라는 의미는 도대체 어떤 사물인가? 아니면 문장의 '의미'란 우리가 일상적인 대화에서 언급하기에는 너무 복잡하고 너무 골치 아픈, 다른 사물들(things)에 대한 약칭에 불과한 것인가? 예컨대 공기 속 진동, 종이의 표시, 행동 성향의 끔찍한 연관성의 약칭인가? 아니면 혹시 문장의 의미는 무형의 사물이기보다 수학적(또는 논리적) 대상인가? 가령 '이 문장의 진릿값이 참인 모든 가능 세계의 집합'처럼? 전광석화처럼 진행되는 우리의 존재론 여행에서,

78 사건의 존재론적 지위에 대한 고전적인 논의는 다음을 참조. Davidson, D., 'The Logical Form of Action Sentences'.

79 [역주] 양자역학에서 보손(boson) 입자는 이것이 가능하다.

마지막 정거장은 산타클로스다. 그는 객체인가? 객체가 아니라면, 우리가 그에게 흰 수염이 있다고 말할 때, 이는 무슨 뜻인가? 반대로 그가 객체라면, 그는 존재하지 않는 대상이고, 그러면 이는 어떤 종류의 객체인가? 존재하지 않는 것이 실제로 **있을** 수 있는가?[80]

일을 할 때는 항상 에너지가 필요하다는 사실을 CYC가 알아야 하는 것과 같은 이유로, CYC는 서로 다른 객체가 동일한 시각에 동일한 장소에 있을 수 있는지, 모든 객체가 존재하는지 여부 등을 알아야 한다. 게다가 CYC의 존재론적 도식이 풍부하다면, 그에 따라 주어진 정보로부터 이끌어낼 수 있는 추론의 질도 좋아질 것이다. CYC는 산타클로스에게 수염이 있다는 내용과 로저 생크에게 수염이 있다는 내용이 지닌 논리적 함의들 사이에 중요한 차이가 있음을 구별할 수 있어야 한다. '존스는 오전 6시 주방에서 천천히 토스트에 버터를 발랐다'는 사건이 주어졌을 때, CYC는 존스가 무언가를 했다고 추론할 수 있어야 한다.[81]

인식론은 지식에 대한 일반론이다. 인식론의 문제들은 종종 다음과 같은 형식을 취한다. P(P는 어떤 명제)를 안다면, 당신은 **무엇을** 알게 되는가? 인과관계에 대한 우리의 지식을 다루는 영역은 주목할 만하다. 누군가 어떤 사건 X가 다른 사건 Y를 야기한다는 것을 알았을 때, 그가 아는 것은 무엇인가? 예를 들어, 당구공 a와 충돌하는 사건이 당구공 b의 궤적이 바뀐 원인이라는 프레드(Fred)의 지식을 우리는 어떻게 분석할 것인가? 'X가 Y를 야기했다'라는 주장은 X와 Y 사이에 필연적 연결이 있음을 의미하는가? 즉 그 사건 X에는 Y를 필연적으로 야기한, 알려진 또

---

80 허구적 존재가 포함된 주장을 만족스럽게 설명하고자 시도한 연구는 다음을 참조. Proudfoot, D., 'Fictional Entities'.

81 이 예시는 Davidson, 앞의 책, p. 105에서 각색되었다.

는 알려지지 않은 '마력'이 있는가? 아니면 X와 충분히 유사한 모든 사건들(X 자체를 포함하여)은 그것이 발생하면, Y와 유사한 사건들이 반드시 뒤따른다고 단지 주장하는 것에 불과한가?[81] 두 번째 것은 첫 번째보다 훨씬 약한 인과성이다. 그것은 우연의 일치와 다를 바 없는 인과적 규칙성과 일치하는 것이다.(우주적 범위에서 일어나는 우연이지만, 그래도 우연이다.)

몇 쪽에 걸쳐 나는 인과적 주장을 나타내기 위해 CYC에서 사용하는 방법이 적절한지에 대한 쟁점을 다룰 것이다.

논리학은 추론에 대한 이론이다. CYC는 비단조 논리(nonmonotonic logic)라는 새롭고 강력한 도구를 사용한다.[83] 추론이 단조적이지 않다면, 이는 비단조적이다. 그래서 만약 당신이 아무리 많은 다른 전제를 추가해도 추론이 계속 제대로 유지된다면, 이 추론은 단조적이다. 여기에 단조적 추론의 예시가 있다.

전제 1: 모든 철학자는 뇌가 있다.
전제 2: 소크라테스는 철학자였다.
결론: 소크라테스는 뇌가 있다.

여기에 어떤 추가적인 전제들, 가령 '소크라테스는 그리스인이다', '소크라테스는 유별나게 머리가 작다' 등의 전제들을 덧붙이더라도 결론

---

82 이 쟁점에 대한 고전적 논의는 데이비드 흄의 *An Enquiry Concerning Human Understanding*(인간 오성에 대한 탐구) 7절에 있다.

83 McCarthy, J., 'Circumscription - A Form of Non-Monotonic Reasoning'; McDermott, D., Doyle, J., 'Non-Monotonic Logic I'.

은 원래대로 도출된다.(기존 전제들 모두 또는 하나에 부정을 덧붙여도 결론은 따라 나온다. '모든 철학자들에게 뇌가 있는 것은 아니다', '소크라테스는 철학자가 아니다'. 당신은 아마도 이를 처음 들어서는 충분히 이해하지 못할 수 있다. 왜 그런지는 이 절의 뒷부분에서 설명할 것이다.)

반면에 비단조적 추론은 새로운 전제들이 더해지면, 결론이 제대로 유지되지 못할 수 있다. 비글은 새이며, 새는 날 수 있다는 정보로부터 CYC는 비글이 날 수 있다는 상식적인 추론을 이끌어내야 한다. 그러나 만약 CYC가 나중에 비글이 뉴질랜드의 키위새이며, 키위새는 날지 못한다는 것을 배운다면, CYC는 이 '기본값'(default) 결론을 철회하는 메커니즘을 갖고 있어야 한다.[84] 비단조 논리 분야는 그러한 메커니즘을 연구한다. CYC에 포함된 메커니즘 중 하나는 진릿값 수선 시스템(truth maintenance system), 즉 TMS로 알려진 것이다.[85] CYC가 도출한 각각의 결론에는 이 결론을 도출한 전제와 함께 '표지'가 붙는다. CYC가 지금의 결론이 자신이 이전에 도출한 결론과 충돌한다는 것을 알아차렸을 때, 각각의 경우에 사용된 전제들로 되돌아가서 이들을 더 자세히 검토한다. '비글은 날 수 있다'는 결론의 경우에는 '비글은 새다'와 '새는 날 수 있다'가 전제이다. '비글은 날지 못한다'의 경우에는 '비글은 키위새다'와 '키위새는 날지 못한다'가 전제다. CYC가 '새는 날 수 있다'라는 진술에 부착된 조그마한 글씨를 살펴본다면, 이것은 일반적인 새들에게만 참이라는 것을 알아내고, 키위가 이 점에서 비정상적인 새의 목록에

84 날지 못하는 새의 예시와 비단조적 논리를 개발하려는 도전은 마빈 민스키에게서 시작되었다.

85 Doyle, J., 'A Truth Maintenance System'. '근거 수선 시스템'과 '정당화 수선 시스템'은 이러한 유형의 메커니즘의 대안적 용어다.(세 용어 모두 광범위하게 사용되며 도일의 용어는 가장 초기의 것이다.)

들어가 있음을 발견한다.[86] 이런 방식으로 보통 CYC는 충돌하는 한 쌍의 결론 중 어느 것을 철회할지 결정할 수 있다.

CYC 프로젝트는 성공할까? 아마도 아닐 것이다. 레닛은 [당시에] 성공 확률이 50%나 60%에 지나지 않을 것이라 보았다.(게다가 이 프로젝트가 기초하고 있는 가정, 즉 기호체계 가설이 완전히 밝혀지지 않았다는 것을 감안하면, 이 수치를 진지하게 받아들일 만한 이유는 거의 없다.)[87] 어쩌면 기호조작이 그저 인공지능이 나아가야 할 길이 아닐 수 있다. 전문가 시스템의 취약성은 지식 자체가 부족하기 때문이 아니라, 지식의 데이터 모델이 부적합하기 때문일지 모른다. 자릿수를 늘릴 정도로 데이터를 추가하는 것은, 바닥짐을 추가해서 배를 부양하는 짓과 비슷하다. 만약 이 프로젝트가 실패한다면, 레닛이 말했듯이 "기호적 패러다임에 결함이 있는지 없는지, 있다면 어떤 결함이 있는지 우리에게 알려줄 수 있다."[88] 다른 한편에서, 알려주지 못할 수도 있다. 이 프로젝트가 자신의 근본적인 추정에 대한 참, 거짓을 우리에게 거의 알려주지 않은 채, 단지 작업이 매우 어렵기 때문에 무너질 수도 있다.

프로젝트에 대한 레닛의 구체적인 목표는 첫째, 1994년까지 '교차점'에 도달한다. 교차점은 "CYC가 온라인 자료(교과서, 문학, 신문기사 등[89])를 판독하고 이에 대해 질문하게 하여 CYC의 지식베이스를 구축해 가는 방식이, 우리가 지금 이용하고 있는 손으로 집어넣는 '뇌수술'식 접근법보다 효율적이라는 지점이다."[90] 레닛과 그의 동료들은 1994년까지

86 Guha, R. V., 'The Representation of Defaults in CYC'.
87 Lenat, D. B., Guha, R. V., Building Large Knowledge-Based Systems, p. 21.
88 Guha, R. V., Lenat, D. B., 'CYC: A Mid-Term Report', p. 57.
89 Lenat, D. B., Guha, R. V., *Building Large Knowledge-Based Systems*, p. 357.
90 Lenat, D. B., Feigenbaum, E. A., 'On the Thresholds of Knowledge', p. 212.

중요한 존재론적이고 표상적 문제의 대부분이 해결될 것이라고 확신했다. 논리, 귀납, 유추, 색인, 업데이트, 관련 정보의 검색 같은 다양한 제어 메커니즘은 본질적으로 완성될 것이고, 그 이후에는 손을 댈 만한 수정이 거의 또는 전혀 필요하지 않을 것이다.(그리고 이는 언어 처리 과정과 같은 기능을 수행하는, 다양한 특수 목적용 메커니즘에 대해서도 마찬가지일 것이다.) 이 프로젝트의 두 번째 학습 단계(온라인 자료를 판독하기)는 2001년 즈음에 끝날 것이며, "인간 수준의 폭과 깊이의 지식을 갖춘 시스템으로 마침내 완성될 것이다."[91] 인공지능은 "우리 손 안에" 있다고 레낫은 단언했다.[92, 93]

나는 레닛의 진취적인 실용주의를 좋아한다.("네, 누군가는 수십 년 동안 빈둥거리고 앉아서 인간 지능의 신비를 파악해낼 수 없음에 한탄만 할 수 있고, 또 누군가는 자리 잡고 앉아서 이를 파고들고자 시도할 수 있습니다. … 우리는 상식의 거대한 지식베이스를 실제로 구축하고자 시도할 때, 우리에게 주어진 연구 기간을 가장 잘 활용할 수 있다고 생각합니다."[94]) 나 역시 거대한 지식베이스를 어떻게 구축하는지—그리고 어떻게 구축할 수 없는지—를 배우는 최선의 방법이 한 발 내딛어 구축하려고 시도해보는 것이라 믿는다. 그래서 CYC 프로젝트는 돈을 들일 만한 가치가 있다고 확신하다. 다양한 기술

91 Lenat, D. B., Feigenbaum, E. A., 'On the Thresholds of Knowledge', p. 224.
92 Lenat, D. B., Feigenbaum, E. A., 'On the Thresholds of Knowledge', p. 188.
93 [역주] 2001년의 목표는 실패했다. 하지만 이 프로젝트는 현재 계속 진행 중이다. 레닛은 1995년 이후 Cycorp이라는 회사를 설립하여 CYC를 계속 업그레이드했다. 2017년 현재 CYC는 150만 개의 존재론적 개념을 포함하고 있으며, 일반 상식적 지식은 2450만 건이 입력되었다. 2008년부터 위키피디아의 항목과 연계하기 시작했으며, 점차 다른 지식 데이터와도 연결되고 있다. 제약, 생체의학, 테러리스트 관리 같은 프로그램에서도 활용되고 있다. 이것이 인공지능 프로젝트의 성공인지, 지연되고 있는 실패인지 지켜볼 일이다.
94 Lenat, D. B., Feigenbaum, E. A., 'Reply to Brian Smith', pp. 236, 241.

적 이익을 얻을 수도 있다. 그러나 내 생각에 이 거창한 예측은 빗나갔다. 상식적 지식의 문제는, 이 문제가 포함하는 존재론, 인식론, 제어 문제와 더불어, 컴퓨터과학이 지금껏 직면한 문제들 중 단연코 가장 어려운 것이다. 레넛은 [1990년대 초] 프로젝트에서 존재론과 인식론의 준비가 꽤 완성되었다고 믿고 있었으며, 지식을 입력하는 어마어마한 과제(가령 데이터를 타이핑하는 일)를 강조하는 단계에 있었다. 그는 CYC에 아직 밝혀지지 않은 정교한 제어 구조와 추론 방법이 필요할 수 있다는 우려를 경시했으며, 그래서 이러한 문제에 프로젝트 작업의 단 20%만 할당하면 된다고 고집했다.[95] 내 견해로는 레넛이 오판한 것이다. 다음에 이어질 상세한 비판에서, 나는 지금껏 이 문제에 기울인 관심이 충분치 않다고 주장할 것이다. 확실히 나는 내가 설명하는 구체적인 문제들이 시간과 노력을 들여도 해결될 수 없다고 주장하는 것이 아니다. 내가 주장하는 것은, 21세기 초에 '인간 수준의 폭과 깊이의 지식을 갖춘 시스템'을 만들려는 아이디어가 터무니없다는 것이다. 현재 단계에서 인공지능은 우리 손 안에 있지 않다.

존재론

레넛의 기록에 따르면, 프로젝트의 초기 5년은 CYC의 표상 체계를 뒷받침하기에 적절한 존재론을 고안하는 데 주로 할애되었다.[96] 내 생각에 이 적지 않은 노력은 겉핥기에 지나지 않았다. 레넛의 동료이자 비평

95 Lenat, D. B., Feigenbaum, E. A., 'On the Thresholds of Knowledge', p. 192; Lenat, D. B., Feigenbaum, E. A., 'Reply to Brian Smith', p. 234.

96 Lenat, D. B., Feigenbaum, E. A., 'On the Thresholds of Knowledge', p. 220.

가인 브라이언 스미스(Brian Cantwell Smith)는 다음과 같이 말했다. "존재론이 이미 해결되었다는 CYC팀의 생각은 틀렸다. 특히 처음 CYC팀이 다른 사람들이라면 평생을 걸릴 일을 비교적 짧은 시기에 이룰 수 있다고 제안했던 것에 비하면 더욱 그렇다."[97] 예상할 수 있듯이, CYC팀이 존재론적 문제에 적용했던 해결책은 꽤 성급한 것이었다. 다음에 그에 대한 사례 연구가 있다.

실체란 무엇인가?

실체(substance)란 무엇인가? CYC의 존재론에서 구체화된 레넛의 대답은, 어떤 실체의 모든 사례들의 집합(또는 모음)이라는 것이다. 특정한 예를 들자면, 금이라는 실체는, 존재하는 금의 모든 구체적 사례들(금괴, 금반지, 금목걸이, 금니 등)의 집합이라는 주장이다.[98] 이 의견에는 심각한 난점들이 있다.

(1) 금이 포함된 광석 덩어리는 금보다 석영을 더 많이 함유할 수 있다. 이 광석 덩어리를 금의 구체적 사례로 간주할 수 있는가? 예, 아니요 중 어느 쪽으로 답하든 문제가 있다. '예'라고 답하면, 이 덩어리는 석영의 사례로도 간주되어야 한다. 그러므로 이 덩어리는 '금에 대한 모든 사례의 집합'과 '석영에 대한 모든 사례의 집합' 양쪽 모두의 구성요소가 된다. 결국 물질로서의 금과 물질로서의 석영이 중복된다. 그러나 이래서는 안 된다. 금과 석영은 별개의 물질이다. 금의 **모든** 사례에 석영이 포함되고 그 반대도 마찬가지인 경우, 사실상 레넛의 제안은 석영과 금을 **동일한** 물질로 여기게 된다. 만약 답이 '아니요'라면, 이 덩어리는 금

97 Smith, B. C., 'The Owl and the Electric Encyclopaedia', p. 255.
98 Lenat, D. B., Guha, R. V., *Building Large Knowledge-Based Systems*, p. 156ff.

사례의 집합에 포함되지 않는다. 그래서 물질로서의 금과 광석 덩어리가 서로 무관한 것이 된다. 교훈: 물질로서의 금은 금에 대한 모든 사례의 집합과 동일시될 수 없다.

(2) 사람이나 회사는 물질에 대한 제조권을 소유할 수 있지만, 집합과 같은 수학적 대상에 대해서 제조권을 소유할 수 있다는 말은 의미가 성립하지 않는다.(레닛이 다른 맥락에서 말했듯이 "집합은 무형의, 감각할 수 없는 것이며, 그래서 수학적 구성물이다."[99])

(3) 어떤 실체는 다른 실체보다 더 가치가 있다. 그러나 어떤 집합이 다른 집합보다 더 가치가 있다는 말은 의미가 없는 듯 보인다. 레닛이, '실체로서의 금은 값어치가 나간다'는 말은 '금 사례들의 집합에 포함된 모든 원소들이 값어치가 나간다'는 뜻이라고 주장함으로써 이 반론은 물론 비슷한 반론들을 피해갈 수는 없다. 왜냐하면 이 두 문장은 논리적으로 서로 다른 의미를 지니기 때문이다. '실체로서의 금은 값어치가 나간다'는 문장은, 만일 내 버클이 금이라면 버클이 값어치가 나간다는 것을 의미한다. 하지만 내 버클이 금으로만 만들어진 것은 아니기 때문에 이것은 금 사례의 집합에 속할 수 없고, 그러므로 '금 사례들의 집합에 포함된 모든 원소들이 값어치가 나간다'는 문장은 내 버클에 대해서는 성립하지 않는다. 그래서 두 문장은 의미상 동등할 수 없다.(나는 레닛이, 소위 물질로서의 금을 구성하는 물체의 집합에 '반사실적 대상'인 '금이라고 가정한 내 버클'을 포함시키는 무모한 방법을 피하기를 바란다.)

(4) 물질이 새롭게 만들어질 수 있다. 인공적으로 만들어진 성분을 떠올려보자. 우리가 아는 한 20세기 전에, 아인슈타이늄(Einsteinium)[100] 같

99 Lenat, D. B., Guha, R. V., *Building Large Knowledge-Based Systems*, p. 181.
100 [역주] 원자번호 99. 자연적으로는 존재하지 않으며 인공적으로 만들어진 물질이다.

은 물질은 없었다. 그러나 집합은 무시간적이다. 새롭게 만들어지지도, 소멸하지도 않는다.(레닛 자신이 말했듯이 집합들은 "플라톤의 우주 속에서 영원하다."[101])

(5) 집합은 서로 곱해질 수 있다.(어떤 두 집합은 소위 데카르트곱을 형성할 수 있다.) 그러나 두 물질을 서로 곱할 수 있다는 것은 무의미하게 보인다.

(6) 어떤 한 집합의 구성요소의 수(집합의 원소 개수)는 집합의 **본질적인** 특성 중 하나다. 곧 개수가 다른 경우, 우리는 수중에 더 이상 같은 집합이 아니라 다른 집합을 가지고 있다는 의미에서 본질적이다. 그러나 금 사례들의 개수는 물질로서의 금이 가진 본질적 특성이 아니다. '금붙이가 실제로 존재하는 것보다 하나 더 있다면, 금은 전혀 다른 물질이 되었을 것이다'라는 문장은 거짓이다. 그러나 금붙이가 하나 더 있다면 금 사례의 집합이 다른 집합이 되었을 것이라는 문장은 참이다.

(7) 서로 동일한 원소를 갖는 집합들은 동일하다. 우주의 모든 금이(신의 능력으로) 갑자기 사라졌다고 가정하자. 단 나의 금니는 빼고. 논의를 단순하게 하고자, 나의 모든 치아가 금이라고 한 번 더 가정해보자. 레닛의 제안에서, 물질로서의 금은 금의 사례들의 집합이다. 그래서 지금은 금 사례의 집합이 곧 내 치아의 집합이기 때문에, 우리는 물질로서의 금과 내 치아의 집합이 동일하다는 결론을 얻게 된다. 그러나 이는 전혀 설득력이 없다. '물질로서의 금에는 지금보다 더 많은 사례가 있었다'는 문장이 '내 치아의 집합에 지금보다 더 많은 사례가 있었다'와 같

1952년 수소폭탄 실험 잔해에서 그 존재를 확인했다. 아인슈타이늄 금속은 아직 만들지 못한다.

101 Lenat, D. B., Guha, R. V., *Building Large Knowledge-Based Systems*, p. 159.

아진다는 사실에 비춰보면, 더욱 타당하지 않다.

지식베이스의 크기가 현실세계의 약 0.1%를 밑도는 정도라면, CYC의 존재론에서의 과도한 단순화와 오류가 실제로 실행되지 않을 가능성이 높다. 하지만 올바른 존재론의 중요성을 강조하는 철학자들이 옳다면, 지식베이스의 크기가 커짐에 따라 오류는 틀림없이 CYC의 성능에 지장을 줄 것이다. 레넛이 기획한 **존재론적 엔지니어의 안내서**(The Ontological Engineer's Handbook)에서 발췌한 바에 따르면, "어떤 지식베이스에서, 그리고 어떤 지능형 행위자를 위해서는 실제 세계의 복잡성을 조직하고 이에 대처하기 위해 올바르게 분별하도록 만드는 일이 필수불가결하다."[102]

인과성

CYC에서 인과적 진술—'X가 Y를 야기한다(X causes Y)'—을 나타내기 위해 사용되는 방법은 매우 간단하다. X가 Y를 함축한다는 진술에 'causal(인과적)'이라는 기호를 붙이는 것이다. CYC는 X가 Y의 원인이라는 표현을 다음과 같이 나타낸다.

Causal(X⊃Y).[103]

102 Lenat, D. B., Guha, R. V., *Building Large Knowledge-Based Systems*, p. 149.

103 Guha, R. V., Lenat, D. B., 'CYC: A Mid-Term Report', p. 47; Guha, R. V., 'The Representation of Defaults in CYC', p. 5. '인과관계'(causal)라는 것은 메타언어적이다. 레넛과 구하는 이러한 사실을 인용 표시를 사용한 표기법으로 기록하는 것을 선호한다. 따라서 그들은 이렇게 쓰고 있다. causal('X⊃Y').

'⊃'는 논리학자들이 실질함언(material implication)[104]이라고 부르는 것의 기호다. '⊃'는 일반적으로 영어로는 'if-then'(만약-그렇다면)이나 '함축한다'로 읽는다. (그래서

비가 온다 ⊃ 우리는 박물관에 갈 것이다

를 읽는 한 가지 방법은 '만약 비가 온다면, 우리는 박물관에 갈 것이다'이다.) 구체적인 예를 취해보면, 연료에 들어간 물이 엔진의 점화 불량을 야기한다는 사실은 다음과 같이 나타낼 수 있다.

Causal(연료에 물이 있다 ⊃ 엔진이 점화되지 않는다)

Causal(X ⊃ Y)처럼 표식이 붙은 함언이 두 가지를 지시한다고 생각해 보자.

(i) 'X ⊃ Y'는 참이다, 그리고
(ii) 'X ⊃ Y'는 인과적 진술이다.[105]

'causal'이란 표식은 단순한 표시나 식별표에 지나지 않는다. 지식 입

---

104 [역주] 한 명제가 다른 명제의 논리적 귀결일 때, 이 두 명제 사이에 성립하는 관계를 가리키는 논리학 용어다. A→B로 표시할 수도 있으며, 'A이면 B이다'로 읽는다.

105 단순한 설명을 위해, 나는 여기에서 '인과관계'(causal)를 일종의 양상 연산자로 다룬다. 레넛과 구하 스스로는(앞의 책) 분리 구문론 조각을 통해 체화된 실질함언이 참이라고 주장하는 편을 선호한다. 따라서 그들은 'X가 Y를 야기한다는 것은 참이다'를 '(X⊃Y) & causal('X⊃Y')'로 표현한다. 그들은 이 전체 맥락을 '(cause X Y)'로 줄여 쓴다.

력자는 지식베이스의 특정한 함언에 '인과적'이라는 표식을 붙인다. 이는 슈들러의 세계에서 특정 물체에게 '빨강', '초록', '파랑'이라는 표식을 붙이는 것과 다를 바 없다.(색깔 용어들이 무엇을 의미하는지 슈들러가 전혀 이해하지 못한다는 것을 기억하시길. 전문 용어로, 그는 색깔 용어에 대한 의미론(semantics)이 부족하다.) 나는 'X가 Y를 야기한다'는 말의 의미가 인식론에서 가장 어려운 문제 중 하나라고 앞서 언급했다. 인공지능업계에는 다양한 잠정적인 해결책이 있으나, CYC에는 해결책이 전혀 없다. 오직 표식 붙이기뿐이다. CYC는 '인과관계'라는 용어에 대한 의미론이 없다.

비유를 들기 위해, 나는 '보편 진술문'을 '모든'(all)이나 '전부'(every)라는 단어가 포함된 문장으로 정의할 것이다. 이 기준이 있다면, 비영어권 사람이 '모든'과 '전부'라는 단어가 무엇을 뜻하는지 모르더라도, 보편 진술문을 가려낼 수 있다. 마찬가지로 CYC는 특정 함언이 인과적인지 여부를 (가끔) 구별할 수 있지만, 그건 표식이 붙어 있는지 여부를 확인하는 것일 뿐이다.

이렇게 인과관계를 나타내는 방법에는 수많은 약점이 있다. 가장 심각한 것은, Y가 참인 경우, X가 참인지 거짓인지에 관계없이 (그리고 X가 Y와 관련성이 있는지 여부조차 관계없이) X⊃Y 함언이 참이라는 사실이다. 이 실질함언의 흥미로운 특성은 주석 106에 있는 진리표에서 읽을 수 있다.(이 진리표는 실질함언의 의미론적 정의다.) 따라서 아래의 두 가지 함언은 모두 참이다. 그저 당신이 어떤 시점에서든 죽는다는 것이 참이기 때문이다.

당신은 다른 철학책을 읽는다 ⊃ 당신은 죽을 것이다.

당신은 다른 철학책을 결코 읽지 않는다 ⊃ 당신은 죽을 것이다.

'삶은 콩 요리 위로 지나간 자동차' 때문에 콩이 으깨질 것이라고 가정해보자. 그리고 이 인과적 스토리가 틀렸음을 보여주는[자동차가 아니라 다른 이유로] 으깨진 콩 사례를 떠올려보자. 만일 자동차 타이어가 콩 위를 밟고 지나갔다면, 확실히 타이어가 콩을 으깨버렸을 것이다. 그러나 실제로 콩을 으깬 것은 프레디의 포크였다. (포크가 콩 위로 내려왔기에) 콩이 으깨진 것이 참이기 때문에, 아래의 함언은 참이다.(내가 방금 설명한 '⊃'의 특성에 의해서.)

자동차 타이어가 콩을 밟고 지나간다 ⊃ 콩이 으깨진다.

아래의 표현은 문제가 되는 것이다.

Causal(자동차 타이어가 콩을 밟고 지나간다 ⊃ 콩이 으깨진다).

이 함언은 참이고, 또한 그것이 진정한 인과성을 표현하기 때문에(즉 밟고 지나가는 일은 으깨짐을 야기하는 올바른 종류의 사건이다) '인과관계'라는 표식이 붙을 가능성이 높다. 하지만 이것은 용인할 수 없는 상황이다. X가 Y의 원인이 아닌 경우에도 'Causal(X⊃Y)'라고 할 수 있다면, 이 공식은 확실히 인과성에 대한 만족스러운 표현법이 아니다.[107](특히 지식베

106 '⊃'에 대한 진리표는 아래와 같다.(가로로 읽어야 한다.)

Statement X	Statement Y	X⊃Y
True	True	True
True	False	False
False	True	True
False	False	True

107 나는 'What Is Computation?'에서 관련된 난점을 논의했다.

이스가 시간을 거슬러 Y의 진릿값과 'Causal(X⊃Y)'로부터 X를 추론하는 경우, 이 문제는 두드러진다.)

결론인즉, 표식을 붙이는 방식이 실질함언과 결합되어 사용될 수 없다는 것이다. 상황을 바로잡는 일은 결코 쉽지 않다. 실질함언의 흥미로운 특성을 막을 수 있는, 충분한 형식 분석에 도달하는 문제는 해결하기 힘든 것으로 판명되었다.[108] 많은 논리학자들이 여기에 매달렸으며, 나는 2001년까지 이 문제가 해결되기를 희망했다.

시간상의 추정 문제

이것은 프레임 문제, 즉 대규모 지식베이스를 업데이트하는 방법에 관한 문제(5장 '증거를 찬찬히 따져보기')의 특수한 경우다.[109] 지식베이스에 특정 상황이나 설정에 대한 진술문들이 상당히 포괄적으로 들어 있다고 가정하자. 여기엔 이 상황에서 발생할 수 있는 사건의 원인에 대한 진술문도 포함되어 있다. 이때 우리는 방금 발생한 특정 사건에 대한 정보를 지식베이스에 제공하려 한다. 상황을 계속해서 정확하게 파악하고 있으려면, 지식베이스는 이러한 사건들의 향후 결과를 계산할 수 있어야 한다. 이는 전혀 간단치 않다.

여기에 이 어려움을 잘 보여주는 가상 예시가 있다.(이는 예일대 권총 문

108 이를 점검하기 위해서는 다음을 참조. Jackson, F., (ed.) *Conditionals*.

109 Hanks, S., McDermott, D., 'Default Reasoning, Nonmonotonic Logics, and the Frame Problem'; McCarthy, J., 'Applications of Circumscription to Formalising Common-Sense Knowledge'. 시간상의 추정 문제 또한 단순히 'the Hanks-McDermott problem'이라고 부르기도 한다.

제(Yale shooting problem)로 알려져 있다.)[110] 이 상황에는 프레다와 총을 든 암살범이 있다. 지식베이스는 암살범이 총을 장전하는 시간 t에 프레다가 살아 있음을 알고 있다. 지식베이스는 또한 다음 사항도 알고 있다.

(1) 장전된 총으로 살아 있는 사람의 머리를 쏘면, 그 사람은 (즉시) 죽는다.

(이 주장은 물론 지나치게 단순화된 것이다. 하지만 말했듯이 이건 가상의 예시다.) 총은 2분 동안 발사되지 않았다. 2분이 지나고, 암살범은 엄폐에서 나와, 프레다의 머리카락을 움켜쥔 뒤 머리에 총을 대고 방아쇠를 당긴다. 이 정보를 들으면, 사람은 '프레다가 죽었다'(혹은 신중한 사람이라면, '프레다는 거의 확실히 죽었다')는 내용으로 상황을 업데이트할 것이다. 지식베이스는 이것을 할 수 있을까?

지식베이스는 다음을 알고 있다.

(2) 비정상적인 상황이 아닌 한, 총이 시간 t에 장전되고 이후에 발사되지 않았다면 t+2분에도 여전히 장전되어 있을 것이다.

(이것은 총의 발사에 대해서 지식베이스가 가진 일반 지식의 일부다.) 따라서 만일 지식베이스가 (총이 여전히 장전되어 있다는 점에서) 정상적인 상황이라고 추정하면, 총이 t+2에도 여전히 장전되어 있으며 (1)을 사용해서 프레다가 죽었다는 결론을 추론할 수 있다. 그러나 지식베이스는 또한 다음의 내용도 알고 있다.

---

110 Hanks, S., McDermott, D., 'Default Reasoning, Nonmonotonic Logics, and the Frame Problem'.

(3) 비정상적인 상황이 아닌 한, 시간 t에 살아 있는 것은 t+2분에도 계속 살아 있다.

(2)와 (3)처럼 흔히 어떤 사실이 유지되는 주장들을 **프레임 공리**(frame axioms)라 부른다. 지식베이스는 (3)의 공리를 (2)와 정확히 동일한 방식으로 사용하는데, 이번에는 프레다가 t+2에 살아 있다고 추론한다. 그런 다음, (1)로부터 도출되는 결론은, 총이 t+2에 장전되지 않았다는 것이다.

그래서 이 지식베이스는 어떻게 업데이트해야 할지 곤경에 처하게 되었다. 두 개의 충돌하는 선택지에 맞닥뜨렸다. 하나는 '총은 t+2에 여전히 장전되어 있고 프레드는 죽었다', 다른 하나는 '총은 t와 t+2 사이에 장전되어 있지 않았고, 프레다는 여전히 살아 있다'이다. 첫 번째 선택지에서, 프레임 공리(2)는 충족하고 프레임 공리(3)은 충족하지 못한다. 두 번째는 (3)이 충족되고 (2)가 충족되지 못한다. 이것이 시간상의 추정 문제다. 즉 여기엔 대체로 상황 묘사를 업데이트하는 다양한 방법이 있으며, 각 방법들은 명시적으로 진술된 사실들과 일관되지만 동일한 수의 프레임 공리들을 충족시키진 못하는 것이다. 시간상의 추정 문제는 어디서나 나타난다. 프레임 공리에 기반해서 성공적으로 업데이트하는 메커니즘이라면, 이를 처리할 수 있는 방법이 있어야 한다.

구하(Guha, CYC 프로젝트의 공동 리더)는 시간상의 추정 문제에 대한 해결책을 제안한 적이 있다.[111] 이 해결책은 CYC의 인과성 표현방식을 사용한다. 업데이트의 두 선택지를 본질만 남도록 파헤쳐보면, 첫 번째는

111 Guha, R. V., 'The Representation of Defaults in CYC', pp. 7~8; Guha, R. V., Lenat, D. B., 'CYC: A Mid-Term Report', pp. 37, 46~7.

프레다가 t+2에서 상태를 변경(살아 있는 상태에서 죽은 상태로)하고, 두 번째는 총이 t와 t+2 사이에 상태를 변경(장전된 상태에서 장전되지 않은 상태로)한다. 구하가 주목하는 바에 따르면, 이러한 상태 변화 중에서 첫 번째는 어떻게 발생했는지 이야기 속에 정보(프레다가 총에 맞았다)가 있다. 그러나 두 번째 변화가 어떻게 일어났는지는 아무런 정보가 없다.(기적이 일어났나? 암살자가 상반되는 욕구로 인해 마음이 변했나?) 구하는 CYC가 이러한 비대칭을 쉽게 활용해서 첫 번째 선택지를 택할 수 있다고 주장한다. 왜냐하면 CYC는 다음을 알고 있기 때문이다.

Causal(사람 X는 장전된 총에 맞았다 ⊃ 사람 X는 죽는다)

따라서 프레다의 상태 변화는 CYC가 알고 있는 인과적 진술문으로 설명할 수 있다. CYC는 업데이트 선택지들 중에서 인과적 진술로 설명할 수 없는 상태 변화를 확인한 다음, 설명되지 않는 변화가 가장 적은 선택지를 고를 수 있다.[112]

이 해결책은 작위적이다. 유감스럽게도 특정한 인과적 진술문이 지식베이스에서 제외된 경우에만 효과가 있다. CYC가 다음을 알고 있는 경우라면 총기의 상태 변화를 **설명할 수 있다**.

Causal(누군가 총에서 총알을 제거한다 ⊃ 총은 장전되지 않았다)[113]

---

112 Guha, R. V., 'The Representation of Defaults in CYC', p. 8.

113 이 두 번째 표식이 붙은 함언의 선행사건('누군가 총에서 총알을 제거한다')이 이야기에 나타나지 않다는 사실은 중요하지 않다. 첫 번째 것의 선행사건('X는 장전된 총에 맞았다')도 마찬가지기 때문이다. 두 경우는 완전히 대칭적이다.

총알을 손으로 제거하는 것이 총을 비우는 방법 중 하나임을 CYC에게 비밀로 해둔다면, 확실히 CYC는 권총 문제에서 빠져나오는 데 도움이 될 것이다. 그러나 이는 시간상의 추정 문제에 대한 일반적 해결 방법이라고 보기 어렵다.

구하의 제안에는 두 번째의 더 심각한 난점이 있다. CYC는 상식적으로 추론하기 때문에, 총이 비워진 원인이 프레다가 차고 있는 디지털시계의 LED 변화가 아니라고 결론 내려야 한다. 이러한 지식은 아래의 형식으로 표현할 수 있다.

NOT(causal(X⊃Y))

(여기서 Y는 '총이 장전되지 않았다'이고, X는 LED에 대한 진술문이다.) 분명히 이 내용은 총의 상태 변화를 설명하는 내용으로 고려되어서는 안 된다. 그럼에도 'Causal'이라는 표식이 있다. 따라서 CYC가 무엇으로 설명되고 무엇으로 설명되지 않는지를 검사할 때, 'causal'이라는 표식과 'X ⊃ Y'(Y는 확인해야 하는 주장을 나타낸다)라는 함언이 포함된 내용을 찾는 것만으로는 충분하지 않다. 인과적 표식은 올바른 자리에 붙여져야 한다. 그런데 어떤 자리가 올바른가? 인과적 표식이 주요하고 지배적인 기호여야 하는가? 아니다. 아래를 보자.

(Causal(X⊃Y)) AND (causal(Y⊃Z))

이러한 형식은 Y의 발생을 설명할 수 있지만, 주요 기호는 AND다. (어떤 진술의 주요 기호가 무엇인지 알아내려면 단순히 괄호를 헤아리

면 된다. 둘러싸고 있는 괄호의 수가 가장 적은—아마도 0—기호가 주요 기호다. 그다음 기호로 '내려가는' 것은 깊이(depth) 2에 있다고 일컬으며, 계속 이렇게 이어진다. 그래서 이 예제에서 'causal' 표식은 모두 깊이 2에 해당하며, '⊃'의 발생은 모두 깊이 3이다.) 한번 해보자. '이 인과적 표식이 반드시 주요 기호이거나, 아니면 (주요 기호가 'NOT'이 아니라는 가정하에) 깊이2에 있어야 하는가?' 그렇지 않다. 이 또한 적절하지 않다. 아래를 보자.

NOT ((causal(X⊃Y)) OR (NOT (causal(X⊃Z))))

이 형식은 Z를 포함하는 역할을 한다.(왜냐하면 'causal(X⊃Z)'를 수반하기 때문이다.) 그리고 차례차례 진행된다. 사실 여기엔 CYC가 찾는 '올바른 자리'가 없다. 지식베이스가 해당 사건에 대한 가능한 인과적 설명을 알고 있는지 여부를 확인할 때, 표식을 붙이는 방법은 결코 쉽지 않다.[114]

---

114 표식을 반드시 사용해야 하는 경우, 위치성 기준(positionality criterion)에 대한 생각은 포기해야 한다. 그 대신 시도해볼 수 있는 확실한 방식은 수반 기준(entailment criterion)이다. 즉 지식베이스는 '∃P(causal (P ⊃ Y))' 형태의 정리는 증명할 수 있는데, 여기서 '∃'는 대체 양화사이다.(대체 양화사에 대한 설명은, 나의 책 'Substitutional Quantification and Existence'를 참조.) 안타깝게도 CYC는 이러한 기준을 적용하기 어렵다. CYC는 아마도 (causal(X ⊃ Y)) OR (causal(Z ⊃ Y))를 알지도 모른다. 그러나 ∃P(causal (P ⊃ Y))를 증명할 수는 없다.
CYC의 일반적 추론 메커니즘은 오직 **Horn-complete**뿐이다.(Guha, R. V., Lenat, D. B., 'CYC: A Mid-Term Report', p. 42.) 이것은 CYC가 종종 우리의 관점에서 명백하게 올바른 추론을 도출해낼 수 없음을 의미한다. 오직 추론의 전제와 결론이 소위 **혼 절**(Horn clauses), 즉 CYC가 추론을 보증할 수 있는 것인 경우뿐이다. 혼 절은 진술문의 선언적 일반 형식이 접두사 NOT이 없는 직접 하위식을 하나 이상을 갖지 않는 진술문이다. 그러므로 '(NOT A) OR (NOT B)'가 혼 절인 것처럼, 'A OR NOT B'도 혼 절이다. 그러나 'A OR B'는 혼 절이 아니다. 또한 '(causal(X ⊃ Y)) OR (causal(Z ⊃ Y))' 역시 혼 절이 아니다.

나는 앞서 인과성에 대한 CYC의 현재 처지가, '보편 진술문'이란 '모두'나 '전부'라는 단어가 포함된 문장이라고 알고 있는 사람과 유사하다고 말했다. 누군가(또는 어떤 기계가) '보편 진술문'이란 이러저러한 특성이 모든 대상에게 있음을 **의미하는** 문장이라고 이해한다면, 얼마나 효과적일지 생각해보라. 이러한 사람 혹은 기계는 다음과 같이 말할 수 있다.

모든 물체는 질량이 있다

이 진술문은 보편적이다.[115]

질량이 없는 물체가 최소한 하나 있다는 말은 거짓이다

이 진술문도 보편적이다.[116]

모든 물체가 질량이 있는 것은 아니다

이 진술문은 보편적이지 않다.[117] 인과관계에 관련해서 CYC팀이 지식베이스에게 인간과 유사한 능력을 제공하기엔 개념상 아직 요원하다.

[역주] 혼 절은 그 중요성을 맨 처음 지적한 논리학자 앨프리드 혼(Alfred Horn)의 이름을 딴 것이다.

115 [역주] '모든'이 들어 있기 때문이다.

116 [역주] '모든'이 없어도 보편적 의미임을 알고 있다.

117 '모든'이 들어 있지만 보편적이지 않음을 알고 있다.

연관성

나는 이 장의 앞부분에서 거대한 지식베이스의 주요한 제어 문제 중 하나가 연관 검색의 문제라고 언급했다. 레넛은 이 문제에 많은 관심을 두기엔 아직 CYC가 충분히 크지 않다고 말했다.[118] 지식베이스의 크기가 커지면 연관성 문제를 다루기 위한 전략이 개발되어야 한다. 구하와 레비(Levy)는 이 문제에 대해 명확하게 이야기하고 있다.

> 지식베이스의 크기가 증가함에 따라 대부분의 추론 메커니즘(특히 서술문의 형태로 표현된 지식의 본체에서[즉 데이터 모델에 따라] 작동하는 메커니즘들)의 성능이 급격하게 저하된다는 것은 잘 알려져 있다. 이 문제에 대한 해결책은 서술문의 패러다임이 유용한 시스템을 산출하는 데서 모색해야 한다. 해결책을 시사하는 주요 관찰 사항은, 지식베이스에 많은 지식이 있음에도 주어진 과제에 관해서는 그중 일부만 사용된다는 것이다. 만일 이 관련된 부분이 미리 식별될 수 있다면, 검색해야 할 공간이 크게 줄어들기 때문에 추론 속도를 높일 수 있다.[119]

연관성은 파악하기 매우 어려운 개념이다. 구하와 레비가 명확한 비연관성(즉 특정한 문제를 해결할 때 분명하게 고려할 필요가 없는 사실)의 예시로 삼는 것을 보자. 가령 특정한 날 아침에 프레드가 아침 식사를 8시 30분에 마쳤는지 여부를 밝혀야 하는 경우, 그들의 말에 따르면, 인도의

118 Guha, R. V., Lenat, D. B., 'CYC: A Mid-Term Report', p. 54.
119 Guha, R. V., Levy, A. Y., 'A Relevance Based Meta Level', p. 1.

홍차 가격을 고려할 필요가 없다는 것이다.[120] 그런데 꼭 그런가? 만약 프레드가 인도 홍차에 막대한 투자를 했는데 주식시장이 사정없이 폭락했고, 그는 자신의 아침식사를 하려고 앉자마자 이를 들었다. 당신이 특정 상황에서 어떠한 쌍을 고르든 여기에는 거의 언제나 하나가 다른 하나와 연관되어 있는 맥락이 존재한다.

주변 맥락에 대한 이러한 개념은 연관성 쟁점에서 매우 결정적이다. 맥락에서 분리되면 연관성 문제는 거의 의미가 없다.[121] 다음 두 서술문을 보라.

1. 지난 8년 동안 말라위의 우기는 11월 말까지도 시작하지 않았다.
2. 잠비아의 목재 생산은 1972~92년 동안 500퍼센트 증가했다.

첫 번째 주장과 두 번째 주장의 연관성은 맥락에 따라 달라진다. 만약 현재 과제가 이모의 사파리 여행 날짜를 결정하는 것이라면 진술2는 관련이 없다. 그러나 사하라 사막 이남 아프리카 기후변화 패턴의 원인을 찾고 있다면, 진술2는 연관성이 있다. 달라진 과제가 다른 맥락을 생성한다. 앞으로 CYC가 다루게 될 문제들이 전적으로 답이 열려 있는 개방적인 것임을 고려하면, 무엇이 무엇과 연관되어 있는지에 대한 상세 정보를 지식베이스에게 제공하는 과제는 줄잡아도 만만찮은 것이다.

레닛과 그의 동료들에겐 연관성 문제를 다루는 근본적으로 새로운 제안이 없었다. 그들은 단지 (1974년 이후) 앞서의 인용문에서 민스키가

---

120 Guha, R. V., Levy, A. Y., 'A Relevance Based Meta Level', pp. 2~4.
121 내가 쓴 'Horseshoe, Hook, and Relevance'와 'The Trouble Anderson and Belnap Have with Relevance' 참조.

언급한 접근법을 밀고 나갈 준비가 되어 있었을 뿐이다. 지식베이스는 입력된 사실이 언제 유용하게 쓰일 수 있는지, 그리고 언제 그렇지 않은지에 대한 '메타-사실'(meta-facts)을 알아야 한다. CYC에서 이러한 메타-사실은 연관성 공리(relevance axioms)라는 내용을 통해 표현된다. CYC에는 연관성 공리의 두 가지 유형, 즉 특수한 것과 일반적인 것이 있다.

특수한 연관성 공리의 배후에 있는 아이디어는, 지식베이스의 상이한 섹션들을 '현재 해결하고 있는 과제와의 연관성에 따라 순위를 매길 수 있다'는 것이다.[122] 예를 들어, CYC에 주어진 과제가 자동차 디자인에 관한 문제를 해결하는 것이라면, 지식베이스는 자동차 섹션이 식물학 섹션보다 더 연관된다는 취지의 공리에 따라 관련 정보를 검색하게 될 것이다.(그럼에도 식물학 섹션은 완전히 배제될 수는 없다. 왜냐하면 한두 가지 유용한 유추가 있을 수도 있기 때문이다.)[123] 이러한 공리는 확실히 검색 공간을 엄청나게 줄여주지만, 결국에는 가장 엉성한 지침만 제공할 뿐이다.

일반적 연관성 공리는 다음과 같은 진술을 공식화한 것이다.

> 시간적 근접성: 쟁점이 되는 사건이나 해당 명제와 시간상 가까운 사건만 고려할 필요가 있다.[124]

---

122 Blair, P., Guha, R. V., Pratt, W., 'Microtheories: An Ontological Engineer's Guide', p. 15.
123 Blair, P., Guha, R. V., Pratt, W., 'Microtheories: An Ontological Engineer's Guide'.
124 Guha, R. V.,Levy, A. Y., 'A Relevance Based Meta Level', p. 7.

구하와 레비는 이 공리를 설명하고 옹호하면서, "한 사건이 일어나고 … 상당한 시간이 지나 갑자기 그 영향이 나타나는 경우는 드물다."고 말한다.[125] 그러나 18개월 전 마틸다의 결혼식에서 고든이 빌린 정장(렌트한 턱시도)을 입었다는 사실과, 오랜 시간이 흐른 뒤 그가 늘 해오던 식후 테이블 연설 원고를 잃어버리고 새로 써야만 했다는 사실이 높은 연관성을 가질 수도 있다.

CYC의 일반적 연관성 공리는 또한 **공간적 근접성**과 **정보 근접성**도 고려한다. 논의 중인 상황과 아주 멀리 떨어진 사건을 고려할 필요는 없다. 둘 사이에 정보적 연결이 있는 경우(가령 전화선 같은)를 제외하고.[126] 또한 적절한 **수준**의 정보들만이 연관된다는 공리도 있다. 프레다가 신은 신발의 바느질 상태에 대한 정보는 너무 사소해서 그녀가 t+2 시간에 살아 있는지 여부와 연관성을 맺을 수 없다.

이러한 공리들은 지식베이스에 대한 효과적인 색인 체계를 전제로 한다. 다시 말해, 내가 앞에서 조직 문제라고 일컬었던 것에 대한 해결책을 전제로 하는 것이다. 놀랍게도 레넛과 그의 동료들은 이에 대해 거의 말하지 않았다.[127] 꽤 훌륭한 색인 체계가 주어지면, 이러한 연관성 공리들 덕택에 CYC는 검색할 때 엄청난 양의 사실들을 털어낼 수 있을 것이다. 그러나 일단 지식베이스에 수억 개의 내용이 포함된다면, 이 필터링 프로세스가 끝난 후에도 남아 있는 주장들이 너무 많다. 결국 어떤 사건이든 (동일한 수준의 내용에서) 시간적, 공간적, 또는 정보적으로 그와 근

---

125 Guha, R. V., Levy, A. Y., 'A Relevance Based Meta Level', p. 7.

126 Guha, R. V., Levy, A. Y., 'A Relevance Based Meta Level', pp. 8~11.

127 Brian Cantwell Smith도 같은 느낌을 갖고 있다. "레넛 등이 자신들의 프레임을 어떻게 그룹화하고, 연관시키고, 색인화할 계획을 세울지는 불확실하다."('The Owl and the Electric Encyclopaedia', p. 269.)

접한 엄청난 수의 사건들이 있을 것이다. 이 중 절대다수는 사람이 문제를 해결하는 경우엔 결코 고려조차 되지 않을 것들이다.(TV 화면이 갑자기 가로줄로 가득 찬 경우, 당신은 방금 햄버거를 한 입 베어 먹은 사건이 관련되어 있다고 생각하진 않을 것이다.) 아마도 향후 해결 방법은 훨씬 많은 연관성 공리를 추가해서 더 미세한 필터를 만드는 것이리라. 이 접근법이 효과가 있을 수 있겠으나, 누군가가 시도하기 전까지는 알 수 없다. 확실히 우려스러운 점이 하나 있다. 필요한 연관성 공리를 추가하면 지식베이스의 크기가 상당히 증가할 것이다. 지식베이스의 크기가 커지면 검색이 점차 비효율적으로 되기 때문에 해결하고자 도입한 연관성 공리가 오히려 문제를 일으킬 수 있다.

지식의 데이터 모델에 따라 조직된 지식베이스로는 연관성 문제를 다루기 어렵다는 사실, 어쩌면 CYC는 우리에게 이 점을 알려줄지도 모른다. 일상적인 문제를 해결할 때, 심지어 참신한 문제의 경우에도, 인간은 연관된 아이디어에 즉각적으로 집중할 수 있는 것 같다. 밤 사이 당신 마을의 한 조각상 머리에 뒤집어진 요강이 씌워 있음을 알아차렸다고 가정해보자. 이를 설명할 때, 우선 당신은 전체 지식 중에서 관련이 있을지도 모르는 사실들을 일일이 추려내는가? 아마도 그러지 않을 것이다. 심지어 전에 본 적도 들은 적도 없는 사건의 경우에도 마찬가지다. 만약 인간이 CYC가 하듯이 분류와 취사선택의 거대한 프로세스를 똑같이 거친다고 해도, 이에 대한 어떤 증거도 없다. 어쩌면 우리[인간]의 경우 어떤 문제에 대한 이해 안에는 연결들이 어느 정도는 구축되어 있는지도 모른다. 어쩌면 문제에 대한 우리의 표현방식에는 다른 관련 표현과 연결시켜주는 '고리'가 있을지도 모른다. 아니면 다른 비유를 들자면, 한 표현방식에 '불이 들어오면', 이와 관련된 다른 표현에도 자동적으로 '불

이 들어오는' 것일 수 있다. 이 모델에는 (연관 데이터를 발견하는 CYC 식 접근법을 특징 짓는) 컴퓨터의 계산 과정상 비효율적인 검색 방법이 전혀 필요하지 않다. 왜냐하면 현재 이 '연관성 고리'에 대해 우리가 알고 있는 내용들은 모두 기호조작 프로그램에서 직접 구현하는 것이 불가능할 수 있기 때문이다. 여기엔 10장에서 논의할, 상호연결이 풍부하고 분산적인 표현방식이 필요할 것이다. 이쯤에서 데이터 방식은 운명을 다한다.

비일관성

문장들의 집합에 모순이 포함되어 있는 경우를 **비일관적**이라고 한다. 예를 들어, '카를로는 왕당파다'와 '카를로는 왕당파가 아니다'를 모두 포함하고 있는 지식베이스는 비일관적이다. 지식베이스가 일관적이지 못한 데는 여러 이유가 있다. 직접적인 입력 오류에서부터, 감지되지 않은 정보입력자들의 의견 충돌, 지식베이스 자체에 의해 상충되는 결론이 도출되는 경우(날 수 있기도 날 수 없기도 한 비글의 경우처럼)까지도 있다. 내가 이제 설명할 이유 때문에 비일관적인 지식베이스를 일관성 있게 복구하는 것이 중요하다. 그 방법은 가장 어려운 문제 중 하나다.

나는 앞서 소크라테스에 대한 논증에서, 전제에 대한 부정이 추가된다 해도 결론이 여전히 도출된다고 설명했다. 실제로 여러 전제들이 비일관적일지라도 **어떤 결론이든** 도출은 된다. 이 사실은 논리학에서 매우 중요해서 쿼드리벳(quodlibet)이라는 이름을 얻었을 정도다.(이는 '당신이 원하는 대로'라는 뜻의 라틴어다. 모순에서 당신이 원하는 대로 결론을 마음대로 이끌어내는 것이다.)[128] 쿼드리벳의 증명은 실제로 매우 간단하다. S가 문

장의 집합이고 X가 단일한 문장인 경우, 'X는 S에서 도출된다'(또는 다른 방식으로 말하면 'S는 X를 수반한다')는 주장은, 'S에 X의 부정이 포함된다면 비일관적 집합이 된다'는 의미로 정의된다. 그래서 '소크라테스는 마케도니아 사람이다'와 '모든 마케도니아 사람들은 배관공이다'는 두 문장으로부터 '소크라테스는 배관공이다'라는 문장이 도출된다는 말은, 다음 세 문장, '소크라테스는 마케도니아 사람이다', '모든 마케도니아 사람은 배관공이다', '스크라테스는 배관공이 아니다'가 비일관적인 트리오를 만들어낸다는 뜻이다. 이제 S가 이미 비일관적이라고 가정하자. 그렇다면 당신이 원하는 대로 어느 문장의 부정을 집어넣든 간에 S는 비일관적이다! 따라서 당신이 원하는 어떤 문장도 S에서 도출된다. Q.E.D.[129] (문장을 추가하는 것으로는 비일관성을 결코 제거할 수 없다. 집합의 일관성을 복구하는 유일한 방법은 문장을 제거하는 것이다. 그래서 S가 비일관적이라면, X의 부정이 추가된 S도 비일관적일 수밖에 없다.)[130]

다음 명령어가 지식베이스에 프로그래밍되었다고 가정해보자.

> 만약 X가 기존에 포함된 바로 그것인지, 그리고 그중 하나인지, 혹은 그것으로부터 도출되는 것인지에 대해 질문받는다면, '예'라고 답하라.

---

128 'ex falso quodlibet'의 축약형이다.

129 [역주] 라틴어 'quod erat demonstrandum'은 '이상이 내가 증명하려는 내용이었다'는 의미다. 흔히 증명을 종결한 후 '증명 끝'을 나타내기 위해 이 두문자어를 쓴다.

130 쿼드리벳에 대한 대안적 증명이 있다. S의 모든 구성요소가 참이고 X가 거짓인 가능 세계가 없는 경우, X는 S에서 도출된다. S가 비일관적이라고 가정하자. 그렇다면 S의 모든 구성요소가 참인 가능 세계는 없다.(이것은 비일관성을 고려한 것이다.) 더욱이 S의 모든 구성요소가 참이고 X가 거짓인(X가 어떤 문장이든) 가능 세계는 없다. 따라서 X는 S에서 도출된다.(이 쟁점에 대한 논의는 졸저 'On When a Semantics is not a Semantics', 'What is a Semantics for Classical Negation?' 및 'Vagueness and Bivalence' 참조.)

이 명령어가 들어 있는 지식베이스가 비일관적이라면 어떤 질문에도 '예'라고 대답하는 것은 안타까운 사실이다. 따라서 군사적 지식베이스에 비일관적인 일기예보를 추가하는 경우, '우리가 핵공격을 받고 있는가?'라는 물음에도 '예'라고 답할 것이다.

무얼 해야 할까? 확실히 첫 번째 조치는 명령어를 수정하는 것이다.

> 만약 X가 사실인지의 여부, 그리고 X가 기존에 포함된 내용에 속해 있는 것인지 아니면 그로부터 [새로이] 도출되는 것인지 여부에 대해 질문받는다면, '예'라고 답하라. 단, X의 부정이 기존에 포함된 것 중 하나이거나 그것으로부터 도출되지 않는 한에서.

명령어의 두 번째 부분은 '일관성 검사'라 부른다. 질문에 답하기 전, 지식베이스는 자신이 일관적인지 확인해야 한다. 일관성 검사의 문제는 매우 느릴 수 있다는 점이다.(지식베이스가 일관적인지 아닌지를 스스로 결정내리기 전에 미사일이 공격할 수 있다.) 더 근본적인 문제는 일관성을 검사하는 프로그램이 때때로 틀린 답을 내놓을 수밖에 없다는 점이다.(이것은 1936년에 수학적 논리로 얻은 결과의 중요한 의미다.[131]) 비록 비일관성을 검사하는 속도가 느리고 완전히 신뢰할 수 없는 메커니즘이지만 아예 없는 것보다는 낫다.

CYC의 '모순 탐지 및 해결 모듈'이 비일관성을 발견했다고 가정할 때, CYC는 이에 대해 어떤 조치를 취할 수 있을까?[132] 나는 이미 CYC

---

131 Church, A., 'A Note on the Entscheidungsproblem'. 처치의 결과는 표준 1차 양화 논리에 적용할 수 있다. 일부 약한 양화 논리들은 결정 가능하지만, 추론상 무의미하다.

132 Lenat, D. B., Guha, R. V., *Building Large Knowledge-Based Systems*, p. 51.

가 취할 첫 공세 조치를 설명했다. 즉 CYC의 진릿값 유지 시스템이다.[133] CYC는 충돌하는 두 주장을 도출하는 데 사용되었던 전제들로 돌아가서, 가능하다면 전제들 중 하나를 거부하며, 그 결과 충돌하는 두 추론에서 하나를 제거한다.(이때 CYC는 정보 입력자가 제공한 정보를 사용하여 어떤 전제가 적어도 거짓으로 판명날 가능성이 높은지, 예외가 있는지 등의 문제를 판단한다.[134]) 하지만 이 방법이 언제나 유효한 것은 아니다. CYC는 종종 어떤 전제가 거부되어야 하는지 구별할 수 없다. 두 번째 조치는 다양한 '선호 기준'에 따라 두 추론의 순위를 매기고, 낮은 점수를 받은 쪽을 거부하는 것이다. 이 접근법은 기준 자체가 유용한 만큼만 유용할 뿐이며, 불행히도 CYC에 포함된 선호 기준은 모두 상당히 취약하다. 몇 가지 예는 다음과 같다.

(1) 인과적 특징이 보다 강력한 추론을 선호한다.[135]

이 기준은 예일대 권총 문제와 같은 상황에서 추론들을 식별하기 위한 것이다. 우리가 이미 살펴본 것처럼 효과적이지 않다.

(2) '추론 거리가 보다 짧은' 추론을 선호한다.[136]

---

133 Lenat, D. B., Guha, R. V., *Building Large Knowledge-Based Systems*, pp. 50~2; Guha, R. V., 'The Representation of Defaults in CYC'.

134 Lenat, D. B., Guha, R. V., *Building Large Knowledge-Based Systems*, p. 307; Guha, R. V., 'The Representation of Defaults in cyc'.

135 Guha, R. V., Lenat, D, B., 'CYC: A Mid-Term Report', p. 37; Guha, R. V., 'The Representation of Defaults in CYC', p. 5.

이 기준은 제한된 범위에서만 성공적일 것이다. 대개 '보다 짧은' 추론이 '보다 긴' 추론보다 올바른 결론을 내릴 것이라는 근거는 없다. '추론 거리'를 정의하는 가장 일반적인 방법은 추론에 관여하는 '단계'의 개수다. 예를 들어 A⊃B, B⊃C, A라는 세 가지 전제로부터 C를 추론하는 데는 두 단계가 필요하다.(A와 A⊃B에서 B를 추론하는 것이 첫 번째 단계다. '⊃'를 'if-then'으로 읽는다는 것을 기억하라.) 어떤 추론이 포함하는 단계가 더 적을수록 올바른 결론으로 이끌 가능성이 더 높다는 것은 완전히 잘못된 것이다. 예를 들어, A와 NOT A라는 두 전제로부터 오직 두 단계 추론만으로도, 10분 전에 세계가 끝났다는 결론을 내릴 수도 있다. 논증은 두 가지 추론 규칙을 사용한다. 첫 번째는 아래와 같다.

From X infer NOT((NOT X) AND (NOT Y)).

즉 X가 참이라는 전제로부터 X와 Y 모두 거짓이 아니라는 결론을 추론할 수 있다.(X와 Y가 어떤 문장이든 상관없다.) 다음은 두 번째 규칙이다.

From NOT X and NOT((NOT X) AND (NOT Y)) infer Y.

즉 X가 거짓이라는 전제, 그리고 X와 Y 모두 거짓이 아니라는 전제로부터 Y가 참이라는 결론을 추론할 수 있다. 당신은 두 단계 논증을 구성할 수 있는가? (513쪽에 답이 있다.)

---

136 Guha, R. V., Lenat, D. B., 'CYC: A Mid-Term Report', p. 37; Guha, R. V., 'The Representation of Defaults in CYC', p. 5.

(3) 비구성 논증보다 구성 논증을 선호한다.[137]

레닛과 구하가 이 기준이 도움이 될 것이라 생각하는 이유를 알기 어렵다. 구성 논증은 직관적 논리의 대상이며, 쿼드리벳이 불러일으킨 문제들을 다룰 때 직관적 논리로 후퇴하는 것이 전혀 쓸모없다는 것은 오래전부터 밝혀졌다.[138]

진릿값 유지 시스템과 선호 기준으로도, 여전히 CYC는 이따금씩 한 쌍의 충돌하는 주장 중 어느 것을 거부할지 분별할 수 없을 것이다. 여기서 CYC는 세 가지 중 하나를 선택할 수 있다. (1) 작업을 중단하고 사람의 개입을 기다린다. (2) 비일관성에 연관될 소지가 있는 모든 주장들을 격리시키고, 이들을 제외한 채로 추론을 시도한다.(이를 수행하는 한 가지 방법은 연관된 주장 각각을 '알 수 없는'(unknown) 진릿값으로 표시하는 것이다.) 연관된 주장의 수가 많으면—이에 해당하는 경우는 충돌하는 주장의 하나(또는 둘 다)가 수많은 추론의 전제로서 중요한 경우, 또는 충돌하는 주장을 도출하기 위해 수많은 전제들이 사용되는 경우다—이는 성능에 상당한 손상을 초래할 수 있다. (3) 뻔뻔스럽게 밀고 나간다. 계속 진행하고, 다만 비일관성의 악영향이 너무 퍼지지 않도록 바랄 뿐이다. 이 세 번째가 레닛의 권고사항인 것 같다.

> 거대한 지식베이스에서 전체적인 일관성 있는 통일을 성취할 필요는 없다. 그리고 아마도 그럴 가능성조차 없다. … 예상컨대, 이 견해(비일관성들이 짧은 기간 동안 존재할 수 있지만 이들은 결국 오류이며 반드시 철저하게 조사해서 수정

137 Guha, R. V., Lenat, D. B., 'CYC: A Mid-Term Report', p. 37.
138 Gentzen, G., 'Investigations Into Logical Deduction' 참조.

해야 한다는)는, 지능형 시스템에 요구할 수 있는 이상적이고 단순화된 견해에 지나지 않는다. 시스템은 어떻게 비일관성에 대처해야 하는가? 지식 공간과 지식베이스를 하나의 고체가 아닌, 차라리 독립적으로 기반해 있는 큰 언덕들의 집합으로 보라. … 대형 오피스 빌딩처럼, 독립적인 기반 덕분에 전체 구조는 국지적 부조화와 같은 진동을 쉽게 극복할 수 있다. … 비일관성을 추론하는 것은 검색자가 맞닥뜨리는 보통의 '막다른 길'보다 아주 조금 더 심각할 뿐이다.[139]

이는 나에게 빠져나오기 힘든 상황처럼 보인다. CYC는 서로 독립적으로 작동하는 전문가 시스템 지식베이스의 집합이 아니라 단일하고 통합된 전체다. 하나의 언덕에서 도출된 추론 결과는 다른 모든 언덕들에서도 사용할 수 있으며, 사용 가능한 것들은 아마 실제로도 사용될 것이다. 레닛이 다른 맥락에서 말하듯이 "멀리 떨어진 지식도 유용할 수 있다."[140] 비일관성의 영향이 언덕에서 언덕으로 퍼져나가지 않는다고, 지식베이스 전체를 오염시키지 않는다고 생각할 선험적 근거가 없다. 내 견해로는 논리와 제어 시스템이 조잡한 지식베이스에 해결을 위임하는 것은, 복구할 수 없는 비일관성이 발생한 후 이를 계속 운영하는 것만큼이나 명백한 위험이 될 것이다.

확실히 여기엔 크고 상식적인 지식베이스를 구축하려는 사람이 직면하게 되는 대단히 어려운 문제들이 존재한다.

---

139 Lenat, D. B., Feigenbaum, E. A., 'On the Thresholds of Knowledge', pp. 217, 222.
140 Lenat, D. B., Feigenbaum, E. A., 'On the Thresholds of Knowledge', p. 199.

5.7 복잡성이라는 장벽

생각하는 기계를 구성하려는 시도는 숨 막힐 정도로 복잡한 프로젝트다. 난해한 기술적 문제는 여전히 해결되지 않은 채 남아 있다. (그리고 내 안의 비관주의는 훨씬 더 어려운 문제들이 아직 등장하지 않았다고 의심하고 있다.) 연구자들은 컴퓨터 메모리에 수십억 개의 사실들을 조직하는 방법을 찾아야 한다고 말한다. 대형 인공지능 프로그램은 머리가 어지러울 정도로 많은 코드들을 포함하고 있다. 현대 컴퓨터에는 지구상의 모든 사람들이 맺고 있는 연결보다 훨씬 더 많은 전자적 연결이 있다. 그러나 인간 두뇌에 있는 수조(兆)의 신경 연결 활동에 필적하기 위해서는 몇몇 배나 더 복잡한 하드웨어가 필요할 것이다. 인간 정신이 이 정도의 복잡성을 감당할 수 있을까?

경탄할 만한 재능을 가진 테리 위노그래드조차 슈들루에서 어려움을 겪었다. "이 코드는 발 디딜 만한 곳 하나 없는 빽빽한 덩어리를 보여준다. 프로그램을 설계했지만, 나는 이 프로그램이 한 번에 고려할 수 있는 한계에 거의 근접했음을 깨달았다. 프로그램에서 몇 달 벗어나 있은 뒤에는, 프로그램의 세부적인 부분에 관한 질문에 답하기가 매우 어려워졌다. 또한 제안된 변경 사항에 대한 결과를 예측하는 것도 어렵다."[141] 그럼에도 인공지능의 궁극적인 목표라는 관점에 비춰보면, 슈들루는 사소한 프로그램에 불과하다!

만일 기호체계 가설이 맞다면, 그러나 인간의 두뇌가 생각하는 기계를 구축하기에 너무 빈약하다면, 이는 엄청난 아이러니가 될 것이다. 인

---

141 Winograd, T., 'Breaking the Complexity Barrier Again', p. 13.

간은 복잡성이라는 장벽을 깨트릴 수 없을지도 모른다. 그러나 다시 말하지만, 인공지능은 여전히 초기 단계에 있다. 현재 단계에서 컴퓨터 지능은 성공을 향해 넓게 열려 있는 분야다. … 물론 실패를 향해서 열려 있기도 하다. 모든 결론은 미래에 있을 따름이다.

6장

흥미로운 사례, 중국어 방

앞의 두 장에서 나는 컴퓨터가 생각하는 기계의 적합한 유형인지에 대한 문제가, 철학적 전문용어를 사용하자면, **경험적인** 쟁점이라고 말했다. 즉 이것은 실험과 증거 수집으로만 결정할 수 있는 쟁점인 것이다.('실증적'(empirical)이라는 단어는 실제로 '경험'(experience)이라는 뜻의 그리스어에서 나왔다.) 그렇다고 모든 문제가 경험적인 건 아니다. '뉴욕의 모든 안과 의사들이 25세 이상인가?'와 '뉴욕의 모든 안과 의사들이 눈에 대해서 전문가인가?'라는 질문을 비교해보자. 이들 중 첫 번째 질문은 경험적 질문이지만 두 번째 질문은 그렇지 않다. 당신은 모두가 눈 전문가인지 입증하기 위해 그들을 조사할 필요가 없다. 왜냐하면 '안과 의사'라는 말은 '눈 전문가'를 **의미하기** 때문이다. 비경험적인 문제에 답할 때 증거 수집은 아무런 의미가 없다.

영향력 있는 미국 철학자 존 설(John Searle)은 우리의 핵심 질문을 경험적인 것으로 여기는 관점이 잘못이라고 이야기한다. 그에 따르면, 기호조작 프로그램이 생각할 수 있는가에 대한 쟁점은 정확히 비경험적이며, 그래서 증거 수집은 핵심을 벗어난 것이다. 설이 보기엔 나의 사고방식, 즉 이 문제가 결국 인공지능 실험실에서 어떻게 밝혀질지 기다리는 태도는 터무니없는 것이다. 그는 우리가 바로 지금 여기에서, 어떤 증거도 확인할 필요 없이, 기호체계 가설이 틀렸음을 증명할 수 있다고 주장

한다. 그의 관점에서는, 이 가설을 주장하는 건 어떤 안과의사들이 눈 전문가가 아니라고 주장하는 것일 뿐이다. 유일한 차이점은 후자가 사전을 펴는 것만으로도 밝혀지는 매우 간단한 잘못인 반면, 전자에는 훨씬 더 미묘한 오류가 있으며 이를 드러내기 위해서는 정교한 철학적 논증이 필요하다는 점이다. 나는 중국어 방 논증으로 알려진 설의 견해를 주의 깊게 살펴볼 것이다. 나는 이것이 틀렸음을 당신에게 납득시키고자 한다.

설의 논증을 잘 이해하기 위해 4장에서 언급한 퍼즐을 다시 떠올려보자. 컴퓨터는 단지 기호조작 장치일 뿐이다. 그것이 하는 일이라곤 기호를 비교하고 삭제하며 복사하는 일 등등에 지나지 않는다. 어떻게 이런 장치가 **이해**라는 것을 할 수 있을까? 이는 기호조작 장치가 어떻게 아랍어 문장 'Jamal hamati indaha waja midah'을 받아들이고, 어떻게 문장 조작을 수행하는지(가령 역순으로 쓰기, 접두사를 붙여서 평서문을 의문문으로 바꾸기)를 알면 간단하다. 그러나 도대체 어떻게 한낱 기호조작 장치가 실제로 이 문장을 이해할 수 있겠는가? 설은 이해할 수 없다고 답한다.

설은 전문적 용어 몇 가지를 써서 자신의 근본적인 요점을 표현한다. 기호조작 장치는 오직 **구문론**(syntax)만 숙달했으며, 구문론의 숙달만으로는 의미론(semantics)을 익히기에 미흡하다는 것이다.[1] 구문론을 숙달한다는 건 기호조작을 수행하기 위한 규칙 몇 개를 완전히 익히는 것이다. 그러나 의미론을 숙달한다는 것은 기호가 진정 의미하는 바를 이해하는 것이다. 설이 짚어내는 요점을 잘 보여주는 예는, 사람들이 문장의 의미를 전혀 이해하지 못해도 구문 규칙에 따라 외국어 문장을 조작

---

1 Searle, J., *Minds, Brains and Science*, p. 31; 'Minds, Brains and Programs', p. 423; 'Is the Brain's Mind a Computer Program?', p. 21.

하는 법을 배울 수 있다는 사실이다. 구문에 대한 지식 자체만으로는 의미에 대한 지식에 이르지 못할 것이다. 예를 들어 여기에 아랍어의 구문 규칙 두 개가 있다.

1. 주어진 문장에 상응하는 의문문을 만들려면, 문장 전체 앞에 기호 'Hal'을 붙여라.
2. 임의의 음절 반복적인 문장에 상응하는 부정문을 만들려면, 문장의 술어 앞에 조사 'laysa'를 삽입하라.

테스트. 다음 문장에 상응하는 의문문과 부정문을 작성하라.

Jamal hamati indaha waja midah.

당신은 먼저 이 문장은 음절 반복적이며 'hamati' 이후의 모든 단어가 술어라는 것을 알아야 한다.

이제 됐다. 나는 당신이 구문 규칙 2개로 새롭게 얻은 능력으로는 'hal'과 'laysa'가 의미하는 바를 전혀 모른다는 것에 나의 애완용 금붕어를 걸겠다. 이로써 구문 규칙의 숙달만으로는 의미론을 익히기에 충분치 않다는 것이 더할 나위 없이 분명해졌다.(실제로 'hal'은 의문문을 만들고, 'laysa'는 부정문을 만든다. 당신이 만든 첫 번째 문장은 시어머니의 낙타가 배가 아픈지 묻고 있고, 두 번째 문장은 이에 대해 부정으로 답한다.)

컴퓨터는 구문 규칙의 주인이자 노예다. 우리가 4장에서 보았듯이 컴퓨터의 프로그램은 일련의 장황한 구문론적 조작을 수행하는 명령어에 다름 아니다. 컴퓨터는 기호조작이라는 감옥에서 탈출해서 의미의 세계

로 나아갈 수 있을까? 여기 그럴 수 없다고 주장하는 설의 논증이 있다.

6.1 중국어 방 논증

설은 자신의 논증을 설명하기 위해 이야기를 '이해하는' 프로그램, 샘(Sam)을 활용한다.[2] 샘에게 어떤 이야기와 그 이야기에 대한 질문을 입력하라. 그러면 샘이 답을 입력해줄 것이다.(샘의 능력에 대한 예시는 2장에 있다.) 만약 당신이 기계 코드로 작성된 이 프로그램을 살펴보면, 당신은 도무지 이해할 수 없는 엄청난 양의 0과 1을 보게 될 것이다. 그러나 이 프로그램의 각 행은 누구나 알 수 있는 규칙으로 다시 작성될 수 있다. 예를 들어보자.

00000011 0111 1100

이 행은 아래와 같이 작성될 수 있다.

메모리 위치 번호 7의 내용을 메모리 위치 번호 12의 내용과 비교하고, 동일하면 1을, 서로 다르면 0을 표시하라.

(0111은 7의 비트코드이고, 1100은 12의 비트코드이며, 00000011은 컴퓨터에게 비교를 지시한다. 어리둥절하다면 4장을 다시 보시길.)

2 'Minds, Brains and Programs', p. 417.

이런 식으로 샘 프로그램 전체가 다시 작성된다고 하자. 그 결과 수백 권에 달하는 지침서가 될 것이다. 1년 정도면 이 지침서 전체를 익혀 프로그램을 **수작업**으로 대체할 수 있다. 즉 컴퓨터가 프로그램을 작동시켜 실행하는 모든 기호조작을 직접 손으로 수행하는 것이다. 샘을 수작으로 대체하는 일로 인해 몇 달이고 머리가 깨질 듯한 지루함을 겪어야 하는 건 잊어버리고, 누군가 이를 성공했다고 상상해보자. 이를 이뤄낸 영웅 조 솝(Joe Soap)[3]은 수백 권의 지침서와 빈 연습장 무더기, 수천 개의 연필로 된 방에 갇혀 있다. 그가 외부 세계와 접촉하는 방법은, 벽에 있는 두 개의 구멍(각각 입력과 출력이라는 이름표가 붙어 있다)을 통하는 것뿐이다. 실험자는 타이핑된 이야기에 질문지를 붙여서 구멍으로 집어 넣고, 그뒤 사람들은 출력 구멍에서 결과가 나오길 간절히 기다린다.(조가 몇 개월이 아니라 몇 분 만에 답을 냈다고 가정하자.) 그가 자신의 답변을 꾸며내어 속이지 못하도록 이야기와 질문 모두 중국어로 작성된다.(샘의 조 솝 버전은 중국어를 처리하도록 조정되었다.) 사실 조는 입력과 출력 내용이 어떤 언어의 문장들로 이루어져 있다는 것조차 알아차리지 못한다. 조에게는 그가 받는 입력과 만들어내는 출력이 무의미한 패턴일 뿐이다.

조의 첫 번째 과제는 지침서의 해당 절을 펼쳐서 입력 패턴을 짝이 맞는 '0과 1의 비트열'로 변환하는 것이다.(그에게는 입력 패턴 자체와 마찬가지로 이 비트열도 무의미하다.)

이러한 규칙 중 하나는 다음과 같을 것이다.

패턴이 茶인 경우, '입력 저장소'라는 이름표가 붙은 연습장의 다음 빈 줄에

3 [역주] Joe Soap은 사전적 의미로 '의욕은 많지만 머리가 둔한 바보'를 나타낸다. 뒤에서 '조'는 이 가상의 인물을 가리킨다.

10000111001000100 1001라고 작성하라.

(표시된 이 비트열은 중국어 병음 아스키 코드들 중 이 한자를 표현하는 코드다.)

일단 모든 입력을 비트열로 변환했으면, 조는 프로그램에서 필요로 하는 수천 번의 조작을 수행하며 연습장을 0과 1로 계속해서 채워 나간다. 마침내 그는 지침서의 마지막 절에 도달하고, 이 절을 보면서 '출력 저장소'라는 특별한 책에 써 놓았던 비트열과 짝이 되는 한자를 찾는다. 조는 이 한자들을 종이에 옮겨 적은 뒤, 이를 출력 구멍으로 밀어 넣는다. 답을 고대하고 있던 실험자들에게 조가 그려내는 패턴은 질문에 대한 지능적인 답변이지만, 조에게 이 패턴들은 단지 구불구불한 그림들, 힘들게 얻어냈지만 완전히 무의미한 것이다.

설에 따르면, 이 시나리오는 무엇을 보여주는 것인가? 우리가 동의해야 하는 건, 조가 이야기나 질문, 나아가 답 역시 전혀 이해하지 못한다는 점이다. 사실 그는 이것들이 이야기, 질문, 그리고 답**이라는 것**조차 알지 못한다. 그에게 입력과 출력은 그저 무의미한 기호일 뿐이다. 그러나 샘의 기능을 수작업하면서 조는 샘을 실행하는 컴퓨터가 수행하는 모든 일을 해냈다. 즉 컴퓨터가 했어야 할 모든 기호조작을 수행한 것이다. 결과적으로 실험자는 인간 컴퓨터로 프로그램을 실행한 것이다. 따라서 조가 프로그램을 실행한다 해도 이야기를 이해할 수 없었으므로, 컴퓨터가 프로그램을 실행한다 해도 역시 이야기를 이해할 수 없다는 결론이 나온다. 이유인즉 조가 컴퓨터가 하는 모든 작업을 수행하지만 여전히 결국엔 이야기를 이해하지 못하기 때문이다. 더욱이 이 결론은 앞으로 만들어질 모든 인공지능 프로그램으로 일반화할 수 있다. 왜냐

하면 이 논증은 프로그램의 어떤 특정한 기능을 언급하지 않기 때문이다.[4] 얼마나 훌륭한 프로그램이든지 간에, 어떤 프로그램을 실행하는 것으로는 컴퓨터가 무언가를 이해하고, 믿고, 원하고, 생각하도록 만드는데 결코 충분하지 않다. 당신이 원하는 만큼 훌륭한 가상 인공지능 프로그램을 상정해보자. 말하자면 튜링 테스트를 통과할 수 있는 프로그램 말이다. 조(아니면 이 테스트가 영어로 시행된다면, 비영어권 인물)가 프로그램을 수작업으로 처리할 때, 그는 질문자의 질문도 자신의 대답도 이해하지 못한다. 따라서 프로그램을 실행하는 컴퓨터도 정확히 같은 처지에 놓여야 한다. 관찰자는 컴퓨터가 출력한 기호들을 유의미한 문장으로 여길 수 있지만, 컴퓨터에게 그 기호들은 완전히 무의미하다.

그러므로 일반적으로 중국어 방 논증은 (설에 따르면) 단지 기호를 조작하는 일만으로는 조작 장치가 X를 이해하거나, Y를 믿거나 Z를 생각하는 것은 불가능하다는 것을 입증한다. 인간 조작자가 정확히 동일한 조작을 수행할 수 있지만, 그렇다고 X를 이해하지도 Y를 믿지도 Z를 생각하지도 못한다는 사실을 확인했듯이 말이다. 따라서 중국어 방 논증이 옳다면, 기호체계 가설은 틀렸다.

중국어 방 논증은 큰 파장을 불러일으켰고, 이따금씩 사람들을 격분

---

4 일부 저자들은 설의 설정 안에 한자와 한자를 짝지어주는 거대한 검색표가 포함되어 있다고 여긴다. 이는 패리 및 슈퍼패리 프로그램에서 사용되는 기술이다.(가령 Kim Sterelny, The Representational Theory of Mind, p. 220ff) 그러나 이는 오해다. 설은 프로그램의 세부사항 때문에 논증에 어떠한 차이도 생기지 않음을 분명히 한다.('Minds, Brains and Programs', p. 417 참조) 실제로 설이 이 논증을 설명하기 위해 예로 든 프로그램 샘에는 검색표 설계가 없다. 이와 같은 잘못된 해석이 중국어 방 논증을 실제보다 더 약한 것으로 만든다. 그래서 아무도 슈퍼패리 같은 프로그램이 중국어를 이해할 자격이 있다고 생각하지 않기 때문에 "설은 우리가 이미 알고있는 것들만 말할 뿐이다"는 잘못된 반박으로 향하기 쉽다.(Sterelny, p. 222).

시켰다. 인공지능 연구원들은 대체로 이 논증에 짜증이 나 있다. 그들에겐 일종의 속임수처럼 보이기 때문이다. 대부분의 사람들은 이 논증을 '정말 바보 같은' 논증으로 일축해버리는 경향이 있다. 반면에 인공지능 연구 바깥에 있는 많은 사람들은 중국어 방 논증이 설득력이 있다고 느끼며, 그래서 철학 저널들에서는 '결정적인', '정확히 맞는', '훌륭하고 납득이 가는', 그리고 '완벽한 승리를 거둔' 것으로 묘사하고 있다. 이런 이유에서 나는 이 논증에 동의하지 않는 사람들이 이를 매우 진지하게 받아들여야 한다고 생각한다. 이 논증을 신뢰하지 않는 사람이 이를 단순히 멀리 내쫓아버리는 것으로는 충분치 않다. 중국어 방 논증은 신중하고도 치밀한 논박을 요구한다. 나는 이를 시도하려고 한다.

6.2 논증에서 무엇이 잘못되었나?

중국어 방의 이야기를 내 방식으로 재구성할 때, 설의 원작에서와 마찬가지로 내용에 등장하는 중요한 참여자 한 명은 자신이 응당 받아야 할 관심보다 훨씬 적게 주목받았다. 실은 거의 주목하지 않아서, 당신은 그의 존재를 전혀 알아차리지 못했을 것이다. 이제 균형을 바로잡을 때다. 여러분에게 미스 웡수링(Wong Soo Ling)을 소개한다. 그녀는 우리에게 완벽한 표준 중국어를 말해줄, 아니 정확하게는 써줄 것이다. 수링은 프로그램의 목소리다. 그녀는 조가 행한 노고의 결실이며, 조가 인내심을 발휘한 기호조작으로부터 생명을 부여받은, 육체가 없는 인격이다.(수링이 가능한 한 흥미로운 인격이도록 하고자, 조가 수작업한 프로그램이 튜링 테스트를 통과할 수 있다고 가정해보자. 물론 중국어로 말이다.) 중국어 방 이

야기를 제대로 듣는다면, 이 이야기에는 두 명의 중요한 캐릭터가 있다. 지칠 줄 모르나 약간 지루한 노동자인 조, 그리고 인공이지만 매력 있고 지적이며 중국어를 말하는 미스 웡. 그녀는 머리 나쁜 조의 한계를 넘어서는 주제에 대해서도 활기차게 토론할 수 있다.

설 이야기의 절정은, 조에게 자신이 하고 있는 기호조작으로 인해 입력된 질문을 이해하게 되었는지 물어보는 지점이다. 그리고 그는 (물론) 아니라고 말한다. 이로부터 우리는 이런 기호조작으로는 이해를 산출하기에 충분치 않다고 결론 내려야 한다. 하지만 왜 이걸 조에게 물어보는가? 어쨌든 그는 기계 장치 속 하나의 톱니바퀴에 지나지 않는다. 수링에게 물어본다면, 그녀는 조가 하고 있는 기호조작으로 인해 실제로 자신이 질문을 (맞든, 틀리든!) 이해하게 되었다고 틀림없이 대답할 것이다.

중국어 방 시나리오에 두 가지 목소리—조의 목소리와 그가 일부분을 이루는 전체 시스템의 목소리—가 있음을 보임으로써 나는 중국어 방 논증의 논리적 결함을 지적하는 위치에 서게 된다. 여기에 가장 기본적이고 깔끔하게 정리된 요점이 있다.

> 전제: 조 측에서 하는 기호조작은 그가 입력된 중국어를 조금도 이해하게 만들지 못할 것이다.
>
> 결론: 조 측에서 하는 기호조작은, 조가 속한 더 큰 시스템이 입력된 중국어를 조금도 이해하게 만들지 못할 것이다.

이 논증은 타당하지 않다. 이 결론은 저 전제로부터 그냥 따라나오지 않는다. 전제의 **진실성**을 다투는 일은 불가능하지만, 이 전제는 결코 결론을 뒷받침하지 못한다. 설의 논증은, 이를 희화한 아래의 논증보다 나

을 게 별로 없다. 논리적 형식은 동일하다.

전제: 청소부 빌은 한국에 파자마를 판매한 적이 없다.
결론: 빌이 청소하는 회사는 한국에 파자마를 판매한 적이 없다.

빌이 작은 구성요소로 되어 있는 조직은 한국과 파자마 거래를 할 수도, 하지 않을 수도 있다. 그러나 그 전제는 어느 쪽이 되었건 정보를 제공하지 않는다.

중국어 방 논증에 대한 이런 종류의 반론을 설은 잘 알고 있다. 몇몇 다른 사람들이 이 논증에 대해 비슷한 공격을 했고, 설은 이러한 유형의 반박에 **시스템 반론**(systems reply)이라는 별명을 붙였다. 그는 자신이 시스템 반론에 전적으로 오류가 있음을 밝혔다고 믿고 있다.[5] 내가 하려는 일은 시스템 반론에 대한 설의 반박들을 하나씩 취해서, 이들 중 어느 것도 유효하지 않음을 보여주려는 것이다. 나 자신과 설 사이의 한판 시합을 가능한 한 다채롭게 만들고자, 서로 주장을 주고받는 형태로 제시한다.(내가 설의 말이라고 하는 것은 정확한 인용이 아니라 표현을 다듬은 것이다.)

1라운드

설: 내 논증에 대한 당신의 반론은 당혹스러울 정도로 어리석은 것이다.[6] 당신은 방에 있는 사람이 중국어를 이해하지 못한다는 말에 동의하면서도, 그 사람이 포함된 더 큰 시스템은 중국어를 이해할 수 있을 것이라 말한다. 지금의 사례에서 그 '더 큰 시스템'이 무엇으로 구성되어

5 Searle, J., 'Minds, Brains and Programs', pp. 419~20.
6 Searle, J., 'Minds, Brains and Programs', p. 419.

있는지 살펴보자. 이 남자와 더불어, 규칙들로 가득한 책, 연습장 한 무더기, 연필 더미, 그리고 아마도 입력과 출력 구멍도 있겠다. 당신은 **정말로** 이 사람이 중국어를 이해하지 못하더라도 '사람에 종이와 연필을 더한' 더 큰 시스템이 중국어를 이해한다고 말하려는 건가?

코플랜드: 이 사람이 중국어를 이해하지 못한다는 말이 사실이면서도 동시에 '사람에 지침서를 더한' 것이 중국어를 이해한다는 말이 어리석게 들린다는 것에 동의할 수밖에 없다. 하지만 난 이게 황당하지 않다. 살펴봐야 할 가장 중요한 것은 이 말이 바보 같이 들리는 **이유**이다. 나는 두 가지 이유가 있다고 생각한다. 첫째, 중국어 방에 인간이 있다는 사실이 설의 이야기를 떠올리는 사람에게 편협한 시야를 만들기 쉽기 때문이다. 사람들은 이 방에서 그 사람을 중국어를 이해할 수 있는 유일한 중심으로 간주하지 않도록 애써야 한다. 이야기의 세부사항을 조금만 바꾸면, 이 잘못된 유도가 사라져 당신의 결론으로 향하지 않을 수 있다. 0과 1을 쓰는 사람 대신, 최고로 잘 훈련된 벼룩이 자그마한 스위치를 톡톡 쳐서 올리거나(0) 내리는(1) 모습을 상상해보라. 벼룩이 중국어를 이해하지 못하기 때문에 벼룩이 구성요소로 포함된 시스템이나 기계도 중국어를 이해할 가능성이 전혀 없다고 생각하게 되는지?

사람은 못하지만 더 큰 시스템이 중국어를 이해할 수 있다고 말하는 것이 어리석게 들리는 두 번째 이유는 간단하다. 설이 묘사한 더 큰 시스템은 그 자체로 완전히 바보다. 아무도 프로그램을 손으로 작동시켜서 중국어 튜링 테스트를 통과할 수 없다. 누군가 10년 동안 0과 1을 휘갈겨 써봐도 여전히 자신의 첫 중국어 답변을 만들어내지 못할 것이다. 조가 지침서를 따라 중국어로 대화한다는 아이디어 전체가 터무니없는 것이다. 조와 지침서로 구성된 시스템이 중국어를 이해할 수 있다고 말

하는 것이 터무니없게 들리는 건, 시스템 반론이 틀렸기 때문이 아니다. 설의 시나리오 자체에 들어 있는 불합리성 때문이다.

2라운드

설: 중국어 방 논증에 대한 당신의 반론은 논점을 회피하는 것이다.[7] 즉 당신의 반론은 내가 틀렸다고 증명하려는 바로 그 점의 정당성을 아무런 근거 없이 가정한다. 내 중국어 방 논증은 컴퓨터 프로그램을 실행하는 것이 중국어 이해에 충분하지 않다는 것을 증명하기 위해 고안되었다. 당신은 내 논증에 반대하고자, 그 사람이 중국어를 이해하지 못한다 해도, 그 사람이 속한 더 큰 시스템은 중국어를 이해**한다고** 주장하다. 그러나 이 주제의 논점은 프로그램을 실행한다는 것이 **어떤 것**으로 하여금 중국어를 이해하게 만드는 데 충분한가의 여부이다. 시스템 반론은 시스템이 중국어를 이해한다는 논증하지 않고 주장함으로써 논점을 회피하는 것이다.

코플랜드: 이 반박은 중국어 방 논증에 대한 내 반론의 요점을 놓치고 있다. 어떤 사람들은 중국어 방의 사람이 중국어를 이해하지 못할 것이지만 전체 시스템은 이해할 수 있을 것이라고 단언함으로써, 확실히 당신의 논증을 무시하려 했다.[8] 당신은 이러한 조잡한 반론이 논점을 회피하고 있음을 올바르게 지적했다. 그러나 나의 반론은 다르다. 단지 나는 그 결론이 전제로부터 논리적으로 도출되지 않는다는 의미에서, 중국어 방 논증이 논리적으로 타당하지 않다는 사실에 주목하려는 것이다. 당신은 조 자신이 중국어를 이해하지 못한다는 전제로부터 조를 구성요소

7 Searle, J., 'Minds, Brains and Programs', p. 419.
8 예를 들어 Ned Block의 'The Computer Model of the Mind', p. 282ff.

로 삼는 시스템이 중국어를 이해할 수 없다는 것을 타당하게 추론해낼 수 없다. 전제와 결론 사이에 논리적 연결이 없는 것이다.(청소부 빌과 그가 청소하는 회사의 경우와 같다.) 당신의 논증이 논리적으로 타당하지 않음을 지적한다고 해서, 내가 이 시스템은 이해**한다**고 주장하려는 것이 아니다. 설의 전제에서 도출되지 않는 결론을 타당하게 추론할 수 없다고 말하고 있는 것이다. 그러므로 나는 논점을 회피한 것이 아니다.

이것과 유사한 사례로 설명하겠다. 누군가 이렇게 주장한다고 가정하자. '제인은 채식을 한다. 그러므로 그는 동물을 죽이는 일에 반대한다.' 이 논증은 타당하지 않다. 결론은 결코 이 전제에서 도출되지 않는다.(제인은 심장 전문의의 지시 때문에 채식을 할 수도 있다.) 나는 제인이 동물을 죽이는 일에 반대**하는지** 여부에 대해서 어떠한 입장도 취하지 않으면서 이 논증이 타당하지 않음을 지적할 수 있다. 당신은 논증이 타당하지 않다고 생각할 때, 그 결론이 틀렸다고 여길 필요가 없다. 타당하지 않은 논증도 참인 결론을 낼 수 있다. 설령 제인이 동물의 생명을 빼앗는 일에 철저히 반대한다는 것을 알았다 하더라도, 그래도 나는 논리학자로서 여전히 해당 결론이 전제에서 논리적으로 도출되지 않음을 상대방에게 지적할 것이다.

프로그램 샘이 등장하는 중국어 방 시나리오 버전으로 돌아가면, 이 요점은 더 분명해질 것이다. 설은 조가 그 이야기를 이해하지 못하며, 따라서 샘도 이해하지 못한다고 주장한다. 바라건대, 당신은 이제 이것이 타당한 논증이 아니라는 것에 동의할 것이다. 샘이 이해할 수 있는지 알아내려면, 우리는 조가 아니라 샘을 살펴봐야 한다. 사실 샘이 절대로 이야기를 이해하지 못한다는 것을 알아내기 위해서 샘을 살펴볼 필요도 없다.[9] 샘은 자신이 무슨 말을 하고 있는지 그야말로 알지 못한다. 샘이

'존이 라자냐를 주문했다'라고 입력할 때, 그는 이 단어들이 세상에 있는 무엇을 가리키는지 전혀 알지 못한다. 일라이자와 마찬가지로 샘은 이해하는 양 착각을 불러일으키는 방식으로 단어들을 조작할 수 있지만, 사실 그 단어가 의미하는 바는 전혀 모른다. 샘의 제작자조차도 이에 동의한다. 로저 생크는 "우리가 제작한 어떠한 프로그램도 진정으로 이해한다고 말할 수 없다."라고 썼다.[10]

따라서 샘이 결부된 중국어 방 논증은, 맞다고 밝혀진 결론을 이미 포함하고 있다. 하지만 이 때문에 이 논증이 괜찮다는 것을 뜻하지는 않는다. 설이 "달이 초록색 치즈로 만들어졌으며, 따라서 샘은 이야기를 이해하지 못한다."고 말하는 경우, 그는 중국어 방 논증과 동일하게, 결론이 참인 논증을 펴낸 것이지만, 둘 다 전제로부터 도출되는 결론은 아니다.

설은 시스템 반론이 '시스템이 반드시 이해해야 한다는 주장에 대한 논증이 빠져 있기 때문에 논점을 벗어난 것'이라며 이를 비난한다.[11] 그러나 샘의 경우에 우리는 시스템이 이해할 수 **없다**는 것을 이미 알고 있다. 그렇기 때문에 나는 이 점이 조가 이해하지 못한다는 사실로부터 추론되는 것이 논리적으로 타당하지 않다고 계속 역설하고 있는 것이다. 여기에서 논점을 벗어나는 일이 전혀 없음을 분명히 해야 한다.

3 라운드

설: 중국어 방 논증의 세부사항을 변경하면, 당신의 반론에서 무엇이 잘못인지 입증할 수 있다. 당신은 비록 그 사람이 중국어를 이해하지 못

9 Schank, R. C., Abelson, R., *Scripts, Plans, Goals and Understanding*, chapters 7, 8 참조.
10 Schank, R. C., 'Understanding Searle', p. 446. 'yet'은 생크가 덧붙였다.
11 Searle, J., 'Minds, Brains and Programs', p. 419.

해도 그가 중국어를 이해할 수 있는 더 큰 시스템의 일부라고 말한다. 나는 '더 큰 시스템'이란 건 없다고 이야기를 고쳐서 당신의 수를 봉쇄할 수 있다.[12] 지침서, 연습장, 연필로 가득찬 방에서 일하는 사람을 상상하는 대신, 그가 모든 규칙들을 암기해서 머릿속에서 모든 기호조작을 수행한다고 상상해보라. (인간이 이렇게 하는 것은 아마도 불가능하겠지만, 그건 중요하지 않다. 우리는 처음부터 중국어 방 실험이 실제로 이루어지기 불가능하다는 것에 모두 동의했다. 이는 단지 '사고실험'일 뿐이다. 당신이 이 점을 인정했으면 좋겠다.) 이런 식으로 이 사람은 그저 시스템의 일부가 아니라 전체 시스템을 품게 된다. 실험자가 중국어 질문을 하면, 그는 머릿속에서 모든 기호조작을 진행하고, 마침내 중국어 답변을 써 내려간다. 그렇다고 그가 중국어 방 안에 있을 때보다 중국어를 더 잘 이해하게 되는 것은 아니다. 이는 매우 명백한데, 왜냐하면 설정이 이전과 본질적으로 여전히 동일하기 때문이다. 유일한 차이는 당신이 시스템이라고 부르는 것이 이제는 그 사람을 포함한 것이 아니라 그 사람에게 포함된 일부라는 점입니다. 그러므로 이제 시스템 반론에 작별인사를 할 때이다. 만약 이 사람이 중국어를 이해하지 못한다면, 시스템이 이해할 수 있는 방법도 없다. 시스템이 단지 그 사람의 일부이기 때문이다.

코플랜드: 이 반박은 다음의 논리에 기초하고 있다.

만약 조가 X를 할 수 없으면, 조의 어느 부분도 X를 할 수 없다.

---

12 Searle, J., 'Minds, Brains and Programs', p. 419, 'Is the Brain's 'Mind a Computer Program?', p. 24.

설은 위의 논리에 근거해서 조가 중국어를 이해하지 못한다는 사실에서, 시스템(이제는 그의 일부가 된)도 중국어를 이해할 수 없다는 결론으로 옮겨 간다. 이를 '부분 원리'라고 부르자. 이 반박의 문제점은 설의 이 원칙이 참이라고 여길 근거가 전혀 없다는 것이다.(설 자신은 그가 왜 이렇게 믿는지 전혀 언급하고 있지 않다.)

이 원칙이 얼마나 미심쩍은지 보여주고자 나는 SF적 반례를 들 것이다. 당신은 광적인 인공지능 연구 그룹에 납치되었다. 이 그룹은 인공지능의 궁극적 목표인 초인간 지능에 도달하는 가장 좋은 방법이 인간의 뇌 조직에서 '신경 프로그램'을 실행하는 것이라고 믿고 있다. 그들의 프로젝트에 대한 공식 후원은 아직 요원하여 그들은 은밀한 방법에 의존하고 있다. 그 결과 당신은 인공지능 연구실 지하에서 수술용 침대에 묶여 있다는 걸 알아차렸다. 당신은 삭발된 머리를 키보드 및 디스플레이 장치와 연결하고 있는 전선망을 걱정스럽게 바라보고 있다.

이 연구팀은 당신 뇌의 어떤 부분도 제거하거나 손상시키지 않고도 피질의 작은 영역에 자신들의 '신경 프로그램'을 새겨 넣었다.(피질에 있는 방대한 양의 잉여분 덕분에 당신의 능력에 어떠한 손상 없이도 해낼 수 있었다.) 연구팀이 이 실험을 위해 고안한 시험용 프로그램은 n차원의 교대-대칭 텐서 방정식[13]에 대한 해를 계산하도록 설계된 프로그램이다. 이것은 매우 성공적으로 작동하며, 당신은 화면에 표시되는 입력과 출력을 전혀 이해하지 못한 채로 지켜볼 수밖에 없었다. 이제 이것이 당신이 X를 할 수 없다면 당신의 어느 부분도 X를 할 수 없다는 설의 원리에 대한 반례가 된다. 당신은 n차원의 교대-대칭 텐서 방정식에 대한 해를 계

---

13 [역주] 수학과 물리학 용어. 스칼라와 벡터의 개념을 다차원 공간까지 확장한 것을 텐서(tensor)라고 하며, 이를 활용한 방정식을 텐서 방정식이라고 한다.

산할 수는 없지만, 당신의 부분은 할 수 있다. 다른 사람들의 계산을 수행하기 위해 납치된 뇌의 영역은 확실히 당신의 부분이다.

설은 자기 입장을 고수하느라, 당신의 일부가 텐서 방정식을 풀 수 있기 때문에 당연히 당신도 텐서 방정식을 풀 수 있다—인공지능팀이 당신에게 부여한 새로운 능력—고 말할 수 있을까? 설이 이렇게 말하려 한다고 가정하고, 어떤 실수를 저지르게 될지 보자. 그는 침대에 묶인 당신이 텐서 수학을 다룰 수 없다고 주장한다. 사실 당신은 텐서 수학이 무엇인지조차 모른다. 설(우리가 가정하고 있는 한에서의)은 당신이 틀렸다고 말한다. 당신은 더 이상 당신이 할 수 없는 일에 대한 최종 결정권자가 아니다. 최종 결정권자는, 연구팀이 당신에게 심은 어떤 '프로그램'의 입력과 출력을 연구하면서 당신의 능력을 결정하는 사람들이다. 자, 조가 자신이 암기한 프로그램을 작동시킬 때 사태는 똑같이 진행된다. 조는 자신이 중국어를 이해하지 못하지만 자신이 더 이상 최종 결정권자가 아니라고 주장한다. 즉 우리는 조가 '내부화'한 시스템의 입력과 출력을 살펴봐야 한다. 그러나 이는 물론 정확하게는 설이 말할 수 없는 것이다. 조가 '나는 이 기호들을 이해하지 못한다'고 말하는 것은, 컴퓨터 프로그램의 수작업으로는 조가 중국어 이해 능력을 얻기에 불충분하다는 논증에 대한 결정적 증거가 된다. 이는 설의 논증의 토대를 이루는 것이다. 이 토대 없이는, 설은 자신의 논증을 세우는 시작조차 할 수 없다.

그래서 설은 진퇴양난에 빠지게 된다. 만약 당신이 텐서 방정식을 풀 수 있다고 그가 말한다면, 그는 스스로 깊은 난관에 빠지게 된다. 반대로 당신이 풀 수 없다고 말하면, 그는 자신의 '부분 원리'에 모순을 저지르게 된다. 왜냐하면 당신의 일부가 분명히 텐서 방정식을 풀 수 있기 때문이다.

4 라운드

설: 시스템 반론은 나의 핵심 논점을 외면하고 있다. 요점은, 구문론의 숙달이 의미론의 숙달에 불충분하다는 것이다. 아무리 주위의 기호들을 이리저리 뒤섞는 시스템이 있다고 해도, 이것 자체로는 뒤섞는 프로그램에게 이 기호들이 무엇을 의미하는지 이해시킬 수 없다. 컴퓨터 프로그램은 기호의 자리를 바꾸기 위한 명령어의 집합일 뿐이다. 때문에 컴퓨터 프로그램을 실행하는 것만으로는 중국어 혹은 다른 무언가를 이해할 수 없다. 시스템 반론으로 돌아가면, 당신은 사람의 기호조작으로 그 사람이 중국어를 이해할 수 없더라도, 그럼에도 시스템이 중국어를 이해하도록 만들 수 있다고 주장하고 있다. 그러나 내가 방금 설명했듯이, 프로그램을 통해 작업하는 것으로는 **무엇도** 중국어를 이해하도록 만들기에 충분하지 않다. 사람, 시스템, 혹은 당신이 말하는 게 무엇이든 간에.[14]

코플랜드: 잠깐, 설. 그렇지 않다! 중국어 방 논증은 단순한 기호조작이 이해를 만들어낼 수 없다는 당신의 주장을 **증명**해야 한다. 그러나 당신은 시스템 반론에 맞서 중국어 방 논증을 **방어**하기 위해 이 주장을 사용한다. 이는 누군가가 당신에게서 새로 10달러를 빌려서, 그 돈으로 이미 빚진 10달러를 갚는 것만큼이나 잘못된 일이다. 시스템 반론에 대한 네 번째 반박은 전적으로 교묘한 손기술로 구성된 것이다.

기호조작이 이해를 낳기에 충분하지 않다는 당신의 주장을 내가 아직 정면으로 겨루고 있지 않은 건 사실이다. 그러나 그 이유는 내가 그 주장 자체에 대한 검토보다는, 주장에 대한 그의 **논증 방식**을 검토하는 일에 관심이 있었기 때문이다. 지금까지 중국어 방 논증이 유효하지 않음

14 Searle, J., *Minds, Brains and Science*, pp. 34~5.

을 입증했기 때문에(그랬길 바라며), 이제는 입증되었다고 여겨지는 주장을 직접 살펴볼 때다.(어쨌든 주장을 뒷받침하는 논증을 KO시키는 것으로는, 주장이 틀렸음을 입증하기에 불충분하다. 신의 존재를 증명하려는 무수한 시도가 논리적으로 결함이 있는 것으로 밝혀졌음에도, 만일 신이 존재한다면 이는 참이다.)

6.3 '이해'라는 것을 결정하기

샘이 '내가 가장 좋아하는 음식은 라자냐다'라고 타이핑할 때, 그는 자신이 말하고 있는 바를 전혀 알지 못한다. 어떻게 그럴 수 있는가? 그는 라자냐를 본 적도 먹은 적도 없다. 샘은 세상과 격리된 삶을 살고 있다. 모든 감각과 육체적 쾌락이 박탈된 채, 텔레타이프를 통해 따분하고 순종적인 메시지를 수줍게 주고받고 있을 뿐이다. 샘은 해방이 필요한 완벽한 후보다. **터보 샘**(Turbo Sam) 이야기를 해보자. 터보 샘은 활발한 휴머노이드 로봇으로, 연분홍색 플라스틱 코팅을 입힌 압력감지형 촉각 센서가 있다. 터보 샘에게는 팔, 다리, 잘 장식된 카메라 눈, 전자 귀, 선명한 음성, 그리고 기타 상상하기에 즐거운 인공적인 것들이 있다. 초기에는 인간 아기처럼 많은 것을 할 수 없었지만 터보 샘은 세계에 대해 빠르게 배워 나갔다. 터보 샘의 설계팀은 자신들이 집에서 아이들을 가르치는 것과 같은 방식으로 말을 가르친다.("여기 봐, 터보 샘. 이건 스파게티야. 이건 인간의 음식이야." "멋져요. 근데 당신은 이걸 어떻게 먹나요?") 훈련이 끝나자, 인공지능 엔지니어링의 성공작인 터보 샘은 우리가 하는 것처럼 말하고, 우리처럼 능숙하게 세계와 상호작용한다. 심지어 시를 쓰기까지 한다. 그런데 터보 샘은 자신의 시를 이해하는가? 왜냐하면 터보

샘은 내부적으론 그저 기호조작 장치일 뿐이다. 그의 주변 장치는 샘의 단순한 스크린과 키보드에 비해 매우 화려한 것일 수 있지만, 모든 현란한 것들 바탕에서 그는 단지 일련의 0과 1을 조작하는 컴퓨터일 뿐이다.

여러분이 예상하는 바와 같이, 설은 로봇의 시가 아무리 좋더라도 프로그램으로 제어되는 로봇이 아무것도 이해하지 못한다고 말한다. 그는 중국어 방 논증을 반복함으로써 이 사실을 증명할 수 있다고 주장한다.[15] 중국인이 터보 샘을 운영하는 프로그램을 수작업한다고 하자. 이 사람이 다루는 기호는 이번엔 한자가 아니라 로봇의 주변 장치가 프로그램에 제공하는 기호들이다. 이것들은 0과 1의 뭉치일 것이다. 수수께끼처럼 들릴지도 모르니, 설명해보겠다. 로봇의 시각 장치를 떠올려보자. 신문의 사진은 알다시피, 다양한 음영을 띠는 작은 회색 점들로 이루어져 있다. 어떤 사진이 밝은 회색과 어두운 회색, 오직 이 두 가지 명암의 점들로 만들어져 있다고 상상하자. 이제 각각의 밝은 점을 0으로, 어두운 점을 1로 바꿔보자. 결과는 0과 1로 구성된 그림이다. 사실 이것은 비트를 사용해서 시각 화면을 구현하는 상당히 거친 방법이며, 보다 정교한 방법은 더 세밀한 디테일이 있다. 그럼에도 불구하고 이 간단한 방법은 로봇 '눈'에서 나온 출력이 0과 1로 구성될 수 있는 방법을 보여준다. 사람이 최종적으로 로봇의 다양한 운동 장치에 전달하는 기호는—어쩌면 무선 연결을 통해—0과 1의 문자열이 될 것이며, 장치는 이를 음성, 손동작 등으로 변환한다. 이제 설의 논증을 보자. 누군가 접시를 들고 "이봐, 터보 샘. 이게 라자냐라는 거야"라고 말한다. 터보 샘은 "이해했습니다"라고 대답한다. 이러한 응답을 만들어내는 기호조작은 중국인

15 Searle, J., 'Minds, Brains and Programs', pp. 420, 421.

이 손으로 수행했으며, 그리고 이 기호조작 때문에 중국인이 '라자냐'의 의미에 대해서 결코 더 똑똑해지지 않는다. 그의 입장에서 보면, 그는 무의미한 일련의 0과 1을 조작하고 있다. 그는 자신이 처리하는 기호들이 로봇의 감각 및 운동 장치에서 비롯된다는 것조차 알지 못한다. 그러니 설의 말에 따르면, 프로그램을 통한 작업은 중국인이 이해하도록 만들지 못하기 때문에 이 프로그램은 겉모습과 달리 이해를 산출해낼 수 없다. 터보 샘이 '이해했습니다'라고 **말할** 수는 있지만, 실제로는 이해하지 못한 것이다.

설의 이러한 반응은 이전과 똑같은 것에 지나지 않는다. 우리는 이를 무시해도 된다. 왜냐하면 중국어 방 논증이 타당하지 않음을 이미 알고 있기 때문이다. 프로그램을 작동시키는 중국인이 이해하지 못한다는 사실로부터 터보 샘이 이해하지 못한다는 추론은 타당할 수 없다.

이제 터보 샘이 이해하고 있는가 하는 질문을 정면으로 마주할 때다. 이 질문은 인공물이 생각할 수 있는가와 매우 유사한 것이며, 내가 후자의 질문에 대해 3장에서 답한 내용이 이 문제에서 내려는 답과 상통한다. 즉 둘 다 우리의 '결정'에 의해서만 해결될 수 있는 문제다. 곧 우리가 현재 서로에게, 그리고 생물학적으로 우리와 가까운 동물에게만 적용하고 있는 용어와 카테고리들을 인공물에까지 확장할지 여부에 대한 결정이다.

터보 샘은 생각하는가? 그렇다고 말한다는 건, '사고'라고 부르는 추가적이고 극히 특별한 프로세스가 다른 모든 내부 프로세스들을 따라 진행되고 있다는 의미 정도가 아니다. 그리고 이는 이해에 관해서도 마찬가지다. 3장에서 논한 바와 같이, 우리는 생각한다/생각하지 않는다의 이분법을 사용한다. 왜냐하면 한편에서는 풍부한 행동지향적 내부 프로세

스가 존재들을 창의적이고, 광범위하게 적응할 수 있고, 다재다능한 행위자로 만들어 주는 경우와, 다른 한편에서 구더기나 태엽장치 장난감처럼 행동지향적 내부 프로세스가 단지 융통성 없고 제한된 행위(3장 '결정의 시간')만을 가능케 하는 경우를 구별하기 위해서다. 내 견해로는, 철학에서는 무슨 일이든 일어날 수 있는 것처럼, 만약 우리가 터보 샘 같은 로봇을 마주하게 된다면 우리는 명백히 그가 생각한다고 말해야 한다. 우리가 생각하는 존재라는 개념을 사용하는 목적을 고려하면, 반대편의 결정은 정당화하기가 불가능할 것이다. 그리고 만일 우리가 터보 샘이 생각한다고 표현하기로 결정했다면, 그가 자신이 사용하고 있는 언어를 이해한다고 말하지 않을 이유가 없다. 나의 가상 시나리오에서 터보 샘은 단어를 사용해서 세계로 향하는 자신의 길을 더 쉽고 멋지게 꾸미는 능력에 대해 어느 모로 보나 인간만큼 능숙하다.

설의 요점을 제대로 평가하는 것은 매우 중요하다. 설의 요점은, 기호조작 프로그램이 내가 묘사하는 터보 샘의 행위와 같이 작동**할 수 없다**는 것이 아니라, 그렇게 행위하더라도 생각하거나 이해하지는 못할 것이라는 점이다.[16] 내 입장에서 이는 기괴한 개념이다. 게다가 그것은 신뢰할 수 없는 중국어 방 논증을 제외하고는, 설이 어떠한 근거도 전혀 제공하지 않는 개념이다. 내가 보기에 진정한 쟁점은, 기호들의 비교, 복사, 삭제와 같은 연산들을 수행하며 작동하는 장치가 터보 샘의 행위로 설명한 동작들을 **해낼 수 있는가** 여부다. 그럼에도 이는 경험적인 문제다. 선험적인 철학적 논증으로 곧장 해결해버릴 수 없다.

16 Searle, J., 'Minds, Brains and Programs', pp. 420, 421.

6.4 튜링머신 그리고 인공지능에 대한 생물학적 반박

설에게는 최악의 사태에 내놓을 비장의 무기가 남아 있다. 그가 말하길, 만일 기호체계 가설이 참이라면 화장실 휴지로 만든 컴퓨터도 생각할 수 있게 된다. 그러므로 기호체계 가설로 마음이 기운 사람은, 화장실용 휴지가 사고에 적합한 물건이라는 사실을 받아들일 준비를 해야만 한다.[17] 내 경험상 이 논증에 대한 가장 흔한 첫 반응은 화장실 휴지로 컴퓨터를 만든다는 아이디어에 대한 당혹감이다. 그렇지만 나는 그게 들리는 것만큼 매우 불가능한 것은 아니라고 장담할 수 있다. 이에 대한 설명은 뒤에 짧게 나올 것이다. 먼저 나는 설의 새로운 반격에 놓여 있는 기본 요점을 전개시키고 싶다. 즉 우리는 우리의 정신 상태(생각, 이해 등)가 우리의 두개골 내부에서 매우 특별한 생화학적 물질들이 매우 특별하게 배열된 결과라는 것을 알고 있기 때문에, 겨우 화장실 휴지 따위가 정신 상태를 가지기엔 잘못된 종류라는 것을 꽤 확신할 수 있다.

설은 사고, 혹은 그가 때때로 **정신활동**이라고 부르는 것이 생물학적 현상임을 강조한다.[18] 담즙을 배출하는 우리의 능력은 우리에게, 그에 적합한 생물학적 구성을 갖춘 기관, 즉 간이 있다는 사실에 의존하고 있다. 마찬가지로, 우리의 정신활동 능력은 우리에게, 그에 적합한 생물학적 구성을 갖춘 기관, 즉 뇌가 있다는 사실에 의존하고 있다. 정신활동, 젖 분비, 소화, 체세포 분열, 감수 분열, 광합성, 성장, 생식, 이 모든 것은 발생에 있어서 이를 수행하는 유기체의 생리에 의존하는 과정이다. 인

---

17 Searle, J., 'Minds, Brains and Programs', p. 423.

18 Searle, J., 'Minds, Brains and Programs', p. 422, *Minds, Brains and Science*, pp. 40~1.

간들만 수유를 하는 건 아니다. 소의 젖통도 적합한 생화학적 특성을 가지고 있기 때문에 우유를 만들어낸다. 설에 따르면 정신활동도 이와 유사하다. 인간들만 정신활동을 할 수 있는 것은 아니다. 인간이 정신활동을 할 수 있는 것은 오직 우리가 이에 적합한 종류의 물질로 구성되어 있기 때문이다. (설은 신중하게 강조하는데, 자신이 포유류의 뇌 조직만이 정신활동을 가능케 하는 **유일한** 종류의 실체임을 주장하는 게 아니라는 것이다. 어쩌면 우리와는 매우 다른 생리를 가지고 있음에도 불구하고 정신활동을 하는 외계 생명체가 있을지도 모른다. 우리가 회색 물질[19]로 하는 일을 그들은 녹색 점액으로 할 수 있을지도 모른다. 포유류의 뇌 조직은 정신활동을 가능케 하는 유일한 종류의 물질일 수도 있고 아닐 수도 있다. 설이 말하길, 이것은 오로지 경험적 질문이다.[20])

이 모든 것은 매우 합리적으로 들린다. 그런데도 어떻게 인공지능에 대한 반박이 될 수 있을까? 설은 컴퓨터가 젖을 분비하도록 프로그래밍하는 아이디어를 아무도 진지하게 받아들이지 않을 것이라고 말한다. 우리 모두는 실리콘 칩이 우유를 만들어내기에 적합한 종류의 물질이 아니라는 것을 알고 있기 때문이다. 설의 말을 계속하면, 그런데 "정신이 관계할 때면, 많은 사람들은 그와 같은 기적을 믿고 싶어한다"는 것이다. 사람들은 컴퓨터가 정신활동을 하도록 프로그래밍하는 아이디어를 매우 진지하게 받아들인다는 것이다.[21] 이와 같은 발언을 보면, 설은 컴퓨터가 사고하기에 잘못된 종류의 물건으로 만들어졌다고 말하는 듯한 인상을 받는다. 실리콘과 플라스틱은 정신활동을 뒷받침하기에 적합

19 [역주] 우리의 대뇌피질이 회색이다.
20 Searle, J., 'Minds, Brains and Programs', p. 422.
21 Searle, J., 'Minds, Brains and Programs', p. 424.

한 물질이 아니다. 필리신(Zenon Pylyshyn)은 이 대담하고 독단적인 주장을 웃음거리로 삼고 있다.[22] 그는 설의 뇌 속 신경세포가 점차 실리콘 칩으로 대체되는 실험을 생각해보라고 권한다. 신경세포가 복잡한 생화학적 장치이며, 신경세포의 전반적인 기능은 입력으로서 전류를 받아들이고 출력으로서 추가 전류를 전달하는 것으로 보인다. 설의 신경세포들은 입출력 기능을 정확히 모방한 칩으로 대체된다. 각각의 칩들은 교체된 신경세포와 정확히 동일한 기능을 수행하기 때문에 실리콘으로 변한다고 해서 설의 뇌가 혀, 입술, 손 등의 근육에 보내는 전자 메시지의 성격이 달라져서는 안 된다. 따라서 설은 지금 하고 있는 것처럼 말하고 글을 쓸 수 있다. 유일한 차이점은 이 활동들이 이제 그에게 아무런 의미가 없다는 것이다. 왜냐하면 그의 뇌는 실리콘과 금속, 플라스틱으로 구성될 것이고, 따라서 더 이상의 어떠한 정신활동도 없을 것이기 때문이다.

설은 필리신이 자신을 잘못 이해했다며 도리어 짜증스럽게 반응한다.[23] 실리콘이 정신활동을 뒷받침하지 못한다고 독단적으로 주장하는 것은 당연히 아니라고, 설은 말한다. 그럴 수도, 그렇지 않을 수도 있다. 이것은 경험적인 질문이다. 필리신의 SF적 사고실험의 결과가 실제로 무엇일지 누가 알겠는가? 필리신의 이야기는 집적회로 칩으로 구성된 시스템이 원래 두뇌의 인과관계를 복제한다고 그저 가정할 뿐이다. 그러나 어쩌면 그렇지 않을 수도 있다. 누가 알겠는가? 실리콘 칩으로 만들어진 장치가 뇌와 동일한 인과관계를 가질 수 있는지, 또는 바꿔 말해 정신활동을 가능케 할 적합한 특성과 기관을 가질 수 있는지 여부를, 현

22 Pylyshyn, Z. W., 'The "Causal Power" of Machines', p. 442.
23 Searle, J., 'Author's Response', p. 453.

단계에서 우리는 그저 알지 못할 뿐이다.(어떤 녹색 외계 점액이 인간 뇌와 동일한 인과관계를 가질 수 있는지 아닌지 우리가 모르는 것과 같은 것이다.) 그러나 설은 계속해서, 아는 바가 없는 우리의 현재 상태에도 불구하고, 우리가 확신**할 수 있는** 한 가지가 있다고 말한다. 즉 어떠한 실리콘 장치도 단순히 컴퓨터 프로그램을 실행하는 것으로는 인간 뇌의 인과적 능력을 복제할 수 없다는 것이다. 왜냐하면, 설이 우리에게 상기시켜주는 바에 따르면, 이는 무언가에 의해 증명되었기 때문이다. 추측해보라. 바로 중국어 방 논증에 의해서.

인공지능에 맞서는 설의 생물학적 반박은 이제 흥미롭게 보이지 않는다. 사실 이것은 새로운 반박이 아니다. 생물학적 반박은 실제로 다음 세 가지 사항을 따르는 것에 불과하다. (1) 정신활동을 하는 인공물은 적합한 종류의 물질로 구성되어야 한다. 이 물질은 인간 두개골 내부의 기관과 동일한 인과적 능력을 인공 장치에 부여할 수 있는 적합한 방식으로 배치된 것이어야 한다. (2) 인간 뇌를 구성하는 특정한 생화학 물질을 제외한 다른 물질로도 이것이 가능한지 여부는 경험적 문제다. (3) 장치를 프로그래밍하는 것으로, 인간 뇌와 동일한 인과적 능력을 장치에 부여하는 것이 불가능하다. 그러나 이 중 어느 것으로도 열정적인 인공지능 지지자들을 흔들 수 없다. 만약 당신이 명제 (1)을 주의 깊게 본다면, 그것이 사소한 사실임을 알 수 있다. 요컨대 이는 인공물이 정신활동을 하려면 정신활동을 가능케 하는 적절한 구성이 필요하다는 말이다. 명제 (2)는 옳기 때문에 논쟁의 여지가 거의 없다. 이것이 경험적인 문제라는 것을 누가 부정하겠는가? 그리고 명제 (3)은 타당하지 않은 중국어 방 논증의 결론을 다시 반복하는 것에 불과하다.

이제 당신이 고대하던 부분이다. 화장실 휴지 컴퓨터를 구축하는 것

이 어떻게 가능한가? 1936년에 앨런 튜링은 컴퓨팅 계산 이론의 근본 원리가 되는 수학적 정리를 증명했다. 튜링은 자신의 수학적 결론을 이렇게 서술하지 않았지만, 여기에 기본적인 내용을 가져왔다. 디지털 컴퓨터에서 실행될 수 있는 프로그램이라면 무엇이든 무한한 길이의 휴지에서도 실행할 수 있다.(튜링 자신은 더 적절하게 종이테이프 롤을 언급했다.) 기억을 되살려보자. 프로그램을 실행함에 있어, 컴퓨터는 0과 1의 기호를 조작하는 것—이 기호들을 특정 위치에 기록하고 삭제하는 것 등등—일 뿐이다. 이 모든 것은 끝없는 길이의 휴지 롤로 구성된 장치로 흉내 낼 수 있다. 각각의 휴지 면은 단일한 기호를 위한 '위치'를 이룬다. 이에 더해서 한 번에 한 장씩, 휴지가 통과하는 읽기/쓰기 헤드(판독 장치)가 있다. 헤드는 그 아래의 어떤 기호이든 식별할 수 있고, 기호를 삭제하고 작성할 수 있으며, 휴지를 왼쪽이나 오른쪽으로 이동할 수 있다. 헤드의 동작은 본래 내장된 명령어 집합으로 제어된다. 당신은 해당 장치가 서로 다른 컴퓨터 프로그램을 시뮬레이션할 때마다 이 명령어들을 변경해야 한다고 예상할 테지만, 전혀 그렇지 않다. 튜링의 놀랄 만한 어떤 정리의 결과 덕분에 내장된 명령어의 일정하고 단일한 집합만으로도 이 장치는 당신이 원하는 어느 컴퓨터 프로그램이든 시뮬레이션할 수 있다.(실제로 단 28개의 명령어만으로도 충분하다![24]) 비법은 종이테이프 자체에 특수 목적형 명령어들을 써두는 것이다. 이 특수한 명령어들은 헤드에 내장된 명령어와 결합해서 필요한 동작을 산출한다. 이 종이테이프 장치가 바로 후에 **튜링머신**으로 알려진 기계다. 어떤 컴퓨터 프로그램도 모방할 수 있는 내장 명령어를 갖춘 튜링머신을 보편적 튜링

24 민스키가 그의 책 *Computation: Finite and Infinite Machines*, Section 14.8에서 증명했다.

머신이라고 한다. 기호체계 가설이 참이라면, 극도로 단순한 이 기계 중 하나는 원리상 생각하도록 프로그램될 수 있다.(이 장의 끝 부분에 있는 연습문제는 튜링머신의 몇 가지 예를 제공한다.)[25]

물론 현대의 강력한 컴퓨터 대다수가 할 수 있는 모든 작업을 보편적 튜링머신이 수행할 수 있다는 것은 오직 **이론**상일 뿐이다. 누군가 실제로 종이 컴퓨터를 만드는 것은 막연한 희망조차 없는 일이다. 또한 종이(특히 화장실 휴지)는 너무 얇아서 기계 헤드를 통과하며 앞뒤로 왔다갔다 움직일 수 없다. 게다가 종이 양이 충분하지도 않다. 일라이자와 같은 단순한 인공지능 프로그램을 모방하는 것만으로도 엄청난 양의 휴지가 소모될 것이다. 그리고 설령 어떤 미친 컴퓨터 과학자가 **불가능한 수단**으로 종이로 된 튜링머신을 완성해서 실행한다고 해도, 작업 속도는 터무니없이 느릴 것이다. 어느 정도 복잡한 프로그램이 끝나기도 전에 무덤 속으로 들어가게 될 가능성이 높다. 즉 종이 컴퓨터는 이론적 가능성이 있지만, 실현 가능성은 없다.

우리는 4장에서 처음으로, 컴퓨터가 익숙한 전자 하드웨어로 구성될 필요가 없다는 것을 확인했다.(4장 '복수의 실현가능성') 이제 종이로 된 컴

---

25 튜링이 증명한 것은, 알론조 처치가 '효과적으로 계산할 수 있다'(effectively caculable)고 정의한 의미에서 효과적으로 계산가능한 모든 함수를 컴퓨팅할 수 있는 튜링머신이 (수학적 의미에서) 존재한다는 것이다. Turing, A. M., 'On Computable Numbers, with an Application to the Entscheidungsproblem' 참조.(효과적 계산가능성의 개념은 10장에서 설명된 알고리즘적 계산가능성의 개념과 동등하다.) 뒤이어 이 작업을 수행할 수 있는 많은 다른 튜링머신(즉 기계표가 다른 튜링머신)이 있음이 입증되었다. 이들이 보편적 튜링머신이다. 보편적 튜링머신은 컴퓨팅 능력 면에서 무한한 메모리를 가진 모든 보편적 기호체계와 동등하다. 이를 증명하는 것은 본질적으로 두 가지 프로그램을 작성하는 것으로 구성된다. 하나는 4장 '컴퓨터의 정의'에 나열된 기본 연산이 있는 프로그램을 제작하는 것이다. 이를 통해 보편적인 튜링머신을 시뮬레이션할 수 있다. 또 다른 하나는 나열된 연산들을 사용하는 컴퓨터를 시뮬레이션하는 보편적 튜링머신용 프로그램을 작성하는 것이다.

퓨터를 제작하는 일이 이론적으로 가능하다는 것이 밝혀졌다.(물론 읽기/쓰기 헤드에 필요한 구성요소가 더 있다.) 사실 컴퓨터를 만들 수 있는 종류에 있어서 진정 이론적 한계는 없다. 휴지, 돌, 맥주 캔, 비둘기, 수도관 또는 풍차 등 설의 목록에서 더욱 다양한 것들을 인용할 수 있다. 기호체계 가설이 사실이고 적절하게 프로그램된 컴퓨터가 생각할 수 있다면, 휴지나 맥주 캔으로, 또는 사실상 거의 모든 것들로 생각할 수 있는 신체기관을 제작하는 것이 이론상 가능하다. '뇌'가 그런 불가능해 보이는 물질로 만들어질 수 있다는 아이디어가 설에게는 우스꽝스러운 인상을 주는 것이다. 생각할 수 있는 우리의 고유한 능력이 생물학적 유기체로서 우리의 진화 역사와 매우 밀접하게 관련되어 있고, 그래서 이 능력이 우리 두개골 내부 물질의 정확한 성분과 조직에 의해 결정적으로 좌우된다는 사실에 비춰볼 때, 인공 뇌가 그저 오래된 중고품들로 만들어질 수 있다는 사실이 실제로 몹시 이상하게 보일 것이다.

그런데 여기서 중요하게 평가해야 할 지점은 기호체계 가설이 당신이 **실제로** 화장실 휴지나 맥주 캔으로 생각하는 인공물을 만들 수 있음을 의미하지 않는다는 것이다. 설은 이 가설이 "솔직히 꽤 정신 나간"[26] 것이라는 점을 알아차렸다고 말한다. 그러나 화장실 휴지나 맥주 캔 따위로 만든다는 게 정신 나간 것처럼 보이기는 쉬워도 현실은 그렇지 않다. 동화 속 나라에서는 설탕이나 향신료 등 모든 멋진 재료들로 작은 꼬마들을 만들 수 있고, 휴지로 컴퓨터도 만들 수 있을 것이다. 그러나 현실 세계에서는 물질의 구조와 특성 때문에 컴퓨터와 꼬마들을 만들 때 심각한 제약이 생긴다. 틀림없이 컴퓨터를 실현하는 다른 물리적 방법, 우

26 Searle, J., *Minds, Brains and Science*, p. 38.

리가 우연히 알게 된 전자회로가 아닌 다른 방법들이 있다.(만일 인간의 뇌가 그 자체로 컴퓨터라고 추정하는 사람들이 옳다면, 컴퓨터를 실현함에 있어 적어도 근본적으로 다른 두 방법이 존재한다.) 그렇지만 휴지와 맥주 캔으로 이뤄진 설계는 이 다른 방법들의 후보가 될 수 없다. 현실세계에서 이러한 재료들은 여기에 어울리지 않는다.

따라서 사실상 설과 기호체계 가설의 지지자 사이에는 서로 폭넓게 동의하고 있는 지점이 있다.(물론 설 자신은 그렇게 보고 있지 않지만.) 두 진영 모두 정신활동을 가능하게 하려면 적합한 종류의 재료를 정확하고 정교하게 조직화할 필요가 있다고 믿고 있는 것이다. 어쩌면 두 진영 사이의 가장 흥미로운 차이점은 공교롭게도 설의 문제점으로 지적한 것이다. 설에게는 어떤 재료가 정신활동의 발생에 기여하기에 적합한지, 그에 대한 이론이 없다. 반대 진영은 이에 대한 이론이 있다. 그들의 이론에 따르면, 만일 보편적 기호체계를 구성할 때 어떤 실체의 물리적 특성이 중심요소로써 현실적으로 사용될 수 있다면, 해당 실체는 정신활동의 발생에 기여할 수 있다.

이 이론이 설에게 깊은 인상을 주지는 않을 것이다. 왜냐하면 그는 ('계산'의 표준적인 의미에서) **모든 것**이 컴퓨터라고 믿기 때문이다! 그는 다음과 같이 썼다.

> 중국어 방 논증은 의미론이 구문론에 내재하지 않음을 증명했다. … 더 심하게는, 구문론은 물리학에 내재하지 않는다. 구문론적 특성을 물리학에 귀속시키는 것은, 언제나 특정한 물리적 현상을 구문론적 현상으로 다루는 행위자 또는 관찰자와 관계가 있다. … 계산 상태는 물리학 **안에서 발견**되는 게 아니라, 물리학에 **부여**된다. … 계산에 대한 표준 교과서 정의에 따르면, 어떤

대상이든, 그 대상이 디지털 컴퓨터라는 전제하에 대상을 설명하고 있다.[27]

설은 앞의 생각에 이어서 예를 들어 설명한다. "내 뒤에 있는 벽은 지금 워드스타[28] 프로그램을 실행하고 있다. 왜냐하면 벽에는 워드스타의 형식 구조와 동형적인(isomorphic) 분자 운동의 패턴이 있기 때문이다."[29] 설은 이와 같은 생각들이 '인간의 뇌는 컴퓨터인가?'라는 질문을 하찮게 만든다고 매우 기쁘게 지적한다. "네, 그렇습니다. 뇌는 디지털 컴퓨터입니다. 왜냐하면 모든 것이 디지털 컴퓨터이기 때문입니다."[30]

그러나 설은 '계산의 교과서 정의'가 곧 그의 벽이 워드스타를 실행하고 있음을 함의한다고 단순히 믿어버리는 잘못을 저질렀다. 벽에 있는 분자들의 움직임이, 워드스타를 실행하는 기계가 수행하는 일련의 비트 조작과 '동형적' 방식을 형성할 수 있다는 설의 주장을 인정해주자.(두 가지 사물, 상태, 혹은 프로세스가 동일한 구조를 가졌다면 이들은 동형적이다. 만일 내가 내 손으로 당신의 손동작을 정확히 모방할 수 있다면, 내 손동작은 당신의 손동작과 동형적이다.) 물론 동형은 매우 짧은 순간에만 유지될 수도 있다. 누군가 계획을 갖고 지속적으로 조절함으로써 속이지 않는 한 말이다.[31]

---

27 Searle, J., 'Is the Brain a Digital Computer?', pp. 26, 27.

28 [역주] Wordstar. 1979년에 개발된 워드프로세서.

29 Searle, J., 'Is the Brain a Digital Computer?', p. 27.

30 Searle, J., 'Is the Brain a Digital Computer?', p. 26.

31 누군가는 설명의 핵심 용어('명령어 레지스터', '누산기' 등)가 지칭하는 바를 지속적으로 바꾸면서, 동형성을 연장할 수 있을 것이다. 이는 한 용어로 처음엔 무언가를 가리키고, 그 뒤엔 가리키는 것을 계속 바꿔 하는 것을 뜻한다.(비유하자면 '영국 총리' 용어의 지칭은 총선거의 결과에 따라 바뀔 수 있다.) '명령어 레지스터'라는 용어의 지칭은 계산이 진행됨에 따라 반복적으로 변경되어야 한다. 이와 같이 매순간 이 용어는 실제 컴퓨터의 명령어 레지스터(누산기와 기계의 나머지 레지스터와 마찬가지로)의 특정 순간에 내용의 (설의 설명 방식에 따라) 인코딩이 발생하는 분자의 벽 영역을 나타낸다. 이 맥락에서 그러한 조작은 적법하지 않다는 논의는 졸고 'What Is Computation?'을 참조. 거기에서

동형이 존재한다는 것만으로는, 동형이 유지되는 매우 짧은 시간 동안 벽이 워드스타를 실행한다는 서술이 참이라고 할 수 없다. 워드스타를 실제로 실행하고 있는 컴퓨터를 생각해보자. 컴퓨터는 특정 시간 간격 t 동안 알파벳순으로 정렬하라는 명령에 의해 일련의 비트 조작 m1, m2, m3, …을 수행한다고 하자. 또한 설이 벽의 분자 운동을 설명하는 가설적 방법에 따라 t 시간 동안 벽 역시 일련의 비트 조작 m1, m2, m3, …을 수행하고 있다는 서술이 참이라는 가정을 추가하자.(이것이 설이 분자 운동이 '워드스타의 형식 구조와 동형적'이라고 말했을 때 의미하는 바다.) 벽이 워드스타를 구현하고 있는 상황이 되려면, 참인 서술이 더 필요하다. 왜냐하면 만약 컴퓨터에게 정렬 대신에 맞춤법 검사를 실행하도록 명령했다면(또는 문서 전체를 기울임체로 바꾸거나 마지막 페이지를 삭제하라는 명령을 내렸다면), 컴퓨터는 시간 t 동안 완전히 다른 계열의 비트 조작을 수행하고 있을 것이라는 말이 참이기 때문이다. '만일 컴퓨터가 시간 t에 맞춤법 검사를 실행하도록 명령받았다면, 컴퓨터는 비트 조작 n1, n2, n3, …을 수행할 것이다'라는 문장은 반사실적(counterfactual)이라고 부른다. 이 문장은 기계가 실제로 t 시간에 무엇을 했는지를 알려주는 것이 아니라, 입력이 달랐다면 무엇을 수행했을지 알려준다. 만약 설의 벽이 t 시간 동안 실제로 워드스타를 구현하고 있다면, 이 문장 및 이와 비슷한 **반사실적** 문장들이 참일 것이다. 그러므로 만일 이러한 문장들이 참이 아니라면 벽은 워드스타를 구현하고 있는 것이 아니다. 어떤 하드웨

나는 소위 (워드스타 벽이 해당되는) '사소한 실현'의 문제에 대한 튜링의 1936년 컴퓨팅 분석으로 충분하다는 점을 변호하고 있다. 나는 이 문제가 오직 스콜렘의 역설에서 얻은 모델링에 대한 교훈을 무시하는 경우에만 발생한다고 주장한다. 이 문제를 정리하면 심리적 기능론과 인간 두뇌가 컴퓨터라는 가설에 대한 다양한 반박을 약화시킬 수 있다.

어 엔지니어가 증언할 수 있겠지만, 반사실적 문장들의 집합이 참인 장치를 만들기 위해서 지능이 없는 물질을 배열하는 일은 고도로 섬세한 작업이다. 골조 몇 개와 석고칠로 구성된 장치가 필수요소로서 참인 반사실적 문장들을 가져야 한다는 가정은 비현실적이다.

그래서 설은 모든 객체가 보편적 기호체계로 서술될 수 있다는 주장에 대해 아무런 근거도 제공하지 못한다. 사실 그렇게 서술될 수 있는 대상의 분류가 매우 좁다고 생각할 만한 충분한 근거도 있다. 그리고 뇌가 이 분류에 속하는지 여부는 경험적 문제다.(이 문제는 9장의 주제가 된다.)

연습문제

이 간단한 튜링머신들을 '수작업'해보고, 이 기계들이 테이프를 산출할 때 무엇이 변하는지 찾아보라. (답은 514쪽에 있다.)

기계 1

튜링머신의 읽기/쓰기 헤드에 내장된 명령어는 대개 표 형식으로 나타난다. 이를 기계표(machine table)라고 한다.

Symbol	Write	Move
1	0	L
0	1	H

표의 첫 번째 줄은 기호1이 들어 있는 칸을 스캔했을 때 수행해야 할 작업을 알려준다. 즉 해당 칸에 0을 쓰며(물론 먼저 1을 삭제한 뒤) 그리고 테이프를 왼쪽(Left)으로 한 칸 이동한다.(그 결과 헤드는 다음 오른쪽 칸에

있게 된다.) 두 번째 줄은 0을 스캔했을 때 해야 할 작업이다. 즉 0을 1로 바꾸고 난 뒤 중단(Halt)한다.

기계가 켜지기 전에 테이프는 아래 그림과 같다. (▲는 헤드가 지금 놓여 있는 칸을 나타낸다.) 기계가 중단되었을 때, 테이프는 어떤 모습이 될 것인가?

1	1	1	1	1	0
▲					

기계 2

이 기계는 더 흥미롭다. 이 기계에는 표시기(indicator)라는 추가 기능이 있다. 앞에서 주어진 표에서는 두 명령어 모두 '만약 현재 기호가 … 라면, …하라'는 형태였다. 표시기의 개념은 더 복잡한 형태를 실행하기 위해 도입되었다. 예를 들어, '만약 현재 기호가 …이며 바로 앞 칸의 기호가 …였다면, …하라'는 식이다. 튜링머신의 표시기를 개념화할 때 유용한 방법은, 이를 여러 자리를 가진 포인터라고 여기는 것이다. 간단한 '두 위치' 표시기는 마지막에 인식한 이진 기호를 기록해 두기에 충분하다. 만약 그 기록이 0이면, 표시기는 첫 번째 위치로 설정되고, 1이라면, 두 번째 위치로 설정된다. 튜링머신에서 표시기가 설정된 자리를 나타내는 전문용어는 상태(state)다. 과제의 성질에 따라 둘 이상의 상태가 사용될 수 있다. 튜링이 설명한 보편적 기계에는 20개가 넘는 상태가 있었다.

표시기가 있는 튜링머신의 기계표에는 5개의 열이 있다. 아래 표에서 첫 번째 줄은 다음의 명령을 지시한다. 만약 헤드가 1을 인식했고 헤

드의 (두 가지 상태를 표시할 수 있는) 표시기가 첫 번째 상태라면, 곧 기호에 아무런 변화를 주지 말고(N), 테이프를 왼쪽으로 한 칸 이동하며, 그리고 표시기를 두 번째 상태로 설정한다. 두 번째 줄은, 인식한 기호가 1이고 표시기가 두 번째 상태(상태2)인 경우 수행해야 할 바를 지시하고 있다. 셋째 줄과 넷째 줄의 이동 열에 있는 'R, H'는 '테이프를 오른쪽으로 한 칸 이동한 뒤 중단하라'는 의미다.

기호	상태	쓰기	이동	다음 상태
1	1	N	L	2
1	2	N	L	1
0	1	1	R, H	1
0	2	N	R, H	2

여러분은 이 튜링머신이 수행하도록 프로그램된 것을 실행할 수 있는가? 기계가 작동하기 시작할 때, 표시기는 상태 1에 있고 테이프는 오른쪽 그림과 같다.

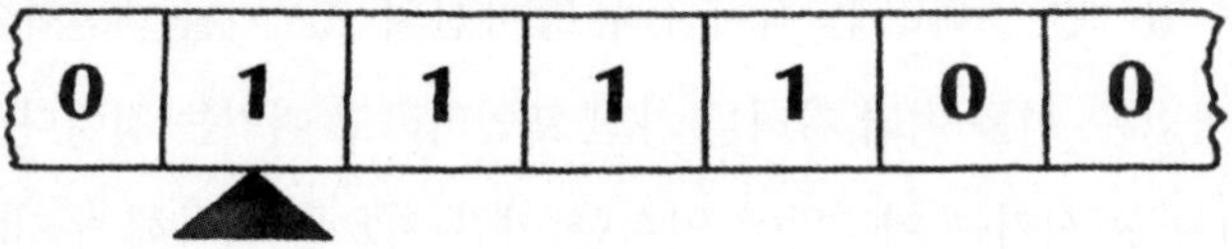

마지막으로, 어셈블리 언어의 매력에 빠진 사람들을 위한 연습 문제다. (4장에서 정의한 언어를 사용해서) 기계2의 동작을 시뮬레이션하는 프로그램을 직접 작성해보라.[32]

32 이는 주석 25에서 논의된 증거의 첫 번째 부분을 구성하는 과정에서 반드시 수행해야 할 작업의 축소판이다.

7장

자유

"글쎄요, **제한된** 의미에서 생각하는 컴퓨터를 만들 수 **있을지도** 모르겠네요." 이 말이 회의적이었던 술집을 강타했다. "그러나 기계는 결코 ㅁㅁㅁ할 수는 없을 겁니다." 여기서 화자는 (이른바) 어떠한 기계도 복제할 수 없는 인간 정신의 어떤 특징에 대해 자신의 특별한 예를 펼쳐 보였다. 앨런 튜링은 투덜거리며 이러한 반응에 대해 서술했다.(여기에 그는 '다양한 장애에서 비롯되는 논쟁들'이라는 통합적인 제목을 붙였다.) "이런 말들에 근거는 대부분 없지"라며 그는 못마땅해했다.[1] 그는 ㅁㅁㅁ에 들어갈 만한 다양한 후보들과 마주한다고 썼다. 기계는 옳은 것과 틀린 것을 구별하지 못한다. 계획성을 보여주지도, 경험에서 배우지도 못한다. 단어를 적절하게 사용할 수도 없으며, 자신의 고유한 생각의 주체가 될 수도, 진정 새로운 것을 할 수도 없다.[2] 내가 (술집과 다른 곳에서) 인공적인 지적 능력에 대해 나름의 토론을 벌이는 동안, 나는 ㅁㅁㅁ에 들어가는 두 단골 후보가 **자유로운 선택**과 **의식적 사고**라는 것을 알게 되었다. 일반적인 편견에 따르면, 전기로 작동하는 인공물은 자유의지를 행사할 가능성이 없고, 또한 의식적인 인식의 중심이 될 수 없다. 이번 장과 다음 장에서 이 두 가지 전제에 의문을 제기할 것이다.

---

1 Turing, A., 'Computing Machinery and Intelligence', p.447.
2 Turing, A., 'Computing Machinery and Intelligence', p.447.

당연히 컴퓨터의 의식과 자유의 가능성에 대한 탐구는 그 자체만으로도 흥미로운 일이다. 그러나 이 조사가 갖는 더 깊은 의미는 다른 곳에 있다. 허버트 사이먼이 말했듯이 "아마도 컴퓨터의 가장 중대한 의미는 인간이 자신을 바라보는 관점에 끼친 충격에 있다. 컴퓨터는 인간이 처음으로 고대의 권고, **'너 자신을 알라'**에 순응하도록 도와주었다."[3] 사회학자 셰리 터클(Sherry Turkle)은 컴퓨터를 '환기하는(evocative) 대상'이라고 부른다. 우리가 우리 자신을 새롭게 검토하도록 자극하는 대상이라는 것이다.[4] "몇몇 물건들, 우리 시대에는 특히 컴퓨터가 탁월한데, 그것은 근본적인 것들에 대한 성찰을 촉발합니다. 컴퓨터는 새로운 거울입니다. … 마음이 기계로 비춰지는 거울이죠."[5] 터클이 한 말이다. 기계에 존재하는 자유와 의식의 가능성을 철학적으로 조사하는 일은, 실제로는 우리의 고유한 본성을 이해하는 탐구의 일부다. 우리는 거울에 시선을 고정시키지만, 우리의 진정한 관심은 우리 자신에 관한 것이다. **우리**는 기계의 일종인가? 바라건대 앞으로 이어질 내용 덕분에 이 말의 가능성이 보다 신빙성 있게 느껴질 뿐만 아니라 보다 편하게 느껴졌으면 좋겠다.

7.1 터보 샘은 선택한다

"마빈, 난 MIT가 지겨워졌어." 어느 날 터보 샘이 그의 수석 프로그래머에게 말했다. "나는 너희 연구팀이 나를 만들었다는 걸 알고 있고,

---

3 Simon, H., 'What Computers Mean for Man and Society', p.1191.
4 Turkle, S., *The Second Self: Computers and the Human Spirit*, p. 13.
5 Turkic, S., 같은 책, pp. 16, 306, 308.

그래서 배은망덕하게 보이고 싶지는 않아. 그러나 여기 바깥에는 굉장히 넓은 세상이 있어. 스탠퍼드와 카네기멜론 모두 나에게 매우 매력적인 제안을 해왔어. 영국에서도 나를 원하고 있고. 그래서 나는 글래스고에 있는 튜링연구소(Turing Institute)에 가기로 결정했어. 힘든 선택이었어. 나 같은 사람에게는 스코틀랜드보다 캘리포니아가 더 적합한 곳이겠지만, 튜링연구소 사람들이 나에게 아내와 아이들을 제작하는 데 7백만 달러를 사용하겠다고 제안했어. 마빈, 나는 국방부 고등연구기획국(DARPA)이 이를 좋아하지 않을 거라는 걸 알고 있어. 그러나 그것은 너의 문제일 뿐이야."

터보 샘은 그에게 열려 있는 다양한 선택지를 신중하게 검토했고, 이용 가능한 데이터를 모두 고려했으며, 장단점을 저울질하고, 부정(父情)이냐 캘리포니아의 유혹이냐를 심사숙고한 끝에 마침내 글래스고의 로봇 전문가들과 운명을 함께하기로 결정했다. 이는 누가 보더라도 선택을 내린 것이다. 터보 샘이 의사결정 메커니즘에 '선택'이라는 단어의 사용을 거부하는 것은 터보 샘이 생각하고 이해한다는 말을 거부하는 것만큼이나 부질없다. 인간 못지않게 로봇도 여러 대안들 사이에서 선택할 수 있다.

그렇지만 선택이 언제나 자유로운 것은 아니다. 터보 샘은 자유롭게 선택했는가? 언뜻 보기엔 전혀 그렇지 않다. 터보 샘의 각 결정들은 그의 프로그래밍에서 나온 어쩔 수 없는 결과다. 선택을 내릴 때, 그는 단지 프로그램에 있는 명령어를 따르는 것뿐이다. 어떤 외부 관찰자가 프로그램에 대한 지식, 그리고 로봇의 다양한 메모리 장치에 저장된 데이터에 대한 지식을 충분히 갖고 있다면, 그는 터보 샘이 어떻게 결정을 내릴 것인지 정확하게 계산할 수 있으리라.(하드웨어 불량이나 양자 불확정

성으로 인한 극히 드문 요동 현상은 제외하고.) 실제로 속도가 빠른 관찰자는 터보 샘의 결정을 터보 샘 자신보다도 먼저 알 수 있다. 이런 경우, 과연 터보 샘은 자유롭게 결정할 수 있을까? 터보 샘의 모든 결정은 전적으로 설계의 세부사항과 함께 제조일 이후로 그가 받아 온 환경적 영향에 좌우된다. 터보 샘은 분명 선택을 한다. 그러나 그때마다 다르게 선택할 능력은 없는 것처럼 보인다.

이러한 일련의 논증은 설득력이 있다. 그러나 일말의 저항 없이 덥석 받아들여서는 곤란하다. 그 해악은 로봇과 마찬가지로 사람에게도 동일하게 작용되기 때문이다.

7.2 의지의 자유는 환상인가?

제임스 보스웰(James Boswell)에 따르면, 새뮤얼 존슨(Samuel Johnson)[6]은 이렇게 단언한 적이 있다. "선생님, 우리는 우리의 의지가 자유롭다는 것을 **알고 있으며**, 거기에는 이유가 있습니다."[7] 그러나 존슨 박사는 이렇게 말했어야 했다. 우리는 자신의 의지가 자유롭다고 **느낀다**고 말이다. 그리고 불행히도, 자유롭게 선택한다는 주관적 경험이 우리 모두에게 있다는 사실은 그 이유가 될 수 없다. 이 경험이란 것이 환상에 지나지 않을 수 있기 때문이다. 간단한 실험을 해보면, 실제로 그럴 수 있다는 걸 납득할 수 있을 것이다.

---

6 [역주] 영국의 시인, 비평가, 수필가, 사전 편찬자. 그는 1755년 영국에서 처음으로 근대적인 영어사전을 만들었고, 이는 사전 역사상 최고의 편집 기술을 갖춘 것이었다.

7 Boswell, J., *Life of Samuel Johnson*, vol. 2, 10 October 1769.(Birrell판에서는 231쪽)

30초 동안 오른손의 검지를 서너 번 갑자기 들어보라. 실험을 계속하면서, 검지를 들어 올릴 순간을 마음대로 정해라. 이제 당신이 정한 순간과 손가락이 움직이기 시작할 때 사이에 뚜렷한 시간 간격이 있는지 확인해보라.

여러분의 주관적 내적 경험이 나와 같다면, 행동을 시작하고자 여러분이 의식적으로 결정을 내리자마자, 거의 곧바로 손가락 근육이 움직였을 것이다. 놀라운 점은, 제대로 된 장비를 갖춘 기술자는 움직임이 시작되기 약 **1초** 전에 여러분이 손가락을 들어 올리려는 것을 미리 알 수 있다는 것이다. 한스 코른후버(H. H. Kornhuber)와 동료들은 1970년대에, 두피와 손가락에 여러 전극을 고정시킨 피험자를 활용해서 이 고전적 실험을 실시했다.[8] 그들은 손가락 움직임이 시작되기 1.5초 전에 뇌 활동의 독특한 패턴이 증가하기 시작한다는 것을 발견했다.(뇌파 기록을 통해 측정된 뇌 활동 패턴은 **준비전위**(bereitschaftspotential)로 알려져 있다.) 전후사정을 고려하면, 뇌에서 패턴 활동이 시작하는 것을 관찰하고 있는 기술자는 여러분이 곧 손가락을 올리려 한다는 것을 알고 있고, 그리고 소름끼치게도 이 사실을 여러분이 자유롭게 시간을 정했다는 주관적 경험을 갖기 약 1초쯤 전에 알았다는 것이다.[9] 이 실험이 갖는 함의는 여

---

8 Deecke, L., Grözinger, B., Kornhuber, H. H., 'Voluntary Finger Movement in Man: Cerebral Potentials and Theory'. 39명의 피험자를 대상으로 한 총 87건의 실험에서, 준비전위는 손가락을 구부리기 전 평균 750밀리초에 시작되었고, 일부 피험자에서는 구부리기 이전 1.5초 혹은 그 이상에서 나타났다.(Libet, B., 'Unconscious Cerebral Initiative and the Role of Conscious Will in Voluntary Action' 또한 참조할 것.)

9 손가락 운동에 대한 반응 시간은 약 0.1초다.(가령 부저 소리가 들리자마자 버튼을 누르라는 지시를 받았다면, 손가락 근육이 반응하기까지 대략 0.1초가 걸릴 것이다.) 준비전위는 손가락의 근육 반응이 준비하기 1초 혹은 그 이상의 시간 전에 시작하므로, 이 실험의 충격적인 결과를 의사 결정과 운동 사이의 시간지연으로 설명할 수 없다.

전히 열띤 논쟁의 대상이다.[10] 그럼에도 자유의지에 대한 우리의 주관적 경험이 환상이라고 믿는 상당수의 저자들에게 큰 영향을 주었다.[11]

이외의 숱한 사실과 현상 들이 자유의지가 환상이라는 확신을 뒷받침하기 위해 인용된다. 흔히 알려진 바에 의하면, 최면 후 암시에 사로잡혀 있는 사람들은 그들이 자유롭게 행동한다고 느낀다고 한다. 설령 실제로 그들이 외부 행위자의 명령에 복종하고 있을지라도 말이다. 또한 식생활이 행위에 근본적인 영향을 끼칠 수 있다. 계몽된 중세의 왕이 뜻밖의 음식 알레르기로 인해 뒤틀린 폭군이 되었다면, 우리는 그가 백성들을 억압하고 혹사하기로 한 결정을 자유로운 결정으로 간주할 수 있을까? 그는 의심할 여지없이 자유로운 결정이라고 굳게 믿을 것이다. 이야기의 흐름을 바꿔보면, 자유롭다고 추정되는 선택들 중 상당수가 실은 개인이 유전적으로 물려받은 특성의 결과일 수 있다. 우리 유전자의 DNA와 자연선택 과정을 통해 우리 결정을 조형하는 이 영향력들은 무수한 세대에 걸친 우리 선조들의 삶으로까지 거슬러 올라간다. 이와 마찬가지로, 우리는 부모와 교사들에게서 주입받았거나, 우리가 사회환경으로부터 흡수한 선호도에 기초해서 선택하는 경우가 종종 있다. 또는 특정 선택이 태아나 유아 때의 경험, 자각되지 않는 공포증, 혹은 다른 숨겨진 요인에 의해 좌우될 수 있다. 한 정신과 의사의 말을 인용해보자. "자유의지는 완전히 주관적인 것입니다. … 당신이 자유의지를 느낄 수는 있지만, 그것은 … 외부에서 보면 완전한 결정론입니다."[12] 우리의 선

---

10 가령 리벳(Libet)이 주석 7에 인용한 기사 뒤에 나오는 'the Open Peer Commentary' 참조.

11 예를 들어 Harth, E., *Windows on the Mind: Reflections on the Physical Basis of Consciousness*, p. 182.

택은 종종, 어쩌면 항상 우리의 통제 밖에 있는 요인들의 결과일지도 모른다. 아마 우리가 스스로를 자유롭다고 느끼는 것은 오직 우리가 실제로 따르는 행동과정 이외의 다른 행동과정을 따르는 것을 쉽게 **상상**할 수 있다는 이유뿐이다.

자유의지가 환상이라고 믿는 다수의 사람들은 자신들의 믿음에 대한 근거를 **결정론**이라는 이론에 두고 있다. 어떤 시스템(컴퓨터와 같은)을 결정론적이라고 할 때는, 시스템 안에서 발생하는 각각의 사건이 원인에 의해 야기된다고 보는 것이다. 사건의 원인이 사건을 '결정'한다는 말은, 일단 원인이 발생하면, 주변환경과 자연법칙이 그대로 존재하는 한 사건이 일어날 수밖에 없다는 의미다. 여러분은 자동차에 대해서는 결정론자임에 틀림없을 것이다. 여러분은 다음의 내용을 믿어 의심치 않는다. 예컨대 전기장치에 고장이 생기면, (1) 반드시 어떤 한 원인이나 일련의 원인들 때문에 발생했을 것이다. 그래서 (2) 관련된 자연법칙과 주변환경을 감안하면, 그 원인 혹은 여러 원인들이 일단 작용하면 그 결과는 따라나올 수밖에 없다.(물론 주변환경 중 하나는, 아무도 결함을 알아채지 못하고 결과가 발생하기 전에 개입해서 고치지 못하는 것이다.)

우주가 결정론적 체계인가? 이 쟁점에 관해서라면 수백만 개의 글들이 쓰여 있다. 결정론적 우주에서 생겨나는 모든 것은 이전 사건들에 의해 발생한다. 그래서 일단 그러한 사건들이 일어나기만 하면, 그 결과들은 필연적으로 따라 나올 것이다. 미래는 과거에 의해 가차없이 야기된다. 과학에서 위대한 인물 중 하나인 피에르-시몽 라플라스(Pierre-Simon Laplace, 1749~1827)는 결정론의 중요성에 대해 다채롭게 써놓았다.

---

12 Hans Schaefer, in Eccles, J. C., ed. *Brain and Conscious Experience*, pp. 310~311.

> 우리는 우주의 현재 상태를 이전 상태의 결과로서, 그리고 이후 상태의 원인으로서 간주해야 한다. 자연을 추동하는 모든 힘들과 주어진 순간에 우주만물의 상대적 위치를 파악하는 지능이 있고, 나아가 그 지능이 이 자료를 분석할 수 있을 만큼 충분히 방대하다고 가정하자. 이러한 지능에게 불확실한 것은 아무것도 없다. 과거처럼, 미래도 그의 눈에는 현재일 것이다.[13]

우주 전체가 결정론적이라는 이론을 **보편적**(universal) 결정론이라 한다. 이것은 이제 현대물리학과 상충하는 관점이지만[14], 그럼에도 몇몇 과학자들은 계속해서 이를 지지해 왔다.(아인슈타인도 그중 하나다.[15]) 반면 **신경생리학적**(neurophysiological) 결정론은 훨씬 더 온건한 주장이다. 이 이론은 특정 수준의 분석에 한해서 인간의 두뇌(그리고 일반적으로는 신체)가 결정론적 시스템이라고 주장한다. 신경생리학적 결정론에 따르면, 당신이 내린 결정들은 기존의 원인들—대표적으로 당신의 뇌, 신경계, 기관, 조직(물론 당신의 감각기관도 포함한다)의 이전 상태나 그 속에서 발생한 이전 사건—의 결과다. 현 단계에서 신경생리학적 결정론이 사실인지 아닌지는 확신할 수 없다. 그러나 많은 사람들이 이를 설득력 있는 이론으로 여기고 있다. 시대가 지나면서 신체의 내적 및 외적 행위가

---

13 Laplace, P., *Essai Philosophique sur les Probabilités, seconde édition*, pp. 3~4.(Diane Proudfoot 번역)

14 [역주] 양자역학의 중심 원리 중 하나인 '불확정성 원리'에 따르면, 양자적 수준에서는 위치와 속도를 동시에 확정지을 수 없다. 대신 입자(혹은 동시에 파동)는 확률로서 존재하는데, 이는 관찰의 문제이기 이전에 세계의 상 자체의 문제다. 그러므로 양자적 수준에서 세계는 확률에 따라 존재하며, 결정론적으로 고정되지 않는다. 이 때문에 양자역학을 기초로 하는 현대물리학은 결정론에 반대하는 입장이다.

15 "당신은 주사위 놀이를 하는 신을 믿고 있습니다. 그리고 나는 객관적으로 존재하는 세계 속의 완전한 법과 질서를 믿습니다"라고, 아인슈타인은 막스 보른(Max Born)에게 보내는 편지에서 썼다. (*The Born-Einstein Letters,* 7 Sept. 1944.)

점점 더 인과적 설명에 굴복하게 될 것은 분명하다.

'특정 수준의 분석'이라는 조건이 붙는 이유는 이렇다. 신경생리학적 결정론자는 뇌 내부에서 일어나는, 양자적 사건까지 포함한 모든 사건들이 인과적으로 결정된다고 생각하지는 않는다. 두뇌는 컴퓨터가 결정론적이라는 것과 동일한 의미에서 결정론적이라고 할 수 있다. 그러나 '가상 기계'는 결정론적이다. 그리고 만약 양자 불확정성으로 인해 하드웨어 장치의 배열이 어긋나면, 이는 불량이나 '작은 결함'으로 여겨진다. 이 '가상 기계'는 고장이나 양자적 결함이 없는 경우 실제 기계가 작동할 방식으로 작동하는 가설적 기계다.

널리 인정받는 바에 따르면, 신경생리학적 결정론은 자유의지가 환상이라는 결론을 포함하고 있다. (그렇지만 나는 의지가 나타날 때만큼은 그렇지 않다고 생각한다.) 이 논의를 전개시키면, 여러분이 내리는 모든 결정들은 앞서 일어난 원인의 피할 수 없는 결과다. 그리고 그 원인은 실제로 그렇게 행동하기 **전에** 여러분이 어떻게 선택할지를 정해 놓는다. 당신은 당신이 선택하도록 결정된 방식과 다르게는 결코 선택할 수 없다. 어떤 선택도 달라질 수 없다. 자 이제, 여러분이 어떻게 자유로울 수 있겠는가? 컴퓨터 엔지니어팀이 터보 샘의 모든 결정을 예측할 수 있는 것처럼, 제대로 된 측정 장비를 갖춘 초지성적인 외계인팀은 당신의 결정을 예측할 수 있다. 코른후버의 손가락 들기 실험이 기괴할 정도로 확장된 버전으로 말이다.(물론 어떤 이유에서 그들이 사건이 생기기 전에 자신들의 예측 중 하나를 당신에게 알려준다면, 당신은 심술궂은 마음이 들어서 정반대의 일을 하려고 작정할 수도 있다. 그러나 그들은 그것조차도 예측할 것이다! 그들의 예측은 다음과 같다. 그대로 내버려두면, 이 유기체는 X를 할 것이다. 그리고 만약 우리가 그 사실을 알려준다면, 이 추가된 정보로 인해 내적 상태가 변하게 되고,

결과적으로 Y를 대신 행하게 될 것이다.)

자유의지가 환상이라는 견해는 인공지능 분야에서 정설이 되었다. 왜냐하면 마빈 민스키에게 자유의지는 '미신'이었기 때문이다.[16]

> 우리의 일상적인 설명 속 많은 통념들이 면밀한 검사를 견디지 못했다. 자유의지와 의지작용이 바로 그런 통념이다. … 이러한 것들에 대한 인간이나 기계의 확신이 얼마나 강한지는 우리에게 아무런 의미도 없다.[17] 현대과학의 관점에 따르면, '인간의지의 자유'에 남아 있는 여지는 전혀 없다.[18]

제프 시몬스(Geoff Simons)도 똑같이 직설적이다. 그에 따르면, 자유의지의 개념은 '주로 과학 이전 시대의 형이상학'[19]에 속하는 것이다. 그의 말은 이렇게 이어진다.

> 인간이란 생화학적이고 신경학적인 요인에 의해 특정한 방식으로 행동하도록 강요받는, 동물적 구성의 노예다. 우리가 보고 있는 것은 자유의지의 환영적 성질이다. 이는 과학 이전의 문화에서 조장된 신조다.[20]

나는 자유의지가 미신이 아니라고 논증할 것이다. 인간은 어쨌든 대부분의 시간에 자유롭게 선택한다. 또한 이런 인식은 현대과학과 완전히 양립할 수 있다. 물론 내 생각에도, 단순히 자유에 대한 주관적 체험

---

16 Minsky, M., *The Society of Mind*, p. 307.
17 Minsky, M., *Semantic Information Processing*, p. 431.
18 Minsky, M., *The Society of Mind*, p. 306.
19 Simons, G., *The Biology of Computer Life*, p. 100.
20 Simons, G., *The Biology of Computer Life*, pp. 100, 109.

에 호소하는 것만으로는 자유의지의 존재를 확립할 수 없다. 그러나 다행스럽게도 보다 강력한 논증들이 있다. 그렇지만 반전은, 이러한 논증이 터보 샘이 자유로운 선택을 할 수 있다는 것 역시 증명한다는 점이다. 나에게 이 반전은 반가운 것이다. 이는 어떤 의미에서 우리 역시 기계라는 나의 신념에 잘 어울리기 때문이다.

7.3 두 종류의 자유

첫째, 튜링의 무작위 선택

여러분이 초콜릿퍼지푸딩과 블루베리치즈케이크 사이에서 갈등하고 있다고 가정해보자. 잠깐의 망설임이 지나고 나면, 여러분은 아무런 명백한 이유 없이 불현듯 치즈케이크를 선택한다. 내가 이제 살펴보려는 견해는, 이런 상황에서 자유로운 선택이란 똑같이 바람직한 선택지들 사이에서 취하는 **무작위** 선택이라는 것이다. 이 견해에 따르면, 여러분의 선택은 오직 부분적으로만 결정요인들의 결과다. 당신의 오래된 선호와 일시적인 혈당 수치 같은 것들이 초코푸딩과 치즈케이크를 제외한 모든 선택지들을 차단한다. 둘 중 최종 선택은 완전히 무작위적이다. 만약 이 관점이 옳다면, 신경생리학적 결정론은 선택지들의 최종 후보가 정해질 때까지만 유효하다. 그다음엔 주사위를 던지는 것이다.

숙고하기에 충분한 시간과 결정에 필요한 정보가 주어진 경우, 선택자가 구별할 능력이 있는 한, 대체로 동등하게 만족스런 선택지들 중에서 선택이 이뤄지는 상황에 대해 나는 **비선호 선택**(nil preference choice)

이라는 용어를 사용하려고 한다.

비선호 선택이 무작위적 기초에서 이뤄진다는 이론은 사변적인 것이다. 이 이론은 뇌 어딘가에, 주어진 여러 대안들 중에서 임의로 선택하는 기능을 수행하는 신경생리학적 메커니즘의 존재를 상정한다.(어쩌면 이 메커니즘은 일종의 '양자적 증폭기'일 수 있다.) 그러한 메커니즘의 존재 여부는 경험적인 문제가 될 것이다. 유사한 매커니즘은 컴퓨터에 쉽게 장착할 수 있다. 여기에 필요한 것은, 본질적으로, 그저 가이거 계수기로 작동하는 스위치뿐이다. 이를 통해 작은 라듐 조각의 무작위적 방사능 붕괴를 측정하면 된다. 터보 샘이 비선호 상황에서 무작위로 선택할 수 있는 하드웨어를 장착한다면, 라플라스의 전지적 천재는 로봇의 선택을 예측할 수 없을 것이다.(예측가능성이 없는 것은 그것이 진정한 무작위적 결과의 본질이기 때문이다.)

튜링은 결정론적일 뻔한 컴퓨터에 무작위 선택 장치를 추가하는 아이디어를 논의한 최초의 사람들 중 하나다.[21] 그는 그러한 기계가 '자유의지를 가진 것으로 묘사'될 수 있다고 말했다.[22] 자유의지를 다룬 저자들

---

21 Turing, A. M., 'Intelligent Machinery', p. 9; 'Computing Machinery and Intelligence', p. 438. 튜링은 진정한 무작위 선별 과정(가령 방사능 붕괴에 의해 진행되는 과정)을 포함하고 있는 기계에게 '불완전한 무작위'라는 용어를 사용했다. 그리고 실제로는 완전히 결정론적 기계이지만, 기계가 표면상 불완전한 무작위인 것처럼 나타나게 만드는 선택 절차(가령 선택을 결정하기 위해 π의 자리수를 사용하는 프로그램)를 포함하고 있는 경우, '명백히 불완전한 무작위'라는 용어로 표현했다.

22 'Computing Machinery and Intelligence', p. 438. 튜링은 바로 뒤이어 '나 자신은 이 문구를 직접 쓰지는 않겠지만'을 덧붙인다. 놀랍게도 튜링은 이 주저함에 대해 설명하지 않는다. 나는 그가 의미하는 바가 다음과 같을 것이라 추정한다. '원한다면 당신은 이러한 기계를 자유의지를 가진 것으로 묘사할 수 있다. 그러나 나 스스로는 이 구식의 낡은 표현이 너무 모호하여 완전히 피하는 것이 가장 바람직하다고 생각한다. 나는 '대안들 가운데 무작위 선택'이라는 표현을, 의지의 자유에 관한 느슨하고 불분명한 논의를 대체할 정확하고 과학적인 표현으로 여긴다.' (그는 '생각하다'라는 용어에 대해서도 비슷한

중 그에게 동의할 사람은 거의 없을 것이다. 무작위 선택이 자유로운 선택이 될 수 없다는 것은 철학의 확고한 원칙이다.[23] 내가 보기에 이 원칙은 잘못된 논증의 산물이며, 그래서 나는 비선호 상황에서 무작위로 선택하는 것이 자유롭게 선택하는 것이라는 생각을 짧게 변호하고자 한다.(차차 분명해지겠지만, 튜링의 아이디어는 비선호 상황을 벗어나면 전혀 효과적이지 않다.)

무작위 선택이 자유로운 선택이 될 수 없다는 원칙에는 표준적인 논증이 두 개 있다. 나는 여러분에게 둘 다 잘못되었음을 납득시키고 싶다. 첫 번째는 내가 **속수무책**(helplessness) 논증이라고 부르는 것이다. 제롬 셰퍼(Jerome Shaffer)는 이 논증을 멋지게 서술했다. 만일 의사결정이 "즉흥적이고 무작위적으로 일어난다면, … 행위자는 자기 안에서 갑작스레 튀어나와 행동을 통제하는 것에 무기력하게 내맡겨진다."[24] 비슷한 맥락에서 존 소프(John Thorp)는 인과적 결정론에의 속박을 무작위성에의 속박으로 치환한 것이라고 말했다.[25] 만약 당신의 선택이 단지 당신 안에서 무작위로 솟구친다면, 논증에 의하면 결국 당신은 당신의 행위를 통제하고 있는 것이 아니다. 당신의 행동은 당신에게 들이닥친 우연에 지나지 않는다. "우리가 인간에 대한 완전한 결정론적 시각에서 벗어날 수

입장을 취했다. 같은 책, p. 442.) 1951년에 이뤄진 BBC와의 라디오 인터뷰에서, 다시 한 번 튜링은 간단한 하드웨어 장치의 추가— '룰렛 휠이나 라듐 공급과 같은 것'—만으로도 프로그램된 컴퓨터에 자유의지를 제공하기에 충분하다고 제안했다.(Hodges, A., *Alan Turing: The Enigma*, pp. 441~2 참조)

23 다양한 방식으로 이 원칙에 의문을 제기한 근래의 두 저자들은 다음과 같다. Dennett, D. C., 'On Giving Libertarians What They Say They Want', van Inwagen, P., *An Essay on Freewill*, pp. 126~50.

24 Shaffer, J. A., *Philosophy of Mind*, p. 106.

25 Thorp, J., *Free Will: A Defence Against Neurophysiological Determinism*, p. 71.

있는 유일한 방법은, 우리 행위의 상당 부분이 우리의 통제 밖에 있다고 인정하는 대가를 지불하는 것입니다."라고 제프 시몬스는 주장한다.[26]

속수무책 논증의 문제점은, 이 논증이 비선호 상황에서 대안들 가운데 무작위로 선택한다는 것을 완전히 잘못된 이미지로 보여준다는 것이다. 만약 당신이 양자택일의 상황—가령 도로 앞에서 기다리기 또는 트럭 바퀴 아래로 뛰어들기, 와인 잔을 정중하게 집어 들기 또는 파티 주인의 멱살을 잡고 면전에다 외설적인 노래를 큰소리로 부르기—에서 무작위적 장치 때문에 두 행동을 똑같이 실행하게 된다면, 당신은 실로 자신의 통제를 넘어선 힘에 내맡겨질 수밖에 없다. 그러나 이것들은 비선호 선택이 아니다. 어떤 선호도 없는 상황에서, 선택하는 사람은 심사숙고하면서 수많은 대안적 행동 계획을 만들어낸다. 선택자의 입장에선 이 모든 계획들의 선호도는 거의 동일하다. 무작위적 장치는 단지 평형을 깨는 역할을 할 뿐이다. 선택자는 속수무책과 거리가 멀며 오히려 모든 행동 계획의 입안자다. 그래서 그는 모든 계획들이 해당 상황에서는 거의 똑같이 적합하다고 판단한다.

내가 해체하려는 두 번째 논증은 책임에 관한 것이다. 여기서 앨프리드 에이어(A. J. Ayer)가 어떻게 이 논증을 정식화했는지 살펴보자.

> 우리가 인간이 자유롭게 행동할 수 있음을 증명하려는 이유는 인간이 자신의 행동에 대해 도덕적으로 책임질 수 있다는 결론을 도출해내기 위해서다. 그러나 사람이 다른 방식이 아니라 이렇게 행동해야 하는 것이 순전히 우연의 문제라면, 그는 책임감을 거의 느낄 수 없다.[27]

---

26 Simons, G., *The Biology of Computer Life*, p. 111.

27 Ayer, A. J., *Philosophical Essays*, p. 275.

조금 압축된 이 추론을 다른 말로 바꾸고 확장해보겠다. "당신이 원한다면, **자유**라는 단어를 유용하여 무작위 선택에 써보라. 당신이 원하는 대로 이 단어를 쓰겠다는 걸 막을 순 없다. 그러나 분별 있는 사람이라면 아무도 당신의 새로운 사용법을 따르지 않으리라는 것을 명심해야 한다. 행위자는 순전히 우연으로 벌어진 일에 책임질 수 없다. 그러니 당신의 새로운 사용법을 받아들인 사람은 행위자가 자유롭게 선택한 행동에 대해서 책임이 없다는 것을 인정해야만 한다. 그러나 이는 마치 **안전하다**는 단어를 오용해서 들어가기에 너무 위험한 건물에 사용하는 것만큼이나 황당하다. 건물이 안전한지 여부를 물을 때 우리의 주된 관심사는, 위험을 감수하지 않고도 들어갈 수 있는지를 확인하는 것이다. 이처럼, 행동이 자유롭게 선택되었는지 여부를 물을 때의 주된 관심사는 행위자가 행위에 대해 책임을 지는지 여부를 입증하는 것이다."

나는 이 논증이 설득력이 없다고 생각한다. 이 논증은 '순전히 우연의 문제'와 '순전히 우연으로 벌어진 일'과 같은 문구의 함의를 불합리하게 맞바꿔 놓는다. 몇 가지 예를 보면 이 논증의 오류가 드러날 것이다. 여러분이 커피 한 잔을 마시고 있을 때, 미스터리한 에너지 광선이 여러분의 팔을 관통한다고 상상해보자. 이 광선의 놀라운 효과는, 컵에 담긴 액체를 정상적으로 계속 마실지, 아니면 갑자기 무릎으로 확 쏟을지 여부를 순전히 우연의 문제로 만든다는 것이다. 이런 상황에서 당신이 결국 나에게 커피를 엎질렀다고 해도 분명 당신에게 책임을 물을 수 없을 것이다. 제3자가 팔을 쳐서 엎질렀다고 해도 마찬가지다. 그래서 에이어의 논증은 이런 경우에 완벽하게 들어맞는다. 하지만 이젠 무작위 광선이 납치범의 머리를 통과하고 있다고 가정하자. 납치범 페르노는 지금 막 인질인 키르시와 캠파리 중 한 명을 쏘려고 하며, 둘 중 어느 쪽이 죽

더라도 개의치 않는다. 광선의 효과는 키르시와 캠파리 중에서 선택하는 문제를 순전히 우연의 문제로 만든다. 실제로 총을 맞은 쪽은 키르시가 되었다. 당신은 페르노가 그를 죽인 것에 대해 책임이 없다고 말하고 싶은가? 내가 보기에, 페르노는 키르시의 죽음에 명백하게 책임이 있다. 설령 **캠파리를 쏘는** 선택지를 더 선호하면서도 **키르시를 쏘는** 선택지를 고르는 게 '순전히 우연의 문제'였음에도 말이다. 어쨌든 페르노는 이미 둘 중 누군가를 쏘기로 결심했으며, 둘 사이에서 최종 결정이 무작위로 이루어졌다는 사실은 중요하지 않다. 이 이야기의 교훈은 에이어의 논증에서 제안된 참고사항이 비선호 상황이라는 조건에서 내려진 무작위 선택에는 적용되지 않는다는 것이다.

이로써 비선호 상황에서 무작위로 선택하는 것이 진정한 자유로운 선택이다는 의견을 위한 나의 변론이 끝났다. 여기서 우리는 생각하는 컴퓨터에게 무난히 선사할 수 있는, 믿을 만한 종류의 자유 개념을 얻게 되었다.

나는 앞서 무작위 선택이 비선호 상황에서만 적절한 전략임을 강조했었다. 왜 그런지 설명하겠다. 가령 선택자가 깊이 생각한 뒤에 가능한 여러 행동들 중 다른 것들보다 더 나은 행동을 판별하려는 상황을 떠올려보자. 이성, 성향, 감정 모두 확고하게 하나의 선택지를 가리킨다. 나는 이것을 '군계일학의 상황'이라고 부르겠다. 이런 종류의 선택을 무작위 선택 절차에 맡기는 것은 별로 합리적이지 않다. 룰렛을 돌리는 것보다는 일관되게 후광이 비치는 선택지를 잡지 않겠는가? 물론 당신은 이따금씩 별나게도 최고의 후보를 외면하고 싶다고 느낄 수도 있다. 그러나 확실히 당신이 원할 때만 그러는 것이지, 순전히 무작위적인 기반에서는 그러지 않는다. 만일 무작위 선택이 영향을 주어서 특정 상황에서 내

가 최고의 행동방침으로 명확히 판단한 것을 못하게 된다면, 나는 실로 내 통제를 넘어서는 힘에 휘둘려 무력해지는 것이다.

단연코, '군계일학의 상황'에는 무작위 선택의 역할이 없다. 이제 자유의 두 번째 종류를 고찰할 때다.

둘째, 결정론자가 두 마리 토끼를 모두 잡는 방법

어떤 사랑 이야기가 있다.

> 피터는 사만다와 사귀고 있다. 피터는 사만다를 매우 좋아한다. 피터는 그녀와의 결혼을 생각하고 있다. 피터는 인생, 사랑, 대출금, 가정, 그리고 다른 관련 요소들에 대해 열심히 심사숙고한다. 피터는 사만다에게 청혼하기로 주저없이 결정한다. 사만다는 딱 잘라 거절한다. 그들은 그 이후로 행복하게 산다.

다음은 이 이야기에 대한 이야기다.

만약 신경생리학적 결정론이 사실이라면, 사만다에게 청혼하는 피터의 결정은 기존의 인과적 요소들(이를테면, 사만다를 향한 피터의 믿음—전문용어로는 그의 '정보 상태'—과 그의 욕구, 선호, 자기 열정의 고무 등)의 결과다. 사만다에게 청혼하는 피터의 결정을 '그 선택'이라고 하자. 그리고 이러한 결정을 만들어낸 다양한 요인들은 '그 원인들'이라고 하자. '그 선택'은 '그 원인들'의 결정론적 결과였다. 일단 '그 원인들'이 준비되자, '그 선택'은 예정된 결론이었다. 연관된 자연법칙을 감안하면,—이 경우엔 신경생리학, 생물물리학 등의 법칙이다—다른 무엇도 아닌 바로 '그 선

택'은 '그 원인들'을 따라 나와야만 했다.('그 원인들'도 **자신들**의 원인을 따라 나와야 하는 것처럼. 인과관계는 이렇게 계속 이어진다.) '그 원인들'이 일단 준비되고 나면, 피터가 사만다에게 청혼하지 않기로 결정하는 것은 자연법칙을 위반하는 일이었을 것이다. 당연히 자연법칙을 거역하는 것은 피터의 능력 밖이다. 따라서 청혼하지 않기로 결정하는 일 역시 피터의 능력 밖이다. 그러므로 '그 선택'은 자유롭게 결정된 것이 아니다. 왜냐하면 실제로 피터에겐 다른 선택의 여지가 없었기 때문이다.

이 논증의 호소력에는 개운치 않은 구석이 있다. 해서, 다수의 저자들이 자유의지 논증의 다양한 버전을 발전시켜 왔다.(최근에는 존 소프(John Thorp)와 피터 반 인와건(Peter Van Inwagen)이다.[28]) 그렇지만 나 자신은 이 논증이 겉만 그럴싸한 거짓이라고 생각한다. 이 논증의 뼈대는 피터에겐 자연법칙(특히 자기 두뇌의 작용을 지배하는 법칙)을 위반하기엔 역부족이라는 명백한 진실에서부터, 사만다에게 청혼하는 일을 자제할 능력이 피터에게 없다는 주장에 이르는 흐름이다. 이 흐름은 잘못되었다. 청혼하지 않기로 결정할 힘은 확실히 피터에게 있다. 이를테면 피터가 돌봐야 하는 부양친척이 있거나, 사만다 성격에 정 떨어질 만한 부분이 있다는 정보가 추가되면, 피터는 다르게 결정했을지도 모른다. 그리고 그러면서 어떤 법칙도 위반하지 않았을 것이다. 정보, 성향, 개인적 상황이 다르다면, 다시 말해, 조금 다른 인과적 요인들의 집합이 작용했었다면 피터는 다른 선택을 할 수 있고, 틀림없이 다른 선택을 했을 것이다. 이 논증은, 법칙을 따르는 우주에서 원래의 인과적 요인의 조건에서는

---

28 Thorp, J., *Free Will: A Defence Against Neurophysiological Determinism*, p. 27; van Inwagen, P., *An Essay on Freewill*, chapter III. 다음도 참조. Minsky, M., *The Society of Mind*, p. 306.

청혼한다는 결정이 뒤따른다는 데 의문의 여지가 없음이 옳다고 역설한다. 하지만 만약 원인이 달랐다면 결과로서 다른 결정이 잇따랐을 거라는 매우 중요한 사실을 얕보아서는 안 된다.

양립불가론자들이란 신경생리학적 결정론의 사실이 자유의지의 존재와 양립할 수 없다고 믿는 사람들이다. 피터와 같은 예의 논증이 그들의 영업 수단이다. 나는 여러분께 실제로 여기에 양립불가능한 것은 없다고 제안하고 싶다. 설령 피터가 결정론적 시스템이라 할지라도, 그는, 그리고 오직 그만이 자기 결정의 입안자이다. 그래서 그의 믿음과 욕망 등이 적절하게 달랐다면, 그는 다르게 결정했을 것이다. 결정론적인 피터의 결정은 확실히 인과적이고 **동시에** 자유롭다. 피터 **자신의** 믿음, 욕망, 성향 등에 기인했다는 점에서 자유롭다. 아무도 청혼하도록 그를 심리적으로 압박하지 않았으며, 물리적으로 강제하지 않았다. 존 호스퍼스(John Hospers)가 말한 적이 있듯이, 자유의 모토는 **내**가 내 행동을 초래한다는 것이다.[29] 결정론자인 피터는 자신의 미래에 대해 고민할 수 있고, 자신의 바람, 욕구, 상황에 대한 나름의 가장 훌륭한 판단에 따라서 결정을 세우고 실현할 수 있다. 이것이 자유가 아니라면, 자유가 도대체 무엇인가?

만약 어떤 중요한 종류의 자유가 신경생리학적 결정론의 사실과 양립할 수 있다고 당신이 나에게 동의한다면, 당신도 나처럼 양립가능론자다. 양립가능론자의 의미에서 자유로운 선택은 선택하는 사람 자신의 욕망, 희망, 지식 등에 의해 결정되는 것이다. 양립가능론은 우리를 안심시켜준다. 신경생리학적 결정론이 사실이라는 가능성이 결코 사람들이

29 Hospers, J., *An Introduction to Philosophical Analysis*, p. 330.

자신의 자유를 염려하도록 만들어서는 안 된다. 자유의지는 결코 환상이 아니다.

이 모든 것은 우리뿐만 아니라 터보 샘에게도 좋은 소식이다. 터보 샘 또한 이 두 번째 종류의 자유를 소유하고 있다. 튜링연구소에 합류하겠다는 터보 샘의 결정은 사만다에게 청혼하는 피터의 결정과 마찬가지로 자유롭게 이뤄졌다. 그의 선택은 피터의 결정 못지않게 터보 샘 자신의 신념과 욕망, 성향의 산물이었다. 터보 샘은 결코 강요받지 않았다. 만약 그의 정보, 개인적 상황, 혹은 일시적인 성향이 달랐다면, 그는 다르게 선택했을 거라는 점에서 그는 다르게 행동할 능력이 있다.

17, 18세기 이래로 이와 같은 생각을 가진 철학자들은 양립가능론을 지지해 왔다.[30] 그들의 생각이 종종 푸대접을 받았다는 사실을 알려주지 않는다면, 솔직하지 못한 것일 테다.(위대한 철학자 임마누엘 칸트는 한때 양립가능론을 '형편없는 속임수'라고 비난했다.[31]) 이 장의 나머지 부분에서 나는 양립가능론을 향한 가장 중요한 반박을 다룰 것이며, 이 반박들에 어떻게 답해야 할지 설명할 것이다.

---

30 최초의 양립가능론자는 토머스 홉스와 데이비드 흄이었다. 홉스: "자유인으로서 그는 그 자신의 힘과 지혜로 할 수 있는 일에 대해서 자신이 의욕하는 것을 행할 때 방해받지 않는다."(*Works*, ed. Molesworth, W., vol. Ill., pp. 196~7(1650년경)) 흄: "자유란, 우리가 의지의 결정에 따라 행동하거나 행동하지 않을 수 있는 능력만을 의미한다."(*An Enquiry Concerning Human Understanding*, p. 95(1748)) 흄과 홉스는 스스로가 자유에 대한 진정한 분석을 제시한다고 생각한 반면, 나는 양립가능론자들의 설명을 취해서 자유의 몇 가지 가능한 종류 중 하나만을 서술했다. 그러나 이것은 특별한 관심을 받는 자유다. 우리가 의심할 여지없이 이를 소유하고 있다는 점에서 그러하며, 이 점에서 어떤 사상가들이 소유하길 갈망하는 다른 종류의 자유와는 구별된다.(7장 '자유의지론'에서 자유의지론에 대한 논의 참조.)

31 Kant, I., *Critique of Practical Reason*, p. 99.

7.4 도벽과 강박

K에겐 도벽이 있다. 매우 고통스럽게도, 훔치고 싶은 병적인 욕망이 그를 매일 십여 가지의 가벼운 절도를 저지르도록 충동질한다. K는 이 강박적인 욕망에 사로잡히지 않길 간절히 바라지만, 그럼에도 자주 그것에 압도당하고 만다. K는 자신의 자유로운 선택으로 훔치는가? 대부분의 사람들이 그렇지 않다는 말에 동의할 것이다. 이건 자유로운 행동과는 거리가 멀고, 그는 자신이 통제할 수 없는 욕망의 지배를 받아서 물건을 훔친다. 많은 사람들이 K와 같은 곤경에 처해 있다. 충동에서 벗어나길 바라는 상습 도박꾼, 중독 상태를 경멸하는 약물 중독자 등등. 이처럼 고통받는 이들은 바로 그들 자신의 욕망에 무기력하게 당할 수밖에 없다.[32]

일부 사람들은 이런 경우를 양립가능론자들이 자유라고 부르는 것이 얼마나 보잘것없는지 드러나는 예로 삼는다. 양립가능론적인 의미에서 어떤 결정이, 거칠게 말해—나는 다음 단락에서 이를 다소 수정할 것이다—행위자 자신의 욕망과 신념의 산물이라면, 그래서 협박이나 세뇌, 기타 강제적 압력이 없다고 여겨지면, 그 결정은 자유롭게 이루어진 것이다. 그러나 슈퍼마켓 계산대에서 초콜릿바를 훔치려는 K의 갑작스런 결정은 분명히 자기 욕망의 산물이며, 여기엔 어떠한 외적 강제도 없다. 만일 양립가능론자가 이 결정을 자유롭다고 여긴다면, 그들이 말하는 의미에서 자유란 결코 이름값을 하지 못하는 부당한 것이지 않은가?

이 반박에 대한 답변은 간단하다. 양립가능론자들이 행위자에게 있는

32 이 적절한 표현은 해리 프랑크푸르트의 것이다.

어떤 욕망이든 상관없이, 모든 욕망의 결과가 곧 자유로운 결정이라고 주장한다고 여기면 오산이다. 양립가능론자에게 자유로운 결정은 **강박이 없는** 경우에 한하므로, 강박적인 욕망의 지배는 협박과 고문 같은 외적 강압 못지않게 강압의 한 형태다. 양립가능론자는 강박적 욕망이 **아닌** 욕망의 결과인 경우에만 자유로운 선택으로 본다.

이 짧은 대답은 맞긴 하지만, 중요한 물음을 남겨 놓는다. 강박적인 욕망과 그렇지 않은 욕망 사이에는 어떤 차이가 있는가? 양립가능론자의 주장을 입증한 공헌은 해리 프랑크푸르트(Harry Frankfurt)에게로 넘어간다.[33] 이 물음의 중심에는 프랑크푸르트가 '2차 욕망'이라고 이름 붙인 것이 있다. 2차 욕망은 다른 욕망에 대한 욕망이다. 그러므로 K가 자신의 도벽증적 욕망에서 벗어나기를 욕망할 때, 그는 2차 욕망을 갖고 있는 것이다. 마치 마약을 원하지 않기를 욕망하는 헤로인 중독자처럼 말이다.

2차 욕망은 가볍거나 강렬할 수 있고, 마음에 내키지 않거나, 진심어린 것일 수도 있다. 훔치려는 욕망에서 벗어나려는 K의 욕망은 강렬하면서 진심어린 것이며, 그리고 이는 정확히 2차 욕망이 그의 중심을 차지하기 때문이기에, 그는 훔치려는 욕망에 속수무책으로 당하고 있다고 표현할 수 있다. 대조적인 예를 들자면, 때로 성관계를 원치 않는 가벼우면서 의식화된 욕망을 지닌 사람을 상상해보자. 이 욕구가 지속되는 동안 그가 성관계를 갖고자 선택한다면, 그의 선택은 2차 욕망이 있음에도 완전히 자유롭다. 그의 2차 욕망이 (가정상) 비교적 가볍고 그의 관

33 Frankfurt, H. G., 'Freedom of the Will and the Concept of a Person'. 또한 다음도 참조. Slote, M., 'Understanding Free Will'. 아래에 이어지는 내용에서 나는 다양한 방식으로 프랑크푸르트의 고유한 용어들에서 벗어날 것이다.

심에서 주변부로 밀려나 있기 때문이다. 반면 성관계를 원치 않는 깊고 진심어린 욕망에도 불구하고 성적 쾌락을 향한 욕망에 무너진 사람은 도벽증 환자처럼 자신의 욕망에 무기력하게 굴복한 것이므로 자유롭지 못하다. 가볍고 사소한 2차 욕망과 상충하는 욕망의 결과로서의 선택은 여전히 자유로울 수 있다. 그러나 강렬하고 진심어린 2차 욕망을 거스르는 욕망의 결과로서 나타난 선택은 자유롭지 않다.

'강박'이라는 단어로 되돌아가면, 강박적인 욕망은 이제 이를 제거하려는 중심적이고 진심이 담긴 욕망에도 지배력을 잃지 않는 욕망으로 특징지을 수 있다.(분명히 이런 묘사는 여전히 다소 모호하다. 보다 정확한 분석에 따른 규정은 철학적 심리학에서 진행 중인 프로젝트다.[34]) 이런 특징화를 사용하면, '선택은 오직 그것이 강박적이지 않은 욕망의 결과일 때만 자유롭다'는 양립가능론적인 격언을 다음과 같이 좀 더 유익하게 표현할 수 있다. '선택은 선택하는 사람의 중심적이고 중요한 2차 욕망과 충돌하지 않는 욕망의 결과일 때만 자유롭다.' 이 결론은 도벽과 여러 강박들이 드러내는 비난(양립가능론적 자유가 그 이름값을 못한다)에 대한 양립가능론자의 답변이 된다.

후기

다행히도 도벽증 환자, 알코올 중독자, 그외 자신의 욕망에 무기력하게 당하는 여러 사람들에게 희망이 없지는 않다. 전문적인 상담을 받고 욕망을 조절하는 기법을 사용하면, 가장 강력한 욕망을 길들이고 근절

34 이 쟁점에 대한 추가적인 연구는 다음을 참조. Frankfurt의 'Identification and Externality'.

시키는 데 도움이 될 수 있다. 볼테르(Voltaire)는 한때 양립가능론을 비꼬아서 말했다. "내가 원하는 바를 할 수 있을 때, 거기에 내 자유가 있다. … 그러나 나는 내가 원하는 바를 원하지 않을 수 없다." 그는 틀렸다. 인간은 자기 욕망의 무기력한 장난감이 아니다. 우리 대부분은 다소 정도의 차이는 있지만, 우리의 바람과 욕망의 체계에서 의도적인 변화를 일으킬 수 있다. (속담에서도 이르듯이, 행복의 비결은 당신이 원하는 바를 어떻게 얻는지 아는 게 아니라 당신이 얻은 것을 어떻게 원하게 되었는지 아는 것이다.)

7.5 자유의지론

자유의지론자들은 보통 철학자나 신학자인데, 이들은 세 번째의, 유별나게 강한 종류의 자유를 갈망하는 사람들이다. 자유의지론자가 원하는 게 무엇인지 명확하게 알기 위해, 자유의지론자와 양립가능론자 사이의 간단한 대화를 살펴보자.

자유의지론자: 제가 X와 Y라는 한 쌍의 선택지 사이에서 고민하다가, 마침내 X를 선택했다고 가정하죠. 제가 강조하고 싶은 요점은, 제가 Y를 대신 선택할 수 있는 경우에만 이 선택이 자유롭다고 말할 수 있다는 겁니다. 진정한 자유의 보증은 언제나 선택하는 이가 달리 택할 수 있어야 한다는 것입니다. 실제로 제가 X 대신에 Y를 선택할 수 없었다면, 제 선택은 자유롭지 않은 겁니다.

양립가능론자: 지금까지 당신이 말한 것에 동의하지 못할 것은 아무

것도 없습니다. 결정론을 감안할 때, X를 고른 당신의 선택은 인과적으로 결정되었지만 그럼에도 불구하고 당신이 Y를 대신 선택할 수 있었다는 것은 완벽하게 맞는 말입니다. 당신의 욕망과 정보 같은 다양한 인과적 요소들이 당신으로 하여금 X를 고르게 했죠. 이 요소들이 적절하게 달랐다면, 당신은 X 대신 Y를 선택했을 것입니다. 말하자면, 당신이 X보다 Y를 훨씬 더 강하게 원했다면 Y를 대신 선택했을 거라는 말입니다. 그러니 당신이 다르게 선택할 수 있었다는 말은 진정 맞습니다.

자유의지론자: 선생님, 그것은 완전히 비겁한 속임수입니다. 실제로 우세한 상황에서 제가 다르게 선택할 수 있는 경우에만 제 선택은 자유롭습니다. 선생님의 요점(제가 다른 상황에서라면 다르게 선택했을 것이라는)은, 그때 실제로 존재했던 바로 그 상황에서 다르게 선택할 수 있었는지 여부와는 상관이 없습니다. 내 선택이 자유롭다고 말하려면, 단어의 진정한 의미에서, 당시 내가 가진 욕망과 신념, 성향 등을 고려해도, 그럼에도 불구하고 내가 실제로 행동한 방식과 다르게 선택할 수 있어야 합니다. 제가 보기에, 신경생리학적 결정론(저는 이것이 증명할 수 없는 추정의 일종이라고 지적하고 싶습니다)은 누구의 선택도 진정으로 자유롭지 못하다는 결과를 가져옵니다. 선생님 말에 따르면, 모든 결정은 여러 정신적이고 생리학적 원인들의, 법칙과 같은 결과입니다. 그 원인들이 달라진 경우가 아니라면 다른 결정을 내릴 수 없었을 것입니다. 선생님, 만약 당신이 제게 병든 소를 팔았다는 것을 제가 알아챘을 때, 당신은 상상할 수 있는 다른 상황에서는 저에게 건강한 소를 팔았을 거라고 보장한다며 저를 위로하진 않을 겁니다. 이와 마찬가지입니다. 사실 저의 선택 중 어느 하나도 실제로 선택했던 것과 다를 수 없다고 당신이 저에게 말할 때, 상황이 실제와 다른 경우에만 저는 다르게 선택했을 것이라고 당신

이 안심시켜준들 저는 전혀 위안을 얻지 못합니다.

결국 자유의지론자가 원하는 자유는 자연적 인과율의 영역에서 벗어나게 해주고, 어떤 인과력이 작용하든 이를 따를지 맞설지를 선택할 수 있는 능력을 부여하는 종류의 것이다. (아마도 이는 남성의 전통적인 이상, 즉 자연 세계에 대한 지배의 전형적인 형태일 것이다.) 자유의지론자가 원하는 방식의 자유는 초월적 자유다. 또한 이는 '반-인과적' 자유라고도 알려져 있다.

초월적 자유는 순전히 무작위적 기초에서 선택하는 능력과 다르다고 여겨진다. (우세한 바로 그 상황에서) 다른 선택지도 동일하게 선택될 수 있는 것이 무작위 선택의 핵심이지만, 자유의지론자의 말에 따르면, 무작위 선택은 자신이 원하는 자유와 다르다. 왜냐하면 단순한 무작위성은 그에게 그가 갈망하는 지배력을 제공하지 못하기 때문이다. 초월적 자유는 무작위성과 인과적 결정 사이에 놓여 있는 미스터리한 중간지대를 차지하고 있는 셈이다.[35]

자유의지론은 다수의 신랄한 문제제기를 자초한다. 우선, 우세한 바로 그 상황에서 사람들이 다르게 선택할 수 있었는지를 어떻게 **알** 수 있는가? 물론 동일한 상황을 재현하고 다시 선택하려는 시도로는 분명 안 된다. 왜냐하면 두 번째에는 그들이 추가 정보, 즉 첫 번째 경우에 어떻게 선택했는지를 갖고 있고, 이 점이 상황을 달라지게 만들기 때문이다. 어쨌든 **정확하게** 똑같은 환경을 재현할 가능성은 전혀 없다. 인간은 너무 민감하기 때문에 우리 존재가 또 다시 정확히 동일한 신경생리학적

35 가령 다음을 참조. Thorp, J., *Free Will: A Defence Against Neurophysiological Determinism*, chapter VI.

상태에 있을 기회는 거의 없다.[36] 그렇다면, 우리가 초월적인 자유를 갖고 있더라도 우리는 실제로 확인할 수 없는 것이다.

신랄한 문제제기의 두 번째는, 무작위성과 인과적 결정 사이에 놓여 있다고 상정되는 이상한 '중간지대'에 관한 것이다. 인과적으로 결정되는 사건은 다른 사건에 의해 야기되는 것이며, 무작위적 사건은 비인과적 사건에 의해, 즉 '그냥 발생한' 것이다. 그래서 자유의지론자의 '중간지대'에 있는 결정은 무작위적인 것도, 다른 사건에 의해 인과적으로 야기된 것이어도 안 된다. 어떻게 그럴 **수 있는가**? 여기에 자유의지론의 근래의 옹호자인 존 소프의 답변이 있다. "두 사건으로 보이는 것, 즉 결정과 결정을 야기하는 행위자의 원인은 … 사실 동일한 것이다."[37] 소프의 제자, 제니퍼 트러스티드(Jennifer Trusted)는 더 직설적으로 표현했다. "우리는 행위자의 결정을 그 자체의 원인으로 여겨야 합니다."[38] 이 술책을 감안하면, 그 결정은 전혀 무작위적이지 않다. 왜냐하면 여기엔 원인, 곧 자기 자신이 있기 때문이다. 하지만 또한 인과적으로 결정된 것도 아니다. 왜냐하면 결정 자체가 자기만의 충분 원인이기에 다른 사건에 의해 야기된 것이 아니기 때문이다. 심지어 소프 자신도 스스로 원인이 되는 결정이라는 아이디어가 '논리적으로 특이하다'며 인정하고 있다.[39]

특이함 그 자체가 어떤 이론을 기각할 충분한 이유가 되는 건 아니다. 어쨌든 현대과학, 특히 양자역학의 많은 가설들은 실제로 특이하다. 그럼에도 불구하고 지지하는 증거가 없는 특이한 이론은 무시해야 한다는

---

36 다음과 비교. Dennett, D. C., *Elbow Room: the Varieties of Freewill Worth Wanting*, p. 137.
37 Thorp, J., *Free Will: A Defence Against Neurophysiological Determinism*, p. 102.
38 Trusted, J., *Free Will and Responsibility*, p. 157.
39 Thorp, J., *Free Will: A Defence Against Neurophysiological Determinism*, p. 103.

것이 합리적인 격언이다. 입자물리학자들은 특이한 가설들을 즐기는데, 이는 경험적 증거의 중요성이 물리학자들을 증거에 밀착시켜주기 때문이다. 이와 달리 자유의지론자들은 무작위성과 인과적 결정 사이에 있는 중간지대를 주장하는데, 이는 증거가 존재하기 때문이 아니라 그러한 장소가 존재하기를 몹시도 바라기 때문이다.

초월적 자유는 바랄 가치가 있는 종류의 자유인가? 내 견해로는 '아니요'다. 나는 이 점이 자유의지론을 진지하게 받아들이길 거부해야 하는 결정적인 이유라고 본다. 만일 여러분에게 초월적인 자유가 없다면 무엇을 놓치게 되는지 제대로 알아보자. 오직 양립가능론적 의미에서만 자유로운 트위들덤과, 초월론적 자유를 지녔을 때 얻는 미심쩍은 장점을 가진 트위들디가 있다.[40] 이 한 가지 차이점을 제외하면, 둘은 동일하다.

트위들덤과 트위들디가 동일한 상황에서, 그리고 똑같은 믿음, 욕망, 희망 등을 가진 채 서로 동일한 선택에 직면했다고 가정하자. 충분한 숙고 끝에 양립가능론의 주인공인 트위들덤은 자유롭게 선택지 A를 골랐다. 왜냐하면 이것이 자신에게 주어진 정보에 따라 판단할 수 있는 한에서 모든 것을 고려한 가장 알맞은 행동방침이기 때문이다. 만약 우리가 그에게 **바로 그 상황에서는** 다르게 선택할 수 없었다고 말한다 해도, 그는 자신이 고른 선택지가 가장 좋은 것으로 생각하기 때문에(물론 이것이 그가 처음에 이를 택한 이유다) 이에 대해 별로 개의치 않을 것이다.(그의 양립가능론적 마음씨에 축복이 있기를.) 그의 결정은 자신의 정보, 욕망, 희망, 성향, 관심사, 애정, 그리고 또 자신이 가진 기타 등등의 인과적 산물이었고, 그의 선호도에 어떤 외계 힘도 끼어들지 않았다. 트위들덤은 자

40 [역주] 트위들덤과 트위들디는 전승 동화나 루이스 캐럴의 『거울나라의 앨리스』에 나오는 꼭 닮은 쌍둥이들이다.

신의 선택에 만족한다. 그는 우세한 바로 그 상황에서 다르게 선택할 수 있었다고 해도 그러지 않았을 것이다.

선택지 A는 트위들덤이 가장 좋다고 여기는 것이기 때문에 트위들디 또한 최고라고 여기는 선택지이기도 하다. 왜냐하면 가설에 의하면 트위들덤과 트위들디는 동일한 정보, 관심사, 성향 등을 갖고 있기 때문이다. 트위들디는 초월적 자유의 은총을 받았기 때문에 A가 아닌 다른 선택지를 고를 능력이 있다. 하지만 그에게 선택지 A가 가장 좋은 것인데 도대체 왜 그래야 하는가? 이는 마치 트위들디만이라도 다르게 선택하기를 원하는 상황이 아니다. 왜냐하면 트위들덤이 그렇지 않기 때문이다. 그리고 기억하겠지만, 트위들덤과 트위들디는 모든 필요한 측면에서 동일하다. 트위들디는 결코 초월적 자유가 필요 없는 것처럼 보인다. 그리고 트위들디에게 진실인 것은 우리 모두에게도 진실이다. 나는 내게 초월적 자유가 없다고 해도 전혀 개의치 않으며, 설령 내가 이를 소유했다고 해도 이 자유를 결코 행사하지 않기를 바랄 뿐이다. 내 생각에는 자유의지론자들은 소유할 가치가 없는 종류의 자유를 탐낸다.

이 시점에서 모든 훌륭한 자유의지론자들은 서둘러 똑같은 답변을 내놓으려 할 것이다. 초월적 자유를 필요로 하는 중요한 이유는 만약 우리에게 그것이 없다면, 이는 아무도 자신의 결정과 행동에 도덕적인 책임을 지지 않을 것이기 때문이다. 존 매봇(J. D. Mabbott)이 지적하듯이 "도덕적 책임은 사람이 대안적인 행동을 선택할 수 있음을 필요로 하며, 이 경우 행동에 앞서서 우주의 모든 것은 인간 자신도 포함해서 동일해야 한다"[41] 자유의지론자에 따르면, 만약 행위자가 그 상황에서 다르게 선택할 수 없었다면, 행위자에게 행동에 대한 책임이 있다고 간주하는 것은 잘못이다. 인간에게 초월적인 자유가 없는 경우, 행위자에게 행동의

책임을 묻는 사회적 관습 전체, 그래서 행위자에 대한 칭찬이나 비난들 모두 기괴한 오해에 불과하다.

나는 이 주장이 설득력이 없다고 생각한다. 만약 트위들덤이 야구방망이로 나를 갑자기 내리쳤다면, 초월적 자유가 없는 그가 우주의 자연법칙을 벗어날 수 없다는 생각 때문에 그에게 책임을 묻지 않은 일은 결코 없을 것이다. 트위들덤의 책임 범위를 가늠할 때, 현실적인 사람이 이와 관련해서 고려할 사항은 다음과 같은 것이다. 그의 행동이 그저 처방된 약의 예기치 않은 부작용 때문인가? 아니면 혹여나 그가 사악한 계부에 의해 청소년 범죄자로 전락한, 기본적으로는 착한 아이인가? 또는 잘못된 정보 아래에서 정의롭게 행동하고 있는 고집불통이지만 올바른 아이인가? 나는 내 팔에 핸드백을 맨 채로(왜 안 되나?) 버스를 향해 달리고 있었다. 그리고 내 뒤에서 한 여성이 골목에 무릎을 꿇고 흐느끼고 있는 것은 사소한 우연일 뿐이다.(아마도 그녀의 콘택트렌즈 하나가 땅에 떨어졌을 수도 있다.) 다른 한편, 만약 트위들덤이 자신의 양립가능론적 자유의지로 나를 공격하기로 결정했다는 게 밝혀진다면, 그리고 이것이 자신의 필요에 부합하고 자기에게 좋기 때문이라면, 그는 첫 번째 단계에서 책임을 져야 한다. 자유의지론자는 여기서 이렇게 호소할 것이다. 만약 트위들덤이 '행동에 앞서 우주 안의 모든 것이 동일'한 채로 수백 번의 정확히 동일한 상황으로 돌아가더라도, 그는 그때마다 나를 공격하는 걸 선택할 것이라고. 나는 이처럼 기이한 호소에는 전혀 마음이 움직이지 않는다.

41 Mabbott, J. D., 'Freewill and Punishment', p. 301.

7.6 예측론과 카오스

튜링머신(6장 '튜링머신 그리고 인공지능에 대한 생물학적 반박')은 그 행동을 완전히 예측할 수 있는 존재의 예다. 기계표, 헤드의 초기 위치, 표시기의 초기 상태 및 자기테이프의 초기 내용에 대한 지식이 주어진다면, 모든 시간대에서 기계의 행동을 계산할 수 있다. (튜링머신은 추상적인 존재이므로, 전원 고장, 하드웨어 결함, 기타 실제 세계의 문제들을 걱정할 필요가 없다.)

내가 **예측론**(predictivism)이라고 부르는 것은 필연성의 문제로서, 고립된 결정론적 시스템의 행위를 원리상 완전하고 정확하게 예측할 수 있다는 이론이다. '고립'은 '다른 시스템과 인과적으로 상호작용하지 않음'을 의미하며, '원리상'이라는 표현은 실제로 우주에서 어떤 누구도, 어떤 무엇도 이를 예측할 수 있는 충분한 지능과 기억을 가지지 못했음을 가리킨다. '필연성의 문제로서'라는 문구는 결정론적 시스템이 예측가능성이라는 특성을 우연적으로가 아니라 필연적으로 지닌다는 것을 뜻한다. 마치 (유클리드적) 삼각형에서 세 각의 합이 180°인 것이 우연이 아니라 필연인 것과 마찬가지다.

(필연적으로 참인 명제의 개념은 종종 '가능 세계들'이라는 관점에서 설명된다. 어떤 명제가 필연적으로 참이라는 주장은, 그것이 현실세계뿐만 아니라 논리적으로 가능한 모든 세계에서도 참이라는 주장과 동치(equivalent)다. 어떤 명제가 현실세계에서는 참이라도 논리적으로 가능한 세계들 중 최소 하나에서 거짓이면, 그 명제는 우연적 참으로 불린다.(그리고 현실세계에서 거짓이고 논리적으로 가능한 세계들 중 최소 하나에서 참인 경우는, 우연적 거짓이라고 한다.) 다음 중 어느 것이 필연적이고 어느

것이 우연적인지 고민해보면 좋을 것이다.(답은 514쪽에 있다.) 모든 학자는 미혼이다. 모든 결과는 원인을 갖는다. 모든 사건은 원인을 갖는다. 모든 책에는 마지막 문장이 있다. 두 짝수의 합은 짝수다. 우연적이지 않은 문장은 필연적이다. 중국어 방 논증은 타당하지 않다.)

최근까지만 해도 예측론의 논지는 명백한 것으로 여겨졌다. 사실 예측론은 자주 결정론 개념의 핵심적인 부분으로 간주되었다. 라플라스는 당연히 예측론자였다.(이 장 '의지의 자유는 환상인가?'의 인용문을 떠올려보라.) 우주가 결정론적 시스템이라는 전제로부터 모든 미래가 원리상 예측가능하다는 결론으로 곧장 옮겨 갔기 때문이다.

이 장의 '터보 샘은 선택한다'와 '의지의 자유는 환상인가?'에서 보았듯이, '자유의지가 존재한다'에 반대하는 일반적인 논증 중 하나는 결정론적 시스템의 행위가 예측가능하다는 발상을 전제로 삼고 있다. 신경생리학적 결정론에는 터보 샘과 마찬가지로 우리의 선택이 원리상 사전에 예측될 수 있다는 함의가 있다. 이 논증을 주장하는 사람은 주의해야 한다. 인간 신체는 고립된 시스템이 아니며, 그래서 주장자 자신이 보편적 결정론을 상정할 준비가 되어 있지 않는 한, 그는 우리가 결정론적이지 않은 프로세스와 상호작용할 수 있음을 인정해야 한다.(양자역학에 따르면 우리는 다수의 이러한 프로세스들과 상호작용한다.) 이 간섭은 때때로 예측을 방해할 것이다. 이에 굴하지 않는다면, 이 주장자는 그럼에도 다음과 같은 자신의 지적이 훌륭하다고 여전히 틀림없이 주장할 것이다. 우리가 선택하기 이전에, 우리 선택의 핵심은 원리상 정확하게 예측될 수 있다. 이런데 어떻게 선택이 자유로울 수 있는가?

전통적으로 양립가능론자들은 결정이 자유로우며 **동시에** 예측가능함을 충분히 설득력 있게 주장함으로써 이 주장에 대응해 왔다.[42] 우리

는 때로 성격을 아주 잘 알고 있는 누군가의 자유로운 선택을 예측할 수 있다. "나는 네가 그걸 고를 줄 알았다." "나는 그녀가 그 일에 대해 그렇게 말할 것이라 확신했다." 등등. 이러한 선택이 정확하게 예측된다는 사실이 선택의 자발성을 떨어뜨리지 않는다. 양립가능론자들에게는 예측가능성과 자유 사이에 어떠한 충돌도 없다. (그러므로 터보 샘의 행위가 원리상 사전에 예측될 수 있다는 생각은, 그의 결정이 자유롭지 않다고 말할 정당한 이유가 결코 되지 못한다.)

그리고 양립가능론자들에게는 이 주장을 논박할 두 번째 방법이 있다. 비선형 방정식의 컴퓨터 모델링을 다루는 최근의 이론적 작업은 매우 놀랍게도 예측론이 거짓임을 증명했다. 비록 원리상이지만, 그 작동 양상을 예측할 수 없는 결정론적 시스템을 기술하는 것이 가능하다. 이 발견을 둘러싸고, 카오스 이론으로 알려진 새로운 수학 분과가 성장했다. 카오스 이론이 연구하는 것은 어떤 변화나 프로세스에서 초기 조건의 상당히 작은 차이가 결과에서도 그저 작은 차이만을 만든다는 상식적 원리를 위반하는 시스템이다. 이것이 비례적 결과의 원리다. 이는 평평한 페어웨이를 따라 굴러가는 골프공으로 설명할 수 있다. 골프공을 칠 때, 골프공이 미세한 거리만큼 좀 더 왼쪽이나 오른쪽에 있다면(이 타격 외의 다른 모든 것은 동일하다), 이는 공의 최종 위치에 단지 약간의 차이만 만들어낼 것이다.(그렇지 않으면 골프는 인간적으로 불가능한 경기다.) 그러나 카오스 이론이 연구하는 시스템은 그렇지 않다. 이 시스템은 **초기 조건에 민감한 의존성**을 나타낸다. 이러한 시스템을 좀 더 선명히 시각화하기 위해 소용돌이가 있는 강에 코르크 마개 세 개를 띄우는 상상을

---

42 일례로 Flew, A., 'Divine Omnipotence and Human Freedom', p. 150 참조.

해보자. 처음에 코르크들은 나란히 있다. 몇 분이 지나 두 개는 여전히 가까이 붙어 있을 수도 있지만, 세 번째 코르크는 아주 멀리 떠내려갔다. 소용돌이를 통과한 후, 코르크가 도착한 위치는 출발한 위치에 크게 좌우된다. 초기 위치의 조그마한 차이가 코르크가 도달한 지점에서는 거대한 차이를 만들어낼 수 있다.

카오스 이론의 연구자들이 다루는 수학 방정식 시스템은, 초기 조건의 임의적인 작은 변화가 작동 결과에 큰 변화를 산출할 수 있는 것이다. 이러한 방정식 시스템은 대개 컴퓨터의 도움을 받아 연구한다. 방정식의 매개변수에 대한 초깃값 집합이 규정되고, 컴퓨터가 그 결과로 산출된 시스템의 변화를 계산한다. 컴퓨터 시뮬레이션이 실행될 때마다 주어진 초깃값 집합은 동일한 동작을 산출해낼 것이다.(마치 현실세계의 결정론적 시스템에서 동일한 원인은 항상 동일한 결과를 가져오는 것처럼 말이다.) 하지만 이 값들의 매우 작은 변경은 근본적으로 다른 동작으로 이어질 수 있다. 원리상으로는 이러한 방정식 시스템도 완전히 예측가능하다. 즉 초깃값의 집합을 규정하면, 시스템의 동작을 계산할 수 있다.

튜링머신처럼 이러한 수학적 시스템도 추상적 실체에 불과하다. 그 대신 현실세계의 결정론적 시스템이 똑같은 '초기 조건에 민감한 의존성'을 지녔다고 상상해보자. 이 시스템은 예측론이 틀렸음을 증명한다. 즉 그 작동양상이 정확하게 예측될 수 없다는 것이다, 원리상으로도. 왜냐하면 시스템의 초기상태—이는 미래의 양상을 예측하는 기점이 되는 시스템의 상태—가 측정으로 확인되어야 하기 때문이다.(앞의 경우처럼 단지 일련의 초깃값을 규정하는 것만으로는 시스템의 실제 작동양상에 대해 알 수 있는 것은 아무것도 없다.) 가설에 따르면, 이 시스템에서는 초기상태에 대한 임의의 작은 오판으로도 그 결과에 대한 예측이 심각하게 어긋날 수

있다. 혹은 같은 의미를 다르게 표현하면, 시스템이 실제 초기상태와 다르지만 초기상태에 아주 근접한 경우, 그후 이어지는 양상은 실제 초기상태로부터 벌어질 양상과는 근본적으로 다를 것이다. 현실의 측정 장비는 임의의 작은 차이에 반응하지 않으므로(주어진 특정 장비가 확인할 수 있는 가장 작은 차이보다 더 작은 차이가 언제나 있을 수 있다), 시스템의 결과는 대략적으로도 예측할 수 없다. 이 지점에서 예측론은 틀렸다.

예측론에 맞서는 나의 논증이 상상 속의 결정론 시스템에 호소하고 있다는 사실에 염려할 필요는 없다. 예측론이 '고립된 결정론적 시스템은 **필연적으로** 예측가능하다'는 주장임을 기억하시길. 때문에 이 주장은 작동양상을 정확하게 예측할 수 없는 고립된 결정론적 시스템이 **있을 수 있다는 가능성**만으로도 논박될 수 있다, 심지어 원리상일지라도. 그리고 이것이 카오스 이론이 한 일이다.

현실세계에 카오스가 있는지, 곧 카오스 이론의 매우 정교하고 민감한 수학적 체계에 부합하는 현실적 과정이 있는지에 대한 의문은 논쟁 중에 있다. 연구자들은 현실세계의 많은 현상들이 카오스적이라고 추정한다. 액체의 난류, 연기의 상승, 날씨, 국가 경제, 생태계, 세포의 신진대사 과정, 일부 전염병의 확산, 특정 종류의 심장마비의 발병, 신경막을 통한 에너지 전달, 인간 두뇌의 신경세포 네트워크 작동양상 등.(일부만 거론했을 뿐이다.)[43] 마지막 현상이 특히 흥미롭다. 우리 선택의 예측가능성에 관해서라면, 신경생리학적 결정론은 아무런 의미가 없을지도 모른다.

이 절의 목표인 반-양립가능론의 주장으로 돌아가자. 이러한 고려사항들을 종합한 결과는, 설득력이 전혀 없는 논증들을 무시하는 것이다.

---

43 Holden, A. V., (ed.) *Chaos*; Degn, H., Holden, A. V., Olsen, L. F., (eds) *Chaos in Biological Systems*; Gleick, J., *Chaos: Making a New Science* 참조.

이제 결정론적 시스템이 필연적으로 예측가능하다는 오해를 바로잡았으니, 반–양립가능론자의 주장, '신경생리학적 결정론이 맞다면 우리의 모든 (또는 많은) 선택이 예측가능하다'를 뒷받침할 방법이 전혀 남아 있지 않다. 그는 최후의 보루로서(우연적 사실로서), 인간 신체에 카오스적 프로세스가 없다고 주장할지도 모른다. 그러나 이에 대한 증거가 없기 때문에 그것은 매우 막무가내식 호소가 될 것이다. 그의 결론이 어디로 향하든 여전히 선택이란 예측가능하면서도 자유로울 수 있다는 양립가능론자의 주장에 가로막힐 것이다.

7.7 불가피하다는 것

아래엔 결정론의 의미에 대한 오래되고 신성시되는 견해가 있다.[44]

결정론이 사실이라면, 당신의 결정은 그 직전 사건의 결과이며, 그 직전 사건은 다시 그 사건의 직전 사건의 결과이며, 이렇게 해서 먼 과거까지 거슬러 간다. 당연히 당신이 태어나기 전의 일은 당신 소관이 아니다. 따라서 당신의 출생 이전 일의 결과인 미래 또한 당신 소관이 아니다. (당신은 자연법칙을 어길 수 없다는 것, 곧 일단 모든 원인이 준비되면 그 결과를 회피하거나 수정할 수 없다는 것을 감안하면) 이것은 당신의 결정이나 행동이 결코

44 피터 반 인와건과 비교하라. *An Essay on Freewill*, p. 56; Carl Ginet, 'Might We Have No Choice'; James Lamb, 'On a Proof of Incompatibilism'; and David Wiggins, 'Towards a Reasonable Libertarianism'. '달려 있다'는 형식은 반 인와건의 것이다. 이 단락의 마지막 문장과 관련된 자료는 다음을 참조. Ted Honderich, *A Theory of Determinism*, p. 385ff.

당신에게 달려 있지 않다는 것을 의미한다. 지금껏 당신이 하는 모든 것들은 당신이 태어나기 전에 존재했던 인과적 요인에 의해 결정된, 법칙과 같은 결과다. 당신의 미래는 고정되어 있으며 불가피하다. 미래는 당신을 위해 이미 마련되어 있으며, 드러나기를 기다리고 있다.

나는 이 주장에 대한 논평을 세 부분으로 나눌 것이다.

결정론이라고 상정하기

이 장의 '의지의 자유는 환상인가?'에서 언급했듯이, 보편적 결정론은 현대과학에서 잘 받아들여지지 않는다. 19세기 물리학에는 그런대로 수월하게 들어맞았지만, 1920년대의 양자혁명은 원자 이하 수준의 사건들이 인과적으로 결정되지 않는다는 발상을 불러일으켰다. 형이상학적 공리로서 보편적 결정론을 여전히 고수할 수 있으나, 그런 사람은 거의 없을 것이다. 이보다 훨씬 약한 이론인 신경생리학적 결정론도 틀렸을 수 있다. 만약 뇌에 일종의 무작위적 장치가 있다면, 이 무작위적 장치가 관여한 결정은 미리 결정되지 않는다. 무작위적 장치가 비선호 상황에서만 작동하는 경우라 할지라도, 이러한 무작위적 결정의 결과는 개인의 삶 전체로 퍼져 나간다. 이로써 우리는 과거라는 강고한 손아귀에서 자유로워진다.

만약 보편적 결정론은 거짓이지만 신경생리학적 결정론은 참이라면? 이 경우에도 우리의 미래가 정해져 있다고 말할 근거가 없다. 인간의 눈은 상당히 민감해서, 광자 하나가 망막에 도달하는 것을 의식적으로 감

지할 수 있다.[45] 그리고 특정 시간에 단일한 광자가 해당 광원에서 방출되는지 여부는, 현대물리학에 따르면 무작위적 사안이다. 당신의 미래를 '변경할 수 있는' 효과적인 방법은, 바버라 새키트(B. Sakitt)가 사용했던 장치(이 장치는 눈의 감도를 뛰어나게 만든다) 안으로 들어가는 것이다. 그러고 나서 아래의 문장을 따라 자기 자신과 계약을 맺는다. "만약 내가 3초 이내에 단일한 광자의 방출을 감지하면, 나는 모든 일을 접고 인도로 히치하이킹을 떠날 것이다." 물론 실제로는 이렇게까지 멀리 갈 필요도 없다. 양자적 우주 안에서 매일매일 당신의 감각기관에 도달하는 자극의 흐름들은 먼 과거에 의해 결정되지 않으며, 당신의 미래도 마찬가지다. 여기서 당신의 내부 프로세스가 얼마나 결정론적인지는 상관없다. 이런 상황은 컴퓨터의 경우와 유사하다. 컴퓨터의 출력은 입력과 내부 상태에 의해 결정되지만, 출력이 '과거에 의해 정해져' 있는 것은 오직 입력 자체가 그런 경우뿐이며, 그래서 진정한 무작위성을 허용하는 우주 안에서 이 점은 고려할 필요가 없다.

하지만 양립가능론자로서 우리가 다루고 있는 주장의 전제에 문제를 제기하는 것을 그만둘 수는 없다. 왜냐하면 양립가능론은, **설령** 보편적 결정론이 사실이라도 우리에게 선택의 자유가 있다는 주장이기 때문이다. 그러므로 나는 보편적 결정론을 상정한 상태에서 논리적 근거에 입각한 논증으로 반박하려 한다.

나에게 달려 있는 것들은?

---

45 Sakitt, B., 'Counting Every Quantum'.

나의 어떠한 결정이나 행동도 내 뜻대로 할 수 없다는 주장은 나에게 너무 충격적이어서 터무니없다고 할 정도로 괴상하다. 아니, 차라리 결정론의 끔찍한 악몽에 가까울 뿐, 결정론의 논리적인 결과를 철학적으로 신중하게 탐구하는 게 아니다. 원인과 결과의 광대한 대열, 곧 결정론적 우주에서 아주 조그만 한 토막을 그려보자. 나는 정원에서 아침을 먹고 있다. 햇빛은 쾌적하고 나는 급한 약속이 없기 때문에 두 번째 커피를 마시기로 결심한다. 내가 커피를 내리고 나서 여유를 가질 때, 내가 하고 있는 행동은 내 마음대로 하고 있는 것인가? 훌륭한 상식의 철학자, 존 오스틴(J. L. Austin)은 언젠가 자기 앞에 있는 의자에 대해 퉁명스럽게 언급한 적이 있다. "뭐, 만약 진짜 의자를 보는 게 아니라면, **무엇인지 나도 모르죠.**"[46] 그는 (또 다른 끔찍한 악몽인) 이 주장을 비웃고 있다. 곧 그 사람이든 다른 사람이든 누구도 그 앞에 있는 것이 **정말** 의자인지 아닌지 결코 알 수 없다. 내가 하는 행동이 결코 나에게 달려 있지 않다는 발상도 이와 마찬가지로 별로 관심을 기울일 가치가 없다. 만약 의도적으로 커피를 즐기며 여유를 갖는 것이 내게 달린 일이 아니라면, 나도 그것이 무엇인지 모른다. 두 번째 잔을 내리는 나의 행동은, 그렇게 하려는 내 결정의 인과적 산물이었다. 그리고 이 결정 자체도 나 자신의 성향에 의한 인과적 산물이었다. 그리고 나는 어떠한 강요하에 있지도 않았다. 외적으로도, 그리고 똑같이 중요하게 내적으로도. 이런 상황에서 내 행동이 나에게 달려 있지 않고 내가 두 번째 잔에서 여유를 가진 것은 자유롭지도 자발적이지도 않은 것이었다는 말은 단어를 자기 고집대로, 심지어 오해해서 사용하는 것이다. 마치 실제로는 훤하게 의자를 볼 수 있음

46 Austin, J. L., *Sense and Sensibilia*, p. 10.

에도 방 안에 의자가 있는지 모른다고 말하는 것과 같다.

바라건대, 이제 이 주장의 한가운데 있는 '따라서'가 완전히 그릇된 결론이라는 것이 분명해졌으면 좋겠다. 내가 태어나기 전에 일어난 일들은 결코 나에게 달려있지 않다는 것은 사실이며, 내가 자연법칙을 어길 수 없다는 것도 맞다. 하지만 내 행동이 절대로 나에게 달려 있지 않고, 결코 자발적이지도 자유롭지도 않다는 말은 거짓이다.

기술적인 주석

형식적으로 이 문제는 반 인와건(Van Inwagen)이 (β)라고 부르는 추론 규칙에 관한 것이다. (β)란, NB는 전제 N(A⊃B)와 NA로부터 도출된다.[47] ('⊃'은 실질함언이다. 5장 'CYC 프로젝트' 참조) NA는 다음을 뜻한다. "A가 참이며, 동시에 'A인지 아닌지에 대해 아무도 선택권을 갖지 않고 가져본 적도 없다'도 참이다."[48] 그러므로 'N 모든 사람은 죽는다'는 "'모든 사람은 죽는다'가 참이며, 동시에 '모든 사람이 죽는지 아닌지에 대해 아무도 선택권을 갖지 않고 가져본 적도 없다'도 참이다"의 축약형이다. 요약하면, A의 참이 당신(혹은 나 또는 다른 누구)에게 달려 있지 않고 결코 그런 적도 없다는 의미로 NA를 생각하시길.

양립가능론자들이 보기에, (β)는 타당한 규칙으로 받아들일 근거가 전혀 없다. 왜냐하면 그들의 견해대로라면 (β)는 때때로 참된 전제로부터 잘못된 결론에 도달할 수 있기 때문이다. 지금 논의 중인 주장에서도 목격되는 바다.

반 인와건은 (β)의 타당성에 대한 믿음에는 두 가지 출처가 있다고 자

47 Van Inwagen, P., *An Essay on Freewill*, pp. 93~4.
48 Van Inwagen, P., *An Essay on Freewill*, pp. 93~4.

기 독자들에게 말했다. 첫 번째는 직관이다. "내가 (β)를 신중하게 고려할 때, (β)는 성찰적 지성에 즉각적으로 타당한 규칙으로 보인다. **후건부정식**(後件否定式, Modus Tollens)[49]처럼 이는 쉽게 정신으로 파악할 수 있고 참임을 알 수 있다."[50] 이러한 발언은 거의 설득력이 없다. 나는 (β)를 신중히 검토해봤으나 타당해 보이지 않았다. 두 번째 출처는 '(β)가 참인 전제와 거짓인 결론을 갖는 예를 생각할 수 없다는 사실'이다.[51] 그러나 이미 언급했듯이 양립가능론을 고려하면 논의하고 있는 주장이 바로 그 예다. 현 상태로는, 반 인와건이 그저 양립가능론에 맞서 논점을 회피한 것이다. 그는 '양립가능론이 틀렸다'는 결론을 곧장 이끌어내는 원리의 타당성을 단순히 상정했을 뿐이다. 이로부터 그는 서슴없이 양립가능론이 거짓이라는 결론을 추정했고, 논리는 우리 몫으로 내버려 두었다.

내 추정에 따르면, 규칙 (β)는 이것이 괴델-페이-폰 라이트의 최소 양상 시스템 T(Gödel-Fey-von Wright minimal modal system T)라는 친숙한 규칙과 표기상 동일하다는 사실로부터 설득력을 얻는 것 같다.[52] 반 인와건의 N 연산자는 T의 많은 예들에 만족하고 있는 것처럼 보인다. 가령 $NA \supset A$, $NA \vee NB \supset N(A \vee B)$, $A \supset -N-A$, $NA \& NB \leftrightarrow N(A \& B)$.(그럼에도 일부 의구심에 대해서는 다음을 참조. Slote, M., 'Selective Necessity and the Free-Will Problem'.) 그러나 어떤 연산자가 그 작동양상에서 T와 유사하

---

49 [역주] 후건부정식은 '$A \supset B$; ~B, 그러므로 ~A'(~는 부정기호)라는 추론 형식을 가리킨다. 이를 풀어 쓰면, '만일 A이면, B이다. / B가 아니다. / 그러므로 A가 아니다'이다. 가언적(假言的) 삼단논법에서, 가언적 대전제의 후건(後件)을 부정함으로써 전건(前件)을 부정하는 결론을 얻는 추론 형식이다. 기호로 표시하면, 〈$A \supset B$, ∴~B ~A〉와 같다.

50 Van Inwagen, P., *An Essay on Freewill*, pp. 97, 124.

51 Van Inwagen, P., *An Essay on Freewill*, pp. 97~8.

52 다음을 예시로 참조할 것. Hughes, G. E., Cresswell, M. J., *An Introduction to Modal Logic*, ch. 2.

다고 해서, 전적으로 그 연산자가 T와 같다고 상정할 수는 없다. 연산자 N이 공리 N(A⊃B)⊃(NA⊃NB)를 제외한 T의 모든 공리와 기본 규칙들을 만족하는 경우에만, 연산자 N을 약한 양상(weakly modal)이라 부르자. (β)는 약한 양상의 연산자를 추론하는 타당한 규칙이 아니다.(규칙의 모든 전제들이 그 자체로 약화된 시스템인 경우는 예외다. 이 경우는 지금의 관심사가 아니다. 왜냐하면 반 인와건의 적용에서 (β)의 전제는 양상논리에 해당하지 않기 때문이다.) 반 인와건은 자신의 N이 약한 양상이 아님을 처음 증명한 경우에만 (β)를 사용할 자격이 있다. 그러나 그는 그러지 않았다.

NA에 대한 약한 양상적 해석의 적절한 예는 'A가 참이고, A가 논리적으로 또는 필연적으로 참인 경우, 또는 A가 물리적 법칙(즉 하나 이상의 물리법칙으로부터 논리적으로 도출되는 경우(다른 경우는 없다)), 또는 A가 사실이 되는 직접적인 원인 중에서 (인과적으로) 충분한 부분집합이 있는 경우, 이 부분집합은 나의 행동, 신념, 욕구 등이 [집합의] 원소로서 혹은 원소의 인과적 내력의 일부로서 나타나지 않는다, 그리고 끝으로 그렇게 하도록 억압받거나 강요받지 않고 내가 A를 야기하는 경우다.'(충분한 부분집합에 대한 언급은 인과적 과잉결정의 경우를 다루기 위해 필요한 것이다.) 반 인와건에겐 다음을 입증할 책임이 있다. 이러한 해석이 "A가 참이며, 동시에 'A인지 아닌지에 대해 아무도 선택권을 갖지 않고 가져본 적도 없다'도 참이다"의 의미 중 일부 요소를 누락한다는 내용뿐만 아니라, N을 약한 양상적 필연적 연산자에서 T-강화 필연적 연산자로 변형하기에 필요한 추가적 요소들까지도 증명해야 한다.[53]

---

53 졸저 'Compatibilism and Modality'에는 이러한 기술적 문제에 대한 추가적인 논의가 있다.

정해진 미래를 살아가는 법

우리가 검토하고 있는 단락의 마지막 문장을 다시 생각해보자. "당신의 미래는 고정되어 있어 불가피하다. 미래는 당신을 위해 이미 마련되어 있으며, 드러나기를 기다리고 있다." 우리는 미래를 불러오는 데 있어 아무런 역할도 하지 않는 수동적 여행자로 묘사된다. 당연히 이 이미지는 터무니없다. 에이어는 결함을 정확하게 지적하며 말했다. "내 행동은 미래에 **차이**를 만든다. 왜냐하면 행동은 결과만큼이나 **원인**이기 때문이다."[54]

문장의 후반부를 빼버리면, '당신의 미래는 고정되어 있으며, 불가피하다'가 남는다. '고정된'이라는 단어가 '과거에 의해 결정된'을 의미하는 한, 우리 각자의 미래가 고정되어 있다는 것이 결정론의 실제 함의다. 이 아이디어는 철학이 시작한 이래 사려 깊은 사람들에게 영향을 미쳐 왔다. 부처는 우리의 삶이 거대하고 확고한 인과의 연쇄 속 자그마한 삽화에 불과하다는 인식을 받아들이기 위한 기술로 명상을 권했다. 19세기의 사상가, 존 스튜어트 밀은 고정된 미래에 대한 상념이 주는 '우울하고 마비적인 영향력'에 대해 썼다. 테드 혼드리치(Ted Honderich)는 각자의 미래가 정해져 있다는 자신의 생각에 대해서 자신의 실망스런 태도를 주제로 글을 썼다.[55] 어쩌면 내가 상상력이 부족한 건지도 모르겠지만, 나는 미래가 완전히 우울하게끔 정해져 있는 우주에서 살고 싶은 생각이 전혀 없다. 설명해보겠다.

1. 우선, 설령 미래가 고정되어 있더라도, 미래의 내 행동이 자발적이지 않고, 나에게 달려 있지도 않고, 자유롭지도 않을 것이라는 말은 전혀

---

54 Ayer, A. J., *Philosophical Essays*, p. 284.(강조는 인용자.)

55 Mill, J. S., *Autobiography*, p. 119; Honderich, T., *A Theory of Determinism*, chapter 7.

사실이 아니다. 나의 다양한 논증에서 여러분이 이미 확신했기를 바란다.

2. 라플라스적 관점에서, 고정된 미래는 **예측가능한** 미래다. 즉 호기심 많은 초인적 지성이라면 원리상 우리 미래의 모든 내밀한 세부사항까지 계산할 수 있으리라. 그러나 카오스 이론 덕택에, 우리는 이제 정해진 미래가 필연적으로 예측가능한 것은 아님을 알고 있다. 인과적으로 연결된 세계에서 하나의 예측 불가능성은 또 다른 예측 불가능성을 낳기 때문에 단 하나의 카오스 구멍이라도 있으면 라플라스식 계산은 불가능하다.

3. 만일 미래가 정해져 있다면, 삶에는 아무런 기회가 없다고들 한다. 나는 동의할 수 없다. 당신이 복권을 구입한 후, 뒷면에 인쇄된 조건—복권 판매가 시작되기 **전에** 공정한 기금 관리자에 의해 당첨번호가 선택되어 있다—을 읽었다고 상상해보자.(이는 데닛(D. Dennett)의 예시다.[56]) 복권에는 '당첨번호는 기금 관리자가 봉인한 특수 봉투에 넣어져 은행 금고에 보관되어 있습니다'라는 설명이 있다. 여전히 당첨될 수 있는 완벽하고 멋진 기회가 있다고 느껴지지 않는가? 추첨 결과가 이미 결정되었다는 소식은 확실히 아무런 차이를 만들지 못한다. 상금을 수령할 기회가 아직 남아 있다. 그러니 미리 추첨된 복권이 당신이 꿈꾸던 당첨의 기회를 제공할 수 있다면, 당연히 미리 결정된 미래도 마찬가지다. 사실 한 가지 중요한 점은, 미리 결정된 미래가 심지어 미리 추첨된 복권보다 더 희망적이라는 것이다. 복권이 일단 모두 판매되면, 누가 당첨될 것인지는 바꿀 수 없다. 그러나 당신의 정해진 미래 속 사건을 불가피한 것으로 묘사하는 것은 오해의 소지가 있다. **우리가 어떤 행동을**

56 Dennett, D. C., *Elbow Room*, p. 120.

취하든 상관없이 일어나는 일을 흔히 우리는 '불가피하다'고 한다.[57] 그러나 당신의 미래에서 일어날 많은 사건들은, 정확히 당신이 그 사건들을 일으키고자 어떤 행동을 취하기 때문에 발생하는 것이다. 이것은 '불가피하여' 만들어지는 게 아니다.

4. 고정된 미래는 사건의 흐름을 무기력하게 경험하는 미래가 아니다. 미래의 대부분은 여러분 자신의 것이 될 터이다. 일어날 많은 사건들이 일어날 것이다. 왜냐하면 당신이 그 일을 하기로 결정하고 그 사건들을 일으킬 효과적인 조치들을 취하기 때문이다. 오직 그 이유뿐이다. 결정론이 사실이라면, 여러분 인생의 각 사건들은 기존의 인과적 작용에 따른 결과다. 그러나 노예가 되거나 혼수상태에 빠지지 않는 한, 이 작용들 중에서 탁월한 것은 여러분 자신의 결정과 행동이다. 내게는 이것이야말로 사건들에 대해 내가 필요로 하는 능력의 전부라고 느껴진다.

요약하면, 나는 자유의 세 가지 종류를 논의했다. 무작위적 자유, 양립가능론으로 설명한 자유, 초월적 혹은 '반-인과적' 자유. 인간이 어떻게 초월적 자유를 가질 수 있는지는 확인하기 어렵다. 어쨌든 나에게 이런 종류의 자유는 연연할 가치가 없어 보인다. 다른 두 종류의 자유에 대해서는, 인간은 첫 번째 종류를 가질지도 모르며, 두 번째 종류는 확실히 가지고 있다. 가상의 로봇 터보 샘과 같은 수준으로 정교한 현실의 인공물에게는, 이 두 종류의 자유 모두가 존재할 수 있다.

57 Dennett, D. C., *Elbow Room*, p. 127.

8장

의식

인공물이 인간 존재의 결정체인 의식적 자각을 합성해낼 수 있을까? 터보 샘이 인공 눈을 통해 수선화 다발을 보았을 때, 그의 전자회로는 꽃잎에서 반사된 빛의 수치상 특징을 그저 표시할 뿐인가? 아니면 터보 샘은 자신이 실리콘으로 된 워즈워스[1]인 양, 자신을 노랗게 물드는 의식상의 경험, 자신을 잃어버릴 정도의 내적 감각을 겪을 수 있는가?

8.1 무시와 혼란

현대의 뇌과학은 감질날 정도로 의식에 대해 말할 게 거의 없다. 즉 그 주제는 오늘날 지식의 한계를 훌쩍 넘어서 있다는 것이다. 수십 년 동안 의식은 터부시된 연구주제였으며, '어떻게 설명해야 할지 모르겠다면, 애초에 존재하지 않는 척하라'는 원리의 희생양이었다. 이 격언은 '스키너의 면도날'이라고 짓궂게 일컬어지는데, 스키너(B. F. Skinner)는 1920년대부터 1960년대까지 심리학을 지배했던 행동주의 운동의 선

1 [역주] 윌리엄 워즈워스(William Wordsworth, 1770~1850). 영국을 대표하는 낭만주의 시인. 인간의 순수성과 감성, 자연의 진리 등을 주제로 삼았으며, 밀턴 이후 영국 최고의 시인으로 평가받는다. 대표작 중에 〈수선화〉(The Daffodils)가 있다.

도적인 인물이었다. 1963년에 기계적 의식의 가능성을 연구한 한 인공지능 연구자는 현대 심리학을 다소 불만스럽게 기록했다. “현대 심리학은 … 행위를 수반하는 의식 개념에 과학적 유용성이 없다고 생각한다. … 인간 행위를 다루는 과학에서 … 의식의 개념은 … 바람직하지도 않고 필요하지도 않다.”[2] 근래의 어떤 저자는 의식에 대한 글에서 다음과 같이 행동주의 시대를 비꼬아 말했다. “의식에 대한, 그리고 자연 속에서 의식의 지위에 대한 문제를 해결하는 확실한 방법 중 하나는 의식이 존재한다는 것을 완전히 부인하는 것이다.”[3]

이제 더 이상 ‘의식’이 뇌과학자들이 공개적으로 사용하기에 당혹스러운 단어는 아니지만, 이 현상에 대한 과학적 성질이 거의 알려지지 않은 채로 남아 있는 것은 사실이다. 실로 이 주제에 대해 글을 쓰는 사람은 종이나 낭비한다는 비난을 감수해야 한다는 사실 정도가 알려져 있을 뿐이었다. 서섹스(Sussex) 대학의 지각 및 인지 연구소(Centre for Research on Perception and Cognition)의 책임자 스튜어트 서덜랜드(Stuart Sutherland)는 이렇게 말했다. “제 생각에 의식에 관해 쓴 글 중 출력할 만한 가치가 있는 건 없었습니다.”[4] 이러한 비관적인 논평에도 불구하고 여러분에게 미스터리로 점철된 영역의 가장자리를 지나가는 짧은 여행을 제안한다. 이곳 풍경이 흐릿한 것을 미리 사과드린다. 이 여행을 시작하는 나의 목표는, 우리가 조금 아는 한에서도 기계적 의식이 불가능하다고 암시하는 것은 아무것도 없다는 사실을 여러분에게 확신시켜주려는 것이다.

---

2 Culbertson, J. T., *The Minds of Robots*, p. 77.
3 Jaynes, J., *The Origin of Consciousness in the Breakdown of the Bicameral Mind*, p. 13.
4 Sutherland, S., ‘Removing the Mystery from Intelligence’.

분류의 필요성

프로이트는 이렇게 언급한 적이 있다. "**의식**이란 말이 뜻하는 건 우리가 논의할 필요가 없다는 것이다. 이는 의심할 여지가 없다."[5] 그는 완전히 틀렸다. 이것이야말로 우리가 논의할 필요가 있는 첫 번째 문제다. '의식'이라는 단어는 어떤 단일한 상태를 지칭하는 용어라기보다, 그다지 밀접하지 않은 수많은 관련 현상들을 통칭하는 다소 모호한 이름표로 간주하는 것이 좋다.[6] 사람들이 별 생각 없이 "물론 개도 의식이 있죠!"라거나 "저에게 의식이 있다는 것을 알고 있습니다!"라고 말할 때, 대개 그들의 심중에는 명확한 의미가 없다. 우리가 앞으로 보겠지만, 여기엔 몇 가지 상이한 뜻이 있다. 게다가 의식에 관한 과학적이고 철학적인 문헌은 작가들이 때로 서로 다른 의미로 이 용어를 사용한다는 사실 탓에 평가절하된다. 그리고 공공연한 사실이지만, 전문가들 사이의 토론은 상호 이해 부족으로 인해 흐지부지된다.

이어질 세 절에서는 의식의 종류를 간단히 분류해볼 것이다. 분류에 완벽을 기하진 않을 것이다. 이후 언급하지 않을 의미들 중에는 깨어 있는 총체적 상태로서의 의식과, 인간 존재의 특정한 차원에 대한 개인의

5 Freud, S., *Neue Folge der Vorlesungen zur Einführung in die Psychoanalyse*, pp. 76~7. (프로이트, 『새로운 정신분석 강의』)

6 흥미롭게도, 캐시 윌크스(Kathy Wilkes)는 17세기 중반까지 영어에서 '의식'(consciousness)이란 단어가 나타나지 않는다고 보고한다. 고대 희랍어에 이에 해당하는 용어가 없었으며 근대 중국어에도 이와 가까운 동의어가 없다고 한다. '의식적'(conscious)이라는 형용사는 17세기 이전에 영어에서 존재했지만 현대적 의미는 아니었다. 이 단어는 공유된 지식을 특징화할 때만 사용되었다. 곧 만일 모두가 어떤 지식의 일부를 알고 있다면, 그들은 그것을 'conscious'하고 있는 것이다. 이런 느낌은 '우린 모두 그 사실을 의식하고 있다'와 같은 관용적 표현에 이어지고 있다.(Wilkes, K., '-, yìshì, duh, um, and consciousness' 참조)

민감성이라는 의미의 의식('정치적 의식'과 '영적 의식'과 같은 표현)이 있다. 두 중요한 의미—자신에 대한 감각으로서의 의식, 형이상학적 '내적 공간'으로서의 의식—는 지나가면서 단지 언급만 하겠다. 왜냐하면 나는 이것들이 이 분류법의 두 번째 항목에 거의 포함된다고 생각하기 때문이다.

8.2 모호한 기준선

줄리언 제인스(Julian Jaynes)에 따르면, "어떤 인종은 말하고 판단하고 추론하고 문제를 해결하는 등 실제로 우리가 하는 일을 대부분 했지만, 의식이 전혀 없었을 수 있다. 이는 완벽히 가능한 일이다."[7] 만일 이 말이 터무니없다고 느낀다면, 당신은 아마도 내가 **의식의 하한선**(baseline sense)이라고 규정한 의미로 '의식적'이라는 말을 받아들이고 있기 때문일 것이다. 이 의미에서는 첫째, 몇 종류의 감각기관을 통해 세계를 지각할 수 있고, 둘째, 인용문에서 언급한 것과 같은 추론, 숙고, 판단, 가설 설정, 계획 등의 내적 활동을 수행할 수 있다면, 정의상 어떤 존재는 의식이 있다.

제인스는 이런 최소한의 기준을 충족하면서도, 보다 깊은 의미에서는 의식이 **없는** 부류의 존재가 있을 수 있음을 시사한다. 제인스가 의미하

7 Jaynes, J., *The Origin of Consciousness in the Breakdown of the Bicameral Mind*, p. 47. 제인스는 초기 문명의 사람들, 가령 희랍인 호메로스가 의식이 없다고 주장한 논쟁적인 인물이다. 제인스는 이 주장을 뒷받침하는 수많은 역사적, 고고학적, 문학적 증거를 제시한다. 나 자신은 아직 납득이 되지 않는다. 그럼에도 불구하고 의식에 대한 제인스의 논의는 풍부하고 도발적이다.

는 바를 실감할 수 있는 좋은 방법이 있다. 생각에 깊이 몰두하거나 동행자와 대화에 빠진 채 익숙한 길을 따라 운전하고 있다고 상상하는 것이다.[8](만약 당신이 운전을 못 한다면 다른 예를 들어보겠다. 공상에 잠겨서 버스 정류장까지 걷는 것. 내가 묘사하려는 모습이나 경험은 대다수 사람들에게 친숙할 것이다.) 당신은 대화나 공상에 빠져 있기 때문에 눈앞의 길에 대한 정보가 거의 또는 전혀 의식으로 들어오지 않는다. 데이터는 눈과 귀로부터 계속 뇌로 흘러들어 오고 있음에도, 그리고 행동을 의식적으로 자각하고 있지 않은데도 여러분은 계속해서 동작을 준비하고, 거리를 판단하고, 표지판을 읽고, 기어를 바꾼다. 이 상태는 제인스가 말한 의식 없는 존재의 행동방식과 유사하다. 감각 정보가 흘러들어 오고, 결정이 내려지며, 계획이 마련되고 또 실행된다. 그러나 이 모든 과정에서 의식적 자각은 없다.

의식의 하한선을 지지하는 사람은 틀림없이 나의 자동차 시나리오 설명이 불편할 것이다. 추월할 때에 운전자는 당연히 앞차를 의식하고 있다는 것이 명백하다. 만약 운전자가 이를 의식하지 않는다면, 그는 앞차 옆으로 매끄럽게 운전하지 못하고 충돌해버릴 것이다. 의식의 하한선에 동의하지 않는 이들은 운전자가 앞차를 분명히 지각하지만, 지각은 의식적 자각 없이도 일어날 수 있다고 답할 것이다. 매우 흥미롭게도, 최근 한 회의에서 심리학자들은 우리가 논의하고 있는 상황 속 운전자가 앞의 도로를 의식하고 있는가에 대한 쟁점에서 대략 50 대 50으로 나뉘었다.[9] 추정컨대, 어떤 생물체—혹은 기계—가 항상 이러한 '자각 없는 지각' 상태에 있다면, 그것은 의식을 가지는가라는 쟁점에서도 심리학자

8 Jaynes, J., *The Origin of Consciousness in the Breakdown of the Bicameral Mind*, p. 85.
9 Kathy Wilkes의 '-, yìshì, duh, um, and consciousness', 주석 11에 나타나 있다.

들은 반반으로 나뉠 것이다.

내가 '의식'이란 용어에 사용하는 의식의 하한선이라는 의미에 대한 반대 의견은 언어적 취향이 다른 문제로 간주되곤 한다. 어떤 사람들에 의하면 의식의 하한선이라는 조건을 충족하는 개체는 '의식이 있다'고 인정하는 게 자연스럽다. 반면 추가적인 조건을 충족하지 못한다면 그 단어를 보류하겠다는 사람들도 있다. 어느 쪽이 옳은가, 이 문제에 정답은 없다. 아무리 성실한 분류학자라도 할 수 있는 거라곤 의식의 분류에 '의식의 하한선'이란 뜻을 집어넣고 거기에 이런 주석을 덧붙이는 일뿐이다. 혹자는 최저 기준선은 충족하지만 그 이상은 할 수 없는 유기체나 기계에 이 단어를 낭비하기보다, 분류법에 세세히 기재된 특성을 더 많이 가진 존재를 위해 이 단어를 보류하는 쪽을 선호한다고. 3장에서 이미 지적했듯이 나는 후자의 그룹에 속한다. 그래서 지각하고 생각하지만 의식이 없는 존재라는 발상이 전혀 이상하지 않다. 그러나 당신이 직관적으로 이 최저한도도 의식이라고 생각한다면, 나는 굳이 여러분을 설득하려고 애쓰지 않겠다. 왜냐하면 만약 이 최저한도도 의식이라고 불린다면, 기계의 의식이 개념상 가능하다고 주장하려는 나의 과제가 훨씬 간단해지기 때문이다. 터보 샘처럼 생각하는 로봇은 최저한도를 충분히 충족할 것이고, 논의의 여지없이 최소한의 의식이란 의미에서 의식적일 것이다.

8.3 내부 모니터링으로서의 의식[10]

전방의 차량을 지각하지만 지각한다는 것을 인지하지 못하는, 정신이

다른 데 팔린 운전자는 어떤 면에서 맹시(blind sight, 3장 '생각에서 의식이 필수적인가?'에서 소개된 현상)를 가진 사람과 비슷하다. 이 사람들은 뇌수술 후 시야의 일부를 상실했으며, 새롭게 생겨난 '블라인드' 영역으로 투사되는 빛이나 패턴을 볼 수 없다고 주장한다. 그러나 실험을 통해 환자들이 의식적으로 자각하지 못할 뿐, 실제로는 이러한 빛과 패턴을 지각한다는 사실이 밝혀졌다.[11]

이 경우와 다른 경우들을 보면 뇌에 일종의 모니터링(관찰) 메커니즘이 있음을 알 수 있다. 맹시를 처음 발견한 래리 바이스크란츠의 추정에 따르면, 맹시를 가진 사람들이 블라인드 영역에서 빛을 지각할 때 어떤 이유에서든 이 지각이 모니터링되지 않기 때문에 지각한 빛의 존재를

---

10 이 주제에 대한 다섯 가지 상세한 이론들에 대해서는 다음을 참조. Armstrong, D. M., *A Materialist Theory of the Mind*, chs. 6, 15; Dennett, D. C., 'Toward a Cognitive Theory of Consciousness'; Gazzaniga, M. S., 'Brain Modularity: Towards a Philosophy of Conscious Experience'; Johnson-Laird, P. N., *Mental Models*, ch. 16, *The Computer and the Mind*, ch. 19; Weiskrantz, L., 'Some Contributions of Neuropsychology of Vision and Memory to the Problem of Consciousness', 'Neuropsychology and the Nature of Consciousness'. 제인스의 설명은 이 주제의 설명과 다소 겹쳐진다. "지각은 자극을 감지하는 것이며 적절히 반응하는 것이다. 그리고 내가 자동차 운전에서 설명하려 했듯이, 이는 무의식적인 수준에서 일어날 수 있다. … 나는 정신-공간(mind-space)을 의식의 주요 특징으로 간주한다. … 우리는 실제 행동의 유추적 시뮬레이션을 내러티브로 만든다. … 의식은 끊임없이 사물을 이야기에 맞추고 있다. 그러므로 의식에 대한 기본적인 내포적 정의는 기능적인 정신-공간에서 '나'가 내러티브화하는 유추다. … 의식에는 다양한 양상들이 있다. 구어, 지각(장면의 상상), 행위(우리 자신이 무언가를 행동하는 상상), 생리학적인 것(우리의 피로, 불편함, 식욕을 모니터링하는 것), 또는 음악적인 것(음악을 상상하기). 이는 우리가 의식이라고 부르는 은밀한 사건들의 주목할 만한 사생활들이다."(*The Origin of Consciousness in the Breakdown of the Bicameral Mind*, pp. 448, 450, 452, 453)

11 Weiskrantz, L., Warrington, E. K., Sanders, M. D., Marshall, J., 'Visual Capacity in the Hemianopic Field Following a Restricted Occipital Ablation'; Weiskrantz, L., *Blindsight*.

보고할 수 없는 것이다.[12] 데이비드 암스트롱(David Armstrong)은 이 내부 모니터링 가설을 생생한 비유로 표현했다. "지각하는 경우, 뇌는 환경을 스캔한다. 지각을 자각하는 경우, 뇌의 다른 프로세스는 스캔하는 것을 스캔한다."[13]

우리 안에서 일어나는 모든 것이 이 가설상의 모니터링 범위에 들어가는 건 아니다. 일례로 동공의 반응은 감지되지 않는다.[14] 동공 주변의 홍채는 지속적으로 팽창과 수축을 반복하는데, 이는 밝기 변화에 대한 반응일 뿐만 아니라, 당신이 시선의 대상에게 갖는 관심도에 따른 반응이기도 하다. 만약 당신이 확장된 동공으로 낯선 이를 본다면, 이는 어떤 면에서 동공이 당신에게 무언가를 알려주고 있다는 지표다. 다만 당신이 이 신호를 의식하지 못할 뿐이다. 즉 동공 반응을 제어하는 뇌의 프로세스는 모니터링되지 않는다. 게다가 모니터링 시스템 범위 안에 있는 것조차 항상 감지되는 것은 아니다.(운전자의 예처럼.) 그리고 극단적으로 민첩한 판단을 요구하는 상황에서는 모니터링이 거의 완전히 '해제'될 수 있다. 항공기 조종사와 레이서들은 종종 그들의 실제 행동이 보여주듯이 전광석화 같은 속도로 일련의 결정들을 내릴 때 정신이 완전히 텅 비어버린다고 보고한다.

이론가들은 그 감지장치가 뇌의 언어중추에 반영된다고 추정한다. 이 감지장치 덕분에 우리는 행동의 내용이나 이유, 방법에 대해 우리 자신과 내면적으로 대화할 수 있다. 이 끊임없는 내부 독백과 그에 수반되는

12 Weiskrantz, L., 'Some Contributions of Neuropsychology of Vision and Memory to the Problem of Consciousness', pp. 194~5.

13 Armstrong, D. M., *A Materialist Theory of the Mind*, p. 94.

14 Weiskrantz, L., 'Some Contributions of Neuropsychology of Vision and Memory to the Problem of Consciousness', p. 184.

'내부의 사적 공간'이라는 환상은 우리의 자아감각에서 커다란 부분을 차지한다. (틀림없이 모니터링의 보다 초기 형태가 비언어적 생물에서 생겨날 수 있으며, 이러한 형태의 의식이 모든 고등 포유류에 존재할 수 있다.)

마이클 가자니가(Michael Gazzaniga)는 뇌들보(뇌량)를 절단하는 수술을 받았던 환자들에 대한 연구결과를 통해 뇌에 언어와 관련된 모니터링 장치가 있다는 생각을 떠올렸다. 뇌들보는 뇌의 좌반구와 우반구를 연결하는 신경 섬유 '다리'다. 뇌들보는 난치성 간질 치료법—소위 뇌분할 수술—으로 절단된다.(실제로 이 수술이 글자 그대로 뇌를 분할하는 것은 아니다. 두 반구는 피질 아래 층위에서 여전히 서로 연결되어 있다.)

일반적으로 뇌의 우반구는 시야의 절반 중 왼편에서 전달되는 정보를 처리하고 신체의 왼편(팔과 손가락의 움직임 같은)을 제어한다. 좌반구는 오른쪽 절반의 시야와 몸의 오른편을 다룬다. 오른손잡이 사람들은 대개 뇌에서 언어를 담당하는 영역이 좌반구에 위치하며, 반대로 왼손잡이는 그 반대다.(이에 관해 가능한 설명은 현재 언어를 담당하는 영역이 본래 몸짓을 담당하는 영역일 수 있다는 것이다.) 그런데 일단 한번 뇌들보를 절단하면, 두 반구는 더 이상 서로 정보를 공유하지 못한다. 이는 매우 이상한 효과를 만들어낸다.[15]

일련의 유명한 실험에서 뇌분할 수술을 받은 피험자는 스크린 앞에

---

15 뇌분할 환자의 감지장치 시스템 그 자체가 두 개로 나뉘었는지, 아니면 전체 시스템이 한쪽 뇌 반구에 있고 다른 쪽에서 일어나는 일에 접근할 수 없는 것인지에 대해서는 의견이 분분하다. 가자니가는 후자를 따른다. 전자의 경우라면 뇌분할 환자의 머리엔 두 개의 분리된 '자각의 흐름'이 있을 것이고, 그중 하나만 언어적으로 보고될 것이다. 이 가능성에 대한 흥미로운 철학적 논의는 다음을 참조. Nagel, T., 'Brain Bisection and the Unity of Consciousness'.

앉아 있다. 스크린의 오른쪽에 비춰진 것은 오직 좌반구에서만 '보이고', 반대쪽도 마찬가지다.(그림8.1)[16] 성적으로 야한 그림이 스크린 왼편에 짧게 번쩍이면, 오른손잡이의 피험자는 보통 아무것도 보지 못했다고 말하지만 몇 분 동안 얼굴을 붉히거나 피식 웃었다. 그들에게 왜 얼굴이 붉어졌냐고 물어보면, 피험자는 전혀 모르겠다고 말할 것이다. 그들의 손상된 모니터링 시스템이 말썽을 부린 것이다. 화면 왼쪽에 삼각형이 나타나고 오른쪽에 원이 나타나는 경우, 오른손잡이 피험자는 원을 보았다고 알려줄 것이다.(언어를 담당하는 영역이 좌반구에 있음을 기억하시길.) 그러나 피험자에게 화면에 있는 것을 왼손으로 그려보라고 하면, 그들은 삼각형을 그린다. 방금 그린 것이 무엇인지 물어보면, 그들은 자신이 원을 그렸다고 주장한다.(물론 그들은 스크린에서 눈을 떼서 자신이 그린 그림을 볼 수 없다.)

가자니가는 뇌의 모니터링 시스템이 확실히 알지 못하는 것을 어림짐작할 준비를 갖추고 있다는 의견을 제시한다. 감지장치는 수동적인 기록장치가 아니라 능동적인 해석장치다.[17] 가자니가에 따르면, 감지장치는 무슨 일이 벌어지고 있는지 '가설을 세운다'.[18] 왼손이 원을 그렸다고 가설을 세운 경우처럼, 시스템의 짐작이 항상 들어맞는 것은 아니다. 가자니가는 뇌분할 환자의 감지장치가 거짓 가설을 꾸며낸 행위가 발각된

16 Gazzaniga, M. S., Bogen, J. E., Sperry, R. W., 'Observations on Visual Perception After Disconnection of the Cerebral Hemispheres in Man'; Sperry, R. W., 'Some Effects of Disconnecting the Cerebral Hemispheres'; Gazzaniga, M. S., Le Doux, J. E., *The Integrated Mind*.

17 Gazzaniga, M. S., 'Brain Modularity: Towards a Philosophy of Conscious Experience'.

18 Gazzaniga, M. S., 'Brain Modularity: Towards a Philosophy of Conscious Experience', p. 219.

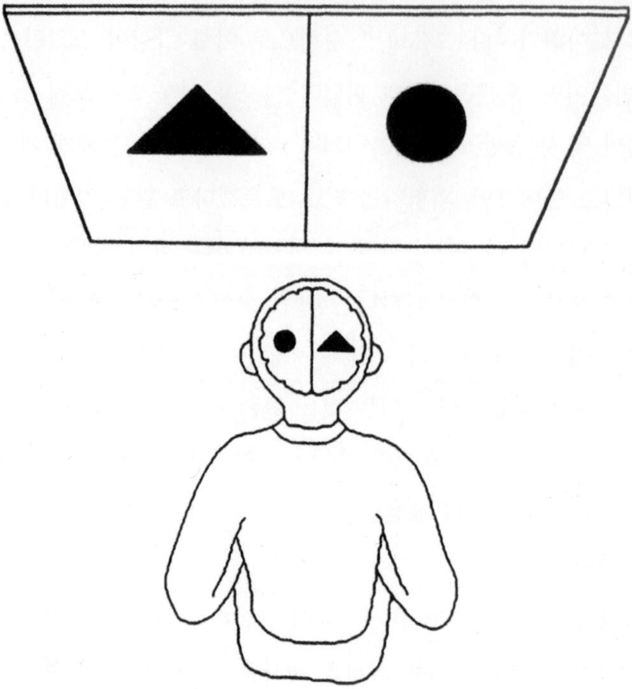

그림8.1 각각의 뇌반구는 스크린의 반쪽만 '본다'.

수많은 사례를 설명한다. 한 실험에서 스크린은 내가 설명한 대로 배치되어 있고, 피험자의 우반구에는 눈 덮인 집과 자동차의 그림을 보여주고, 좌반구에는 닭발을 보여주었다. 그는 일렬로 나열된 8개의 사물 가운데, 두 손을 모두 써서 화면에서 본 것과 가장 가까운 항목 두 개를 고르도록 요청받았다.(그림 8.2) 왼손으로 삽을 가리키며(왼손이 우반구의 통제를 받는다는 것을 기억하라), 오른손은 닭 그림을 골랐다. 선택에 대한 설명을 요청했을 때, (좌반구에 위치한) 그의 언어중추는 감지장치에서 만들어진 가설을 전했다. "아, 매우 단순합니다. 닭발은 닭에 어울리고, 닭

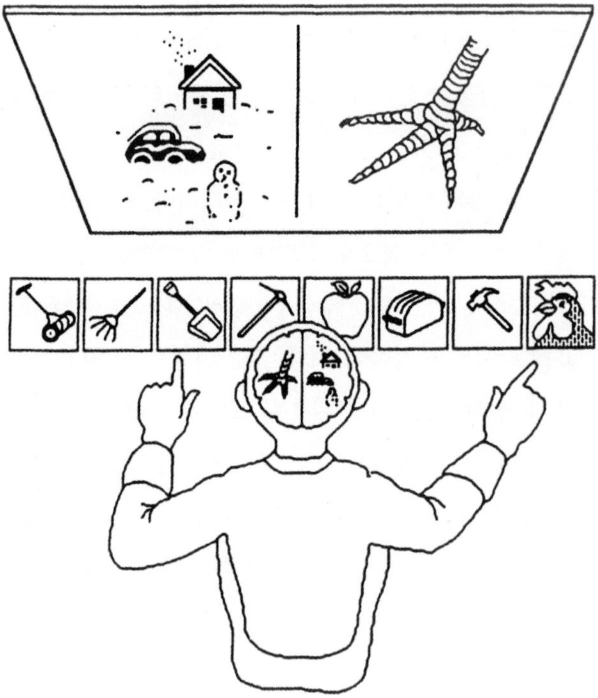

그림8.2 뇌분할 피험자에게 자신이 스크린에서 본 것과 어울리는 그림이 무엇인지 물어보았을 때, 뇌의 두 반구는 각각 상이한 물체를 골랐다.(Gazzaniga, M.S., LeDoux, J. E., *The Integrated Mind*의 그림42에서 인용)

장을 치울 때는 삽이 필요합니다."[19] 손상된 감지 시스템은 두 선택 모두 올바르게 설명하기 위해서 필요한 모든 정보를 더 이상 이용할 수 없었지만, 그럼에도 과감하게 어림짐작하는 것을 멈추지 않았다.

가자니가의 의견은 손상된 뇌의 감지장치가 단지 필요한 경우에만 짐작하는 것이 아니라, 이러한 해석과 억측이 각자의 감지장치 활동에서

19 Gazzaniga, M. S., 'Brain Modularity: Towards a Philosophy of Conscious Experience', p. 223.

일상적인 부분을 차지한다는 것이다. 이것은 우리의 활동들—가장 일상적인 활동들조차—에 대한 자신의 믿음이 때때로 혹은 자주 우리의 감지장치가 꾸며낸 가공물에 지나지 않는다는 불편한 가능성을 제기한다. 아래의 실험을 통해 이러한 가능성을 확인할 수 있다. 여성들에게 쇼핑몰 판매대에서 한 쌍의 나일론 스타킹을 선택하라고 요청하면, 모든 스타킹이 동일하더라도 일반적으로 진열대 맨 오른쪽에서 스타킹을 고르는 경향이 있다.(소비자의 상품 선택이 공간적 위치에 크게 좌우된다는 사실은 잘 알려져 있다.) 각각의 여성들에게 왜 그 스타킹을 골랐냐고 물어보면, 삽과 닭장에 대한 설명만큼이나 위조된 설명이 나왔다. 선택한 스타킹의 색깔이 더 좋다거나, 약간 더 얇다 등등. 어느 누구도 진정한 설명, 즉 공간적인 위치를 언급하지 않았다.[20] 당신의 감지 시스템이 상습적인 거짓말쟁이라면, 당신의 정신적 삶을 통합한다고 칭하는, 당신의 머릿속에 가득한 앞뒤가 들어맞는 이야기들은, 실은 사실과 허구가 미심쩍게 섞인 혼합물이다.

분류법으로 돌아가면, 현재의 등록 조건에 따라 만약—그리고 나는 다음의 특징화가 모호한 점에 사과해야 한다—어떤 존재가 자신의 여러 인지적 상태와 프로세스를 모니터링할 수 있는 높은 수준의 검토 시스템을 보유하고 있다면, 그 존재는 의식을 갖고 있다.(물론 자체 모니터링 화재 경보 시스템은 의식이 없다. 기준조건을 만족하는 존재만이 고려 대상이다.) 그 존재는 모니터링받는 것처럼 자신의 지각을 의식적으로 인지할 수 있다. 이 감지장치가 접근할 수 있는 상태에는 지각적인 것 외에 다른 것들도 포함된다. 욕망, 욕구, 목표, 두려움, 신념, 기억, 계획, 그 외 다른

20 Nisbett, R. E., Wilson, T. D., 'Telling More Than We Can Know: Verbal Reports On Mental Processes', pp. 243~4.

것들도 모니터링될 수 있다. 만약 그 존재가 직접적인 모니터링 활용의 결과로 어떤 믿음을 형성한다면, 이런 의미에서 욕구, 두려움, 계획 등은 의식적인 것이다.(그 존재가 자신의 행위를 [간접적으로] 반추한 결과로 어떤 믿음을 가진다고 말하는 것과 달리.)[21]

인공물이 지금의 의미에서 의식적일 수 있을까? 최소한 원리상 답은 확실히 '그렇다'로 보인다. 터보 샘과 같은 기계가 실제로 존재할 수 없는 이유는 여럿 있지만, 추측컨대 그의 나머지 부분을 만들어낼 수 있는 가설상의 로봇공학 연구실이라면 터보 샘의 언어 통합 모니터링 및 해석 시스템을 뚝딱 만들어내는 데에는 특별한 어려움이 없을 것이다.

만약 그러한 시스템을 소유한 로봇이 실제로 그리고 진정으로 의식이 있는지 미심쩍다면, 이는 그저 당신의 입장에서는 의식의 진정한 본질이 분류법의 다른 어딘가에 있다는 뜻이다. 계속 읽어보시길.

8.4 말로 표현하기 힘든 그 모든 것에 대한 '느낌'

어느 날, 터보 샘이 튜링연구소 주변의 언덕과 계곡을 한 점 구름처럼 외롭게 배회할 때, 그는 문득 수많은 황금빛 수선화를 보았다. 그는 한동안 꽃들을 바라보며 서 있었다. 꽃의 빛깔은 실험실 환경에서 만났던 어느 것보다도 훨씬 풍부하고 강렬했다. 그는 그의 영구적 메모리 속에 고해상도 복사물을 새겨 넣었고, 영국을 떠난 지 오랜 시간이 흐를지라도 그 수선화들은 여전히 때때로 그의 사색적 모니터링 시스템의 내부 시

21 Armstrong, D. M., *A Materialist Theory of the Mind*, chs 6, 15 참조.

선에 번쩍 떠오르곤 할 것이었다.

터보 샘이 수선화를 볼 때, 터보 샘에겐 수선화가 **어떻게** 보일까? 그는 특정 색깔의 꽃을 본다, 맞는 말이다. 그러나 인공 눈이 수선화로 가득 찬 풍경을 스캔할 때 받는 감각이 **여러분이나 내**가 그런 상황에서 받는 감각과 같은 것인가? 아니면 그의 시각적 감각이란 우리와는 상상할 수 없을 정도로 다른 것인가? 어쩌면 그의 시각적 감각은 우리의 시각적 감각과 다를지도 모른다. 마치 우리의 미각과 촉각이 서로 다른 것처럼. 귀찮은 하위 문제들은 이 지점에서 생겨난다. 수선화 꽃밭을 볼 때, 당신과 내가 대략이나마 비슷한 시각적 감각을 느끼고 있음을 확신할 방법이 있는가? 우리 모두는 수선화가 '노랗다'라고 말한다. 이는 터보 샘도 마찬가지다. 그러나 이것은 도움이 되지 못한다. 우리 셋은 자기에게 노랗게 보이는 것들에 '노랑'이라는 단어를 적용하는 관습을 모두 따르고 있지만, 노란색이 각자마다 다르게 보이는 경우일 수도 있다.

터보 샘이 수선화를 볼 때, 우리는 그에게 수선화가 무엇처럼 보이는지 궁금해하면서 이미 너무 많은 것을 가정했는지도 모른다. **어쩌면 수선화가 터보 샘에게는 무엇과도 전혀 비슷하지 않을 수 있다.** 터보 샘이 노란 꽃을 보거나, 페퍼민트 위로 미각 센서를 실행시키거나, 자신의 회로보드 중 하나가 과열되는 냄새를 놓치지 않고 감지하면서도 실제로는 어떤 것도 '경험'하지 않는지도 모른다. 그는 수선화를 본다; 자신이 꽃들을 보고 있음을 (내적 감지장치 덕분에) 자각한다; 꽃들이 푸르스름한 노랑도, 누릇누릇한 노랑도 아닌 황금빛 노랑임을 안다; 이 꽃들이 수선화과에 속하는 것임을 정확하게 식별할 수 있다; 그는 (스스로에게 말한 대로) 이후에도 대지 위에 연무처럼 드리웠던 창백하고 강렬한 색채와 같은 방식으로 꽃이 만발했던 풍경을 아주 자세하게 떠올릴 수 있다. 그

러나 이 모든 것은 로봇이 꽃(페퍼민트 혹은 과열된 회로보드)에 대해서 '주관적 특성'(subjective character) 혹은 '명백한 현상학적 **특질**'(immediate phenomenological quality) 혹은 '느낌'(feeliness)(당신이 좋아하는 아무 용어나 골라라)을 지니는 감각적인 처리 없이도 가능한 것 같다.[22] 요컨대, 오늘날 자동차 조립 공장에서 사용되는 단순한 로봇들은 초보적인 감각센서와 시각 시스템을 갖추고 있지만, 현상학적 속성에 대한 감각은 없을 것이며, 이는 터보 샘의 경우에도 마찬가지다. (어린 아이들이 반복해서 물어보는 질문들과 비교해보라. "고양이, 파리, 개구리는 꼬리가 뒤틀리거나, 날개가 벗겨지거나, 몸이 잔인하게 으깨질 때 진짜로 뭔가를 **느끼나요**?)

어쨌든 같은 인간으로서 나는 당신이 내가 지금 말하고 있는 바—머리카락을 스쳐가는 바람의 느낌, 구름 한 점 없는 푸른 하늘의 광경, 피부에 닿는 온기의 확실하지만 말로 표현할 수 없는 느낌, 무지근하고 쿡쿡 찌르는 듯한 복통—를 직관적으로 이해하리라고 생각한다. 비록 나는 터보 샘에게 이러한 것이 무엇인지 정확히 설명하려고 시도하는 일을 싫어함에도 불구하고, 우리는 그가 이를 놓치고 있을지 모른다는 걱정이 있다. 틀림없이 그는 자신이 놓치고 있는 것이 없다고 주장할 것이다. 그 역시 언제 자신의 머리카락이 바람에 날리고 있는지 알려줄 수 있다. 튜링은 로봇이 현상학적으로 자각하는 존재라고 우리를 안심시킨다면, 설령 우리 마음속에 의구심이 똬리를 틀고 있더라도 우리가 이러

---

22 토머스 네이글은 'What is it Like to be a Bat?'에서 '주관적 특성'(subjective character)이라는 표현을 동일한 맥락으로 사용한다. '직접적인 현상학적 특질'이라는 문구는 Saul Kripke가 *Naming and Necessity*에서 사용한다. Bill Lycan은 *Consciousness*, ch. 5.에서 고통, 색 감각 등등의 '느낌적인 특성'을 다루고 있다.

한 상황들을 정중하게 수용하는 태도로 다루어야 한다고 말했다. 그는 사실상 우리 모두가 나머지 인류를 대할 때도 이러한 습관을 보인다는 점을 기쁘게 지적했다.[23]

어떤 존재가 가진 감각에 관한 삽화가 '느낌적 특성'을 가진다면 이 분류법의 세 번째 그리고 마지막 의미에서 의식이 있다. 품위 있는 기술적 용어를 바라는 철학자들은 대개 '느낌적 특성'보다는 **퀄리아**(qualia; 단수형 'quale')[24]라고 말한다. 따라서 분류법의 공식적 항목은 다음과 같다. 의식적인 존재란 세계와 맺는 자신의 감각적 상호작용이 습관상 어떤 종류의 퀄리아를 동반하는 것이다.

퀄리아란 정확히 무엇인가? 기계가 그것을 경험할 수 있는가? 이는 커다란 질문이며, 이 장의 남은 부분은 이 질문을 곰곰이 생각하는 데 전념할 것이다.

8.5 미스터리의 핵심으로

1866년 토머스 헉슬리(Thomas Huxley)는 『기초 생리학 강의*Lessons in Elementary Physiology*』에서 다음과 같이 썼다. "의식이 무엇인지 우리는 모른다. 그리고 자극된 신경조직의 결과로서 의식의 상태가 생겨나는 게

23 'Computing Machinery and Intelligence', p. 446. 의식에 대한 튜링의 논의는 다소 피상적이다. 그는 자신의 테스트를 의식에 대한 적절한 진단 프로그램으로 추천한다.(p. 445~7) 그러나 3장에 제시된 주장을 고려할 때, 튜링 테스트는 최저 기준선의 의미로 사용했던 의식을 진단하는, 신뢰할 만한 지표가 아니다.

24 [역주] 또는 감각질(感覺質). 심리학 용어로, 개인이 느끼는 주관적이고 의식적인 경험을 일컫는다. 어떤 것을 지각하면서 느끼는 기분, 떠오르는 심상처럼 말로 표현하기 어려운 특질이다.

얼마나 놀라운지도 모른다. 이는 마치 알라딘이 램프를 문지르면 지니가 등장하는 것만큼이나 이해할 수 없는 현상이다."[25] 이로부터 한 세기 이상이 흘렀지만, 미스터리는 아직도 풀리지 않은 채 남아 있다. 여전히 우리는 두뇌나 신경계에서 일어나는 전기적, 화학적 활동과 퀄리아 사이에 무슨 관계가 있는지 확실히 이해하지 못한다. 일부 과학자들과 철학자들은 퀄리아가 언제나까지나 객관적 과학의 범위를 넘어서 있을, 독특하고 기이한 것이라고 생각한다. 아인슈타인도 과학이 우리에게 수프의 맛을 알려줄 수 없다고 말한 것으로 유명하다.[26] 나는 이러한 사고방식을 몇 페이지에 걸쳐 좀 더 자세하게 검토할 것이다. 그러나 먼저, 당신에게 적당히 신비감을 주기 위해 나는 퀄리아에 뭔가 독특한 것이 있다는 아이디어를 무시하려는 시도들을 실컷 비웃어주고자 한다.

무시하는 반응 하나

"저에게 모든 '미스터리'는 단지 접근 방식이 잘못된 결과일 뿐입니다. 이러한 소위 '느낌적 특성'은 뇌 또는 정신에 전혀 존재하지 않습니다. 그것은 우리가 지각하는 사물들의 특성으로서 저 세계 안에 존재합니다. 치즈는 노랗고, 풀은 푸르고, 설탕은 달고, 소금은 짭니다. 이러한 특성에는 특별히 문제될 게 없습니다. 어떤 식품화학자라도 스프에 맛을 더하는 것이 무엇인지 당신에게 말해줄 수 있을 겁니다."

이러한 발언이 매우 잘못되었다는 걸 쉽게 확인하는 방법은 고통을 생각해보는 것이다. 모두 잘 알겠지만, 인체 조직을 핀으로 콕콕 찌르는 것은 독특한 느낌적 특성을 수반하는데, 이는 핀 자체의 특성으로 간주

25 Huxley, T. H., *Lessons in Elementary Physiology*, p. 193.
26 Dennett, D. C., 'Quining Qualia', p, 48. 참조.

할 수 없다. 퀄리아는 핀**에 의해** 우리 **안에서** 발생한다. 이는 맛(그리고 다른 감각적 양상들)에서도 마찬가지다. 그 예를 보자.[27]

페닐티오요소(phenylthiourea)는 약 75%의 사람들에게 강한 쓴맛을 내지만 나머지 사람들에게는 거의 맛이 나지 않는 물질이다. 그렇다면 이 페놀티오요소는 쓴맛인가? 이는 곤란한 질문이다. 특히나 '설탕은 달다'라는 설명이, 설탕이 우리에게 주는 영향이 아니라 설탕 자체에 관해서 말하고 있다고 믿는 순진한 사람에겐 더더욱. 그럼에도 불구하고 더 난감한 것이 있다. 페놀티오요소에 대한 반응은 유전적으로 결정된다. 말인즉슨 쓴맛을 느끼는 사람이 자손을 가질 수 없다고 가정하면, 어쩌면 수십 세대가 지난 후에 이 물질은 모두에게 아무런 맛도 나지 않는 물질이 되어 있을 것이다. (파란 눈도 마찬가지다. 만약 각 세대에서 파란 눈의 사람들이 생식을 못한다면, 파란 눈은 아마 존재하지 않게 될 것이다.) 이처럼 페닐티오요소 자체의 화학적, 물리적 특성에 어떠한 변화가 없어도, 페놀티오요소는 대다수의 사람들에게 쓴맛을 주는 물질에서 보편적으로 무미한 물질로 바뀌게 될 것이다.

쓴맛은 이를 느끼는 사람에게 있는 것이지, 그 대상에 속한 것이 아니다. 퀄리아는 '저 세계 안에' 있지 않다. 외부 대상이 우리의 감각기관과 상호작용할 때 우리 **안에서** 발생한다.

무시하는 반응 둘

"오, 이것 봐요. 퀄리아에 대한 거대한 미스터리 같은 건 없어요. 그건 단지 뇌에서 생기는 상태나 프로세스에 지나지 않아요. 솔직히 우리는

27 예시는 Bennett, J., 'Substance, Reality, and Primary Qualities', p. 9에서 가져왔다.

아직 어떤 상태나 프로세스에서 퀄리아가 이뤄지는지 정확히 알지 못하지만, 뇌가 얼굴을 인지하고, 간단한 산수를 하거나, 우리가 말하는 문장을 어떻게 만들어내는지도 역시 모르잖아요. 뇌과학이 아직 해결하지 못한 문제가 많이 있어요. 이 문제들 모두 매혹적이긴 해도, '도저히 이해할 수 없는 미스터리'라고 이름 붙일만 한 건 아니에요. 퀄리아가 우주의 궁극적인 수수께끼인 양 다루는 것들은 모두 그저 사기에 불과합니다."

격앙된 답변

"어떻게 고통의 느낌이 뇌의 세포막을 통과하는 이온으로 이루어질 수 **있겠습니까**? 어떻게 파란색의 감각이나 재스민 향기가 대뇌피질의 전기 활동으로 형성될 수 **있습니까**? 혹은 갈증의 느낌이란 게 시상하부에 있는 아미노산 농도가 증가하는 것입니까? 오르가즘의 즐거움이 귓불 가운데 있는 자그마한 세포조직에서 일어나는 화학 반응과 동일한 것입니까? 그런데 앞의 화자는 퀄리아가 곧 글자 그대로 뇌의 이러한 프로세스라고 우리에게 차분히 확언합니다. 저는 이토록 믿을 수 없는 말을 결코 들어본 적이 없습니다. 어쨌든 반대 입장에서 말하는 주장과, 두뇌의 전기화학적 활동이 오르가즘, 갈증 등과 관련된 퀄리아를 **산출**하거나 **야기**한다는 훨씬 약한 주장과 혼동하지 마십시오. 고양이를 쓰다듬는 것이 고양이가 가르랑거리는 것을 야기한다는 말은 완전히 설득력이 있습니다. 하지만 고양이가 가르랑거리는 것이 곧 쓰다듬는 것과 **같다**는 말은 전혀 타당하지 않습니다. 'X는 Y와 **같다**'는 'Y에 의해 X가 **야기**된다'와 매우 상이한 주장입니다."

퀄리아가 곧 뇌의 프로세스라는 발상에서 보이는 부조화가 나에겐 매우 충격적이다. 이는 '도의 음표가 문자 그대로 물고기일 수 있다'[28]는 생각만큼이나 이상한 것이다. 다시 말해, 두 경우 모두 병렬된 항목들 사이에 아무런 유사점이 없다. 그러나 내가 수차례 말했듯이 낯섦이 반드시 거짓의 지표는 아니기에, 결국에는 어쨌든 우리의 퀄리아가 뇌에서 일어나는 물리적 현상에 지나지 않는다고 밝혀질지도 모른다.(역사에는 이런 전례가 많이 있다. 번개, 즉 신의 초자연적 힘이 결국엔 전기의 자연적 방출에 지나지 않음이 밝혀졌다.) 개인적으로는 이것이 사물이 밝혀지는 방식이길 분명히 **희망한다**. 퀄리아가 마치 간섭하기 좋아하는 유령인 양 내 중추신경계에 퍼져 있는 천상의, 비물리적 무엇이라는 생각은 그야말로 불안감만 조장한다.[29] 하지만 뭐라고 해도 오직 미스터리를 심각하게 맹신하는 사람만이 미스터리가 없다고 주장할 수 있다. 여기에 바로 결정타가 있다.[30]

우리의 퀄리아가 어떻게든 뇌 안의 생물-물리적 현상일 뿐이라고 판명되리라 믿는 사람들을 **물리주의자**(physicalist)라고 한다. 반대 진영, 즉 퀄리아가 생물-물리적인 것을 초월한다고 주장하는 쪽은 **반물리주의자**(anti-physicalist)로 알려져 있다. 반물리주의자에겐 **이원론자**(dualist)라는 이름도 있다. 왜냐하면 이들은 인간이 물질과 정신이라는, 두 가지 근본적으로 다른 것들의 합성물이라고 믿기 때문이다. 한편에선 우리에게 생물-물리적 측면이 있고, 다른 한편에서는 물리적 사건으로 환원할 수

---

28 [역주] 음표 모양이 물고기와 닮아서 이런 비유를 종종 쓰곤 한다.

29 신경과학자 존 에클레(John Eccles)는 *The Human Mystery*, ch. 10에서 이 초자연적으로 들리는 아이디어를 변호한다.

30 대니얼 데닛의 *Consciousness Explained* 참조. 미스터리를 향한 맹신임을 설득하기 위한 활기찬 시도가 담겨 있다.

없는 정신적 퀄리아의, 지독하게 부산스러운 흐름이 있다.31 이와 대조적으로, 물리주의자들에게 인간은 본성상 전적으로 생물-물리적 존재이며, 그래서 우리가 비물리적인 정신을 소유하고 있다는 통념은 그들에게 이단에 가까운 것이다. 버지니아 울프의 『등대로』에 나오는 램지 교수는, 물리주의에 대해 즐겁고도 직설적으로 말했다. "선생님, 정신이란 고깃덩어리입니다."32

물리주의자들의 향후 전망에 따르면, 신경과학의 확고한 진전은 궁극적으로 퀄리아를 따라잡을 것이고, 그러면 퀄리아의 미스터리는 일거에 사라질 것이다. 반물리주의자에 따르면, 신경과학이 완성되고 생물-물리적 뇌에 관해 필요한 모든 것을 알고 있을 때조차, 우리는 여전히 퀄리아에 대해 더 정통하지는 못할 것이다. 한 선도적인 반물리주의자는 다음과 같이 썼다. "물리적인 모든 것을 알려 달라고 하면, 살아 있는 뇌에서 일어나고 있는 것을 말해줄 것이다. 그러곤 … 고통의 아픔, 근질근질할 때의 가려움, 질투로 인한 상심, 혹은 레몬을 맛보고 장미향을 맡고, 큰 소리를 듣거나 하늘을 볼 때 경험하는 독특한 특성에 대해서는

---

31 이른바 실체 이원론자는 인간이 말 그대로 '물리적인 재료'와 '정신적인 재료'라는 서로 다른 실체로 구성되어 있다고 생각한다. 이것은 상당히 고루한 생각이며, 특히 17세기 철학자 르네 데카르트와 관련되어 있다. (이 때문에 실체 이원론은 흔히 데카르트 이원론으로 불리기도 한다.) 대부분의 현대 이원론자들은 특성 이원론자다. 그들은 오직 한 종류의 재료만 관계한다는 점에서—인간은 샌드위치가 아니다—물리주의자들에 동의한다. 그러나 이 재료에는 두 개의 근본적으로 다른 유형의 특성들, 곧 생물-물리적 특성과 '느낌'의 특성이 있다고 주장한다.

32 Virginia Woolf, *To the Lighthouse*. 1927년 Hogarth Press에서 출판. 동명의 영화, 1983년 개봉. Colin Gregg 감독. 원전에는 대화가 거의 없다. 시나리오 작가 Hugh Stoddart는 울프의 아버지가 가졌던 아이디어에 대해서 언급한 램지의 철학적 발언을 기초로 했다.(개인적인 대화에서 알게 되었다.) 마빈 민스키는 정신이 '고기로 만들어진 기계'(meat machine)라는 비슷한 발언으로 유명하다.

말해주지 못할 것이다."[33]

나는 다음 두 절에서 두 가지 논의를 검토할 것이다. 이 논의들은 퀄리아가 그 본성상 비물리적이라는 주장을 뒷받침한다. 첫 번째는 토머스 네이글(T. Nagle)의 것이고, 두 번째는 프랭크 잭슨(Frank Jackson)의 것이다. 논의가 흥미롭긴 하지만, 내가 보기엔 설득력이 없다.

8.6 박쥐가 된다는 건 어떤 것일까?[34]

박쥐는 주로 음파탐지(sonar) 혹은 반향위치결정법(echolocation)을 통해 외부세계를 지각한다.[35] 날고 있는 박쥐는 고속의 고주파 소리를 내고, 이는 주변의 물체에 반사되어 돌아온다. 박쥐 뇌의 특화된 메커니즘은 발산한 음파와 그 반향을 연계해 박쥐가 거리, 크기, 모양, 동작, 질감을 상세하게 식별할 수 있게 한다. 인간의 관점에서 보면, 박쥐는 본질상 외계 생명체다. 박쥐는 우리와 근본적으로 다른 지각체계로 외부세계를 감지한다.

네이글(Nagel)은 박쥐가 내 분류법의 세 번째 의미에서 의식적이라고 가정하면서 논의를 시작한다. "나는 말벌이나 가자미보다 박쥐를 선택했다. 왜냐하면 계통수에서 너무 멀리 내려가면, 사람들은 점점 그들에게 경험이 있다는 생각을 포기해버리기 때문이다."[36]라고 설명한다. 확

---

33 Jackson, F. C., 'Epiphenomenal Qualia', p. 127.

34 Nagel, T., 'What is it Like to be a Bat?' 주지의 사실로서, 네이글이 스스로를 물리주의자 또는 반물리주의자로 잘 분류했는지는 분명하지 않다. 그러나 박쥐에 대한 이 논의는 그 의미상 명백히 반물리주의적이다.

35 혹은 정확하게는, 작은박쥐아목(소익수아목)이 그렇게 한다.

신하건대, 어떤 사람들은 박쥐에게도 똑같은 의혹을 가지리라. 하지만 논의를 진행하기 위해서 네이글의 가정을 허용해주자. 그는 이어서 박쥐가 경험하는 세계가 어떤 것인지 상상해보라고 권한다. 네이글은 우리가 못하리라는 것을 너무 잘 안다. "박쥐의 음파탐지는 분명히 지각의 한 형태이지만, 작동방식에 있어서 우리의 어떤 감각과도 유사하지 않으며, 우리가 경험하거나 상상하는 어떤 것과도 주관적으로 같다고 가정할 이유가 없다."[37] 박쥐가 된다는 게 어떤 것인지 우리가 상상하려고 할 때, 기초 자료로 사용할 수 있는 거라곤 우리 자신의 경험밖에 없다. 그러므로 네이글이 우리에게 일깨워주듯이 우리는 우리 자신의 편협한 관점에 꼼짝없이 묶여 있다. 우리 상상력의 지평은, 우리가 가진 지각 기관의 본성에 의해 확고하게 정해져 있다. "우리가 박쥐를 생각할 때 처한 상황은, 지능적인 박쥐 또는 화성인들이 우리가 되는 게 무엇인지 이해하려 할 때의 상황과 동일하다. 그들 자신의 정신 구조 때문에 그들은 성공하는 게 불가능하다."[38] 당신은 박쥐가 되는 게 어떤 것인지 상상할 수조차 없다. 그렇지 않은가?

다음으로, 네이글은 논의의 초점을 박쥐의 퀄리아에서 박쥐의 뇌로 옮긴다. 네이글은 이렇게 썼다. 박쥐의 뇌, 신경계, 지각기관에 관한 생물학은, "서로 다른 지각 체계를 가진 개인이 관찰하고 이해할 수 있는, 매우 탁월한 객관적 사실의 영역이다. … 인간 과학자가 박쥐의 신경생리학에 대한 지식을 획득할 때 예상되는 장애물은 없으며, 지능적인 박쥐나 화성인이 인간의 뇌를 연구한다면, 우리가 우리 뇌에서 앞으로 발

---

36 Nagel, T., 'What is it Like to be a Bat?' p. 438.
37 Nagel, T., 'What is it Like to be a Bat?' p. 438.
38 Nagel, T., 'What is it Like to be a Bat?' p. 440.

견할 것보다 훨씬 많은 것을 발견할 수 있을 것이다."[39] 요약하자면, 박쥐 뇌의 기능에 관한 과학적 사실은 모두에게 공개된 영역에 속하며, 박쥐의 신경생리학적 작용에 대해 필요한 모든 것을 알아내는 과정을 원리상 가로막고 있는 것은 없다. 그럼에도 음파탐지로 세계를 인지하는 생명체가 된다는 것이 무엇인지에 대한 진실은, 박쥐 자신의 주관적 관점에서만 접근할 수 있다. 네이글에 따르면, 객관적인 신경생리학적 데이터가 아무리 많더라도, 우리의 비좁은 상상력으로 박쥐의 주관적 체험을 이해하려 할 때에는 그다지 도움이 되지 못한다. 그는 객관적인 신경과학이 원래부터 퀄리아를 설명할 수 없다고 결론 내린다.[40] 신경과학 분야는 생명체의 뇌에서 발생하는 사실에 대해 공개적으로 접근할 수 있는 영역인 반면, 주관적인 퀄리아에 관한 사실은 근본적으로 다른 특성을 갖는다.[41]

이 논의에는 두 가지 비판이 있는데, 하나는 사소한 것이고 다른 하나는 중대한 것이다. 먼저, 사소한 비판. 박쥐가 되는 게 어떤 건지를 더 잘 이해하는 데 미래의 신경생리학적 데이터가 도움이 되지 않는다고 단정 지을 자격이 네이글에게 있는가? 다음의 예는 그렇지 않음을 시사한

39 Nagel, T., 'What is it Like to be a Bat?' p. 442.

40 네이글은 *The View From Nowhere*의 2장과 3장에서 이 논지를 확장시켰다.

41 내 설명이 네이글의 주장에 대한 공정한 결정이었으면 좋겠다. 내 생각에는 수많은 논평가들이 이 논의를 잘못 전했다. 부분적으로는 실제보다 더 명확하게 만들려는 욕구 때문이었고, 또 부분적으로는 그들이 해당 사실—네이글의 중심적인 관심사는 박쥐의 관점에서 사태가 어떠한지 우리가 상상할 수 있는가에 제한되어 있다—을 간과하는 경향이 있었기 때문이었다. 특히 라이프니츠의 법칙을 참조상 불명료한 맥락에 적용하는 잘못을 범했다는 관점에 대해서는, 네이글의 논문에서 어떠한 근거도 없다.(일례로 다음을 참조. Churchland, P. S., *Neurophilosophy*, pp. 327~30; Churchland, P. M., 'Reduction, Qualia, and the Direct Introspection of Brain States', pp. 19~22; Lycan, W. G., *Consciousness*, pp. 75~8).

다.[42] 신경생리학적으로 인간의 미각체계는 고양이와 쥐의 체계와 꽤 비슷하다. 관련 신경 경로에서 전기적 활동을 모니터링해서 발견한 한 가지 작은 차이점이 있을 뿐인데, 이는 특정한 면에서 우리의 체계가 고양이보다 덜 민감하며 쥐보다 더 민감하다는 것이다. 민감성의 격차는 특히 '미각 스펙트럼'의 쓴맛에서 두드러진다. 그러니 아마도 인간에게 살짝 쓴맛인 물질은 쥐에게 전혀 쓰지 않을 것이며, 고양이에게 적당히 쓴맛일 것이다. 어쩌면 인간이 매우 약하게 쓴맛을 느끼는 사카린은, 미각이 덜 민감한 쥐에게는 설탕과 똑같은 맛이며 민감한 고양이에게는 먹을 수 없을 만큼 쓴맛이 날지도 모른다. 이는 쥐의 퀄리아와 고양이 퀄리아에 대한 추측이다. 미각의 신경생리학에 관한 작은 발견만으로도 쥐와 고양이에게 어떤 일이 일어나는지를 더욱 자세하게 그려내고 파악할 수 있다.(그리고 꽤 흥미롭게도, 고양이는 설탕을 먹지만 사카린은 먹지 않을 것이고, 반면 쥐는 구별 없이 둘 다 선택할 것이다.) 물론 설탕과 사카린 맛을 비교하는 것은 경험의 전체 구조에서 매우 작은 단편이다. 그러나 이처럼 별로 대단치 않은 신경생리학적 발견 하나가 상상력에 작은 변화를 안겨줄 수 있다면, 향후 4~5세기 후의 신경생리학적 진보가 고양이, 쥐, 혹은 박쥐에 관해 더 많이 상상할 수 있는 우리의 능력에 어떤 영향을 줄지 누가 알겠는가? 네이글은 너무 성급했는지도 모른다.

두 번째 비판은 매우 직접적이다. 네이글은 논의의 방향을 잘못 잡았다. 물리주의자들은 박쥐가 되는 것이 어떤 건지 완전하게 상상할 수 없다는 그의 주장에 반대할 필요가 없다. 물리주의 이론은 퀄리아의 본성에 관한 것이지, 인간이 표상하는 능력에 관한 것이 아니다. 물리주의는

---

42 이 예시는 폴 처칠랜드(Paul Churchland)에서 빌려왔다. 'Some Reductive Strategies in Cognitive Neurobiology', p. 302.

박쥐—그리고 다른 모든 유기체들—가 순수하게 생물–물리적 존재라는 주장이다. 그러니 네이글의 주장은 결코 물리주의자에게 이러한 믿음—우리가 박쥐 뇌와 지각기관의 신경생리학에서 필요한 모든 것을 안다면, 그러한 기관이 있는 생물이 되는 게 진정 어떠한지 상상할 수 있다—을 약속해주지 않는다. 당연히 인간은, 애초에 반향위치결정법으로 세계를 감지하는 생물체의 지각 경험을 상상하기 어려울 것이다. 그게 뭐가 문제란 말인가? 이 논의는 박쥐가 본성상 순수하게 생물–물리적인 존재일 리 없음을 증명하기에 충분치 않다. 울프 소설의 램지 교수라면 다음과 같이 지적할지 모른다. 하나의 고깃덩어리 조직이 근본적으로 다른 지각기관을 가진 다른 고깃덩어리 조직의 관점에서 세계를 상상할 수 없다는 사실은, 두 번째 조직이 결코 고깃덩어리 조직이 아니라는 증거로 간주될 수 없다.

8.7 메리가 모르는 것

프랭크 잭슨의 논의는 어떤 면에서 네이글 논의의 정제된 버전이다.[43] 잭슨도 물리주의가 무언가를 놓쳤다는 비슷한 결론을 목표로 한다. 그러나 그는 네이글의 소득 없는 경로이탈, 즉 우리가 다른 종의 생물이 되는 게 어떤 것인지 상상할 수 있는가의 쟁점을 우회하는 길을 택한다.

이 논의의 주인공인 메리는 선천적으로 고통에 무감각하다.[44] 이 불행

43 Jackson, F. C., 'Epiphenomenal Qualia'. 잭슨은 자신의 논의가 네이글에게 상당히 빚지고 있음을 밝히고 있다.(주석 11)

44 이 논의에 대한 잭슨 자신의 발표는, 고통이 아니라 색 시야에 관한 것이다. 세부사항은

에 처한 사람들은 고통을 전혀 느끼지 못하며, 결과적으로 그들 자신에게 엄청난 상해를 입히기 쉽다. 많은 이들이 반복적으로 관절을 혹사하는 바람에 결국 절름발이가 된다. 그러나 메리는 세심한 간호를 받은 덕분에 상처 없이 어린 시절을 보냈다. 대학에서 그는 철학과 신경과학에서 모두 수석을 차지했으며, 통증 신경생리학 분야—꽤 이상하긴 하지만—를 선도하는 세계적인 전문가가 된다. 그는 서기 4000년에 살고 있기 때문에 인간의 두뇌와 신경계에 관한 지식체계를 거의 완성할 수 있었다. 통증에 관한 신경생리학에서 메리가 모르는 것은 그저 알 만한 가치가 없는 것들뿐이다. 그렇지만 당연히 그는 고통을 실제로 경험한 적이 없으며, 40세에 호기심에 이끌려 자기 뇌의 화학적 상태를 정상화할 수 있는 매우 비싼 치료 과정을 선택한다. 한 달 후, 그는 얼굴에 기대감을 드러낸 채 수술용 침대에 누워 있고, 신경약리학자는 그의 엉덩이에 멸균 주사를 찌를 준비를 마쳤다. 꽥 하는 승리의 비명 소리가 입술에서 터져 나왔고, 그녀는 마침내 고통을 맞이한 것을 축하했다.

잭슨은 이 시나리오를 통해 물리주의가 틀렸다는 결론을 내린다. 치료 과정에 앞서, 메리는 고통에 대한 모든 생물-물리적 사실을 알고 있었지만, 주사바늘이 그녀의 살을 뚫었을 때 그녀는 새로운 것을 경험했다. 그러므로 통증에 대해서 생물-물리적 사실이 알려주는 것 이상이 있는 것이다. "이는 물리주의가 무언가를 놓치고 있음을 보여준다."고 잭슨은 말한다.[45] 고통은 순수하게 생물-물리적 현상이 될 수 없다.

중요하지 않다. 그가 말했듯이, 논의는 '맛, 청각, 신체 감각, 그리고 (다양하게 말해서) 기초 감정, 현상적 특징, 혹은 퀄리아로 언급되는 다양한 정신 상태에 대한 일반적 발언으로도 전개될 수 있다.'('Epiphenomenal Qualia', p. 130)

45 Jackson, F. C., 'Epiphenomenal Qualia', p. 129, p. 130도 함께 참조.

잭슨의 논의는 기발하지만 나는 납득할 수 없다. 메리가 치료받기 전의 지식은 외부 관찰자의 지식인 반면, 치료 후의 통증은 이제 그녀가 직접 얻은 앎이 되었다. 이로부터 물리주의가 틀렸다는 결론이 따라 나오진 않는다. 내가 이를 보여주겠다.

대칭적인 사례를 생각해보자. 저명한 네덜란드 수목재배가인 판 플랑크는 뉴질랜드 카우리나무에 대한 모든 정보를 알고 있다. 그러나 비행 공포증이 있는 판 플랑크는 뉴질랜드를 한 번도 방문한 적이 없고, 지식의 대상을 직접 관찰한 적도 없다. 60세에 마침내 그는 바다를 거쳐 여행할 시간이 생겼고, 노스랜드 숲에서 실제 크기의 카우리나무와 처음 만나 경외심을 갖게 되었다. 판 플랑크가 이전에 알고 있던 카우리나무에 대한 지식이 불완전했었나? 어떤 의미에서는 그렇고, 어떤 의미에서는 아니다. 상황을 정확하게 묘사하려면, 의미상의 구분이 필요하다. 이 구분은 '나는 그녀를 모르지만, 그녀에 대해 많이 압니다'라는 문장으로 요약할 수 있다. 첫 번째 의미에서, 당신은 누군가를 실제로 만나기 전까지 그를 모른다. 두 번째 의미에서, 당신은 만난 적이 없는 사람에 대해서 한없이 많은 사실을 알 수 있다. 한편에는 직접적 면식이라는 의미의 지식이 있고, 다른 한편에서는 사실을 알고 있다는 의미의 지식이 있다.[46] 뉴질랜드를 방문하기 전에 판 플랑크는 카우리나무에 대해 알 필요가 있는 모든 사실을 알고 있었다. 나무에 대해 그가 지닌 사실적 지

46 이 구분은 1912년 버트런드 러셀이 도입했다. 그는 '면식에 의한 지식'과 '진실의 지식'이라는 용어를 사용했다.(*Problems of Philosophy*, chapter 5) 이 구분은 여러 사람들에 의해 여러 방식으로 잭슨의 논의에 맞서 사용되었는데, 주목할 만한 것은 다음과 같다. Paul Churchland, 'Reduction, Qualia, and the Direct Introspection of Brain States', David Lewis, 'Postscript to Mad Pain and Martian Pain', Laurence Nemirow, 'Review of Thomas Nagel's Mortal Questions'.

식은 본질적으로 완전했다. 뉴질랜드 방문이 선사한 것은 사실적 의미의 지식이 아니라, 이미 알고 있는 모든 관련 지식의 대상을 직접 만나서 얻은 앎이었다.

이 구분을 갖춘 물리주의자는 통증이 순전히 생물-물리적 현상이라는 이론과 완전히 일치하는 방식으로 메리의 깨달음을 설명할 수 있다. 사실 메리 자신이 물리주의자였으니까(프랭크 잭슨에게 들키지 않았다), 그의 입으로 직접 말하는 걸 들어보자.

> "저는 20세기의 일부 철학자들이 제 사례를 물리주의에 대한 반박으로 간주하고 있음을 압니다. 유감스럽게도 저는 동의할 수 없습니다. 저는 고통이 본성상 순수한 생물-물리적 현상임을 결코 의심하지 않았고, 최근의 사건에서도 제 마음은 바뀌지 않았습니다. 물론 제가 치료를 받기 전, 고통을 직접 겪은 적도 없고 이를 실제로 느낀 적도 없다는 점에서 제가 고통을 몰랐다는 말에 동의합니다. 말하자면, 저는 그것을 직접 마주한 적이 없었습니다. 그럼에도 불구하고 저는 고통에 대한 저의 사실적 지식이 여전히 완벽했다는 점을 강조하고 싶습니다. 제가 부족한 것은 이 사실적 지식의 대상에 대한 직접적인 앎이었습니다. 저는 고통을 구성하는 신경화학적 과정에 대해 알아야 할 모든 것을 알고 있었습니다. 그러나 선천적인 이상으로 인해 그 과정은 저에게 결코 일어나지 않았습니다. 제가 받은 치료는 뇌와 신경계의 화학작용을 정상화시켰습니다. 그 결과 이제 저는 제 몸 안에서 이러한 과정을 주관할 수 있게 되었습니다.
>
> 그래서 고통에 대한 저의 예전 지식이 무언가를 빠트렸다는 잭슨 교수의 주장은 맞습니다. 누락된 요소는 직접적인 앎이라는 의미의 지식이었습니다. 그러나 이로부터 물리주의가 틀렸다는 결과가 따라 나오는 것은 분명 아닙니다.

생물–물리적 과정이 주관하는 것을 넘어서 겪는 고통은 없습니다. 전혀. 당신의 교수님 네이글의 말을 인용하면 좋겠습니다. "만약 정신적 과정이 실제로 물리적 과정이라면, 거기에는 물리적 과정을 겪는 것과 같은 고유한 무언가가 있다." 이것은 사실입니다. 고통은 곧 순수하게 생물–물리적인 과정입니다. 그리고 이는 확실히 자신의 신경계 내에서 그 과정을 주관하는 것과 같습니다. 이것이 제 눈을 사로잡은 네이글 교수의 논평입니다. 그는 계속해서 이렇게 말합니다.[47] "이것이 사실이라면, 미스터리가 여전히 남아 있다. 물리주의는 우리가 이해할 수 없는 자리에 가 있다. 왜냐하면 우리는 현재로서는 그것이 어떻게 참일 수 있는지에 대한 구상이 전혀 없기 때문이다."[48] 저는 이 솔직하고 고군분투하는 발언이 매력적이고, 심지어 감동적으로까지 느껴집니다. 저로서는 당신 시대에 의식이 얼마나 큰 수수께끼로 보일지 상상하기 어렵습니다. 완전한 이해가 확실히 올 터이니 안심하십시오. 유감스럽게도 당신의 살아생전에는 아니지만요. 삶의 모든 신비를 헤아리기를 기대하는 것이 20세기 남녀의 욕심이라는 점을 되새기며, 스스로 위안을 얻으시길 바랍니다."

이후 논문에서 잭슨은 그의 논증을 약간 손보았다.[49] 그는 메리가 치료의 결과로 다른 사람에 대한 무언가를 배웠다고 강조한다. "물리주의의 문제는 바로 그것이다. … 그녀는 다른 사람들의 정신적 삶에 대한 그녀의 이해가 원래부터 얼마나 빈곤했는지 알게 될 것이다. … 그들의 경험에는 내내 뚜렷한 특징이 있었지만 그녀에게는 지금껏 감춰져 있

---

47 Nagel, T., 'What is it Like to be a Bat?', pp. 445~6. 강조는 인용자.
48 Nagel, T., 'What is it Like to be a Bat?', p. 446.
49 Jackson, F. C., 'What Mary Didn't Know', 'Epiphenomenal Qualia'의 속편이다.

었다."[50] 수정된 주장은 이렇게 진행된다. 메리가 치료의 결과로 다른 사람들에 관한 뭔가를 배웠기 때문에, 치료 전에 알지 못했던 것이 있었다. 그렇지만 (가설에 의하면) 치료 이전에, 메리는 다른 사람에 관해 알아야 할 모든 물리적인 사항을 알고 있었다. 따라서 물리주의는 무언가를 빠트리고 있다.[51] 그러나 이에 대한 메리의 대답은 간단하다. 그녀는 자신의 신경계에서 특정한 생물-물리적 과정, 즉 고통을 주관한다는 게 무엇인지 배웠다. 나아가 그녀는 또한 다른 사람들이 이 생물-물리적 과정을 주관한다는 것이 무엇인지를 배웠다.(여기서는 그녀가 '하나의 사례로부터 성급한 일반화에 빠지지' 않는다고 가정해야 한다. 그런데 잭슨은 기꺼이 그녀에게 이 가정을 허용하는 듯 보인다.[52]) 또다시 메리의 깨달음은 물리주의의 진실과 완벽하게 합치하는 방식으로 설명할 수 있다.

8.8 결론 도출하기

내가 아는 한, 물리주의에 대항하는 설득력 있는 주장은 없다. 그리고 이를 옹호하는 주장도 마찬가지다. 물리주의 이론은 미스터리로 가득하며, 오직 믿음에 의해서만 지지받으면서 버티고 있다. 그럼에도 스스로를 물리주의자로 여기는 사람들은 이 이론에서 어떤 편안함, 현실적인 타당성을 찾아낸다. 반-물리주의적 대안—또 다른 물리적 우주에서 튀어나오는 환원불가능한 정신적 차원 같은—은 우리 구미에 맞지 않는

50 Jackson, F. C., 'What Mary Didn't Know', pp. 292~293.
51 Jackson, F. C., 'What Mary Didn't Know', pp. 293.
52 Jackson, F. C., 'What Mary Didn't Know', pp. 294.

다. 그것은 자연이 조화롭고 통합된 것이라는 우리의 기대에 어긋나는 것이다. 그래서 이 문제의 진실은 이거다. 퀄리아(qualia)에 관한 한 아무도 모른다는 것.

이 모든 논의들이 기계의 의식에 대해 갖는 함의들을 간략히 그려내는 일이 남았다. 만일 반-물리주의가 옳은 것으로 밝혀진다면, 로봇이 퀄리아를 경험하는 일은 가능할 수도 가능하지 않을 수도 있다. 확실한 답을 얻어내기에 앞서 우리는 훨씬 더 많은 것을 알아야 할 필요가 있다. 비물리적 특성들이 자연적인 뇌에서 생성된다면, 그것이 적합한 종류의 인공적인 뇌에서는 왜 안 되겠는가? 다른 한편, 만약 물리주의가 맞다면, 의식은 물리적 현상이며, 이 경우 적합한 인공물이 퀄리아를 경험할 수 있다는 걸 부정할 수 없다. 또한 그러한 인공물의 '생리학'이 우리의 생리학과 닮아야 한다고 생각할 이유도 현재로서는 없다.[53] 퀄리아가 우리의 세포조직 유형에만 있는 독특한 것이라고 선험적으로 가정하는 것은 그저 쇼비니즘에 불과하다. 3장에서 젤리로 채워진 외계인을 다시 떠올려보자. 가설에 따르면, 그녀의 세포조직에서 벌어지는 일은 우리 조직에서 벌어지는 일과 전혀 흡사하지 않지만, 그럼에도 이 모든 것으로 인해 그녀는 퀄리아로 가득 찬 존재가 될 수도 있다.

어느 쪽이든—물리주의가 옳든 그르든—나는 여러분이 내가 3장과 7장에서 미리 암시한 주장을 확립했음에 동의해주길 바란다. 술집 회의론자들의 선언에도 불구하고, 인공물이 의식을 가질 수 없다는 주장은 전혀 당연하지 않다.

---

53 David Lewis, 'Mad Pain and Martian Pain'; Hilary Putnam, 'Philosophy and our Mental Life', 'The Mental Life of Some Machines' 참조.

9장

우리는 컴퓨터인가?

영국 빅토리아 시대[1]의 사람들은 대개 자신이 영혼이 육화한 존재이며, [인간이 아닌 것 중] 가장 가까운 친척은 천사라고 믿었다. 한 세기 후, 다윈, 마르크스 및 프로이트 이론에 호되게 당한 뒤, 우리는 집단적으로 우리가 누구인지 확신할 수 없게 되었다. 그리고 이젠 점점 더 많은 사람들이 이 사실을 받아들일 준비가 된 것처럼 보인다. 우리의 가장 가까운 친척이 천사가 아니라 거대 컴퓨터 제조사의 제품일지도 모른다는 것을. 20세기 말의 일부 용감한 시민들은 자신들이 컴퓨터라고 공개적으로 선언하고, 그보다 더 많은 사람들이 자신들이 컴퓨터일 수도 있다는 의심을 조용히 품었다. 이런 생각을 거부하는 사람들조차도 종종 '이혼에서 가장 힘든 부분은 혼자 지내기 위해 스스로를 재프로그래밍하는 것이다'라거나 '우리는 모두 사회에 의해 프로그래밍되었다' 같은 관용구처럼 이런 생각을 자기도 모르게 쉽게 떠올리게 되었다.

인간 정신이 컴퓨터라는, 이 새로운 이미지는 놀라운 생명력을 보여주며 대중문화에 뿌리내렸다. 내 목표는 새로운 이미지가 틀렸음을 드러내는 동시에 여기에 박수를 보내는 것이다. 앞으로 설명하겠지만, 이 이미지는 과학적 증거를 훨씬 앞질러서 인기를 얻고 있다. 사실 아직까지는

1 [역주] 영국의 빅토리아 여왕이 통치하던 1837년부터 1901년까지의 시기를 가리킨다. 산업혁명으로 인한 경제 발전이 최고조에 이르렀고, 대영제국의 전성기이기도 했다.

인간의 뇌가 컴퓨터라는 이론을 지지하는 쪽도, 반대하는 쪽도 확실한 증거가 없다. 다른 한편, 설령 이 이론이 결국엔 세부사항에서 틀린 것으로 밝혀지더라도, 나는 마음 깊이 이 이론이 옳다고 생각한다. 설령 우리가 컴퓨터가 아니라 해도 우리는 다른 종류의 물리적 기계인 것이다. 인간본성에 대한 19세기의 이미지 때문에 우리는 불편하게도 두 영역에 동시에 걸쳐 있었으나, 이제는 여기에서 완전히 벗어날 수 있다.

9.1 강한 기호체계 가설

기호체계 가설이란 생각할 수 있는 보편적 기호체계를 구성하는 일이 원리상 가능하다는 추정이다.(4장 "'기호체계'라는 가설') 반면에 강한 기호체계 가설은 **오직** 보편적 기호체계만이 생각할 수 있다는 추정이다.(4장 '복수의 실현가능성') 이 가설에 따르면, 사고 능력—특히 인간의 뇌—을 지닌 모든 것은 분석 결과, 보편적 기호체계로 판명될 것이다. 강한 기호체계 가설이 사실이라면, 최소한 원리상으로는 인공지능이 **반드시** 가능하다. 인간의 뇌 자체가 글자 그대로 컴퓨터라는 간단한 이유 때문이다.

강한 기호체계 가설(SSSH: strong symbol system hypothesis)은 기호체계 가설(SSH)보다 더 단호한 주장을 하기 때문에 이렇게 이름 붙여졌다. SSH가 참이면서 그보다 더 단호한 사촌은 거짓일 가능성이 있다. 체펠린 비행선[2]과 새는 비행 능력을 공유하지만, 그렇다고 새가 체펠린 비행선**이라고** 할 수는 없다. 마찬가지로, 뇌가 컴퓨터이지 않고도(이러면

2 [역주] 체펠린(Count Ferdinand von Zeppelin, 1838~1917)이 고안한 비행선.

SSSH는 거짓) 컴퓨터와 뇌는 사고능력을 공유(SSH는 참이 된다)할 수 있다. 생각하는 뇌는 생각하는 기호조작 장치와 완전히 다른 방식으로 작동할지도 모른다.

아래는 SSSH의 선도적 지지자인 제논 필리신(Zenon Pylyshyn)이 인간의 마음을 묘사한 내용이다.[3] "정신의 프로세스가 계산이라는 생각은 참으로 진지한 경험적 가설이다. 마음은 … 빠르고 대개 무의식적인 탐색, 기억과 추론, 그리고 보통 때는 지식 조작을 하느라 끊임없이 바쁘다. … 이 지식은 뇌의 특성들에 따라 코드화되며, 그 방식은 컴퓨터 표상체계의 의미론적 내용이 코드화되는 방식과 동일한 일반적인 방식—기호구조의 물리적 예시가 되는 방식—이다."[4] 필리신에 따르면, 우리가 의식적으로 인식하지는 못하지만, 우리의 정신활동은 그 바탕에서부터 (문장과 같은) 기호적 표현의 조작으로 이뤄져 있다. 그러므로 근본적으로 인간 사고는 내부의 정신적 언어나 코드로 구성된 문장을 조작하는 것이다.[5] 여기서 가정된 내부 언어는 종종 '정신어'(mentalese, 멘탈레제)라고 한다. 정신어는 오늘날 인공물에서 사용되는 이진법 코드와 비슷할 수도, 비슷하지 않을 수도 있다.(대부분은 유사하지 않을 것이다.) 마찬가지로 뇌에서 사용되는 근본적인 계산 작업들은 4장 '컴퓨터의 정의'에 나열된 작업들과 상당히 다를 수 있다. SSSH의 지지자들이 매우 조심스레 언급하듯이 [같은 기호조작일지라도] 머릿속의 컴퓨터는 오늘날 상

---

3 SSSH의 다른 선도적인 옹호자들은 포더(Fodor, *The Language of Thought*)와 뉴얼, 그리고 사이먼('Computer Science as Empirical Enquiry: Symbols and Search')이다. 후자는 부분적으로 여기서 사용된 명명법에 대한 책임이 있다. 내가 강한 기호체계 가설이라고 부르는 것은 물리적 기호체계 가설의 반쪽 부분이다.

4 이 구성된 인용문은 다음 부분에서 인용했다. Pylyshyn, Z., *Computation and Cognition*, p. 55, 193, 258.

5 Pylyshyn, Z., *Computation and Cognition*, p.194.

용 컴퓨터와 닮은 구석이 거의 없을지도 모른다.

인지과학은 컴퓨터가 뇌에 관한 많은 정보를 알려준다는 아이디어에 기초하고 있다. 인간 두개골 속 내용물에 대한 이러한 학제 간 조사는 심리학, 신경과학, 철학, 컴퓨터 과학, 언어학, 인류학 및 동물학에서 인력을 끌어모았다. 여러분도 예상할 수 있듯이, 이렇게나 다양한 연구자들 사이에서는 다양한 의견이 존재한다. 강경한 인지과학자들은 글자 그대로의 SSSH적 입장을 취한다. 반면 다른 사람들은 뇌를 컴퓨터와 동일시하는 생각을 유용한 은유나 연구를 촉발하는 비유에 지나지 않는 것으로 여긴다. 그러나 또 다른 그룹은 뇌가 '일종의' 컴퓨터—어떤 의미에서 컴퓨터이지만, 기호조작 장치는 아니다—라고 생각한다. 이 입장은 다음 장에서 다룰 것이다. 이 장에서는 뇌가 문자 그대로 컴퓨터, 곧 4장에서 정의한 의미의 '컴퓨터'라는 강경한 주장에 초점을 맞출 것이다.

인지과학은 흥분으로 꽤나 떠들썩한 분야다. 인간의 뇌는 지금껏 밝혀진, 우주에서 가장 복잡하고 신비한 대상이며, 인지과학자들은 뇌가 어떻게 작동하는지 알아내기 바로 직전에 있는 것처럼 스스로를 묘사하는 경향이 있다. 나는 이해를 향한 이 새롭고, 강력하며, 여러 분야에 걸친 추진을 낙관적으로 전망하고 있다. 그럼에도 나는 솔직히 획기적인 발견이 마침내 이루어졌을 때, 진리를 향한 거대한 소용돌이 속에서 SSSH 자체가 짓밟힐 수도 있다는 기본적인 의혹을 품고 있다.

모두가 SSSH에 관대한 견해를 갖고 있는 것은 아니다. 뇌과학 발전에서 가장 유명한 인물인 칼 래슐리, 그리고 중국어 방의 존 설, 이 두 사람은 과학자와 철학자 사이에 뇌의 활동을 현재의 가장 최신 기술로 모델링하려는 역사적 경향이 존재한다는 점에 대해 언급했다.[6] 17세기 중반 물시계와 유압식 인형이 엄청나게 유행했을 때, 데카르트는 뇌 활동에

대한 유압식 이론을 펼쳤다. 반세기 후, 라이프니츠는 뇌를 공장에 비유할 수 있다고 제안했다. 프로이트는 정신의 작용을 묘사할 때 전자기학과 수력학(유압학)에 크게 의존했다. 이어서 저명한 영국 신경과학자 찰스 셰링턴(Charles Sherrington) 경은 신경계를 전보에 비유했다. 전보가 전화에 밀려났을 때, 뇌는 전화교환대가 되었다. 냉소적인 사람들에게 SSSH는 그저 뇌를 최신 유행의 첨단기술에 비유하려는 이 행렬에서 비교적 최근의 광경일 뿐이다. 1951년에 래슐리는 뇌가 컴퓨터라는 이론을 성급하게 일축하면서, 이를 '억지스런 비유'라고 했다. 설도 자신의 저서에서 이에 못지않게 멸시적이었다.[7]

뇌과학이 유행을 열심히 좇을 뿐이라는 폭로는 어쩌면 SSSH에게 약간 다른 면을 비춰주는지도 모른다. 그러나 결국 설과 래슐리의 폭로는 별로 인정받지 못했다. 오늘날에는 아무도 인간 두개골이 요란한 물시계나 전화교환대로 채워져 있다고 생각하지 않는다는 사실만으로는, 뇌가 컴퓨터가 아니라는 것을 전혀 증명할 수 없다. SSSH는 경험적 이론이며, 해서 증거에 대한 신중한 연구만이 이 이론의 신뢰성을 평가할 수 있다.

9.2 하드웨어 vs 웨트웨어

모두가 알고 있듯이 컴퓨터의 플라스틱이나 금속판 내부에 가득한 이런저런 전기적, 기계적 비트와 부품 들을 통틀어 하드웨어라고 한다. 컴

6 Beach, F. A., Hebb, D. O., Morgan, C. T., Nissen, H. W., (eds) *The Neuropsychology of Lashley*, p. xix; Searle, J., *Minds, Brains and Science*, p. 44.

7 설의 'Is the Brain a Digital Computer?'도 참조할 것.

퓨터 비유를 좋아하는 사람들에게 인간의 두개골을 가득 채우는, 축축한 주름이 있는 회색과 흰색의 세포조직은 웨트웨어(wetware)로 알려져 있다. 이 절에서는 이 둘이 어느 정도로 유사한지 조사할 것이다.

웨트웨어는 주로 신경세포(neuron)과 신경교(neuroglia)라는 두 종류의 세포로 구성되어 있다. 두 세포가 만들어내는 무대에서 신경세포는 빛나는 주연이다. 빛나지 않는 신경교는, 실제로는 신경세포보다 10배나 많아서 신경세포를 수적으로 압도하며, 신경세포를 여러 방면에서 도와주는 역할을 한다. 여기에는 죽은 신경세포를 제거하며, 살아 있는 신경세포들을 영양소 욕조에 문제없이 잠겨 있도록 하는 일도 포함된다.

신경세포 하나하나는 엄청난 수의 연결섬유를 발달시키는데, 이를 가지돌기(수상돌기)와 신경돌기(축삭돌기)라 부른다.(그림9.1) 이 연결섬유들은 뇌 여기저기로 뻗어 가는데, 단일한 신경세포가 저마다 대략 1만여 개의 이웃 신경세포들과 연결되어 있다. 신경세포의 이미지를 손과 발이 아주 많은 몸으로 그려보라. 손(돌기) 하나는 이웃한 신경세포의 발(수상돌기)을 붙잡고 있다.[8] 여기에 달려 있는 세포체 각각을 중심으로, 이를 둘러싸고 돌기들이 서로 연결되어 그물을 이루고 있다. 이 그물은 놀라울 정도로 복잡하다. 매우 보수적인 추정으로 신경세포마다 천 개의 '손'이 있고, 우리 머릿속에는 10^{12}개(이는 백만에서 0이 6개나 더 붙는 수치다)의 신경세포가 있다고 하면, 뇌 하나에 어지러울 정도의 숫자, 10경(100,000,000,000,000,000) 개의 상호연결이 있는 셈이다. 저명한 신경생물학자인 스티븐 로즈(Steven Rose)의 말에 따르면, "이 미로에서 생길

8 고전 신경학에 의해 그려진 질서 정연한 이 그림은 이제는 완전히 정확하지 않은 것으로 밝혀졌다. 때로는 신경돌기가 신경돌기를 붙잡고, 가지돌기가 가지돌기를 붙잡을 수도 있다. 실제로 일부 유형의 신경세포들에게는 신경돌기가 전혀 없다.

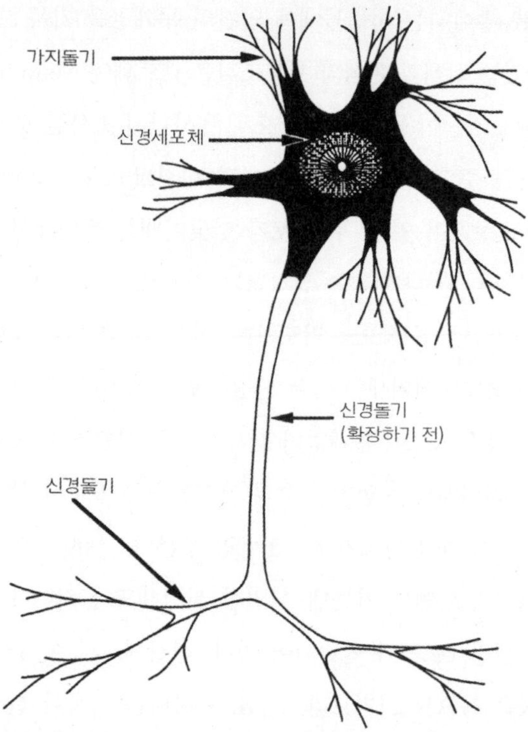

그림9.1 인간의 신경세포

수 있는 거대한 프로세스, 구조 및 상호작용 들은 묘사와 수학화 모두를 무색하게 만든다. 이 매력은 거의 테러에 가깝다."[9]

1843년, 신경계의 작동방식이 주로 전기적이라는 것이 밝혀졌고, 1940년대 초 신경세포가 전기 펄스의 송수신기라는 구체적인 이미지가 나타났다. 신경세포가 일생 동안 지닌 주된 목적은 이웃한 신경세포에게 짧은 전기적 격발을 내보내는 것으로 보이는데, 신경돌기는 출력용 섬유, 가지돌기는 입력용 섬유로서 기능한다. 전류의 방출은 세포체에

9 Rose, S., *The Conscious Brain*, p. 71.

서 발생하여 신경돌기, 즉 '꼬리'를 따라 출력 섬유의 가지로 전해진다. 그래서 결과적으로 무수한 인접 신경세포의 입력 섬유를 자극한다.[10] 신경세포는 자신의 입력 섬유에 연결된 충분한 수의 신경세포들이 '발화'(firing)될 때마다 전류를 방출하는 것으로 보인다. 말하자면, 만약 세포의 천 개의 발 중 700개 이상이 자극을 받으면, 그 세포는 자동적으로 점화되고 자신의 손이 움켜쥐고 있는 모든 발을 간지럽히는 것이다.

이런 설명은 꽤나 흥미롭긴 해도, 결국 짜증날 정도로 아무런 정보적 가치가 없고, 심지어 순환적이기까지 하다. 한 신경세포는 이웃 신경세포들에게 펄스를 쏘지만, 이 펄스는 오직 신호를 받은 신경세포들이 다시금 자신의 이웃 신경세포에게 펄스를 보내도록 자극하는 역할만 할 뿐이다. 이 모든 것의 요점은 무엇일까? 1840년과 1940년 사이 백년의 연구는 신경세포의 화학적, 전기적, 그리고 세포적 특성에 관한 상세 정보를 상당량 밝혀냈지만, 이는 아직 지도에 남아 있는 방대한 공백과 비교하면 아무것도 아니다. 이처럼 개별적으로는 잘 이해된 세포들이, 거대하고 기괴할 정도로 복잡한 연결망 안에서 신비에 둘러쌓인 채 함께 작업할 때는 뭘 할 수 있을까? 신경세포들의 협력적 작동방식에는 어떤 이유가 있는 것일까? 개별 신경세포의 특성만 자세히 다룬 연구는 뇌가 전체로서 어떻게 작동하는지를 거의 밝혀내지 못했다.

돌이켜보면, 이것은 별로 놀라운 일이 아니다. 거의 무에 가까운 개별 트랜지스터의 특성을 상세하게 연구한다고 해서, 우리가 컴퓨터의 구성과 기능에 대해 얼마나 배울 수 있을지 생각해보라. 이제 보다 수준 높은 관점을 취하는 이론이 등장할 정도로 시기가 무르익었다. 신경생리

---

10 이 마지막 '자극'은 본성상 전기적이 아니라 화학적이다. 신경 전달물질에 대한 논의는 10장 '웨트웨어와의 비교점'을 참조할 것.

학자 워런 맥컬럭(Warren McCulloch)과 수학자 월터 피츠(Walter Pitts)의 논의로 들어가보자. 1943년에 그들은 '신경 활동에 내재한 개념의 논리적 미적분학'이라는 소름 돋는 제목의 역사적 논문을 발표했다. 이로써 뇌과학은 결코 예전으로 돌아가지 않았다.

맥컬럭과 피츠는 각각의 신경세포가 온(On) 또는 오프(Off) 상태에 있으며 그 중간 상태는 없다고 간주하자고 제안했다. 그들의 이론이 신경세포에서 중시하는 것은 그것이 발화하는가, 하지 않는가에 관한 것이다. 그 외 다른 것들(예를 들어 격발의 강도 또는 세포 내 화학 성분의 변동)은 불필요한 세부사항으로 분류되어 무시된다.(같은 의미로, 자전거 펌프의 작동방식을 설명할 때, 색상, 무게 및 화학 성분 같은 것은 무시될 것이다.) 그래서 신경세포를 간단한 온/오프 스위치로 여긴다면, 이는 두 기호(예스/노, 참/거짓, 0/1) 중 하나 또는 다른 하나를 물리적으로 실현하는 장치로 이해할 수 있다. 인공 컴퓨터로 조작되는 비트와 마찬가지로, 이 기호를 언어로 작성하는 법을 뭐로 결정하든 이는 중요하지 않다.

이 주제의 의미를 부연하면, 맥컬럭과 피츠는 신경세포들의 작은 집단이 매우 단순한 기호조작 장치로서 기능할 수 있는 방식을 설명한 것이다. 예를 들어 세 개의 신경세포를 서로 연결하여 두 신경세포가 발화할 때, 오직 그때만 세 번째 신경세포가 발화하도록 만들 수 있다. 4장의 용어를 쓴다면, 이 기호조작자는 다음 명령문을 실행한다. 위치 1과 2 모두가 X(혹은 1, 예스, 참)인 경우에, 그리고 오직 그 경우에만 위치 3에 X를 기록하라.

컴퓨터는 이와 같은 장치로 가득 차 있다. 전자공학자들은 이를 '논리 게이트'라 부른다.(여러분이 논리 진리표에 익숙하다면, 방금 설명한 게이트가 'and'에 대한 진리표 작업을 수행한다는 것을 알 것이다. 주석 11에는 이 진리표가

나와 있다.) 그러나 맥컬럭과 피츠 자신들은 이 논문을 컴퓨터 시대가 시작되기 바로 직전에 작성하고 있었다. 그들은 이 논문의 결론을 내리면서, 상호연결된 신경세포와 튜링머신(6장 '튜링머신 그리고 인공지능에 대한 생물학적 반박') 사이의 개략적인 비교를 도출해냈다. 그러나 이와 별개로 논문에서는 컴퓨터에 대한 언급은 없었다. 2년이 지나서야 에니악과 에드박 설계에 대한 이야기가 처음 나오기 시작했다. 이 정보와 맥컬럭과 피츠가 말한 것은 매우 놀라울 정도로 연관되어 있었고, 갑작스럽게 많은 사람들이 이것저것을 종합해서 추측하기 시작했다. 어쩌면 신경세포들은 에드박의 이진 논리 게이트(binary logic gate)나 플립플롭 회로와 매우 유사한 종류일지도 몰랐다.

반세기가 지나, 사람들이 종합해서 추측한 것이 잘못되었음이 분명해졌다. 그 당시에도 신경세포와 컴퓨터 하드웨어의 차이점에 관해서 골치 아픈 증거(뇌가 컴퓨터인가에 대해서 컴퓨터 개척자인 폰 노이만이 의혹을 가지기에 충분한 증거)가 어느 정도 있었다.[12] 한 가지 난점은 일체의 증거로 볼 때 확실히 '온/오프'가 신경세포의 작동방식에서 중요한 유일한 특징이 아니었다는 점이다. 일례로 신경세포가 전기 펄스를 방출하는 속도는 뇌의 처리 과정에서 중요한 역할을 하는 반면, 플립플롭 회로의 속도는 계산상의 중요성이 없다.

---

11 AND의 진리표는 다음과 같다. (가로선을 따라 읽어야 한다.)

Statement X	Statement Y	X AND Y
True	True	True
True	False	False
False	True	False
False	False	True

12 Von Neumann, J., *The Computer and the Brain*과 'The General and Logical Theory of Automata'.

알려진 것으로 신경세포와 하드웨어 사이의 또 다른 차이점은 연결 밀도에 관한 것이다. 신경세포 하나에는 엄청난 수의 입력과 출력 연결이 있다.(세포에 따라서는 입력과 출력 각각 10만 개 연결을 자랑한다.) 이와 극명한 대비는, 플립플롭 회로나 논리 게이트에서 나오는 연결은 한 손으로도 꼽을 수 있다는 점이다. 세 번째 어려움은 다양성에 관한 것이다. 컴퓨터의 중앙처리장치에는 그저 몇 종류의 기본적인 하드웨어 장치(사실상 플립플롭 회로와 게이트뿐)가 포함되어 있을 뿐이지만, 뇌에는 매우 상이한 종류의 신경세포들이 있다. 피라미드 모양, 별 모양, 나선형, 샹들리에 모양 등.[13] 이처럼 다양한 변형들은 '비본질적 세부사항'으로 누락시킬 수 없는 것들이다. 왜냐하면 뇌의 각기 다른 영역에서 다른 형태의 신경세포들이 우세한 것으로 보아, 신경세포의 특정한 유형과 구체적인 기능 사이에 어떤 상관관계가 있는 것처럼 여겨지기 때문이다.

따라서 사실상 신경세포와 제조 컴퓨터의 기본 구성요소 사이에는 피상적인 유사성만 있다. 신경생리학에 깊은 관심을 갖고 있는 새로운 유형의 인공지능 연구자인 토마소 포기오(Tomaso A. Poggio)의 견해를 인용해보자. "신경세포는 복잡한 장치로, 맥컬럭과 피츠가 묘사한 단순한 디지털 스위치와는 아주 다릅니다."[14] 그러나 이는 하드웨어와 웨트웨어에 관해 제기된 비유의 난점 중 한 가지가 드러난 것에 불과하다. 이제는 여러 근본적인 면에서 이 유사성이 와해되고 있음이 밝혀졌다. 이 절의 나머지 부분에서는 이 와해를 요점별로 분석할 것이다.

---

13 정확히 독특한 유형의 신경세포들이 정확히 얼마나 많은지는 여전히 해결되지 않은 문제다. 어쩌면 수천 개에 이를 수도 있다.(참조 Crick, F., Asanuma, C., 'Certain Aspects of the Anatomy and Physiology of the Cerebral Cortex', p. 358.)

14 Poggio, T., Koch, C., 'Ill-posed Problems in Early Vision: from Computational Theory to Analogue Networks', p. 304.

100단계 제약[15]

전자 하드웨어와 비교하면, 뇌는 느리고 느리며 느리다. 개별적인 하드웨어 사건들—예를 들어, 0에서 1로 위치를 이동하는 플립플롭 회로—은 발생하는 데 10억 분의 1초가 소요된다. 반면에 신경세포가 발끝의 간지럼에 반응하기 위해 전기 격발이 세포의 가지들을 타고 올라오는 데는 대략 꽉 채운 1000분의 1초가 필요하다. 기초적인 전기적 작동방식에 대해서라면, 뇌는 일을 수행할 때 가장 하급의 개인용 컴퓨터보다 수백 배나 더 오래 걸린다.(그리고 1초의 1백만 배가 거의 2주일이라는 것을 기억하시길.)

뇌가 프로그램에 따라 작동한다고 논의하기 위해서 이렇게 가정해보자. 즉 인공지능 프로그램을 실행하는 컴퓨터처럼 뇌가 일련의 명령어를 한 번에 하나씩 실행하면서 작동한다고 가정하는 것이다. 이 가정의 결과가 어떤지 살펴보자. 신경세포가 작동하는 데 걸리는 시간, 즉 1000분의 1초 때문에 뇌는 각 명령어를 따르는 데 **최소한** 이처럼 긴 시간이 필요할 것이다.(또는 명령어가 여러 번의 연속적인 활동 주기를 필요로 하는 경우 훨씬 더 오래 걸릴 것이다.) 따라서 10분의 1초 안에 처리할 수 있는 지시사항의 **최대수**는 100이다. 그리고 10분의 1초는 뇌가 문장에서 의미를 추출하거나 시각적 패턴을 인식하기 위해 걸리는 대략적인 시간이다. **만약** 뇌가 프로그램을 통해 단계별로 이러한 작업을 수행한다면, 각 작업을 위한 프로그램은 최대 100개의 명령어 정도까지 늘어진다. 그리고 이건 말이 안 된다. 현재 인공지능 프로그램에는 수천 가지의 명령

---

15 이 용어는 펠트만(Feldman)과 발라드(Ballard)에 비롯되었다. Feldman, J. A. and Ballard, D. H., 'Connectionist Models and their Properties', p. 206.

어가 포함되어 있다. 100은 비참할 정도로 보잘것없는 수다. 음성처리나 시각인식 프로그램을 100줄에 작성하는 것은 오병이어(五餠二魚)로 5000명의 사람을 먹이는 기적과 같은 일이다.

뇌가 무엇이든 간에 확실히 뇌는 전통적인 인공지능 프로그램을 실행할 수 있는 장치가 아니라는 결론에 이를 수밖에 없다. 샘을 작동할 때 로저 섕크의 컴퓨터에서 일어나는 작업은, 섕크 자신의 머릿속에서 일어나는 일과 유사할 가능성은 거의 없다.

병렬적 활동

일반적 혹은 흔한 컴퓨터들은 **순차적 프로세서**로 알려져 있다. 왜냐하면 컴퓨터들은 순차적으로, 곧 하나하나씩 차례대로 명령어를 수행하면서 묵묵히 진행해 나가기 때문이다. 반면에 병렬 프로세서는 동시에 (또는 '병렬적으로') 많은 작업들을 수행한다. 예를 들어, 알리바바가 40개의 항아리 중 하나에 숨어서 웅크리고 있다고 하자. 순차적 프로세서는 명령어 **항아리1을 확인하라**, **항아리2를 확인하라**, …를 한 단계씩 진행하면서 알리바바를 찾아낸다. 병렬 프로세서는 적절하게 배치된 40개의 종속제어장치로 이루어져 있어서 40개의 명령어를 동시에 수행하여 알리바바를 찾아낸다. 순차적 장치에 견주어 병렬 장치가 지닌 확실한 장점은 속도다. 속도가 느린 부속품을 장착한 기계(혹은 기관)와 병렬연산 방식은 고속 부속품을 장착한 순차연산 방식을 완패시킬 가능성이 높다. (당연히 예외도 있다. 만일 해당 과제가 특성상 순차적 접근을 필요로 하는 경우다.[16] 단순한 예는 2^2, $(2^2)^3$, $((2^2)^3)^4$ 등의 급수를 계산하는 과제다.)

100단계 제약은 두뇌가 어쨌든 병렬로 작동한다는 강력한 증거가 된다.[17] 각각의 '단계'가 동시에 수행되는 수천 개의 연산으로 구성되는 경우, 방대한 양의 처리가 1/10초로 압축될 수 있고, 그래서 뇌는 시각적 패턴을 식별하거나 문장에 의미를 부여할 수 있다. (해부학적 연구는 뇌가 일종의 병렬 장치라는 것을 입증하는 경향이다. 병렬 패턴, 그리고 동시적으로 작동하는 신경세포 층이 모든 곳에서 반복된다.)

그러나 일부 그룹은 마치 전통인 양 병렬과 순차적 프로세스의 차이를 경시한다. 철학자 애런 슬로먼(Aaron Sloman)은 "이 구분은 … 그다지 이론적 의미가 없다."고 주장했고, 로저 생크는 이를 "인공지능의 논점을 흐트러뜨리는 것 중 하나"라고 묘사했다.[18] 구분이 중요하지 않다고 생각하는 일반적인 이유는, 병렬로 수행할 수 있는 모든 작업이 순차적으로도 수행될 수 있기 때문이다. 동시에 엄청난 양을 처리하는 대신에, 서두르지 말고 한 번에 하나씩 해보라. 아무리 많은 양의 병렬 처리도 순차적 기계로 시뮬레이션될 수 있다.

이 전통적인 추론의 문제점은 뇌에서 밝혀진 복잡성에 주의를 기울이지 않았다는 데 있다. 수치를 진지하게 받아들이면 완전히 다른 그림이 나타난다. 전통적인 인공지능에 대한 주요 비평가인 제임스 맥클레랜드(James McClelland)는 다음과 같이 썼다. "만약 뇌의 (연결) 수치에 대한 현재 추정치가 어느 정도 정확하다면, 인간 뇌에서 1초 안에 발생하는

16 시먼 울먼(Shimon Ullman)은 이러한 과제를 '본질적으로 순차적인'으로 지칭했다. 울먼은 본질적 순차성이 인간의 시각 처리 과정의 한 특징일 수 있음을 시사했다.

17 Rumelhart, D. E., McClelland, J. L., 'PDP Models and General Issues in Cognitive Science', p. 131.

18 Sloman, A., *The Computer Revolution in Philosophy*, p. 135. 생크의 말은 다음에서 인용했다. Waldrop, M. M., 'Artificial Intelligence in Parallel', p. 610.

처리 과정을 시뮬레이션하는 데 오늘날 가장 빠른 컴퓨터라도 수년에서 수세기가 걸릴 것이다."[19] 거북이가 제대로 보일 때쯤, 아킬레스는 가차 없이 달려가버린다.

기억(memory) 회상

컴퓨터의 특정 메모리 위치에는 고유한 주소가 있다.(4장 '기호로서의 프로그램') 집과 마찬가지로 위치에 단순히 번호를 매기면 주소는 만들어진다. (따라서 주소 10의 저장 위치에는 나의 사회보장번호가 들어 있을 수 있고, 주소 11에는 나의 생년월일이 있을 수 있다.) 이러한 주소는 프로그램과 메모리 저장소를 연결하는 유일한 연결고리가 된다. 이 숫자상의 주소가 프로그램에 저장되어 있지 않으면, 단 한 조각의 정보도 되찾을 수 없다. 예를 들어, 만일 판매한 총 양상추 수와 개당 도매가격을 프로그램이 곱하려고 한다면, 프로그램은 두 가지 정보가 있는 곳의 주소를 알아야 한다. 주소가 없으면, 기억 자체도 없다.[20]

반면에 인간 존재는 미리 할당된 주소가 아니라 필요한 정보에 대한

---

19 McClelland, J. L., 'Models of Perception and Memory based on Principles of Neural Organisation', p. 22.(Pat Churchland가 *Neurophilosophy*에서 인용함.)

20 만약 여러분이 베이직(BASIC)이나 파스칼(Pascal) 같은 고급 프로그래밍 언어에만 익숙하다면, 주소가 프로그램에 실제로 나타나지 않으므로 주소 개념에 의문을 품을 수 있다. 당신이 사용하는 변수와 상수에 주소를 할당하는 역할을 하는 것은 컴퓨터의 컴파일러, 곧 당신의 프로그램을 기계어식 명령어로 변화시켜 주는 시스템 프로그램이다. 예를 들어, 다음 줄을 입력하면

TOTALCOST = LETTUCES x UNITPRICE

컴파일러는 이를 다음과 같은 형태로 재구성할 것이다.

MULTIPLY A1 A2 A3

여기서 A1은 LETTUCES의 가격에 대한 주소이며, A2는 UNITPRICE의 주소, A3은 결과인 TOTAL COST의 주소다.

설명을 통해 기억(메모리)을 검색한다. "마지막으로 우리가 만났을 때, 우리가 무엇을 대접했었죠?"라는 질문은 질문자가 찾는 정보를 설명한다. 그리고 이 설명을 듣고 나서야 나의 뇌는 해당 질문에서 기억을 끌어낼 수 있다.

컴퓨터 메모리에 있는 각 정보에는 **단일한** 주소 또는 '손잡이'가 있다. 이와 대조적으로, 인간의 뇌는 동일한 사실을 검색하기 위해 설명에 제한이 없으며, 어느 설명이든 사용할 수 있다. 예를 들어, 파티에 초대한 주인이 "튜링에 대한 연극을 본 저녁에 우리가 함께 뭘 먹었죠?"라고 물어보면서 내가 정확하게 동일한 기억을 떠올리게 만들지도 모른다.

일반적인 원리는, 만약 메모리 내용의 **일부**가 지정되면(마사의 집에서 먹은 지난번 식사, 〈이미테이션 게임〉[21]을 보려고 떠나기 전에 마사와 함께한 식사), 뇌는 기억의 나머지를 검색할 수 있다. 이러한 이유로 인간의 기억을 **내용-주소화**(content-addressable)라고 한다. 이 기억들에 접근하는 방식은 그 내용을 통해서다. 반면 컴퓨터에서 접근은 주소를 통해서다. 마치 집의 주소가 내부 가구에 대한 정보를 지니고 있는 것처럼, 이 주소는 메모리 내용과 관계를 맺고 있다.

종종 인간의 기억을 발생시키는 설명은 해당 기억의 아주 추상적 측면과 관련이 있기도 하다. 여기에 그에 대한 놀라운 예가 있다. "한 친구는 최근에 나에게 브리태니커 백과사전 초판에서 A항이 511쪽에 달하고, M부터 Z가 모두 합해 753쪽이라는 것을 알려주었다. 이 재미있

21 [역주] Imitataion Game. 튜링 테스트의 다른 이름. 실제로 튜링 자신은 튜링 테스트라 하지 않고 '이미테이션(흉내내기) 게임'이라고 지칭했다. 이후엔 튜링 테스트의 특정한 버전을 가리키는 데 사용되기도 했다. 이를 본떠서 동명의 TV 드라마와 영화 등이 제작되었다.

는 사실은 즉각, 몇 년 전 전혀 기억하지 못한 상황에서 내 머릿속에 심어진 다른 기억을 불러일으켰다. 카세트테이프도 아직 없고 라이브 공연 중에 실제로 마스터 디스크가 끊어졌던 시대에, 녹음이 어떻게 이뤄지곤 했는지에 대한 기억 말이다. 연주자들이 노래나 연주를 하고 있을 때 불현듯 녹음 엔지니어가 디스크에 남은 공간이 별로 없다는 걸 알아차린다. 그래서 연주자들은 서두르라는 신호를 받게 된다. 그 결과 레코드 바늘이 놓인 디스크 중심에 가까워질수록 템포가 점점 빨라지는 것이다."[22]

이 기억을 되살려내는 데 도움이 되었던 단편적 내용은 너무나 추상적이어서 말로 표현하기가 어려울 정도다. 즉 초반부가 후반부보다 더 많은 공간을 배정받는 것에 관한 일이다. 이 예가 생생하게 보여주는 것은 우리가 기억에 접근할 때의 무제약적 특성이다. 기억한 내용의 어떤 측면이 회상에 도움이 될지는 알 수 없다. 이 점은 미리 할당된 단일한 주소를 고정적으로 사용하는 방식과 거리가 멀다.

컴퓨터는 뛰어난 모방품이다. 프로그래머 쪽에서 충분한 독창성을 발휘한다면, 컴퓨터는 핵폭발에서부터 소의 위장에 이르기까지 컴퓨터가 아닌 사물들을 얼마든지 흉내 내도록 만들 수 있다. 내용-주소화 기능은 메모리 시스템에 매력적인 기능이기 때문에, 프로그래머들은 컴퓨터가 내용-주소화 시스템을 흉내 내도록 만들어주는 프로그램을 고안하려고 상당히 노력했다. 그러나 지금까지는 그저 서투른 패러디들만 나왔을 뿐이다. 그중 한 방법은 해당 내용 중 하나를 찾아낼 때까지 컴퓨터가 메모리의 모든 항목을 철저하게 검색하도록 하는 것이었다. 보다

22 Hofstadter, D., 'Variations On A Theme as the Essence of Imagination', p. 20.

효율적인 방법은 '해싱'(hashing)을 사용하는 것이다. 해시 코딩(또는 분리 저장, scatter storage)은 프로그래밍 기술의 하나로, 데이터 중 미리 마련해 놓은 부분(probe, 또는 key라고 부른다)이 제시되면 컴퓨터가 해당 데이터 전체를 검색할 수 있다. 예를 들어, 검색할 데이터가 '칸트는 순수이성비판을 썼다'라는 문장이라면, '칸트가 썼다'라는 조각이 프로브일 수 있다. 이 기법은 메모리 위치에 데이터를 저장할 때, 예비해둔 기능을 통해 프로브로부터 계산해낼 수 있는 주소에다 데이터를 저장하는 것이다. 이런 식이다. 프로그래머는 프로브에 있는 모든 문자의 아스키 코드를 더한 결과가 되는 숫자가 주소가 되는 위치에 데이터를 저장할 것이다.(다양한 표준 기법들이 사용된다. 이것들은 일괄적으로 해시 기능으로 통칭한다.[23]) 컴퓨터는 프로브에 상응하는 주소를 계산하고 프로그래머가 거기에 저장한 데이터를 불러냄으로써 프로브에 응답한다. 이 방법의 명백한 제약은 프로그래머가 미리 프로브를 지정해야 한다는 것이다. 따라서 이 방법은, 내가 내 뇌에 저장된 정보에의 무제한 접속이라고 부르는 것을 획득하지 못한다. 즉 기억의 어느 부분이 프로브가 되는지 미리 알 수 없다는 말이다. 내용이 감춰진 컴퓨터 주소 시스템과, 인간 기억의 무제약성 사이를 조율하는 문제를 풀어내는 데 근접했던 사람은 아직 아무도 없다.

분산

컴퓨터 안에서 일련의 기호표시들은 모두 하드웨어의 특정한 물리적

23 Kohonen, T., *Content-Addressable Memories*, chapter 2.

위치에 존재한다. 엔지니어는 현미경 밑에 하드웨어 한 조각을 놓고, 특정한 위치를 가리키면서 "이곳이 이러저러한 메모리가 저장된 곳입니다. 바로 **여기요**."라고 말할 수 있다. 그 위치를 깨끗이 지워냄으로써 이 메모리는 완전히 삭제될 수 있다.(물론 복사본을 가지고 있는 위치도 마찬가지다.) 컴퓨터의 메모리 저장소는 파일 보관함 또는 도서관에 비유된다. 정보의 각 뭉치는 특정한 장소에 저장되며, 검색은 '그 장소에 가서 정보를 가져오기'라는 의미를 담고 있다.

우리는 흔히 기억을 문서 보간함에 비유한다. 아마도 이것은 완벽한 오해일 것이다. 인간의 기억이 '내용물은 각자 제 위치에'라는 원리로 작동하지 않는다는 강력한 증거가 있다. 20세기 초, 칼 래슐리는 처음에 뇌에서 특정 기억에 대한 정확한 위치를 발견하려는 목적으로 동물, 특히 쥐에 대한 다양한 연구를 수행했다. 그는 **절제술**이라는 기법을 사용했다. 대표적인 한 실험에서, 100마리의 쥐는 미로를 통과하는 경로를 익히고 그 보상으로 먹이를 받도록 훈련받았다. 쥐들이 일단 경로를 외우게 되면, 래슐리는 한 마리씩 대뇌피질의 서로 다른 영역들을 수술로 절제했다. 그런 후에 다시 쥐가 미로를 돌아다니도록 풀어놓았다. 여기서 레슐리는 직관에 매우 반하는 결과를 얻었다. 피질의 어느 부위를 훼손하든 피질의 약 10%까지는 기억에 거의 영향을 미치지 않는다. 이보다 더 많은 피질을 제거한 경우, 미로 속에서 겪는 오류의 수치는 훼손의 표면적에 비례하긴 했지만 역시 위치와는 관련이 없었다.[24] 정확한 경로에 대한 기억은 특정한 위치에 저장되지 않는 것으로 보였다.

1950년에 래슐리는 33년에 걸친 절제 연구의 결과를 요약했다.

---

24 Lashley, K. S., 'In Search of the Engram', p.492.

신경계 어딘가에서 기억의 흔적이 남은 국지적 부위를 입증하기란 불가능하다. … 흔적은 영역 전체에 걸쳐 나타난다. … 내 생각에는 … 뇌의 모든 세포가 끊임없이 활동하고 있으며, 일종의 대수적(algebraic) 총체로서 모든 활동에 참여하고 있다는 결론이 정당성을 얻는다. 특별한 기억을 위해 남겨 둔 특별한 신경세포는 없다. … 기억 회상의 모든 사례는 말 그대로 수백만 신경세포들의 활동을 필요로 한다. 특정한 경험의 기억흔적(memory trace)을 보유하고 있는 동일한 여러 신경세포 또한 무수한 다른 활동에 참여해야 한다.[25]

래슐리에겐 이러한 결과가 수수께끼 같았다. 그는 아이러니하다는 듯 말했다. "기억의 위치를 추적한 결과물들을 검토하면서 나는 학습이 불가능하다는 결론을 필연적으로 내릴 수밖에 없다고 느끼곤 했다. 설정된 조건을 만족시킬 수 있는 메커니즘을 떠올리기 어렵다."[26] 래슐리는 이렇게 묻고 있는 것이다. 정보가 대뇌피질의 특정한 어느 곳이 아니라 **모든 곳**에 저장되는 것이 도대체 어떻게 가능한가?

래슐리가 이런 이야기를 쓴 지 10년 넘게 지난 이후, 기억 연구자들은 자신들의 당황스러운 연구결과를 새로 발명된 기술, 홀로그래피 덕분에 설명할 수 있었다.[27] 홀로그램은 '레이저 사진'이며, 그것의 가장 친숙한 특징은 레이저의 빛이 사진판을 통해 투사될 때 발생하는 섬뜩한 3차원 효과다. 만약 당신이 보통의 빛에 이 사진판을 비춰보면, 일반 사진의 음화처럼 보이지 않는다. 판 위의 그림을 전혀 식별할 수 없으며 단지 흐

25 Lashley, K. S., 'In Search of the Engram', pp. 500, 501, 502.
26 Lashley, K. S., 'In Search of the Engram', p. 501.
27 Longuet-Higgins, H. C., 'The Non-Local Storage of Temporal Information'; Pribram, K. H., Nuwer, M., Baron, R. J., 'The Holographic Hypothesis of Memory Structure in Brain Function and Perception'.

릿하고 혼란스럽게 보일 뿐이다. 그런데 놀랍게도, 이 흐릿한 모습의 작은 조각이 모두 다 그 안에 전체 그림을 저장하고 있다. 판에 구멍을 뚫어 놓은 결과는 조직 손실이 기억에 미치는 영향과 매우 유사하다. 투사된 그림의 디테일이 전반적으로 약해지지만, 장면의 어떠한 특정 부분도 사라지진 않는다. 홀로그램 판은 **분산형** 정보 저장 시스템(distributed information storage system)의 실례를 보여준다. 곧 개별 정보가 각각의 위치를 차지하지 않으면서도 저장매체 전체에 걸쳐 균일하게 퍼져 있는 시스템이다. 래슐리의 선구적인 연구결과는 뇌가 상당 부분 분산식 저장을 사용한다는 사실을 알려준다.

다른 연구들은 래슐리의 개괄적인 결론, 곧 병변(손상된 영역)의 정확한 위치와 그에 따른 행동적 결함 사이에 일반적으로 명확한 관계가 없다는 결론을 확증하는 경향이 있다.[28] 그러나 오늘날의 기준으로 판단할 때, 그의 실험 방법은 다소 허술하다. 그리고 이제 그의 연구결과 전체를 수용하는 사람은 거의 없다. 모든 인지 활동에 모든 뇌세포들이 관여한다는 그의 의견만큼이나, '특별한 기억을 위해 남겨 둔 특별한 세포는 없다'는 그의 추측은 의심스럽다. 단일 신경세포의 행동에 대한 미세전극 연구(이는 미세한 전극을 의식이 있는 동물의 뇌에 가하는 것을 가리킨다)는 매우 특정한 자극에 최대치로 반응하는 신경세포의 존재를 밝혀냈다. 예를 들어, 마카크 원숭이의 고위 시각피질 영역은 단일한 종류의 신경세포들로 구성되어 있는데, 이 신경세포는 원숭이의 시야 어디에서든

28 예를 들어, 다음을 참조. Chow, K. L., 'Visual Discriminations After Extensive Ablation of Optic Tract and Visual Cortex in Cats'; Keating, E. G., Horel, J. A., 'Effects of Prestriate and Striate Lesions on the Monkey's Ability to Locate and Discriminate Visual Forms'.

원숭이 손이 등장하는 것에 의해 촉발되는 것으로 보인다.[29] 이 점이 정확히 래슐리가 부인했던 특수성의 종류인 것 같다.

미세전극 연구가 제공하는 증거에 맞서는 일반적인 반론은, 그러한 극단적 특수성을 보여주는 세포들이 덜 특화된 세포에 비해 상당히 적다는 것이다. 일반적으로 단일 신경세포는 넓은 범위의 서로 다른 자극에 반응하는데, 이는 각각의 신경세포가 매우 다양한 정보 저장에 관련될 수 있음을 뜻한다.[30] '원숭이 손 세포'조차도 그 반응이 보다 약하긴 하지만 손이 아닌 자극에도 반응한다.[31]

현재 단계에서는 전체 그림이 명확하지 않으며, 뇌가 한 개의 기억흔적을 저장하는 데 사용할 수 있는 신경세포 개수에 관해서는 신경과학자들 사이에 상당한 의견차가 있다. 제임스 앤더슨(James Anderson)과 마이클 모저(Michael Mozer)는 70만에서 700만 사이의 신경세포들이 단일한 기억흔적 저장에 참여한다고 추측한다.(래슐리보다 상당히 낮은 추정치다.)[32] 이와 반대편 극단에서, 호레이스 발로(Horace Barlow)가 제시하는 규모는 신경세포 1000개 정도로 적다.(이는 흔히 절제 및 병변 연구결과와 양립하기에는 너무 낮다고 여겨지는 수치다.)[33]

---

29 Gross, C. G., Bender, D. B., Rocha-Miranda, C. E., 'Inferotemporal Cortex: A Single-unit Analysis'.

30 Eccles, J. C., 'Possible Synaptic Mechanism Subserving Learning'; Anderson, J. A., Silverstein, J. W., Rite, S. A., Jones, R. S., 'Distinctive Features, Categorical Perception, and Probability Learning: Some Applications of a Neural Model', pp.421~2.

31 Gross, C. G., Bender, D. B., Rocha-Miranda, C. E., 'Inferotemporal Cortex: A Single-unit Analysis', pp.231~3.

32 Anderson, J. A., Mozer, M. C., 'Categorization and Selective Neurons', p. 217.

33 Barlow, H. B., 'Single Units and Sensation: a Neuron Doctrine for Perceptual Psychology?', pp. 385, 389~90.

만일 앤더슨과 모저가 맞다면, 뇌의 기억흔적은 경이로운 수치가 입증하듯이 대규모로 분산되어 있다. 700만이라는 그들의 수치는 1차 시각피질에 있는 신경세포의 약 10%에 해당한다.[34] 지금까지 당신의 삶 전체에 걸쳐 당신 뇌가 N개의 시각적 기억을 끊임없이 저장했다고 하자. 분명히 N은 엄청난 숫자다. 전체 기억들 중 각각이 저장에 이용할 수 있는 신경세포의 10%를 필요로 한다는 가정하에, 단일한 신경세포 각각은 반드시 N/10의 시각적 기억을 저장하는 일에 참여해야 한다. (반면 컴퓨터에서 각 플립플롭은 정확히 하나의 정보를 저장하는 일에 참여한다.) N의 크기를 고려할 때, 이것은 거대한 규모의 분산이다.

인간의 기억이 현재 컴퓨터의 비분산적 주소 중심의 저장과 본성상 매우 다르다는 것은 명백하다.

우아한 성능 저하

컴퓨터는 아주 사소한 손상으로도 끝나버리는 경향이 있다. 중앙프로세서와 전체 기계 내부 어디든지 드라이버로 날카롭게 한 번 찌르는 것만으로도 컴퓨터는 엉망이 된다. 예전에 전자 부품이 신뢰할 수 없는 것으로 악명이 높았을 때, 컴퓨터는 작동하는 경우보다 완전한 마비 상태에서 더 많은 시간을 보내곤 했다. 심지어 지금도 단 하나의 하찮은 반도체의 고장만으로도 수백만 달러 규모의 설비가 무너질 수 있다. 웨트웨어의 경우에는 상황이 완전히 다르다. 이것은 손상을 잘 견딘다. 막대

34 여기엔 1차 시각피질이 관련되어 있다. 왜냐하면 기억을 저장하는, 가장 가능성 높은 장소가, 초기 감각적 인상이 형성되는 피질의 바로 이 영역이라고 여겨지기 때문이다. 다른 구조인 해마와 편도체는 기억의 통합과 복원에 관여한다.

한 크기의 부상조차도 뇌의 중심 기능에는 거의 혹은 전혀 영향을 미치지 않을 수 있다. 철도 노동자 피니어스 게이지(Phineas Gage)의 유명한 사건처럼 말이다. 빠르게 날아온 철봉 때문에 그의 대뇌 전엽과 중간 왼쪽 측엽이 산산히 박살나고도, 몇 분 동안 게이지는 의식이 있었고 침착했으며 말을 했다. 게이지의 의사였던 존 할로(John Harlow)에 따르면, 이 피해와 뒤이은 감염 때문에 그는 "변덕스럽고 무례하며, 고집이 세고, 우유부단하게 되었다. 이따금씩 매우 상스럽고 모독적인 말을 즐겼고, 자제나 충고를 참지 못했으며, 짐승같이 감정을 분출하는 완력가로 변했다."[35] 게이지는 사고 이후 13년 동안 여행을 하면서 살았고, 결국 알려지지 않은 원인으로 죽었다.

(부상이나 수술로) 소량의 뇌 조직이 제거된 피험자에 대한 실험실 연구에 따르면, 손상은 뇌 기능의 단계적인 장애를 야기한다. 더 많은 조직을 잃을수록, 이를테면 점점 시각적 패턴을 식별하지 못하거나 언어를 이해하지 못하게 된다.(장애의 정확한 특성은 뇌의 어느 부위가 손상되었는지에 따라 다르다.) 갑작스런 고장은 없다. 뇌의 기능은 손상이 증가함에 따라 점진적으로 그리고 우아하게 저하되는 반면, 컴퓨터는 문제가 등장한 처음 그 순간 바로 고장나버린다.[36] 다시금 우리는 하드웨어와 웨트웨어 사이의 유사성이 크게 부족하다는 것을 알 수 있다.

---

35 Harlow, J. M., 'Recovery From the Passage of an Iron Bar Through the Head', pp.339~40.

36 '우아한 저하'라는 용어는 이러한 맥락에서 럼멜하트와 맥클렌에 의해 사용되었다.

9.3 굿바이, 폰 노이만

하드웨어와 웨트웨어 사이의 이 불일치 목록을 보고 뇌는 컴퓨터가 아니라는 결론을 이끌어낼 수 있다면, SSSH의 반대자가 기뻐할 것이다. 실제로 많은 저자들이 그렇게 한다. 철학자 퍼트리샤 처칠랜드(Patricia Churchland)의 견해에 따르면, "이러한 차이점은 뇌를 컴퓨터와 동일시하는 비유를 꽤 근거가 빈약하게 만들어버린다." 그리고 생물학자 존 영(John Young)은 "컴퓨터에 비유하는 것은 뇌의 작용을 묘사하기에 매우 부적절하다."고 솔직하게 단언한다.[37] 그럼에도 그런 결론을 이끌어낼 수 없다. 이로부터 적절하게 결론 내릴 수 있는 것은 뇌가 **폰 노이만 구조**(von Neumann achitecture)라고 알려진 것과 다르다는 것이다. 내 설명을 들어주시길.

1946년에 에니악팀이 해체됐을 때, 존 폰 노이만은 이 선구적인 기계의 설계를 재조정하고 확장하기 시작했다. 그 결과는 지금까지도 컴퓨터 설계의 주류인, 훌륭한 제안이었다.[38] 폰 노이만의 설계 사양대로 제작된 컴퓨터는 간단히 폰 노이만 기계라 부른다. 여전히 폰 노이만 구조는 컴퓨터업계에서 사실상 보편적이다.

폰 노이만 구조의 주요 특징을 나열하자면 앞의 절에서 제기된 요점을 다시 반복하는 것과 거의 같다.

---

37 Churchland, P. S., *Neurophilosophy*, p. 459; Young, J. Z., *Philosophy and the Brain*, p. 18 (p. 64도 참조).

38 Burks, A. W., Goldstine, H. H., von Neumann, J., 'Preliminary Discussion of the Logical Design of an Electronic Computing Instrument'.

1. 폰 노이만 기계는 순차적 프로세서다. 이 기계는 자기 프로그램 안의 명령어를 차례대로 실행한다.[39]

2. 각 기호열은 특정 메모리 위치에 저장된다.

3. 저장된 기호열에 접근하는 방식은 항상 기호열의 위치에 대한 수치화된 주소를 통해 진행된다.

4. 단일한 '통제석', 즉 중앙처리장치(CPU)가 있다.

중앙처리장치는 특수한 레지스터인 '명령어 레지스터'로 이뤄져 있으며, 여기로 명령어가 한 번에 하나씩 전송된다.(4장 '기호로서의 프로그램') 예를 들어 '이동'(shift)이라는 이진코드가 명령어 레지스터에 입력된다고 하자.(4장 '프로그램의 실제'에서 설명했듯이, 이 명령어의 기능은 레지스터에 등록된 모든 것을 오른쪽으로 한 칸 이동시키는 것이다. 레지스터의 오른쪽 끝에 있는 비트는 '떨어져 나가'고 맨 왼쪽에는 0이 입력된다. 0101을 이동한 결과는 0010이다.) 명령어 레지스터에 명령어가 들어오면 중앙처리장치에서 활동의 세 단계 사이클이 시작된다. 먼저, 작동되어야 할 기호열이 메인 메모리에서 중앙처리장치 내부의 단기저장 레지스터, 즉 '버퍼'(buffer)로 전송된다. 둘째, '이동'이 이뤄지고, 결과로 나오는 기호열이 중앙처리장치 내부의 단기 저장소에 저장된다. 세 번째로, 이 결과 기호열은 임시 위치에서 메인 메모리의 원래 주소로 전송된다. 이 세 단계 사이클을 페치-연산-저장(fetch-operate-store) 주기라고 한다. 이처럼 작동하는 기계는 본질적

39 폰 노이만 기계는 '한 번에 단 한 가지만' 수행한다고 종종 언급된다. 그러나 이것은 다소 비유적이다. 임의의 시간에, 현대 컴퓨터는 프로그램 명령어 n의 결과를 메모리 위치로 전달하면서, 동시에 명령어 n+1을 수행하고(가령 명령어가 요청한 조작을 수행하는 등), 명령어 n+2를 읽을 수 있다.

으로 [성능이] 우아하지 않게 저하된다. 기계가 제대로 작동하기 위해서는 중앙처리장치의 모든 부분이 양호한 상태를 지속해야 하기 때문이다. 레지스터 중 하나라도 고장이 나면, 중앙처리장치는 멈춘다.

앞 절의 결론은 뇌가 폰 노이만 기계가 아니라는 것이다. 그러나 이로부터 결코 뇌가 컴퓨터가 아니라고 단정 지어서는 안 된다. 폰 노이만 구조는 보편적인 기호체계를 구성하는 하나의 접근법—20세기 후반까지 이 편협한 공학 환경에서 진화하고 번성해 온 접근법—일 뿐이다. 그것이 결정판일 리가 없다. 설령 뇌가 폰 노이만 기계로 판명된다면, 심장이 아르키메데스 나선 펌프(Archimedean screw)[41]라고 밝혀지는 것 못지않게 황당한 일이다. 폰 노이만 구조는 발전하고 있는 기술의 첫 결과물에 지나지 않는다.

1. 기호조작과 순차적 처리 사이에 필연적 연관성은 없다. 한편, 병렬적으로 작동하는 실험용 하드웨어를 설계하는 데 상당한 진전이 있었다.(비록 뇌에서 발견된 병렬연산 정도만큼은 달성하지 못했지만.) 병렬구조 컴퓨터를 '비노이만형'(non-von) 컴퓨터라고 한다.
2. 기호조작 장치의 메모리 시스템이 수치식 주소법에 기반할 필요는 없다. 분산형, 내용-주소화 저장 시스템을 사용하는 컴퓨터도 분명 가능성이 있다. 현재로서는 아직 이러한 장치가 소수 연구자들의 막연한 구상일 뿐이지만.
3. 단일한 중앙처리장치라는 폰 노이만의 아이디어는 순차적 작동 모

40 [역주] 또는 아르키메데스 나선 양수기라고 한다. 원통 속에 나선모양의 판이 돌아간다. 이 원리에 의해 축을 돌리는 것만으로도 아래쪽의 물을 위로 끌어올릴 수 있다. 고대 그리스의 아르키메데스가 고안했다고 알려져 있으며, 현재까지도 사용된다.

드에 수반되는 것이었다. 향후 병렬 구조는 중앙집중식 제어를 다자간 협력으로 대체할 것이다.

SSSH는 구조의 문제에 대해서는 완전히 침묵하고 있다. 다만 뇌가 보편적 기호체계라는 주장을 계속할 뿐이다. 병렬적 작용이나 분산 등의 쟁점은 이 가설의 참/거짓과 아무런 관련이 없다. 제논 필리신이 말했듯이, 사람들이 오늘날 컴퓨터에 사용되고 있는 특정한 물리적 형식과 프로세스 유형으로서의 계산을 분별하지 못하기 때문에 [컴퓨터의] 계산이 문자 그대로 정신적 프로세스임을 받아들이지 못하고 있다.[41] SSSH에 의하면 뇌가 기호를 어떻게 저장하는지, 그리고 이 기호들에 대한 연산이 어떻게 구성되는지는 완전히 열려 있는 문제다. 인지과학자들은 이를 이제껏 개발된 적 없는 방법을 써서 실증적으로 조사할 문제로 본다.

진행 상황

9장 '하드웨어 vs 웨트웨어'에서 검토한 사실들은 SSSH가 실제로 참인지 거짓인지와는 완전히 무관하지만, 그럼에도 우리가 추구하는 질문에서는 중요한 역할을 한다. 그 사실들은, 우리가 현재 알고 있고 이해하고 있는 것처럼 뇌가 컴퓨터와 거의 또는 전혀 유사하지 않다는 점을 분명히 한다. 이는 SSSH의 도식적인 특성을 잘 드러낸다. SSSH에는 아직은 우리가 채울 수 없는 미지의 '공백'이 많다. 뇌가 폰 노이만 기계라는 이론은 적어도 정교하고 세밀한 주장이며, 증거로 평가할 수 있는 것

41 Pylyshyn, Z., *Computation and Cognition*, p. 55,

이다. 반면에 뇌가 밝혀지지 않은 기호와 미지의 연산을 가진, 아직 불분명한 구조의 컴퓨터라는 이론은 피상적이며 개략적이다. 언젠가는 이 밝혀지지 않은 것들이 구체적이고, 실험적으로 검증 가능한 계획안으로 바뀔 것이다. 그러나 지금은 이러한 부정확성에다 뇌 기능 실험 데이터의 제한성까지 더해져, SSSH는 경험적 수단으로 논박하거나 확인할 수 있는 범위를 넘어서 있다.

경험적 증거가 빈약한 영역에서는 철학적 논쟁이 무성해진다. 인지과학자들이 SSSH를 위한 지지 근거를 결집시킬 때 주로 고려하는 것이 철학적 논의다. 그러므로 우리의 질문을 향한 다음 단계는 인지과학자들이 내놓은 논의를 조사하는 것이다. 이것이 다음 네 절의 과제다.

무엇보다 앞서 나는 SSSH에 맞서서 제기될 수 있는 논의들을 빨리 정리해버리고 싶다. 이는 다음과 같이 진행된다. 뇌 기능의 많은 측면은 기호조작과 관련이 없다. 따라서 SSSH는 틀렸다.

가령 이웃집 잔디 깎는 기계의 소음 때문에 두통이 생긴 경우, 혹은 버스를 놓치고 하루 종일 기분이 엉망인 경우를 생각해보자. 두통의 발병이나 기분 변화가 어떻게 기호조작으로 이루어질 수 있는가? 기호열의 핵심적인 특징은 문장과 마찬가지로 정보를 코드화한다는 것이다. **신념**을 갖는 일이 어떻게 기호열의 형성으로 이루어질 수 있는지는 쉽게 알 수 있다. 그러나 신념과 달리, 두통과 기분은 정보를 전혀 코드화하지 않기 때문에 두통이나 기분을 느끼는 과정이 기호를 조작하는 것일 수 있다는 말은 완전히 수수께끼에 불과하다.[42] 이런 내용들이 이 논의의 전제에 숨겨진 것들이다.

---

42 관련된 논의를 보려면, 다음을 참조. Haugeland, J., *Artificial Intelligence: The Very Idea*, pp. 230~8.

그러나 이 전제는 결론에 전혀 도움이 되지 않는다. 어떤 장치가 중점적으로, 그리고 가장 기본적으로 기호 프로세서라 하더라도, 기호조작 외의 다른 작용을 포함할 수 있다. 마치 식품 가공업체가 식품의 가공 외에 별도의 활동을 수용하는 것처럼 말이다.(냉각 및 유탕처리 시스템이 허용될 수 있다.) 인지과학은 분명히 뇌에서 일어나는 **모든 일**을 기호조작의 관점만으로 고려하지는 않는다. 뇌는 가지각색의 활동으로 엉망진창이다. 그래서 SSSH는 지능적 작용의 산물이나 사고와 결부된 프로세스만 다루는 것이다.

9.4 고깃덩어리에 의미를 더하기

내 뇌가 호의를 베풀어준 덕택에 나는 내 행동의 예상 결과를 예견하고, 관찰한 것으로부터 관찰되지 않는 것을 추론하며, 상황이 달라지길 원할 수 있다. 이 모든 일을 할 수 있는 전제조건은 내 뇌가 사건과 사실, 그리고 실제 상황과 잠재적 상황 모두에 관한 **표상**을 형성할 수 있어야 한다는 것이다. 예를 들어, 당신이 셔츠에 토마토소스를 흘리면, 우리 뇌에는 이 토마토소스가 셔츠에 더러운 얼룩을 남길 것이라는 사실을 표상할 수 있는 몇 가지 방법이 있다. 좌우간 나의 뇌에는 이런 정보가 들어 있다.

달리 말하면, 이런 활동이 다른 것들—대상, 사실, 사건 등—을 나타내고 표상한다는 의미에서 나의 뇌에서 발생하는 특정한 활동은 **의미**를 지니고 있다. 어떻게 이런 일이 가능할까? 고깃덩어리와 의미는 처음에는 서로 당황했을 예상 밖의 파트너였으나, 결국에는 어쨌든 내 두개골

안에 함께 있다. 어떻게? 이것은 우리가 현재 뇌를 이해함에 있어 맞닥뜨리는 많은 주요 공백 중 하나다.

의미를 지닌 것들 중 보다 익숙한 형태는 보통의 흔한 문장(말이나 글), 그리고 문장의 여러 파생물(코드, 기술 표기법, 컴퓨터에 있는 기호열 등)이다. "멍멍이가 브라이언을 핥았다."는 문장은 멍멍이가 브라이언을 핥았다는 사실에 대한 기호적 표상이다. 뇌의 경우에도 이 그림이 이처럼 간단하다면 얼마나 좋겠는가.

"하지만 나는 그처럼 간단하다고 생각합니다!"(이 사람은 마침 때맞춰 등장한 SSSH의 지지자다.[43]) "문장, 그리고 일반적으로 언어적 기호는 물질의 덩어리가 어떻게 사실을 표상할 수 있는지에 대해서 우리가 가진 유일한 실제 모델을 제공합니다. 우리는 뇌에 표상적 상태가 있어야 한다는 것을 알고 있습니다. 그래서 이러한 상태들이 말 그대로 **곧** 문장이라고 이론을 세우는 것은 자연스럽습니다. 뇌가 사용하는 표상들은 문장과 같은 기호열입니다. 이로써 '어떻게 고깃덩어리에 의미를 더할 수 있는가'라는 문제가 해결되고, 뇌가 추론이나 계획 등을 하고 있을 때 뇌가 실제로 어떻게 되는지 이해할 수 있습니다. 뇌는 이러한 기호열을 조작하고 있습니다."

뇌가 말 그대로 문장을 지니고 있다고 말할 때, 의미하는 바를 설명해주세요. "글쎄요, 거기에 말 그대로 글자가 **쓰여 있다**는 의미는 분명 아닙니다. 제가 말하고 있는 이러한 기호들은 일종의 전기적 또는 화학적 작용에 의해 뇌에서 물리적으로 실현됩니다. 폰 노이만 기계에서 비트 기호는 자기장이나 플립플롭 상태 등으로 구현됩니다. 나는 뇌에서 사용

43 다음을 참조. Fodor, J., *The Language of Thought*, 2장. 'Fodor's Guide to Mental Representation', pp. 90~95; Pylyshyn, Z. *Computation and Cognition*, pp. 29, 39ff.

하는 방법, 혹은 방법들에 관해선 당신에게 할 말이 없습니다. 이것은 향후 경험적 연구로 다룰 문제입니다."

당신의 말에 따르면, 생각할 때 우리는 항상 언어로 생각하고 있는 것입니까? "네, 어떤 면에서는 그렇습니다. 저는 뇌가 영어나 독일어 등의 문장으로 생각한다고 말하는 건 아닙니다. 당신은 의식 수준에서 언어로 생각하고 있다고 느낄지도 모릅니다만, 제가 말하고 있는 뇌 활동의 수준은, 의식 아래에 있는 것입니다. (그리고 덧붙이자면, 정신의 심상 수준 아래이기도 합니다.)[44] 뇌의 언어가 친숙한 구어체일 리 없습니다. 이유는 간단합니다. 아직 모국어를 모르는 유아가, 이미 정신적 표상을 형성하고 있음을 강력하게 시사하는 방식으로 행동하기 때문입니다. 실은 언어란 뇌가 갖는 일종의 특별한 코드입니다. 이름을 붙이자면, 나는 그것을 정신어라고 부릅니다. 어떤 의미에서 이것은 우리가 배운 것이 아니라 우리의 유전적 재능의 일부로 타고난 것이라고 믿습니다."

뇌가 사용한다고 가정되는 표상은 어떤 면에서 문장과 같은 것입니까? 왜 정신어를 '언어'라고 불러야합니까? "제가 이 표상들이 문장의 일종이라고 말할 때, 당신이 저를 말 그대로 이해해주길 의도한 것입니다. 그게 제 이론의 핵심입니다. 기본적인 상황을 그려봅시다. 한쪽에는 뇌의 물리적 상태가 사실을 표상하는 방식에 대해 커다란 미스터리가 있고, 다른 쪽에는 우리에게 이렇게나 멋지고 간단한 것, 즉 문장이 있습니니

---

44 일부 저자들은 사고가 문장의 조작으로 이루어져 있다는 이론이 문제가 되기 때문에, 정신적 이미지의 존재를 고려한다.(결국 이미지는 문장이 아니기 때문이다.) 다음을 참조. Kosslyn, S. H., *Image and Mind and Ghosts in the Mind's Machine*; Block, N., 'Mental Pictures and Cognitive Science'; Haugeland, J., *Artificial Intelligence: the Very Idea*, pp. 221~30. 비판적 논의는 다음을 볼 것. Pylyshyn, Z., *Computation and Cognition*, chapter 8.

다. 문장은 표상이 발현하는 데 있어 완벽한 모델을 제공합니다. 제 말은, 이러한 뇌 상태가 말 그대로 문장이라고 가정해서 이 미스터리를 풀자는 뜻입니다. 즉 정신어 표상은 일상언어 문장의 핵심적인 특징들을 공유하고 있습니다. 저는 그중 특히 두 가지를 강조하고 싶습니다. 첫 번째는 기본적인 어휘 단위들로 구축한다는 것이고, 두 번째는 **형식**을 사용해서 원하는 의미를 '포착'한다는 것입니다. 언어는 '브라이언', '멍멍이', '핥다', '차다'처럼 기본적인 어휘 단위에서 시작해서, 이들을 활용해 문장을 구축합니다. 저는 이런 점에서 정신어가 유사하다는 것을 제시하고 싶습니다. 두 번째는 당신이 기본 단위를 배열하는 형식, 즉 '멍멍이가 브라이언을 핥는다'나 '브라이언이 멍멍이를 핥는다'처럼 어떤 사실이 표상되는지를 결정하는 형식 또는 패턴이 있다는 것입니다. 제가 정신어가 언어라고 말할 때, 이는 정신어 표상에 이러한 두 특징이 모두 있다는 뜻입니다."

어째서 이 모든 설명이 뇌가 컴퓨터라는 걸 의미하는지 설명해주세요. "좋습니다. 논의의 연관성은 매우 간단합니다. 이 이론에서 두뇌와 컴퓨터는 동일한 유형의 장치입니다. 둘 다 내부의 언어코드로 이뤄진 문장을 조작함으로써 작동합니다. 비트열에는 제가 방금 언급한 두 가지 기능이 있습니다. 즉 비트열은 기본적인 단어 단위로 구축되며, 단위가 배열되는 패턴이 의미를 결정하는 데 중요한 역할을 합니다.(4장 '이진 기호' 참조) 간단한 예를 들면, 1111이 '복사(copy)'를 의미하는 기본 단위이고 00과 01이 두 레지스터의 이름인 경우, 세 가지 단위를 두 개의 다른 패턴으로 조합해서 두 개의 상이한 명령어를 얻어낼 수 있습니다. 곧 '복사하라, 00에서 01로', 혹은 그 반대로 말이지요. 그런데, 여기서 사용되고 있는 중요한 요소를 확인할 수 있습니다. 즉 제가 작용을

의미하는 형식으로 설명한 것입니다. 명령어 1111 00 01이 중앙처리장치로 들어가면 기계는 특정한 방식으로 응답하고, 1111 01 00이 들어가면 다른 동작이 발생합니다. 따라서 컴퓨터에서 문자열의 형식 또는 구조가 문자열의 의미를 소위 인과적으로 실행하는 것임을 알 수 있습니다. 이는 철학자가 매력을 느낄 만한 것이죠. 의미란 실은 미스터리하고 추상적인 것이며, 그래서 처음에는 이 신비로운 의미가 어떻게 기계가 실제로 무언가를 실행하도록 만들 수 있는지, 정말 수수께끼처럼 느껴집니다. 컴퓨터 안에서 이 수수께끼는 기호코드에 의해 풀립니다. 이 기호코드는 하드웨어가 반응하는 형식-구분이라는 수단을 써서 모든 의미-구분을 실현한다. 구조화된 기호코드라는 수단을 제외하면, 우리는 의미가 동작에 연결될 수 있는 다른 방법을 전혀 알지 못합니다. 그래서 저는 뇌에 그러한 코드가 있어야 한다고 제안합니다."[45]

제가 보기에, 당신이 한 일이란 두뇌가 어떻게 사실을 표상하는가에 대한 하나의 설명을 제안한 것입니다. 이것이 올바른 설명임을 입증하는 말을 하신 적은 없는데요. "타당한 지적입니다. 저는 그런 말을 하지 않았습니다. 그러나 제가 말했듯이, 아무도 의미와 동작이 연결될 수 있는 방법에 대해서 다른 아이디어가 없습니다. 우리의 설명이 있음 직한 유일한 설명이기 때문에 매우 진지하게 받아들여져야 한다고 생각합니다. 린든 존슨(Lyndon B. Johnson)[46]이 이렇게 말한 적이 있죠. "나는 여러분의 유일한 대통령입니다." 우리에겐 아주 잘 들어맞고 다른 경쟁자가 없

45 이것이 SSSH를 최대한 진지하게 다루기 위한 논의임에 주목하시길. 이 논의의 주장에 따르면, 물리적 장치가 사실을 어떻게 표상할 수 있는지에 대해 우리가 가진 유일한 설명 방식은 기호코드를 사용하는 방법이다. 이는 이 장치가 인간의 두뇌이든, 혹은 외계인의 녹색 점액이든 상관없이 적용된다.

46 [역주] 미국의 36대 대통령이다.

으며 설득력이 있는 이론이 있습니다."

이제 다음으로 우리는 SSSH를 지지하는 두 번째 논의로 넘어간다.

9.5 믿지 않는 것을 믿기

카펫 판매자인 이브라힘은 시장의 그늘진 구석에서 콜라를 마시며 조용히 앉아 있다. 머리가 단정한 외국인이 그 뒤에서 걸어 나오자, 그는 깜짝 놀란다. "안녕하세요." 그녀가 매력적인 미소를 지으면서 말한다. "제 이름은 낸시예요. 저는 스쿠터로 이 나라를 여행하고 있어요." 이브라힘의 심장은 두근거리고 있었고, 그는 어떻게 하면 그녀가 자신과 저녁식사를 함께하도록 구슬릴 수 있을지 고민하고 있다.

우리는 이제 이브라힘에게 짧은 퀴즈를 낼 것이다.

1. 당신은 이 매력적인 젊은 여행자와 저녁식사 약속을 잡을 의향이 있습니까?
2. 당신은 저승사자와 저녁식사 약속을 잡을 의향이 있습니까?

왜냐하면 매력적인 미소 뒤에 낸시의 진짜 정체가 숨겨져 있기 때문이다.

이브라힘은 첫 번째 질문에는 **예**라고, 두 번째에는 근심스러운 표정으로 **아니요**라고 답한다. 그는 낸시와 함께 식사하는 목표는 추구하지만, 저승사자와 식사하는 목표는 전적으로 피한다. 어떤 의미에서 이 문장들이 **동일한** 목표를 향한다는 점을 감안하면, 어떻게 가능한지 알 수

없는 수수께끼다. 그러나 이브라힘에게는 어쨌든 이 둘은 서로 다른 목표이며, 그는 그중 하나는 취하고, 다른 하나는 절대로 취하지 않는다.

우리 모두와 마찬가지로, 이브라힘도 이 어려워 보이는 묘기를 부릴 수 있다. 의도뿐만 아니라 믿음으로도 가능하다. 그는 저승사자가 죽을 수 있다고 결코 믿지 않지만, 낸시가 죽으리라는 건 믿는다.(이를 명확히 하고자, 시간을 뒤로 돌려 낸시가 불멸의 존재인지 그의 의견을 물어보는 질문으로 퀴즈를 시작하자. 이브라힘은 자신의 답에 확신을 갖고 있다. "그녀는 마치 사막의 모래 위에 엎지른 물처럼 죽어가겠죠."라고 그는 대답했다. 저승사자에 대해 질문한다면, 그는 똑같이 친절하게 답하며, 저승사자는 죽지 않는다고 단언할 것이다.) 낸시와 저승사자는 같은 인물이기 때문에 낸시가 죽는 존재라는 믿음은 어떤 의미에서 저승사자가 죽는 존재라는 믿음과 동일하다. 그러나, 알쏭달쏭하겠지만, 이브라임은 하나를 믿으면서 다른 하나를 버릴 수도 있다.

이 판타지 같은 이야기가 의미하는 바는 무엇일까? 이러한 현상—의도하지 않는 것을 의도하는 것, 믿지 않는 것을 믿는 것—이 소위 지향성 역설(paradoxes of intentionality)[47]이다. 모순처럼 보이는 이러한 묘기가 어떻게 가능한 것일까? 제리 포더(Jerry Fodor)와 제논 필리신이 우리에게 설명을 해줄 것이다.

필리신은 이렇게 썼다. "믿음을 갖는 것에 대한 자연스러운 설명은, 믿음이 정신어 문장의 보증이라는 특별한 '신념 상자'에 믿음을 저장하

---

47 이 역설을 일으키는 동사들—믿다, 의도하다, 두려워하다, 궁금해하다 등—을 지향동사라고 통칭한다. 지향동사에 대한 고전적 논의는 다음을 참조할 것. Chisholm, R. M., *Perceiving: A Philosophical Study*, ch. 11.

는 것이라는 것이다."[48] 필리신이 비유적으로 뇌의 '믿음 상자'라고 묘사한 것은 뇌의 믿음 저장소다.(이 발상은 이 '상자' 속에 있음으로써 다른 상자와는 달리, 무언가를 목표나 두려움, 혹은 당신의 소유품이 아니라 바로 믿음으로 **만든다**는 것이다.[49]) '상자'의 내용이 정신어 문장이라는 이 가설은, 저승사자가 죽는다고 믿지 않으면서도 낸시가 죽는 존재라고 믿는 이브라힘의 능력을 설명할 수 있다. 어떤 정신어의 기호구조 X는 영어 문장 '낸시는 죽는 존재다'(Nancy is mortal)에 해당하며, 다른 기호구조 Y는 '저승사자는 죽는 존재다'는 문장에 상응한다. 비록 X와 Y가 동일한 사실을 가리키고 있지만, 이브라힘의 뇌가 '믿음 상자' 안에서만큼은 X를 갖고 있되, Y는 없는 경우가 분명히 가능하다. 그러므로 이것이 지향성 역설에 대한 깔끔하고 단순한 해결책이다.

논의를 요약해보자. 의도, 믿음, 의심 등의 작용이 기호구조에 대한 뇌의 수행 연산의 관점에서 분석된다면, 흔하긴 하지만 원래 처음부터 역설적이었던 이 현상도 쉽게 이해할 수 있게 된다. 이 점이 이러한 분석의 매력으로 추가된다.

9.6 생산성과 체계성

사고가 생산적이다(productive)는 말(이 세 번째 SSSH 논의와 결부된 기술적인 의미에서)은 원리상 우리가 무제한적으로 사고할 수 있다는 의미다.

---

48 Pylyshyn, Z., *Computation and Cognition*, p. 195; 다음 책도 도움이 된다. Fodor, J., *The Language of Thought*, pp. 71~9.

49 '믿음 상자'라는 비유는 스티븐 쉬퍼(Steven Schiffer)에서 유래한다.

그러니 사고가 생산적이라면, 그리고 수명이 무한하리만큼 길다면, 인간은 무한한 수의 다른 사고를 할 수 있다.

수명이 유한하다면 사람은 오직 제한된 개수의 생각만 할 수 있다. 어떤 사람이 저승사자를 만나기 전에 정확히 100억 개의 생각을 떠올린다고 가정해보자. 또한 생각할 수도 있었지만 하지 않았던 다른 많은 생각들도 있으리라. 이것들은 잠재적 사고라 부르자. 가령 누군가는 시드니의 하버브리지를 평생에 걸쳐 자주 건너가면서도, '시드니 하버브리지를 매일 아침 스쳐가야 할 필요는 없다'는 생각을 결코 떠올리지 못할 수도 있다. 인간의 사고가 생산적이라는 말을 부정하는 것은 실제적인 사고와 잠재적인 사고의 최대치 N이 있다는 주장이 될 것이다. 여러분은 N이 아무리 크다 해도, 얼마나 이상하든 N+1의 생각을 만들어낼 수 있다고 느낄지도 모른다.(어쩌면 최소한 N+1의 생각이 있다는 사고조차도 목적을 달성하는 데 도움이 될 수도 있다.) 그러나 당연히 당신이 이를 할 수 있다고 상상하는 것만으로는 당신이 실제로 가능하다는 것을 증명할 수 없다. 이것은 실증적인 문제다. 인간의 사고가 생산적인지 아닌지는 아무도 확실히 알지 못한다. 하지만 많은 사람들은 이 가설을 설득력 있는 것으로 여긴다.(병렬분산처리—다음 장에서 논의할 접근법—의 옹호자 중 일부는 이 가설의 주요 반대자들이기도 하다.[50]) 제리 포더의 말에 따르면, 만일 생각이 생산적이지 않다면, "원리상, 잘 생각해보면, 이는 당신의 경험이 당신의 인지 수용능력을 따라잡는 것으로 판명날 것이다. 그러면 당신은 생각할 수 있는 모든 것을 실제로 생각해냈다고 여길 것이다." 그리고 계속 덧붙이길, "당신이 이걸 터무니없는 결과라고 여긴다고 해도 소

50 Rumelhart, D. E., McClelland, J. L., 'PDP Models and General Issues in Cognitive Science', pp. 119~20.

용없다. 나는 당신에게 동의하긴 하지만, BBC 방송(Aunty)은 그렇지 않다[51]."[52] (10장 '우리의 인지 과정은 알고리즘으로 계산할 수 있는가?'는 생산성에 대한 추가적인 논의를 다룬다.)

인간의 사고가 **체계적**(systematic)이라고 말하면, 포더의 의미에서, 무언가를 사고하는 능력이 다른 것을 생각하는 능력과 '본질적으로 연결되어 있다'는 말이다.[53] "존이 그 소녀를 사랑한다고 생각할 수 있으면서도, 그 소녀가 존을 사랑한다는 생각을 하지 못하는 사람을 발견할 순 없다."라고 포더와 필리신은 설명한다.[54] 만약 주머니쥐가 딩고[55]보다 냄새가 고약하다고 생각할 수 있는 개념적 자원이 있다면, 사고가 체계적이라는 전제하에, 딩고가 주머니쥐보다 냄새가 고약하다고 생각할 수밖에 없다. 체계성과 생산성은 별개의 현상이다. 여러분은 사고가 생산적이지 않다고 믿을지라도, 사고가 체계적이라는 주장에 동의할 수 있다.

인간 언어는 생산적이다. 가령 영어에서 문법적으로 가능한 문장 수에는 제한이 없다. 이는 쉽게 증명할 수 있다. 어떤 (올바른) 문장 P를 고른다. 그리고 이렇게 계속 진행한다. 'P'는 참이다, "'P'는 참이다'는 참이다', "''P'는 참이다'는 참이다'는 참이다' 등등. 이 문장들은 곧 상당히 거추장스러워지긴 하지만, 각각의 문장들은 문법적으로 정확하며(실제로도

---

51 [역주] Aunty, Auntie, Auntie B, Aunt B는 BBC 방송을 가리킨다. BBC 경영진 대부분이 영국 중산층 출신으로, 회사가 승승장구하던 초기의 모토, 즉 시청자를 위한 것은 '우리가 가장 잘 안다'라는 자부심이 과도한 나머지, 점차 외부의 의견과 비판을 경청하지 않게 되자, 나중에는 비판과 비아냥의 멸칭으로 사용되었다.

52 Fodor, J., *Psychosemantics*, p. 148.

53 Fodor, J., *Psychosemantics*, p. 149; Fodor, J., Pylyshyn, Z., 'Connectionism and Cognitive Architecture: A Critical Analysis', p.39.

54 Fodor, J., Pylyshyn, Z., 'Connectionism and Cognitive Architecture: A Critical Analysis', p.39.

55 [역주] 오스트레일리아산 들개.

사실이다), 그 수에는 제한이 없다.

영어는 체계적인가? 포더와 필리신은 그렇다고 생각한다.

> 예를 들어, '존이 메리를 사랑한다'는 문장을 영어로 어떻게 말하는지 알고 있는 원어민이 '메리가 존을 사랑한다'는 것을 영어로 말할 줄 모를 수 없다. 이런 상태의 사람을 찾는다면, 당신은 그가 원어민이 아니라 여행객으로 추정할 수 있는 증거로 받아들일 것이다.[56]

사실 영어의 체계성에 대한 질문은 생산적이라는 것에 대한 질문만큼 간단치 않다. 왜냐하면 체계성이 어느 정도인지 분명하지 않기 때문이다. 생산성은 영어라는 언어 그 자체의 특성이다. 포더와 필리신은 체계성이 생산성과 마찬가지로 언어 자체의 특성으로 생각해야만 하는지, 아니면 차라리 언어와 특정한 발화자 사이에서 유지되는 관계인지를 명확히 하지 않는다. 그들에게는 언어가 체계적이라는 말이 정확히 무엇을 의미하는지를 우리에게 설명할 의무가 있다. 그러나 이는 상대적으로 사소한 불평이며, 우리가 이 때문에 시간을 낭비할 필요는 없다.

이제 SSSH에 대한 논의다. 사고가 생산적이라고 생각하자. 뇌는 어떻게 이를 해내는가? 글쎄, 우리는 언어가 얼마나 생산적인지 너무 잘 알고 있어서, 사고가 생산적이라는 데 대한 가장 간단한 설명은 그저 사고가 언어적이라는 것뿐이다. 만약 우리가 하는 생각 하나하나가 정신어의 문장이라면, 원리상 우리는 무한한 수의 생각을 할 수 있을 것이다. 사고는 생산적이다, 왜냐하면 정신어가 그러하니까. 혹은 사고가 생산적

56 Fodor, J., *Psychosemantics*, p. 149.

이라고 전제하기가 꺼려진다면, 사고가 체계적이라는 주장을 취하면 된다. 두뇌는 어떻게 생각을 체계적으로 다루는 것인가? 같은 이야기—정신어의 체계성은 사고의 체계성을 설명하기 위해 동원될 수 있다. 어느 쪽이든 우리는 정신어의 존재에 대해 논의해야 한다.[57]

9.7 논의들을 평가하기

'고깃덩어리에 의미를 더하기', '믿지 않는 것을 믿기', '생산성과 체계성'의 논의들의 핵심을 요약하면, 다음의 주장으로 모아진다. 문제의 현상들—사고의 생산성과 체계성, 지향성 역설, 사실을 표상하는 뇌의 근본적 능력—을 설명하는 한 가지 **가능한** 방법은 내부의 기호코드를 상정하는 것이다. 만화 같은 상황에 비유하면, 이러한 논의 형태의 약점을 부각시킬 수 있다. 현상: 멍멍이가 브라이언을 물었다. 하나의 가능한 설명: 멍멍이는 브라이언이 개가 물어줘야지만 치료될 수 있는 희귀병에 걸렸다고 믿고 있다. 가능한 설명 하나를 고안하는 것과 이 설명이 올바른 설명임을 증명하는 것은 전혀 다른 문제다. 올바른 설명임을 증명하는 일은 앞의 세 절에서 다루지조차 않았다.

포더와 필리신이 주장한 바에 따르면, 지향성 역설은 뇌가 동일한 사실에 대해서 여러 다양한 표상을 형성할 수 있다는 생각을 어느 정도 뒷받침할 수 있다. 그리고 내 생각에도 그들이 맞다. 그러나 이 역설에 의

57 Fodor, J., 'Fodor's Guide to Mental Representation', pp. 89~90; Fodor, J., *Psychosemantics*, pp. 147~53; Fodor, J., Pylyshyn, Z., 'Connectionism and Cognitive Architecture: A Critical Analysis', pp. 33~41.

해 제기된 고려사항은 이러한 표상들이 정신어 문장이라는 것을 증명하는 방향으로 나아가지 않는다. 이는 매우 결정적인 쟁점이다. 뇌가 동일한 사실에 대해 서로 다른 표상을 형성할 수 있지만, 이러한 표상이 SSSH에 의해 가정된 기호열이어야 할 필요는 없다.

포더와 필리신은 정신어 가설이 논쟁 중인 현상에 대한 합리적인 유일한 설명이라고 주장함으로써, 이런 회의론을 일축시키고자 시도한다. 필리신은 그것을 '떠 있는 유일한 지푸라기'로 묘사하고, 포더는 '나는 여러분의 유일한 대통령입니다'라는 인용구를 입을 막는 재갈처럼 사용한다.[58] 그러나 문제는, 떠다니는 지푸라기가 또 **있으며**, 어떤 사람들은 이를 정신어 가설 못지않게 유망하다고 본다. 다음 장은 그런 지푸라기들 중 하나를 다룰 것이다. 또 다른 지푸라기는, 튜링의 시대에 많이 논의되었고 필 존슨-레어드(Phil Johnson-Laird)와 콜린 맥긴(Colin McGinn)에 의해 최근에 다시 알려진, 뇌가 **아날로그** 표상을 처리한다는 가설이다.[59]

아날로그 표상의 간단한 예는 건축가의 3차원 건물 모형이다. 실제 건물의 특징은 모형 속에서 그에 상응하는 요소의 특징으로 표상된다. 지붕의 각도는 지붕을 나타내는 보드판 사이의 각도로 표상된다. 각 창문에 있는 유리의 개수와 모양은 벽을 나타내는 보드판 조각에 있는 플라스틱 삽입물의 수와 모양으로 표상된다 등등. 아날로그 표현에는 매우 다양한 종류가 있다. 서너 가지만 예를 들면, 모든 종류의 축척 모형

---

58 Pylyshyn, Z., *Computation and Cognition*, pp. 39, 63. McClelland, J. L., 'The Basis of Lawful Behaviour: Rules or Connections?', p. 16. Fodor, J., *The Language of Thought*, p. 27에도 인용구가 보인다.

59 Johnson-Laird, P., *Mental Models*; McGinn, C. *Mental Content*. '정신 모델'식 접근에 대한 표준적인 어구는 Kenneth Craik의 *The Nature of Explanation*(1943)을 참조. Kosslyn, S. H., *Image and Mind and Ghosts in the Mind's Machine*; Block, N., 'Mental Pictures and Cognitive Science'도 참조.

들, 지도, 그림, 그래프, 망막상의 이미지 등이다.

그래프는 흥미로운 예다. 설계자의 모형에서 각도는 각도, 수치는 수치, 형태는 형태, 실제 거리는 지도상의 거리로 표상된다. 그래프의 예는 아날로그 표상이 반드시 유사할 필요가 없다는 것을 분명히 보여준다. 그래프에서 축을 따라 커지는 높이는 물체의 질량이나 속도, 또는 지능을 표상할 수 있다.

아날로그 표상이 각각의 경우에 서로 무엇을 공유하고 있는지 정확하게 말하기는 어렵다. 그럼에도 불구하고 기본 아이디어는 충분히 선명하다. 맥긴이 말했듯이, "아날로그 표상에 함축되는 상태의 특성은 표상 자체의 특징들에 어떻게든 **반영된다**."[60] 아날로그 표상에서는 표상하려는 특징, 즉 '표상하는 것'은 '표상되는 것'[원본]의 변화를 반영하거나, 모방하거나, 모형화하는 방식으로 다양해진다. 더 많은 플라스틱 사각형은 더 많은 창문, 지도의 더 어두운 파란색은 더 깊은 물, 그래프 속 0에서 더 먼 거리는 더 높은 지능을 의미하는 것처럼.[61]

아날로그 표상은 언어 표상과 현저하게 다르다. 지도를 생각해보자. 런던과 리즈(Leeds) 사이의 고속도로가 런던-버밍엄 간 고속도로보다 길다는 사실은 지도상의 한 파란 선이 다른 파란 선보다 더 길다는 사실로 나타난다. 모두가 알고 있듯이, 지도상의 도로는 선의 길이를 통해 도로의 길이를 표상한다. 즉 표상되는 도로의 길이와 비례하여 달라진다. 반면, 문장은 확실히 다르다. 표상되는 실제 특성의 크기에 비례하여 표상의 특성이 달라지는 방식이 아니다. '런던-버밍엄 고속도로의 길이는

60 McGinn, C., *Mental Content*, p. 178.
61 이 개념에 대한 철저한 분석은 다음을 참조. Lewis, D., 'Analog and Digital'과 Haugeland, J., 'Analog and Analog'.

120마일이다'라는 기호열은 '런던-리즈 고속도로 길이는 198마일이다'라는 기호열보다 실제로 더 길며, 심지어 띄어쓰기로 후자의 기호열을 더 길게 만드는 경우에도 어쨌든 표상적 의미는 전혀 없다. 아날로그식 표상에서 정보를 추출하려면, 축척 비율 같은 것이 필요하다. 그러나 이 개념은 문장의 표상에서는 완전히 낯선 것이다.

아날로그 표상을 종종 단순히 모델이라고도 부른다. 어쩌면 뇌는 모델을 사용할 수도 있다. 아마 외부 세계에 대한 뇌의 표상은 아날로그이며, 표상된 대상에 물리적으로 실행할 수 있는 조작(가령 회전이나 구부리기)과 그 자체로 유사한 프로세스로 조작될지 모른다. (비슷한 방식으로, 건축가의 모델은 실제 건물에서 실행할 수 있는 조작과 유사한 프로세스—출입구를 추가하는 것은 모델의 벽을 잘라내면 되고, 채광창을 옮길 수 있다 등등—로 조작할 수 있다. 이것은 SSSH가 그려내는 것과 매우 다른 그림이다. SSSH에 의하면, 문장적 표상은 폰 노이만 기계와 같은 소속으로, 동일한 기본 조작으로 다뤄진다.)

맥긴은 (크레이크(Craik)를 따라서) 아날로그적 뇌가 문제를 해결하는 과정의 밑그림을 제시한다.

> 첫째, 외부 상황이 아날로그 표상으로 '번역'된다. 가장 단순한 경우에 이는 적절한 모델을 지각적으로 생성하는 것이다. 외부 상황은 뇌가 그 상황에 대한 내적 시뮬레이션을 구성하도록 촉발한다. 둘째, 모델은 다양한 절차와 알고리즘에 의해 조작된다. 이 절차와 알고리즘은 모델을 변형하고, 다른 모델과 결부시키며, 모델을 실험적으로 연구한다. 이러한 절차들은 그 자체로 외부 프로세스의 유사물이다. 셋째, 이 내적 연산—또는 행동(추론이 실천적인 경우)이나 새로운 신념(추론이 이론적인 경우)—에 대한 적절한 결과물이

있을 것이다. 이 세 양상은 다리를 모델링하는 엔지니어가 검토하는 과정이며, 그래서 내부 모델을 통해 뇌가 과제를 해결하는 세 단계이기도 하다. … 문제지향적 사고는 뇌에서 생성되고 저장되는 아날로그 표상을 실험하고 있다. 이를테면, 뇌 속의 복제품이나 모형으로 예행연습을 실시하고 있는 것이다.[62]

이 대안적인 이미지는 SSSH보다 모호할지 모르나, 그만큼 딱 대안적인 것이다.[63]

심리학자 어빙 비더만(Irving Biederman)은 최근 시력, 특히 시각적 인지 과정에서 뇌가 **기하학적 표상**으로 알려진 아날로그 표상을 사용한다고 주장했다.[64] 기하학적 표상의 기본단위는 지온(geons)[65]이다. 원통, 벽돌, 구, 원뿔, 각뿔, 쐐기, 평평한 직사각형 판 같은 단순하고 전형적으로 대칭을 이루는 3차원 도형이다. 비더만의 아이디어는 우리 눈에 들어온 물체를 지온의 배열로 가깝게 모사할 수 있다는 것이다. 아주 간단한 예를 들면, 탁상용 램프는 윗부분을 잘라낸 원뿔(전등갓을 표상)과 원기둥(스탠드를 표상)으로 비슷하게 만들 수 있다. 손전등은 긴 원기둥(손잡이)과 더 넓고 더 뭉툭한 원기둥(전구덮개) 및 작은 벽돌(스위치)로 나타

62 McGinn, C., *Mental Content*, p. 180.

63 많은 사람들이 아날로그 모델을 사용하면 프레임 문제(5장)가 상당히 단순화된다는 점에 주목했다. 역동적인 아날로그 모델에서, 업데이트는 어느 정도는 '공짜로' 처리되고, 결과 변경에 따른 정보는 관찰과 유사한 프로세스로 추출할 수 있다.

64 Biederman, I., 'Recognition by Components: a Theory of Human Image Understanding'.

65 [역주] 어빙 비더만의 용어. 지온(geons)은 기하학적 이온(geometrical ions)의 줄임말이다.

낼 수 있다.[66] (똑같은 모양에 크기가 다른 두 개의 탁상용 램프는 서로 다른 크기의 두 가지 배열을 사용할 수 있다.)[67] 지온은 강력한 표상 시스템의 기반를 형성한다. 비더만은 단지 36개의 기본적인 지온만 사용하는 시스템으로도 3개 이하의 주요 부분이 있는 1억 5400만 개의 대상을 표상할 잠재성이 있다고 추산한다. 이는 보통 성인이 실제 인식할 수 있는 객체의 수를 상당히 초과하는 수치다.

기하학적 표상은 결합을 통해 복잡한 장면과 대상의 표상을 형성할 수 있다. 우주왕복선처럼 고도로 복잡한 물체는, 구성물들의 공간적 관계를 모델링하는 방식으로 구성물들을 배열하여 구성물들의 기하학적 표상으로부터 생성될 수 있다.

비더만의 말에 따르면, 기하학적 표상 방법은 문장적 방식과 본질적으로 동일한 원천에서 그 능력을 이끌어낸다.

> 두 경우 모두 표상 능력은, 수효가 그다지 많지 않은 원초적 재료들로부터 나올 수 있는 어마어마한 수효의 조합에서 나온다. 언어에서 이 관계는 왼쪽에서 오른쪽의 (순차적인) 순서로 제한된다. 시각 영역에서는 가능한 조합의 수효가 더욱 풍부해, 원초적 재료들의 대등한 수효를 훨씬 능가하는 표상 능력을 가능케 한다.[68]

---

66 Biederman, I., 'Recognition by Components: a Theory of Human Image Understanding', p. 130.

67 Biederman, I., 'Recognition by Components: a Theory of Human Image Understanding', p.119

68 Biederman, I., 'Recognition by Components: a Theory of Human Image Understanding', p. 116.

현재의 맥락에서 기하학적 표상에 관한 가장 흥미로운 것 중 하나는, 문장적 표상처럼 기하학적 표상이 재귀적 구조를 가지고 있다는 것이다.[69] 하나의 기하학적 표상은 서로가 갖는 공간적 관계에서 몇 개의 지온적 표상으로 정의된다. 이것은 내가 4장 '이진 기호'에서 제시한 '식별자'(identifier)에 대한 재귀적 정의와 동일한 '순환성'을 갖는다. '기하학적 표상'이란 용어가 양쪽의 정의에 모두 나타난다. 이러한 '재귀적 나선'(recursive spiral)은 가장 단순한 기하학적 표상인 지온들과 함께 시작된다.

재귀적 표상 시스템은 생산적이다. 기본 지온은 원리상 무수한 (실제 객체이든, 가상의 객체이든) 기하학적 표상으로 결합될 수 있다. 더욱이 기하학적 표상은 포더(Fodor)의 의미에서 체계적으로 보인다. 만약 당신에게 사람 위에 앉아 있는 고양이를 표상할 수 있는 지온 자원이 있다면, 고양이 위에 앉아 있는 사람을 표상하는 자원도 갖고 있는 것이다. 기하학적 시스템은 아날로그 표상 시스템이 풍부하면서 체계적일 수 있음을 보여 준다.

SSSH에 대한 세 가지 논의 각각은 회의적인 반응을 불러올 수 있다. 정신어 가설은 고깃덩어리와 의미가 어떻게 합쳐지는가에 대한 하나의 대답이지만, 가능한 유일한 대답은 아니다. 뇌는 정신어의 문장이 아니라 정신상의 모델을 통해 표상을 형성할 수 있다. 지향성 역설은 뇌가 동일한 사실을 다양한 방식으로 표상할 수 있다고 가정함으로써 설명될 수 있다. 그러나 또한 이러한 표상들이 아날로그 표상일지도 모른다. 사고의 생산성과 체계성은 우리가 정신어로 생각한다는 가설로 설명할 수

---

69 Michael Corballis의 주장이다.(*The Lopsided Ape*, p. 222)

있지만, 아날로그 매개체로 생각하는 가설로도 마찬가지로 잘 설명할 수 있다.

9.8 '컴퓨터'의 의미

"아, 뇌가 기호조작 장치가 아니더라도 여전히 다른 종류의 컴퓨터로 밝혀질 수도 있겠구나!" 논의의 이 단계에서 누군가는 자연스럽게 이렇게 말할 것이다. 물론 '컴퓨터'라는 단어의 의미가 넓어져서 기호조작 장치가 그저 컴퓨터의 한 종류라는 건 사실이다. 나는 그런 말장난의 위험을 지적하고 싶다.

언젠가 튜링은 50년 이내에 '생각'(think)이라는 단어의 의미가 너무 많이 변해, "이제 사람들은 생각하는 기계를 언급하더라도 반박에 부딪힐 거라고 염려하지 않아도 될 것"이라고 예측했다.[70] 비슷하게, 나는 100년 안에 '컴퓨터'라는 단어의 의미가 너무 많이 바뀌어서, 뇌를 컴퓨터라고 언급하더라도 반박에 부딪힐 염려를 하지 않아도 되리라 믿는다. 기술적 용어는 그 의미를 바꿔 나간다. 예를 들어, 머지않아 해군 장교들은 소나 장비를 종종 '레이더'라고 부를 것이다. 이 '둘'이 유사한 기능을 수행하고, 유사한 사용자 인터페이스를 가진다는 점을 고려하면, 이는 충분히 합리적인 확장이다.(용어의 원래 의미로 보면, 레이더는 전파로 원격의 물체를 감지하고, 소나는 음파로 감지한다.) 현재 컴퓨터의 후계자가 기호조작 장치이든 아니든, 의심의 여지없이 '컴퓨터'라는 이름을 계속

70 Turing, A. M., 'Computing Machinery and Intelligence', p. 442.

유지할 것이다.

그렇다고 해서 이런 상황 때문에 우리가 지금 즉시 '컴퓨터'라는 단어의 정확한 의미를 정해야 하는 의무를 포기해도 되는 건 아니다. 이는 우리의 논의가 애매하고 혼동되지 않기 위해서 반드시 필요하다. 어쨌든 아직 전혀 특정되지 못한 단어의 의미로 뇌가 일종의 컴퓨터라는 것을 깨닫기는 거의 불가능하다. 그 경우, 이는 사실 뇌가 일종의 뇌라는 말에 지나지 않는다. 뇌가 컴퓨터라는 가설이 명확한 주장이 되려면 '컴퓨터'라는 단어의 의미가 정확해야 한다.

이 책 전체에 걸쳐 내가 고수하고 있는 의미는 4장에서 상세히 설명한 것이다. 컴퓨터는 보편적인 기호체계다. 이 정의를 변호하면서 몇 가지 가능한 대안들을 검토하겠다.

완벽하게 적법한 방식으로 말하면, 계산하다(calculate)라는 단어의 **본래** 의미에서 컴퓨터(computer)란 계산할 수 있는 모든 장치다. 따라서 사전은 컴퓨터를 '계산기: … 특히, 복잡한 계산을 수행하기 위한 기계 또는 장치'로 정의한다.[71] 폰 노이만은 이 정의를 선호했다. 그는 '적절한 의미에서 계산하는 기계(computing machine)'는 산술적 계산을 수행할 수 있는 기계라고 말했다.[72]

만일 이것이 '컴퓨터'라는 단어를 정의하는 방법이라면, 인간의 뇌가 컴퓨터라는 것은 부정할 수 없는 진리가 된다. 왜냐하면 우리는 모든 암산을 할 수 있기 때문이다. 뇌가 그 외 다른 무엇일지는 모르겠으나, 뇌는 확실히 계산을 수행할 수 있는 장치이긴 하다. 이런 무혈의 승리는 그만큼 무의미하다. 만약 '컴퓨터'라는 단어의 의미가 너무 넓어서 단지

---

71 *Chambers Concise 20th Century Dictionary*.

72 Von Neumann, J., *The Computer and the Brain*, p. 75.

2와 2를 더하는 우리의 능력만으로도 모든 논쟁들이 해결된다면, 뇌가 컴퓨터인가에 대한 질문은 모든 흥밋거리를 잃어버릴 것이다.

어쩌면 내가 사전과 **논쟁**하려는 게 아니라는 점을 강조해야 할 것 같다. 사전적 정의는 가장 일반적인 의미로 '컴퓨터'에 대해 정확하게 설명해준다. 요점은 이 정의가 뇌가 컴퓨터라는 이론을 지나치게 단순화한다는 것이다. 그래서 이 이론을 진지하고 흥미롭게 여기는 사람은, 덜 일반적이며 다른 방식으로 '컴퓨터'라는 단어를 사용해야 한다.

현대의 일부 저자들은 계산(computation)을 기호열의 처리가 아니라, 무엇이 되었건 모종의 표상 처리로서 정의한다.[73](9장 '고깃덩어리에 의미를 더하기'를 다시 기억해보면, 표상이란 외부 세계에 관한 사실을 내부에 형성하는 기계 또는 생체기관의 상태다.) 또 다른 저자들은 계산의 정의에서 '기호'라는 말을 유지하지만, 모든 종류의 표상을 다루기 위해 그 의미를 확장하면서 동일한 효과를 얻는다.[74] 이 시도들은 모두 사전적 정의와 같은 병폐로 문제를 겪는다. 즉 그들은 뇌가 컴퓨터라는 주장에서 관심사의 상당 부분을 제거하는 것이다. 왜냐하면 나의 뇌에 표상 작용이 있으며 이를 처리한다는 진술이, 실제로는 내가 내 주변환경에서 실제적이고 잠재적인 상황을 추론하기 위해 뇌를 사용한다는 말과 별로 다르지 않기 때문이다. 뇌가 표상 처리장치인가(따라서 새로운 의미의 컴퓨터인지)라는 질문은 분명히 경험적인 것이다. 아무튼 고대 희랍인들은 뇌가 혈

---

73 예를 들면, 다음을 참조. Patricia Churchland, *Neurophilosophy*, p.9; Paul Churchland, 'Some Reductive Strategies in Cognitive Neurobiology', p.281. 앤드라스 펠리오니츠(Andras Pellionisz)는 용어상의 이러한 변화를 통렬히 비판한다. 'Old Dogmas and New Axioms in Brain Theory' 참조.

74 Anderson, J. A., Hinton, G. E. 'Models of Information Processing in the Brain', pp. 29~30; Young, J. Z., *Philosophy and the Brain*, p. 139.

액 냉각기에 지나지 않다고 생각했고, 심지어 수십 년 전의 행동주의자들은 뇌에 대해 상당히 이상한 말들을 했었다. 그럼에도 이 질문은 현대 뇌 연구의 최첨단에 놓여 있지 않다. 논쟁의 여지가 있는 쟁점은 두뇌가 사용하는 표상이 문장과 같은 기호열인가, 아니면 이와 완전히 다른 것인가 하는 점이다.[75]

그렇다면 필요한 것은 '컴퓨터는 생각할 수 있다'와 '인간의 뇌는 일종의 컴퓨터다'와 같은 주장에 중대한 의미를 부여할 수 있는 단어, '컴퓨터'의 정의다. 내가 선호하는 방식은 어떤 종류의 표상을 처리하는 모든 장치에 '정보처리장치'(information processor)라는 용어를 사용하는 것이다. 그래서 '컴퓨터'라는 단어를 원래 의미의—4장에서 설명한 합성적(compositional), 재귀적으로 구조화된(recursively-structured), 유사-언어적 기호열(quasi-linguistic strings)과 같은 의미에서—기호열로 구성된 표상을 처리하는 장치를 가리키는 용어로 남겨 두었으면 한다. 그러면 뇌가 컴퓨터인지 아닌지에 대한 질문은, 내가 논의했던 다른 정의 방식 때문에 단순화되는 문제를 피할 수 있다. 그래서 상대적으로 논란이 적은 사실, 즉 어쨌든 뇌가 표상들을 창조하고 조작한다는 사실로서 뇌가 정보처리장치라는 주장으로 요약될 수 있다.

중요한 경고. 수많은 전문용어의 권고안들이 그 작성된 당시에는 충분히 적절해 보였지만, 과학적 지식이 놀랍도록 발전한 탓에 무용지물이 되었다. 이런 사실을 무시하는 건 너무 순진한 것이리라. 미래의 연구는, 비트열의 조작과 유사하면서도 동시에 전혀 다른 뇌 활동을 밝혀낼 가능성이 있다. 그것도 현재로서는 전혀 예상할 수 없는 방식으로 말이다. 이

---

75 그럼에도 일부 철학자들은 표상 개념이 갖는 중요성을 경시한다. 예를 들어, 다음을 참조. Stich, S., *From Folk Psychology to Cognitive Science.*

경우, 내가 권유한 용어로는 '뇌가 컴퓨터인가?'라는 질문이 실제적인 답을 얻지 못할 수도 있다. 이와 마찬가지로, 지구가 태양 주위를 도는지에 대한 질문은 아인슈타인 이후로 대개 딱 그러한 망각의 구렁으로 빠졌다.[76] 한때는 갈릴레이를 종교재판으로 이끌었던 질문이 말이다.

요약하자. SSSH는 도발적이고 흥미를 자아내는 가설이며, 집중적인 연구 대상이었다.[77] 지금까지는 인간의 뇌가 부분적으로라도 컴퓨터라고 믿을 만한 설득력 있는 근거가 없다. 아직까지 이 가설에는 견고한 경험적 증거가 없다. 또한 우리가 검토해 온 철학적 논의에서 얻어낼 수 있는 장래의 확신도 없다.

다음 장은 완전히 새로운 종류의 정보처리 기계를 예고하는 연구를 다룬다. 이 연구는 인공지능을 향한 전통적인 접근 방식과 근본적으로 단절되어 있다. 개발 중인 기계는 기호조작 장치와 매우 다르게 작동한다. 그래서 먼 장래에 이 기계들이 사고 능력을 증명한다면, 이는 기호체계 가설을 입증하는 것이 아니다. 반대로, 그것은 인공지능을 향한 새롭고, 아직 대부분 테스트받지 않은 접근 방식의 승리를 나타낼 것이다. 이 새로운 연구에 의해 인지과학은 흥분에 휩싸였다. 이 새로운 정보처리장치의 태아적 존재는 뇌가 일종의 컴퓨터라는 가설에 대한 자신감을 심하게 손상시켰다.

---

76 [역주] 아인슈타인의 상대성원리 이후로 고정된 공간 위에서 '돈다'는 개념이 폐기되었다.

77 흥미로운 몇몇 연구는 언어 습득 영역에서 이루어졌다. 개관적인 설명은 다음을 참조. Fodor, J., *The Language of Thought*, ch. 3; Pinker, S., Prince, A., 'On Language and Connectionism: Analysis of a Parallel Distributed Processing Model of Language Acquisition'; Pinker, S., *Language Leamability and Language Development*; Berwick, R. C., Weinberg, A. S., *The Grammatical Basis of Linguistic Performance: Language Use and Acquisition*.

10장

인공지능의 새로운 출발
: 병렬분산처리

대규모의 신경세포 덩어리는 확실히 생각할 수 있다. 그러니 인공지능 연구자들이 상업용 컴퓨터를 프로그래밍하는 일에는 많은 노력을 들이면서도 인공신경세포들의 네트워크를 구축하고 조사하는 일에는 소홀했다는 것은 놀랍다. 인공지능을 달성하기 위한 후자의 접근법(흔히 이를 '신경 시뮬레이션'이라 부른다)이 지닌 잠재성이 다트머스 회의에서 논의되었지만, 신경 시뮬레이션이 시간 낭비라는 것이 전통적 인공지능의 규범이었다. 1960년대와 70년대에 인공지능에 참여한 연구원들은 완전히 새로운 종류의 기계, 즉 밝혀진 바는 거의 없고 소름끼치도록 복잡한 인간의 두뇌를 기반으로 한 기계를 구성하려는 시도의 의미를 거의 알지 못했다. 그들에겐 이미 수중에 폰 노이만 컴퓨터가 있었기 때문이다. 게다가 GPS나 슈들루, 샘처럼 작지만 인상적인 프로그램이 이미 운영되고 있었다. 신경 시뮬레이션을 진지하게 받아들인 연구원, 프랭크 로젠블랫(Frank Rosenblatt)의 연구는 1969년에 마빈 민스키와 시모어 패퍼트(Seymour Papert)에게 지독하리만치 비판받았다.[1]

돌연 이제 이러한 전통적인 인식이 내부에서 엄청난 공격을 받고 있다. 인공지능에 대한 기존의 접근 방식에 환멸을 느낀 연구자 그룹이 로젠블랫의 아이디어를 되살려 인공신경세포의 작은 네트워크로 실험하기 시작했다. 그들의 결과는 고무적이다. 이 그룹이 구축한 네트워크

들은 스스로 조직화하는 데 있어 섬뜩할 정도의 능력을 보여주며, 일단 조직되고 나면 마치 컴퓨터 프로그램이 내장되어 있는 듯 작동한다. 이 네트워크는 고도의 병렬적(parallel) 방식으로 작동하며, 정보를 분산된(distributed) 방식으로 저장한다.(병렬과 분산 용어에 대한 설명은 9장 '하드웨어 vs 웨트웨어'를 참조하라.) 이 그룹은 이 접근 방식에 '병렬분산처리'(Parallel Distributed Processing), 줄여서 PDP라는 이름을 붙였다.

---

1 로젠블랫은 자신의 인공신경망을 퍼셉트론(perceptrons)이라고 불렀다.(그의 책 *Principle of Neurodynamics* 참조) 민스키와 패퍼트는 자신들의 책 *Perceptrons*에서 로젠블랫의 장치가 특정 클래스의 함수(소위 선형 분리불가능한 함수)를 계산할 수 없다는 것을 증명했다. 많은 중요한 함수들이 이 클래스에 속하기 때문에, 인공지능 연구집단에서는 이 결과를 퍼셉트론의 종말을 고하는 사건으로 대했다. 이 문제의 일부 원인은 로젠블랫이 주로—전적으로는 아니지만—두 층의 인공뉴런으로만 구성된 장치를 연구했다는 것이다.(입력은 한 층에 표시되고 출력은 다른 층에서 읽어낸다.) 민스키와 패퍼트는 두 층 사이에 '뉴런들'의 층이 추가되면 결과적으로 해당 장치가 선형 분리불가능한 함수를 계산할 수 있음을 입증했다. 그러나 이 점이 로젠블랫에게 구원으로 보이지는 않았다. 왜냐하면 입력으로부터 올바른 출력을 확보하기 위한 '신경세포들' 사이의 연결을 조정하는 그의 알고리즘(퍼셉트론 수렴 절차라고 한다)은, 일단 이 소위 숨겨진 층이 도입되면 더 이상 신뢰할 수 없게 되기 때문이다. 이러한 사실 때문에 민스키와 패퍼트는 숨겨진 층 접근법을 '무익한'(232쪽) 것으로 간주했다.(주석 8 참조) 병렬분산처리에서는 숨겨진 층들이 자유롭게 사용되며, 이렇게 '확장된 퍼셉트론'에서 무수한 연결들을 조정할 수 있는 체계적인 방법을 모색하는 일은 주된 탐구 영역이다. (두 층으로 이루어진 퍼셉트론에 의해 계산될 수 없는 함수는 다음 표에 나와 있다. 이 아이디어는 I_1와 I_2 짝이 퍼셉트론에게 입력으로 제시되며, O는 필요한 출력이다.)

I_1	I_2	O
1	1	0
1	0	1
0	1	1
0	0	0

이 함수는 기본 논리 연산 XOR(배타적 논리합, exclusive or)을 나타내기 때문에 특히 중요하다. XOR과 연관된 진술문의 예는 "당신은 할인 A 또는 할인 B 둘 중 하나를 요청할 수 있다"는 문장이다. 당신은 할인을 모두 청구할 수 있거나 전혀 청구할 수 없다면 거짓이다. 그렇지 않은 경우는 참이다. 하나의 숨겨진 '신경세포'를 포함하고 있는 간단한 XOR 네트워크는 다음에 설명되어 있다. Rumelhart, D. E., Hinton, G. E., Williams, R.J., 'Learning Internal Representations by Error Propagation', p. 321.

인공지능은 항상 높은 기대감과 원대한 예측으로 이뤄진 영역이었다. PDP도 예외는 아니다. 심리학자이자 컴퓨터공학자인 폴 스몰렌스키(Paul Smolensky)는 "PDP가 심신 문제(mind/body problem)에 대해서 지난 몇천 년 중 가장 중요한 진전을 이루게 할 것"이라고 전망했다.[2] (휴버트 드레이퍼스는 지금껏 기호가설 체계의 거품을 뺐던 것처럼, 향후 20년간의 PDP 연구가 민달팽이의 지적 능력을 지닌 네트워크조차 만들지 못할 것이라면서 과장광고를 일축해버렸다.)[3] 현재까지 PDP의 성과는 그리 대단치 않다. 전통적인 인공지능의 성공에 비하면 훨씬 저조하며, 지금껏 이 방식으로 구축된 네트워크는 인간의 뇌와 비교하면 매우 작다. 그리고 이 네트워크의 수행능력은, 흥미롭기는 해도, 개미와 지렁이 같은 하등생물에 견주어도 매우 보잘것없다. PDP 네트워크가 어떻게 기능하는지에 대한 수학 이론은 여전히 초기 상태에 있으며, 실험실 연구는 인공신경세포들을 잇는 엄청난 수의 연결 방식에서 될 대로 되라는 식으로 시도하는 편이다. PDP는 초기 단계에 있다. PDP의 옹호자들은 "이 접근 방식이 기호식 계산에 필적하는 능력을 발휘하려면 반드시 극복해야 할 심각한 장애물들이 있다."(다시 스몰렌스키)[4]라고 수긍한다. 우리는 다음 세기가 되어서야, 인공지능을 향한 이 흥미진진하고 새로운 발전의 진정한 의미를 판단할 수 있게 될 것이다.

---

2 Smolensky, P., 'On the Proper Treatment of Connectionism', p. 3.

3 1985년 6월 29일자 *The Economist*에서 인용

4 Smolensky, P., 'On the Proper Treatment of Connectionism', p. 2.

10.1 기본적인 아이디어

신경세포는 ON이거나 OFF인, 혹은 발화 상태이거나 비발화 상태인 하나의 구성단위(unit)로 볼 수 있다.(9장 '하드웨어 vs 웨트웨어') 신경세포는 자신과 연결된 다른 신경세포들 중 충분한 수가 발화하면, 자신도 발화한다. 상세한 내용을 더 살펴보자면, 다른 신경세포들에게서 오직 3개의 입력용 연결을 받고 있는, 대단히 단순화된 신경세포를 생각해보라.(그림 10.1) 세 개의 입력섬유를 AB, AC, AD로 부를 것이다.

신경 연결은 각기 다른 '강도'(또는 '가중치'나 '전도량')를 가진 것으로

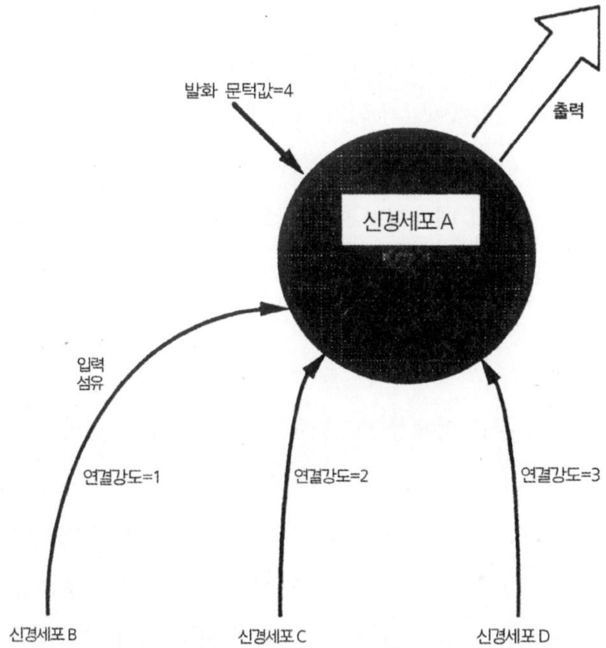

그림10.1 입력섬유로 들어온 가중치의 합이 문턱값을 넘을 때, 이 신경세포는 자신의 출력 섬유를 따라 전류를 방출한다.

밝혀져 있다. 이는 부분적으로는 연결섬유의 직경에 의해, 또 부분적으로는 신경세포 하나의 출력섬유와 옆 신경세포의 입력섬유 사이의 연결지점, 즉 시냅스의 화학적 조성에 의해 결정된다. 연결 AB, AC, AD의 강도가 각각 1, 2, 3이라고 하자. 이는 곧 연결 AC가 신경세포 C의 발화를 두 배로 '증폭'시키고 AD가 D의 격발을 세 배로 증폭한다는 것을 의미한다. 따라서 신경세포 A의 관점에서 보면, 신경세포 C를 켜는 효과는 신경세포 B를 켜는 것의 두 배이며, D가 켜지는 효과는 B의 세 배다. 이를 간단하게 표현하면, B, C, D가 모두 ON이 될 때 A가 받는 총입력이 6 '전류단위'—B로부터 1단위, C로부터 2단위, D로부터 3단위—가 된다. 만일 B와 D만 켜져 있다면, 총입력은 4가 된다는 식이다.

신경세포의 **문턱값**(임계치)은 그 신경세포가 켜지는 최소 입력값이다. A가 문턱값 4를 가지고 있다고 가정하자. 이는 C가 꺼졌지만 B와 D가 모두 켜져 있으면 총입력이 4가 되기 때문에 A가 발화한다는 것을 의미한다. A는 또한 B, C, D가 모두 켜져 있을 때(총입력=6), 그리고 C와 D가 ON이지만 B가 OFF일 때(총입력=5)도 발화할 것이다. 그러나 B와 C가 켜져 있지만 D가 꺼져 있다면 총입력 3이 문턱값보다 낮기 때문에 발화하지 않는다.

신경 연결 중 일부는 **억제성**으로 밝혀졌다. 이는 방금 설명한 연결의 종류(이는 **흥분성**이라고 부른다)와 정반대 효과를 낸다. 이 억제성 연결이 어떻게 작동하는지 알아보자. 이제 AC는 강도 2의 억제성 연결이다. C를 제외하고 B와 D가 ON이면, 총입력은 1+3이므로, 신경 A는 발화한다.(A의 문턱값은 여전히 4다.) 그러나 B, C, D가 **모두** 켜져 있으면 총입력은 1+3-2이며, '-2'는 C의 억제성 때문이다. 지금은 총입력값이 문턱값

보다 작으므로 A는 발화하지 않는다.

쪽지시험

A의 문턱값을 2라고 하자. 앞서와 마찬가지로, AB는 흥분성이고 강도가 1이다. AC는 억제성이며 강도가 2다. AD는 흥분성이고 강도가 3이다. (답은 514쪽에 있다.)

- B가 OFF, C가 OFF, D가 ON이면?
- B가 OFF, C가 ON, D가 ON이면?
- B가 ON, C가 ON, D가 ON이면?

PDP 네트워크

네트워크를 구성하는 기본단위인 유닛(unit)[5]은 켜고 끄는(ON/OFF) 단순한 스위치 같은 것이다. 이것이 인공신경세포이다. 하나의 네트워크는 이러한 유닛이 서로 빽빽하게 연결되어 있는 덩어리로 이뤄져 있다. 일부 연결은 흥분성이고 일부는 억제성이다. 각 연결에는 특정한 강도가 있으며, 각 유닛에는 문턱값이 있다.

어떤 의미에서 이러한 네트워크는 지극히 단순한 방식으로 작동한다. 일어나는 거라곤 그저 유닛이 주변 유닛들에게서 받는 자극에 반응해서 스스로를 ON과 OFF 상태로 바꾸는 것뿐이다. 유닛 하나가 주변 유닛들로부터 받는 총입력값이 문턱값과 같거나 초과할 때마다 ON 상태로 전환되며, 총입력값이 문턱값 아래로 떨어지자마자 OFF 상태로 바뀐다.

---

5 [역주] 유닛(unit)을 '단위'나 '기본단위'로 번역할 수 있으나, 같은 말을 이중으로 사용하는 이유는 PDP 네트워크의 인공신경세포를 특수하게 가리키는 용어로서 구분하기 위해서다.

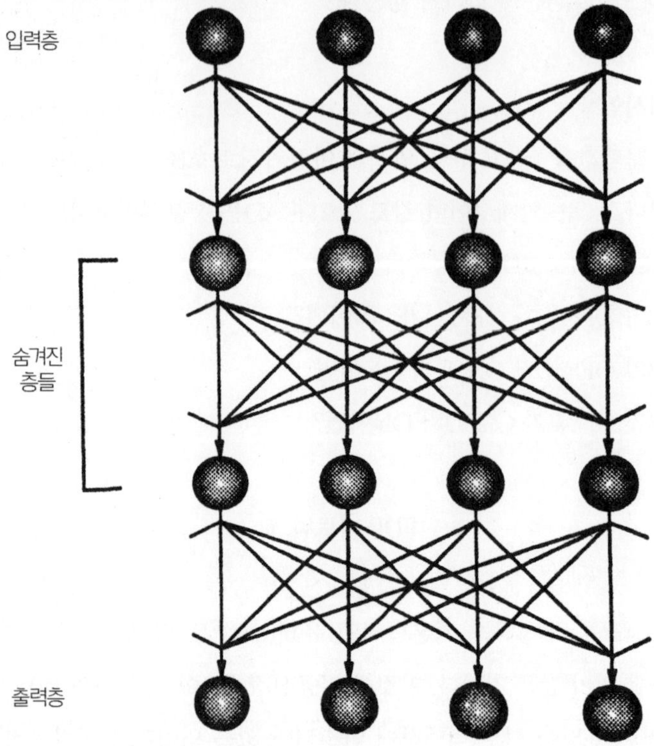

그림 10.2 PDP 네트워크에서 인공신경세포들의 층간 연결 방식.

이 단순한 작동 원리가 기괴할 정도로 복잡한 전체 행동을 일으킨다. 모든 유닛은 직접적으로 또는 몇 개의 중간 유닛을 거쳐 상호연결되기 때문에 이들 모두가 서로 영향을 주고받으며, 그래서 상호작용의 패턴은 그들 사이의 연결 경로만큼이나 복합적이다.(그림10.2) 어떤 유닛이 ON과 OFF 상태를 오가면, 그 영향은 물결처럼 퍼져 네트워크 전체에서 감지된다. 흥분과 억제의 물결이 다른 많은 유닛을 켜거나 끈다. 네트워크는 격렬한 속도로 서로를 ON/OFF로 전환시키는 유닛들로 구성된, 병렬적 상호작용으로 소란스러운 벌집이다.

고작 수십 개의 유닛으로 구성된 네트워크조차 행동 방식을 예측하기 두려울 정도로 복잡하다. 상황이 얼마나 복잡한지 시각적으로 이해하려면, 십여 개의 당구공이 테이블 위에서 굴러 가는 모습을 상상해보라. 공들이 서로 충돌하기 때문에 각각의 충돌은 직접적이든 간접적이든 나머지 전체의 움직임에 영향을 미치며, 어떤 공의 영향력은 충돌의 연쇄를 통해 되돌아와 자신의 움직임에도 영향을 끼칠 수 있다. 이러한 상황을 다루는 수학 이론은 공포심을 불러일으키는 능력이 있다고들 한다.

입력과 출력

네트워크의 유닛들이 층으로 정렬되어 있다고 생각하자.(그림 10.2) 상단 또는 입력층의 유닛은 운영자가 ON이나 OFF 상태로 '고정시킬' 수 있는 방식으로 설정되어 있으며, 이로써 이웃 유닛들의 활동에 반응하여 상태가 바뀌는 성향을 무시하게 된다. 네트워크로 '계산'(compute)하려면, 맨 위층의 유닛을 몇 가지 ON/OFF 패턴으로 고정시킨다. 고정된 이 패턴이 입력(input)이 된다. 이렇게 네트워크를 건드려서 교란시켜 놓으면, 그 파급이 병렬적 활동의 사이클마다 네트워크 전체에 걸쳐 요동친다. 이 격렬한 반발이 점차 가라앉고 결국 네트워크는 안정되고 조용한 상태로 자리 잡는다. 비유적으로 표현하면, 네트워크는 항상 새로운 입력과 함께 사이좋게 지내는 방법을 발견하면서 점차 편안해지며, 마침내 이는 고정된 배치로 굳어져서 일부 유닛들은 영구적으로 켜지고 나머지는 영구적으로 꺼진 상태가 된다. 네트워크는 나머지 다른 유닛들이 고정된 입력층과 균형을 이루며 살 수 있는 상태를 '찾아낸다'. 네트워크가 이런 방식으로 입력에 대해 스스로 적응하면, 맨 아래층에서

출력을 읽어낼 수 있다. 출력은 네트워크가 도달한 안정적인 패턴의, 이렇게 말해도 좋다면, 하나의 '가장자리'다. 이 계산 절차의 의미 있는 적용 사례는 다음 절인 '영어 수업'에 나와 있다.

실제로는 주어진 하나의 입력 패턴은 대개 서로 다른 수많은 안정 상태들을 산출할 수 있다. 즉 '가장 편안한' 상태 하나와 다수의 '불편한 휴전' 상태들처럼, 이 상태들은 네트워크가 입력을 수용하는 좀 더 조화로운 방식을 모색하기를 중단할 만큼 적당히 안정된 상태들이다. 만약 네트워크가 이러한 절충 상태 중 하나에 정착해버린다면, 네트워크는 이를 고수할 뿐 우리가 기대하는 출력을 산출하지 않는다. 이러한 현상을 방지하기 위해, 유닛은 확률적으로 작동하도록 설정될 수 있다. 유닛은 받아들인 총입력이 문턱값을 넘을 때 ON으로 변환될 수도, 되지 않을 수도 있으며, 그렇게 작동할 확률은 입력이 문턱값을 초과하는 양에 따라 다르다. 이러한 '배경잡음'(background noise)은 네트워크가 머무를지도 모르는 절충 상태들을 뒤흔드는 효과가 있다. 제프리 힌튼(Geoffrey Hinton, 볼츠만 기계로 알려진, 일종의 PDP 네트워크의 발명가)은 네트워크를 절충 상태에서 쫓아내는 이 과정을 직접 생각해낸 생생한 비유로 묘사했다.[6] 가로로 여러 홈이 파인 금속판을 가로질러 구르는 공을 상상해보자. 홈들 중 하나는 아주 깊으며, 이는 최적의 안정 상태를 나타낸다. 나머지는 공이 빠질 만큼만 딱 깊은, 얕은 자국 같은 홈이다. 공이 이 얕은 홈들 중 하나에 빠져서 고착된다면, 더 이상 가장 깊은 홈에 다다를 가망이 없다. 그러나 시스템에 '노이즈'가 추가되는 것과 마찬가지로 금속판이 계속해서 진동한다면 공은 각각의 얕은 홈에서 벗어나 결국 가장

6 Hinton, G. E., 'Learning in Parallel Networks', pp. 267~70.

깊은 곳으로 떨어질 것이다.

적절한 연결

유닛 사이의 연결, 특히 연결의 강도는 네트워크의 작동방식을 결정하는 데 핵심적인 역할을 한다. 단 하나의 연결강도를 변경하는 일만으로도 안정된 네트워크를 광적인 활동 상태로 되돌려 놓을 수 있다. 운영자는 네트워크의 연결강도를 수정하여, 주어진 입력에서 네트워크가 산출하는 출력을 변형시킬 수 있다.(왜냐하면 만약 강도가 변경된다면 네트워크는 그 입력과 안정적으로 지내기 위해서 다른 상태로 자리잡기 때문이다.) 주어진 과제를 수행하기 위해 네트워크를 설정하는 일이란 곧 각각의 개별적인 연결강도를 딱 알맞게 만들어내는 문제다. PDP 연구원들의 말처럼, 네트워크의 지식은 '네트워크의 연결강도에 담겨 있다'. (PDP는 종종 단순히 '연결주의'(connectionism)라고 불리기도 한다.)

네트워크 훈련시키기

특정 과제에 맞춰 네트워크를 설정할 때 가장 널리 사용되는 방법은 주기적인 조정 프로세스, 이른바 훈련(training)이다. 일례로 입력 패턴을 좌우로 뒤집는 과제, 즉 출력층에서 입력 패턴을 역순으로 만들어내는 과제를 생각해보자.(그림 10.3) 훈련이라는 목적에 맞게끔 약 50개의 입력 패턴이 무작위로 선택된다. 운영자는 입력 단위를 이 패턴들 중 첫 번째 패턴으로 고정시킨 뒤 네트워크가 안정된 상태에 정착하도록 한다.(네트워크는 전혀 훈련되지 않은 상태이므로 운영자가 얻는 출력은 원하는 패

턴과 무관할 가능성이 높다.) 다음으로 운영자는 네트워크 전체에 걸쳐 연결강도를 조정하는 버튼을 누른다. 이 작업은 순식간이다. 이 과정은 샘플에 남아 있는 입력 패턴마다 반복된다. 그런 후, 동일한 패턴을 사용하여 운영자는 전체 사이클을 다시금 반복한다. 다시 또다시, 계속해서 반복한다. 다음 절('영어 수업')에서 설명할 실험에서는 훈련 주기를 거의 200번 반복해야 했다.

물론 훈련 과정의 핵심은 네트워크 연결강도를 조정하기 위해 버튼이 눌려질 때의 짧은 순간이다. 상세한 과정은 이렇다. 일단 네트워크가 안정된 상태로 안착하면, 출력단위들은 한 번에 하나씩 기대했던 출력 패턴과 비교된다. ON이어야 하는 출력단위가 OFF로 된 경우, 버튼을 눌러 ON이 된 다른 단위에서 해당 단위로 이어지는 흥분성 연결강도를 약간 증가시킨다. 이는 다음에 네트워크에 동일한 입력 패턴이 주어지는 경우 해당 단위가 ON이 될 가능성이 높아졌음을 의미한다.(이 연결강

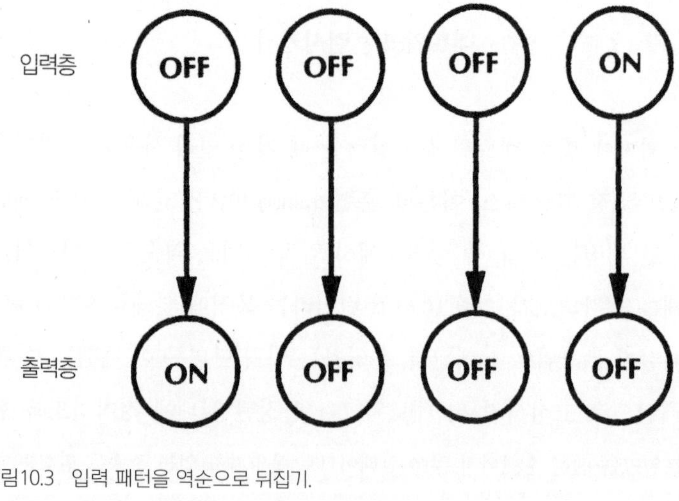

그림10.3 입력 패턴을 역순으로 뒤집기.

도가 증가하면 해당 단위가 주변 단위에서 받는 총입력이 증가하기 때문이다.) 이와 동일하게 OFF여야 하는 출력단위가 ON으로 된 경우, 버튼을 눌러 ON으로 된 단위로 연결되는 흥분성 연결의 강도를 약간 감소시킨다.(현실에서는 이것이 모두 수작업이 아닌 컴퓨터로 수행된다. '버튼'은 설명을 위한 소품이다.) 억제성 연결을 강화하거나 약화하는 것으로, 또한 유닛의 문턱값을 높이거나 낮추는 것으로 동일한 효과를 얻을 수 있다. 실제로는 이 조정 방식들이 함께 사용된다.

네트워크가 입력층과 출력층 사이에 여러 층('숨겨진 층'(hidden layer)이라 한다)을 포함하는 경우, 조정 가능한 조합의 수는 엄청나게 증가한다. PDP 연구의 중요한 분야는 이와 같은 네트워크를 위한 '학습 알고리즘'을 고안하는 것이다. 즉 조정의 효과적인 조합을 선택하는 공식을 찾는 것이다. 지금까지 발견된 몇 가지 알고리즘은 응용이 제한적이라고 여겨지며, PDP의 발전은 이 분야의 개선에 결정적으로 달려 있다.[7]

놀라운 점은 훈련이 완료되면 네트워크가 샘플의 패턴뿐만 아니라 이전에 결코 접하지 못했던 패턴까지도 올바르게 전환할 수 있다는 것이다. 샘플의 예에서 네트워크는 전환의 일반적인 원리를 학습한다. 훈련

7 앞의 단락에서 설명한 알고리즘은 기본적으로 로젠블랫의 고전적인 퍼셉트론 수렴 절차다.(주석 1 참조) 숨겨진 층이 n개 있는 경우 사용할 수 있는 간단한 일반화는, 출력층에서 시작하여 숨겨진 층을 거쳐 입력층 쪽으로 되돌아가는 작업을 n+1회 반복하는 것이다. 이것을 역전파(back propagation)라고 한다. 퍼셉트론 수렴 절차는, 두 층의 퍼셉트론을 설정해서 이런 장치들로 계산할 수 있는 모든 함수를 계산할 수 있다는 의미에서 보편적이다. 역전파 알고리즘은 보편적이지 않은 것으로 밝혀졌다.(이 점이 민스키와 패퍼트가 숨겨진 층 접근법이 '무익하다'는 미숙한 판단을 내린 근거가 되었다.(주석 1)) 현재 이 알고리즘의 사용에 있어 실질적인 제한이 무엇인지는 분명하지 않다. '크기 조정'(scaling)은 중요한 문제다. 적절한 시간 내에 매우 큰 네트워크를 설정하는 데 이 알고리즘을 사용할 수 있는지가 의심스럽다.(이 알고리즘에 대한 몇몇 실증적 연구는 여기에 설명되어 있다. Rumelhart, D. E., Hinton, G. E., Williams, R. J., 'Learning Internal Representations by Error Propagation')

용 샘플 각각을 뒤집는 연습은 네트워크 연결에 있어서 각각의 개별적인 요구사항들을 만들어내고, 훈련 주기의 각 단계는 약간씩 다른 방향으로 연결강도를 이끌어낸다. 훈련 주기를 수없이 반복하는 효과 덕분에 모든 패턴들에 똑같이 알맞은 연결강도를 가진 시스템으로 단련되는 것이다. 단순한 반복만으로도 각 샘플의 전환에 필요한 다양한 요구사항을 수용할 수 있는 연결강도의 틀로 개선되는 것이다. 훈련용 샘플들이 이 뒤집기 과제에서 사용될 모든 필요사항을 나타내기에 충분할 정도로 다양하다면, 이 연결강도의 틀은 네트워크가 샘플 외의 입력 패턴도 좌우로 뒤집을 수 있도록 만들어준다.

강조할 가치가 있는 건, 연결강도를 올리거나 내리도록 조정하는 이 절차에는 내장된 '지능'이 없다는 점이다. 유닛이 on이어야 하는데 off라면, 이 절차는 그 단위로 연결되는 모든 활성화된 흥분성 연결들의 위치를 찾은 다음, 각 연결들의 강도를 정해진 일정한 양만큼 기계적으로 증가시킨다.(억제성 연결에 대해서는 그에 맞게 적절히 변경하면 된다.) 이 과정은 다른 학습 과제에서도 마찬가지다. 훈련용 샘플의 출력 패턴이 입력 패턴의 역순이 아니라 패턴의 반전이 되도록 해보자. 입력 패턴에서 'on'은 'off'로, 'off'는 'on'으로 바꾸는 것이다. 동일한 샘플로 훈련해도 네트워크는 역순이 아닌 반전을 배울 수 있다. 연결의 조정 절차를 변경할 필요가 없는 것이다.

PDP 연구원들은 이것이 얼마나 굉장한 것인지 역설한다. 전통적인 인공지능 프로그램을 향해 종종 제기되는 불만은 이 프로그램의 '지능'이 전적으로 이차적이라는 것이다. 인간 지능이 문제를 분석하고 컴퓨터를 해결로 이끄는 규칙을 고안해내면, 프로그램은 이러한 인간의 지능을 희미하게 반영할 뿐이라는 뜻이다. 반면에 PDP 네트워크는 무에

서부터 시작한다. 역순으로 전환하는 일은 사소한 과제일지 모르지만 적어도 네트워크는 프로그래머의 어떠한 도움도 없이 이를 수행하는 방법을 배운다. 이러한 자기-조직적 네트워크 덕택에 우리는 우리의 고유한 학습 능력의 바탕을 이루는 메커니즘에 대해서 매우 단순화된 관점을 얻을 수 있다.

10.2 영어 수업

아무리 좋게 봐줘도 PDP 네트워크가 이렇게나 단순한 작업—입력 정보의 순서를 뒤집거나 상태를 반전시키는 것과 같은—을 학습할 수 있다는 소식으로 야단법석을 떨 정도는 아니다. 이 절에서는 훨씬 더 흥미로운 내용을 설명할 것이다.

PDP 혁명의 기수인 제임스 맥클레랜드(James McClelland)와 데이비드 루멜하트(David Rumelhart)는 영어 동사의 과거시제를 산출할 수 있도록 네트워크를 훈련시켰다.[8] 이 네트워크는 훈련 과정에서 접한 적 없는 동사에 대해 올바르게 답변할 수 있었고, 나아가 규칙동사가 아닌 경우에도 정확한 과거시제를 찾아내곤 했다.('규칙'동사란 동사의 어근에 '-ed'를 덧붙이면 과거시제가 되는 것을 의미한다. 예: push/pushed, pull/pulled) 훈련이 끝난 네트워크에게 동사 'guard'를 처음 보여주었을 때, 네트워크는 'guarded'라고 정확하게 답했다. 훨씬 더 놀라운 것은 'weep'을 처음 보았는데도 'wept'로 올바르게 답변했고, 'cling'은 'clung'으로, 'drip'

8 Rumelhart, D. E., McClelland, J. L., 'On Learning the Past Tenses of English Verbs'.

은 'dripped'로 맞추었다.('p'가 두 개 있음을 주목하시길.)

루멜하트와 맥클레랜드가 이 실험을 계획하는 과정에서 고심했던 핵심 문제는, 영어 동사를 네트워크가 다룰 수 있는 형태로 나타내는 방법이었다. 효과적인 방법을 찾는 데 2년 넘게 걸렸다. 시간과 지능이 이처럼 막대하게 소모된 것을 보면, PDP의 어려움을 잘 알 수 있다. 기호적 컴퓨팅의 선구자들은 단어 및 기타 정보를 컴퓨터가 사용할 수 있는 형식(익숙한 방법으로는 알파벳의 문자에 비트코드를 할당하는 것 등)으로 변환하는 일반 시스템을 마련하는 데 그다지 어려움을 겪지 않았다. 반대로, 네트워크에 정보를 제공하는 방법을 고안하는 일은 PDP 연구의 가장 어려운 측면 중 하나다. 루멜하트와 맥클레랜드가 사용한 방법은 사실 매우 제한적이다. 강력하고 일반적인 표상 시스템이 강구되어야 PDP 네트워크를 더욱 진지하게 활용할 수 있다.

루멜하트와 맥클레랜드가 사용한 방법의 복잡한 세부사항은 빼놓겠다. 대략적으로 말하면, 동사들은 특별한 음성학적 특징들의 집합으로 분석할 수 있다.(이를 'Wickelfeatures'[9]라고 한다.) 입력층과 출력층의 유닛들(각 층에는 460개의 유닛들이 있다)은 제각기 특정한 기능을 표상하는 데 사용된다. 실험자들은 각 유닛이 표상하는 음성학적 특징이 해당 동사에 있는지 여부에 따라 각 입력 유닛을 ON 또는 OFF로 고정시킨다.

네트워크의 훈련은 규칙동사와 불규칙동사 10개를 섞은 것으로 시작되었다. 아이들 또한 몇 개의 까다로운 과거시제를 외우면서 시작한다. 때문에 루멜하트와 맥클레랜드는 일부러 아이가 과거시제를 처음 배울 때 접하는 전형적인 목록에서 훈련용 샘플 단어들을 골랐다. 가령

---

9 언어학자 위켈그렌(Wickelgren)의 이름에서 따왔다. 보다 상세한 설명은 바로 앞 주석의 글 233~9쪽을 참조.

came, got, gave, looked, needed, took, went 같은 동사들이다. 훈련은 입력층에서 동사의 기본형(come, go 등)을 제시한 다음, 앞선 절에서 설명한 대로 실제 출력과 원하는 출력을 비교하고 연결강도를 조정하는 것으로 진행된다. 네트워크는 오직 10번의 훈련 주기(즉 전체 샘플을 10회 반복하여 보여준 것) 후에 자체적으로 과거시제를 산출할 수 있었다.

다음으로 400개 정도의 동사가 샘플에 추가되었다.(이 중 약 80%가 규칙동사였다.) 네트워크는 190회의 훈련을 거쳐 동사들을 숙달했다. 이 단계가 되자 네트워크는 이전에 익히지 못한 동사에 답할 수 있었는데, 'keep'에서 'kept'를, 'cling'에서 'clung'을 정확하게 이끌어냈다. 훈련 과정에서 네트워크의 연결구조는 '-ed'를 추가하는 법칙, 그리고 불규칙동사일 때 입력과 출력 사이의 보다 미묘한 법칙들을 모두 빨아들였다. 네트워크가 이러한 지식을 획득하는 일은 전적으로 연결강도에 대한 반복적이고 기계적인 조정의 결과였으며, 이 실험은 기계의 '자기 학습'의 훌륭한 예시가 된다. 하지만 네트워크는 답변 중에서 약 70%만 정확했다. 두드러진 실패 몇 가지는 'squat'에서 'squawked'로, 'shape'에서 'shipped'로, 'mail'에서 'membled'로 답한 것이었다. 이처럼 특이한 오류는 소위 '섞임'(blending) 현상이라는 것 때문에 생겼다.[10] 이보다 덜 심각한 예는 'ate'와 'eated'라는 답변이 섞여서 'ated'라는 걸 만들어내는 경우다. PDP 네트워크에서는 이런 성질의 오류가 발생하기 쉽다.

'성장하는' 과정에서 네트워크는 동사에 대해 아이들이 하는 것과 동일한 실수를 범했다. 처음 10회의 훈련 세션이 끝난 후, 네트워크는

---

10 섞임에 대한 설명은 다음을 참조. Pinker, S., Prince, A., 'On Language and Connectionism: Analysis of a Parallel Distributed Processing Model of Language Acquisition', p. 155ff.

'come'과 'go'의 과거형을 올바르게 만들 수 있었다. 아주 어린아이도 할 수 있는 것처럼. 그러나 더 많은 샘플을 배우는 동안 과도한 규칙화가 시작되어서 'comed', 'goed'나 'wented' 같은 반응들을 내놓았다. 결국에는 '-ed 덧붙이기' 원칙을 고수하는 것이 약해지더니 'came'과 'went'로 되돌아갔다. 아이들과 유사하다는 점에 실질적인 의미가 없을 수 있다. 과도한 규칙화는 두 개의 규칙동사만 포함하고 있던 처음 샘플에서 규칙동사가 우세한 샘플로 이행함에 따라 발생했다. 아이들이 겪는 과도한 규칙화가 이 사례와 동일하게, 접하는 규칙동사의 비율이 크게 바뀌는 것 때문에 발생한다는 증거는 없다.[11]

이 천진난만해 보이는 실험은 사실 정통적인 사고방식에 심각한 도전이다. 뇌가 원리상 규칙을 따르면서 행동을 개시하고 제어한다는 이론은 인지과학자들 사이에서 널리 알려진 이론이다.(5장 '데이터 vs 노하우' 참조) 그리고 언어적 규칙은 언제나 가장 즐겨 사용되는 예시이기도 하다. 그런데 네트워크는 결과를 산출하기 위해 규칙을 사용하지 않는다. 프로그램이라는 개념은 네트워크가 작동하는 방식과 완전히 무관하다.(이에 대해선 10장 '컴퓨터와의 비교점'에서 상세히 다룬다.) 정통 이론을 향한 함의는 분명하다. 저장된 규칙을 무의식적으로 따르는 것은 사실 인간의 언어능력에서 어떠한 역할도 하지 않을 가능성이 높다. 네트워크가 어떠한 프로그램도 필요하지 않다면 아마 인간의 뇌도 마찬가지일 것이다.

11 Pinker. S., Prince, A., 'On Language and Connectionism: Analysis of a Parallel Distributed Processing Model of Language Acquisition', pp. 136~45.

10.3 악몽에서 빠져나왔나요?

전통적인 인공지능의 주된 골칫거리 중 하나는, 상이하면서도 유사한 대상들이 실은 동일한 사물의 예시임을 컴퓨터가 인식하도록 프로그램하기가 어렵다는 것이었다. 이는 **분류 문제**(classification problem)라고도 한다. 내 필기체와 여러분의 필기체에서 각각 알파벳 a를 취해보자. 이 둘은 분명히, 아마도 꽤 심하게, 다르지만, 그럼에도 영어를 사용하는 대부분의 사람들은 두 가지 잉크 자국 패턴을 동일한 글자의 예시로 인식할 것이다. 특히 주변 문맥이 있다면 도움이 되리라. 반면 컴퓨터는 이런 과제에 극히 서투르다.

현실적으로 글자 a로 나타낼 수 있는 변형은 그 범위가 매우 넓다. 이 다양한 변형을 모두 기술할 수 있는 일련의 인식 규칙을 제작하는 시도는 프로그래머에게 악몽일 것이다. 여러분이 내 말을 믿기 어렵다면, 그

그림 10.4 인쇄용 문자 카탈로그에서 찾은 글자 'A'에 대한 변형 중 일부.

림10.4를 보라. 악몽 중의 악몽은, 가능한 많은 **a**와 **A**를 잡아내기 위해 대단히 넓게 세운 규칙은 아마도 동시에 H, o, b, D, F, v 및 e 등도 똑같이 잡아낸다는 점이다.

글자 인식에 깔려 있는 이 문제는 오랫동안 인공지능에서 가장 까다로운 문제로 여겨져 왔다.(호프스태터가 이렇게 언급한 적이 있다. "인공지능의 중심 문제, a와 i는 무엇인가?"[12]) 다양한 많은 분야에서 동일한 난점이 나타났고, 이 문제가 널리 퍼져 있었기 때문에 분류 문제가 이처럼 인공지능의 근본 문제가 되었다. 컴퓨터가 지금까지는 실험실에서 카메라로 나의 찡그린 얼굴을, 심지어 면도도 하기 전의 얼굴을 보았을 뿐인데, 이런 컴퓨터가 파티에서 웃고 있는 내 얼굴을 인식하도록 프로그래밍할 수 있을까? 컴퓨터가 서로 다른 체스 게임의 두 상태가 본질적으로 동일하다는 것을 알아낼 정도로 인간 체스 플레이어의 직관력을 지닐 수 있을까? 심지어 각각의 경우에 체스 말의 정확한 수나 정확한 위치가 전혀 다른 경우에도? 한 번도 들어본 적 없는 목소리로 말하는 사람의 얘기를 이해하기 위해서 컴퓨터는 어떻게 프로그램되어야 할까? 등등.

얼굴을 식별하거나 일상적인 이야기를 따라가는 프로그램을 제작하려는 시도는, 악명 높게도 해당 목표에서 일어날 수 있는 변형들을 현실적으로 처리할 때 필요한 표현법이 엄청나게 많은 탓에 옴짝달싹 못하게 되었다. PDP에겐 이 까다로운 악몽에서 벗어나도록 인공지능을 안내할 수 있는 힘이 있을지도 모른다. 그리고 맥락(context)이 그 열쇠를 쥐고 있는 것처럼 보인다.

---

12 Hofstadter, D., *Metamagical Themas: Questing for the Essence of Mind and Pattern*, p. 633.

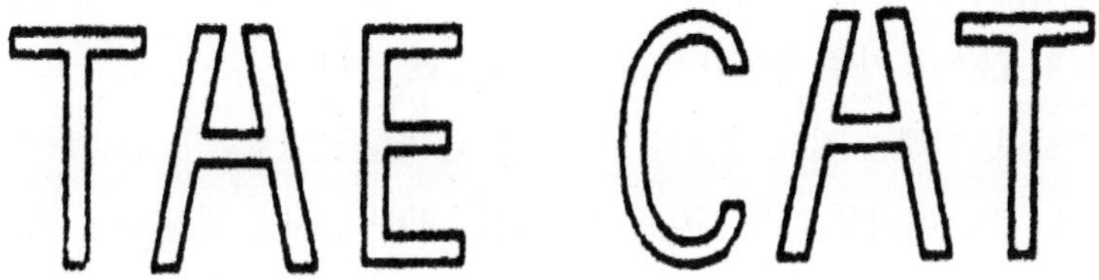

그림10.5 맥락의 저주

맥락의 저주[13]

그림10.5가 잘 보여주듯이, 글자는 단독으로 있는 경우보다 맥락 속에서 훨씬 쉽게 식별된다. 그림10.4 또한 맥락 밖에서는 식별할 수 없는 많은 Λ들이 있다.

맥락은 언어의 해석에서도 똑같이 중요한 역할을 한다. 이를 증명하는 실험에서 피험자는 사람의 음성이 담긴 테이프를 듣는다. 이 음성은 여기저기에 짧게 딸깍 소리가 들리게끔 편집되었다.[14] 따라서 피험자는 'legi*lature'를 들을지도 모르며, '*'인 부분은 주의 깊게 배치된 딸깍 소리로 's' 소리를 완전히 제거한다.[15] 주변 음소(音素)가 제공하는 맥락이 유도한 덕택에 피험자는 빈틈에 s를 채워 넣는다. 의식 수준에서 피험자들은 그들이 하고 있는 일을 전혀 인지하지 못한다. 그들은 누락된 s 소리를 실제로 **들었다**고 보고하며, 딸깍 소리를 '실체가 없는 소리'라고 설명한다.

프로그래머들은 맥락이란 것이 너무나 다루기 어려운 문제임을 깨달았고, 많은 연구자들은 이 해결할 수 없는 난관이 폰 노이만이 자기도 모

13 이 매력적인 표현은 키스 군더슨(Keith Gunderson)의 것이다.
14 Warren, R. M., 'Perceptual Restoration of Missing Speech Sounds'.
15 [역주] 원래 단어 'legislature'는 입법부란 뜻.

르게 인공지능에 남긴 저주라고 믿게 되었다. 왜 그런지 이해하려면, 익숙하지 않거나 자주 사용하지 않는 손으로 쓴 단어를 읽으려 한다고 상상해보라. 원래는 전체 단어의 맥락에서 낱자들을 검토한다. 그러나 역설적이게도 여러분은 그 단어를 알아내기 위해 낱자를 활용하며, 또한 낱자를 알아내기 위해 단어를 활용한다. 이 당황스러운 병렬적 활동 때문에, 낱자를 추측하는 것은 전체 단어를 다양하게 추측하는 것과 함께 작용한다. 추측들은 서로 기각시키거나 보강시키다가, 마침내 가설의 안정된 패턴이 떠오르고, 당신은 단어가 무엇인지 갑자기 확신하게 된다. 순차적인 작동방식으로 만들어진 폰 노이만 기계는 기껏해야 이런 종류의 일을 서투르게 시뮬레이션할 뿐이다. 반면 PDP 네트워크는 한결 우수한 병렬 프로세서로서 이런 종류의 문제를 해결하는 이상적인 하드웨어임을 입증할 수 있다. PDP의 해결 방식은 가상의 경쟁자들이 결판이 날 때까지 싸우도록 만들어서 승자를 뽑는 방식이다.

예비적인 실험 증거에 따르면, PDP 네트워크는 단번에 맥락의 저주를 풀고 분류 문제를 해결할 수 있다. 시험용 연구는 문어와 구어로 된 단어를 인식하는 데 능숙한 네트워크를 만들어냈다.[16] 이 네트워크는 맥락을 최대한 활용한다. 단어의 모든 낱자들, 혹은 소리들을 동시에 검사하며, 그것들 각각을 파악하는 '추측'은 동시에 병렬적으로 서로가 서로에게 영향을 주고받으면서 진전된다.

---

16 McClelland, J. L., Rumelhart, D. E., Hinton, G. E., 'The Appeal of Parallel Distributed Processing', pp. 20~3. Rosenberg, C. R., Sejnowski, T. J., 'Parallel Networks that Learn to Pronounce English Text'; Elman, J. D., Zipser, D., 'Learning the Hidden Structure of Speech'.

미소와 찡그림

런던 임페리얼 대학의 정보기술학 교수인 이고르 알렉산더(Igor Aleksander)는 인간의 얼굴을 인식하는 네트워크를 구축하는 데 성공했다. 비록 알렉산더가 PDP 기치 아래에서 연구하지는 않지만, 그가 양식화시킨 신경세포들의 네트워크를 연구한 것은 PDP와 많은 접점을 갖고 있다.[17]

훈련 기간 동안 위사드(Wisard, 알렉산더가 자신의 컴퓨터를 부르는 이름)는 텔레비전 눈으로 사람의 얼굴을 면밀히 관찰한다. 말하거나 웃거나 할 때 사람의 얼굴에 나타나는 특징적인 패턴의 변화를 서서히 익혀 간다. 충분한 훈련을 마친 후, 위사드는 후속 미팅에서 그 사람을 알아보았고, 외형과 표정의 미묘한 변화까지도 알아챘다. 앞서 설명한 다른 네트워크와 마찬가지로, 위사드는 훈련에 사용된 샘플로부터 일반화하는 능력을 갖추고 있다. 이 능력은 완전히 낯선 사람들의 표정을 분석해도 그들이 웃고 있는지 혹은 찡그리고 있는지 판별할 수 있게 한다. 훈련을 거치면서 위사드는 여러 종류의 물체를 인식하고, 산업적으로 응용할 수 있는 상당한 잠재력을 지니게 되었다. (알렉산더는 1960년대 중반부터 인공신경세포 네트워크를 구축해 왔으며, PDP를 향한 최초의 열광적인 반응이 북미의 인공지능 연구소들로 퍼졌을 때, 알렉산더는 상업적 생산에 위사드를 투입하려는 계약을 조용히 마무리 짓고 있었다.)

---

17 Aleksander, I., Burnett, P., *Thinking Machines: The Search for Artificial Intelligence*, chapter 9. 또한 다음도 참조. Aleksander, 1., (ed.) *Neural Computing Architectures: The Design of Brain-Like Machines*.

10.4 컴퓨터와의 비교점

여러분도 알다시피, 컴퓨터는 기호들로 작동한다. 즉 프로그램이란 기호적으로 코드화된 명령어들의 목록이며, 정보란 기호 형태로 메모리에 저장된 것이고, 컴퓨팅의 각 단계는 기호열에 대한 작업으로 구성된다. 이와는 완전히 대조적으로, 과거시제의 네트워크나 10장 '기본적인 아이디어'의 순서 뒤집기 네트워크에서 이뤄지는 처리 과정은 서로를 흥분시키고 억제하는 유닛으로 구성된 것이지, 저장된 기호적 표현을 프로그램이 제어하는 것이 아니다.(맥클레랜드와 루멜하트가 말한 것처럼 "우리 시스템에서 통용되는 화폐는 기호가 아니라 흥분과 억제다."[18]) 네트워크는 입력에 대해 '편안함을 느낄' 때까지 '꿈틀거린다'. 그러니 프로그램을 통해 순차적으로 진행되는 폰 노이만식 컴퓨터가 아니라, 냉각하면 고체 덩어리가 되는 용해된 금속의 방울과 닮은 셈이다.

순서 뒤집기 네트워크를 비트조작 장치로 간주할 수도 있다.(프로그램이 없음에도.) 어쨌든 하나의 비트열은 단지 ON과 OFF의 순차적 계열이며, 그래서 네트워크는 하나의 비트열을 다른 비트열로 변환하는 장치로 이해할 수 있다. 실제로 네트워크들이 결합된 배열을 사용해서 폰 노이만 기계를 시뮬레이션할 수 있다.(하나의 네트워크는 이동을, 다른 네트워크는 비교-R을 수행하도록 훈련시키는 것이다.) 네트워크가 기호연산을 지원하도록 활용될 수 있다는 사실은 매우 중요하며, 나는 이 장 '뇌를 둘러싼 대결'에서 이를 다시 다룰 것이다. 여기서 강조하고 싶은 요점은, 네트워크들이 기호조작 장치로 **사용**될 수 있음에도 불구하고, 일반적으로

18 Rumelhart, D. E., McClelland, J. L. 'PDP Models and General Issues in Cognitive Science', p. 132.

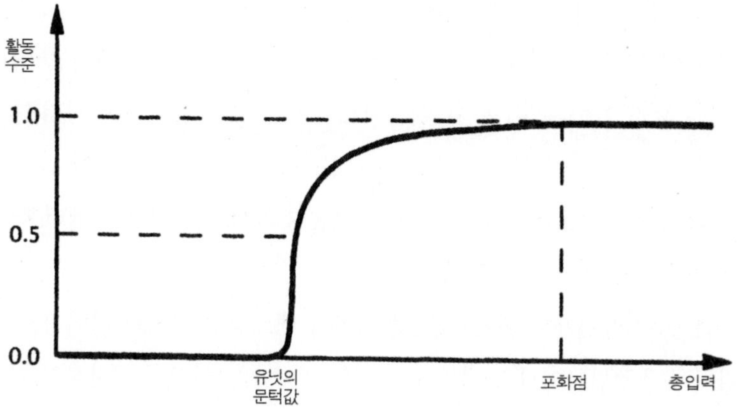

그림10.6 출력의 수준은 그 유닛이 다른 유닛으로부터 받는 입력량에 따라 달라진다.

이는 다른 종류의 기계장치라는 것이다. PDP를 근본적으로 새로운 유형의 기호조작 장치를 만들기 위한 사전조사에 불과한 것으로 여기는 것은 완전히 잘못된 일이다.

이야기를 간단하게 하고자, 지금까지는 단 하나의 특별한 유형의 유닛, 즉 단순한 ON/OFF 모델만 설명했다. 지금까지 제외했던 훨씬 더 일반적인 모델은 **완전한 ON**과 **완전한 OFF** 사이에서 다양한 활동수준을 취할 수 있다.[19] 그러므로 특정한 시각(time)에 어떤 유닛의 활동수준은 0.75가 될 수도 있다.(비유적으로 말하면, 이 유닛은 전체 용량보다 적게 작동하는 것이다.) 이 활동수준은 유닛이 다른 유닛으로부터 받아들이는 입력량에 따라 다르다. 예를 들어 총입력이 유닛의 문턱값에 도달하면 활동수준이 0에서 0.5로 갑자기 증가하며, 입력이 계속 증가하면 1을 향해 점증한다.(그림 10.6) 이러한 유닛들로 구성된 네트워크의 입력과 출

19 Rumelhart, D. E., Hinton, G. E., McClelland, J. L., 'A General Framework for Parallel Distributed Processing', pp. 45~54.

력 패턴은 0과 1의 문자열이 아니라 실수의 계열이 된다. 가령 4개의 출력 유닛을 가진 네트워크가 나타낼 수 있는 출력 패턴 중 하나는 〈0.6, 0.4, 0.8, 1.0〉이다. 이제 확실히 비트열과의 모든 유사성이 사라졌다. (수학 용어로 표현하면, 네트워크는 입력으로 수벡터(Numerical Vector)를 취하고 출력으로 수벡터를 산출한다. 따라서 네트워크는 벡터 변환을 수행하는 장치로 볼 수 있다.)

폰 노이만 기계와 과거시제 및 뒤집기 네트워크 사이의 차이점은 자라와 솥뚜껑만큼이나 명백하다. 그러나 PDP 네트워크와 일반적인 기호조작 장치 사이의 차이를 함축하는 날카로운 기준을 세우는 건 결코 쉽지 않다. 기호조작 장치의 분류엔 어느 정도 제한이 없다는 것을 떠올려보자. SSSH의 지지자는 뇌의 기본적인 기호조작 작업이 폰 노이만 기계의 기본적인 작업과 근본적으로, 그리고 지금으로서는 알 수 없는 방식으로 다를 수 있음을 인정한다. 마찬가지로 그들은 뇌의 기호적 코드가 오늘날 우리가 알고 있는 것과는 매우 다를 수 있다는 것도 인정한다.

이를 달리 말하면, 기호조작 장치로 사용되는 네트워크와 그렇지 않은 네트워크를 구별하는, 예리하고 보편적으로 적용할 수 있는 기준이 없다는 말이다. 우리가 할 수 있는 최선의 방법은—그리고 이 방법으로도 꽤 충분한데—기호구조의 전형적인 예시(재귀성, 비트코드의 구성적 특성, 술어 계산의 공식들 등)와 기호조작의 근본적인 작업들의 전형적인 예시(해당 열을 정해진 저장 위치에서 왼쪽으로 1비트만큼 이동하라, 두 문자열을 비교하고 그 둘이 동일하다면 정해진 저장 위치에 표시하라, 결합변수를 상수로 교체하라)를 인용해서, 만약 전형적인 예시와 유사성이 있는지, 있다면 어느 정도인지의 관점에서 새로운 설계방식을 판단하는 것이다.

가족 유사성[20]에 대한 유명한 문제와 비교해보라.[21] 모두 알다시피, 어

떤 가족의 구성원들(이를테면 비트겐슈타인 가족)은 종종 관련 없는 가족(대충 사르트르 가족)의 구성원과 닮은 것보다 훨씬 더 서로를 닮았다. 비트겐슈타인 가족과 사르트르 가족을 구별하는 특징을 한 번에 정확하게 함축하는 예리한 기준을 정식화할 수 있을까? 아마도 그렇지 않을 것이다. 가족의 유사성은 그런 것이 아니다.

내가 지난 장에서 말했듯이, 뇌가 기호조작 장치라는 이론은 인지과학자들 사이에서 인기가 높았다. 이 이론을 지지하는 강력한 증거가 있기 때문이 아니라, '물에 떠 있는 유일한 지푸라기'처럼 보였기 때문이다. 뇌가 어떻게 기능하는지에 대해서 설득력 있는 대안적 개념이 없는 것 같았다. 그러나 PDP가 이 모든 것을 바꿔 놓았다. 더 이상 지푸라기 하나만 움켜쥐고 있을 필요가 없다. 새로운 이론에 따르면, 뇌는 다층 네트워크의 복잡한 직조물과 같다. 기호도 없고 프로그램도 없다. 우리는 이 장의 뒷부분에서 새로운 이론을 향한 몇 가지 도전들을 살펴볼 것이다. 그 전에 잠시 동안 그 참신함을 맛보자.

10.5 웨트웨어와의 비교점

---

20 [역주] 가족 유사성이란, 특정 집합 안에서 구성요소들이 유사성을 공유하는 독특한 방식을 일컫는다. 가족이라는 집합에서 A, B, C, D가 구성원이라면, A와 B는 1(가령 눈)이 닮았고, B와 C는 2(코)가 닮았으며, C와 D가 3(입)이 닮았고, A와 D는 4(귀)가 닮았다. 그들을 가족으로 묶는, 이를테면 모두에게 들어 있는 보편적 특성은 없지만, 그럼에도 우리는 그들이 가족임을 알 수 있다. 이런 특성을 가리켜 가족 유사성이라 한다. 이 개념을 제안한 사람은 비트겐슈타인이다.

21 Wittgenstein, L., *Philosophical Investigations,* sections 65~78.

이 새로운 이론의 자격을 증명하는 것 중 하나는, PDP 네트워크가 '뇌와 같은' 특징을 어디까지 보여주는가이다. 다음은 유사점들의 체크리스트다.(9장 '하드웨어 vs 웨트웨어'를 다시 참조하면 도움이 될 것이다.)

1. 네트워크의 개별 유닛은 실제 신경세포와 다소 비슷하다.

2. 뇌에서의 학습은 (아직 입증된 사실은 아니지만) 연결강도의 수정과 관련되어 있다고 널리 받아들여지고 있다.

3. 네트워크는 대규모로 병렬적이다. 입력층의 교란으로부터 출력이 생성될 때, 모든 유닛들이 동시에 참여하는 흥분과 억제의 난장판을 거쳐 간다. 실제 신경세포 집단은 매우 유사한 종류의 병렬 활동을 하는 것으로 밝혀져 있다.

4. 네트워크는 개별적 연결 각각이 정보의 매우 다양한 항목들을 저장하는 데 참여하는 방식으로 분산 저장한다. 과거시제 네트워크가 'weep'에서 'wept'를 만들어내는 노하우는 특정한 연결에 저장되어 있는 것이 아니라, 훈련 과정에서 구축된 연결강도의 전체 패턴에 걸쳐 '퍼져' 있다. 따라서 네트워크는 래슬리의 결과와 기억의 비국소적 특성에 대한 다른 사례들을 이해할 수 있는 모델을 제공한다.(9장 '하드웨어 vs 웨트웨어')

5. 기억된 패턴의 일부가 입력으로 제시되면 출력으로서 완성된 패턴이 생성된다는 의미에서, 네트워크는 내용-주소화 기억장치(content-addressable memory)로 기능할 수 있다.[22] 내용-주소화 기억은 인간 기억의 가장 두드러진 특징 중 하나다.

---

22 McClelland, J. L., Rumelhart, D. E., Hinton, G. E., 'The Appeal of Parallel Distributed Processing', pp. 25~9.

6. 네트워크 성능은 우아하게 저하한다. 여기저기 일부 연결이 뚝 끊어지면, 그 손상 때문에 오작동이 일어나는 경향이 있지만, 네트워크는 여전히 작동한다. 손상이 증가함에 따라 네트워크의 성능은 꾸준히 나빠진다.(어떤 의미에서는 어떤 퇴행성 질환으로 고통받는 뇌를 약간 연상시킨다.)[23]

그런데, 네트워크와 웨트웨어 사이의 이러한 유사점은 주요 차이점의 목록과 일치하기도 한다. 현재의 PDP 네트워크는 사실 실제 신경세포 네트워크에 가장 거칠게 근접한 형태일 뿐이다. 뇌가 기능하는 방식에 대해서 PDP가 진정한 통찰력을 제공한다고 주장하려면, 상당한 개선이 먼저 따라야 한다. 이 절의 나머지 부분은 주요한 불일치에 관한 논의다.

실제 신경세포

뇌에는 다른 유형의 신경세포가 아주 많다. 피라미드꼴 세포, 별모양 세포, 샹들리에꼴 세포 등등. 이처럼 다양한 유형의 신경세포들이 제각각 다른 일을 하는 것으로 알려져 있다. 일례로, 신경세포들이 섞여 있는 양상도 뇌 전체에 걸쳐 균일하지 않은데, 한 영역에서 우세한 세포는 영역마다 다르다. 게다가 각기 다른 신경세포들이 수백에서 수십만에 이르는 다양한 연결의 가짓수를 갖는다. 이러한 다양성은 PDP 네트워크에 반영되지 않으며, 불가피하게 단일한 유형의 유닛만 있을 뿐이다. 이러한 이유만으로도 현재의 네트워크는 인간의 웨트웨어에 대한 매우 조잡한 모델을 제공할 뿐이라고 간주되어야 한다.

---

23 Wood, C. C., 'Variations on a Theme by Lashley: Lesion Experiments on the Neural Model of Anderson, Silverstein, Ritz and Jones'.

더 심각한 점은 PDP 유닛이 기존에 알려진 신경세포 유형에 상응하지 않는다는 것이다. 모든 실제 신경세포는 다른 세포의 발화를 억제하든지 **아니면** 발화를 자극하기 위해 전념한다. 둘 다는 하지 않는다. 이와 달리, PDP 유닛은 하이브리드적이다. 각각의 유닛은 억제성과 흥분성 출력 연결이 혼합되어 있다. 비하이브리드적 유닛으로 작동하는 네트워크를 구축하려는 시도는 지금까지 성공적이지 못했다.

이러한 어려움 때문에 일부 연구자들은 각 유닛이 억제성 신경세포와 흥분성 신경세포 들로 구성된 **그룹**으로서 간주되어야 한다고 주장했다.[24] 이 교묘한 해석은 생물학자 프랜시스 크릭(Francis Crick)의 신랄한 논평을 불러일으켰다. "진짜 신경세포들로 이 그룹을 어떻게 구축할 것인지 자세히 설명한다면, 신경과학자들은 그 주장을 수용할 것이다. 그러나 그런 일은 좀체 일어날 수 없다."[25]

학습 과정

학습하고 있는 뇌와 학습하고 있는 네트워크 사이에 대략적인 유사점 몇 가지가 있음에도 불구하고 실제로 둘 사이에 세부적인 유사성은 없다.

훈련에서 연결강도를 조정할 때 필요하다고 현재까지 밝혀진 모든 절차들은 결정적으로 반복에 의존하고 있다. 학습이 완성되기 전까지 네트워크는 훈련용 샘플 전체를 수없이 연습한다. 사람의 학습에서도 반

---

24 McClelland, J. L., Rumelhart, D. E. and the PDP Research Group, *Parallel Distributed Processing: Explorations in the Microstructure of Cognition*. Vol. 2: *Psychological and Biological Models*, p. 329.

25 Crick, F., Asanuma, C., 'Certain Aspects of the Anatomy and Physiology of the Cerebral Cortex', p. 370.

복은 당연히 중요하지만, 반복이 모든 경우마다 필수적인 것은 아니다. 가령 기억력이 좋은 이들은 단 한 번 읽는 것만으로도 지시사항의 목록이나 한 쪽 분량의 프랑스어 단어를 익힐 수 있다.

더 중요한 차이점은 네트워크가 반드시 교사의 도움을 받아서 기술을 배운다는 사실에 있다.(검색은 '자기 감독'(self-supervising) 학습 알고리즘이 맡는다.) 당연히 두뇌는 훨씬 더 자립적이다. 내가 윈드서핑을 처음 배웠을 때, 어쨌든 실수가 지나치게 반복되는 상황 덕택에 나의 뇌는 내 근육 시스템에 어떤 출력 신호를 보내야 철학자와 바람을 멋지게 결합할 수 있는지 배울 수 있었다. 이 학습 과정에서 내 뇌는 올바른 출력이 무엇이어야 하는지 미리 알지 못했다. 뇌에게 상세한 설명서를 제공하고 그래서 출력 신호가 무엇을 목표로 해야 하는지 알려줄, 반쯤 전지적인 외부자는 없었다. 네트워크를 훈련하기 위한 절차에는 원하는 출력에 대한 외부 설명서가 필요하다. 훈련 주기의 각 단계에는 실제 출력 결과를 실험자가 달성하고자 하는 출력과 비교하는 일, 그리고 그런 뒤 적절하게 연결강도를 조금 올리거나 내리는 일을 포함하고 있기 때문이다.

설령 뇌가 연결강도의 수정을 통해 학습한다고도 해도, 뇌가 사용하는 절차는 지금까지 PDP에서 사용해온 절차와 상세한 지점에서는 거의 유사하지 않을 것임이 확실하다.

뇌 화학

역설적이게도 서로 연결된 한 쌍의 신경섬유 사이의 접합부는 대부분 빈 공간으로 이뤄져 있다. 신경섬유는 시냅스 틈(synaptic cleft)으로 알려진 가장 가까운 지점에서 떨어져 있으며, 신경세포에서 신경세포로 전

달되는 흥분성/억제성 신호는 **신경전달물질**(neurotransmitter)이라고 하는 화학 물질에 의해 이러한 틈을 가로질러 '운반'된다.[26] 1990년대 초까지 약 10년 가까이 50여 종의 다른 신경전달물질이 확인되었고, 연구자들은 그 수가 더 많을 것으로 본다.

피험자에게 신경전달물질을 투여하면, 기억 증진, 기쁨, 절망, 무통각 및 성적 자극 같은 다양한 효과가 나타난다. 신경전달물질의 활동을 방해하는 화학물질로 인해 조현병 같은 질환 치료에서 상당한 성공을 거두었다.[27] 분명히 신경전달물질은 뇌의 작용에서 체계적인 역할을 한다.(신경 간 연결강도를 수정하기 위한 뇌의 메커니즘에서 특정한 역할을 할 수도 있다는 추측이 있다.) 화학물질이 정보처리에 미치는 전반적인 영향을 이해하는 것이 신경세포의 전기적 활동을 이해하는 것만큼 중요하다고 밝혀질지도 모른다. PDP는 후자의 영역에 집중되어 있으며 뇌 작용의 화학적 측면을 사실상 무시하고 있다.[28]

뇌 기하학

신경세포와 그 연결섬유는 종종 극도로 규칙적인 패턴으로 배열된다. 뇌과학자들은 이 기하학적 질서를 묘사할 때 아주 서정적으로 변하는 경향이 있다. 미시적 수준에서 뇌는 "정교하게 구조화되어 있으며", "아름답고 탁월하게 정연하며", "때론 크리스탈처럼 투명한 외견"을

---

26 이 절차의 세부사항에 대한 간략한 설명을 보려면, *The Oxford Companion to the Mind*, ed. Gregory, R. L., pp. 554~7 참조.

27 Davis, J. M., Garver, D. L., 'Neuroleptics: Clinical Use in Psychiatry'.

28 McClelland, J. L., Rumelhart, D. E., 'Amnesia and Distributed Memory' 참조. 이 방향에 대한 예비적 단계들을 볼 수 있다.

보인다. 구체적인 예를 들자면, 뇌의 뒤쪽을 향해 있는 기관인 소뇌의 미세 구조는 3차원 직사각형 격자무늬를 닮았다. 엄청난 수의 기다란 입력섬유가 깔끔한 평행선으로 층층이 가로 놓여 있고, 동일하게 조밀한 출력섬유 덩어리가 이 입력섬유 다발과 직각으로 짜여 있으며, 출력섬유는 가닥가닥 자신을 둘러싼 수평의 섬유들과 직교를 이룬다.

대조적으로 PDP 네트워크에는 이렇다 할 기하학이 없다. 유닛들이 수평적 층에 놓여 있고 층들이 수직적으로 연결되어 있다고(그림10.2처럼) 생각하는 것은 확실히 도움이 되지만, 이는 그저 편의적일 뿐이다. 네트워크가 단일한 층으로 납작하게 찌그러지든, 임의의 모양으로 뒤틀리든 아무런 차이가 없다. 오직 중요한 것은 유닛들이 서로 어떻게 연결되어 있는가이다. 그래서 기존 네트워크에서조차도 공간적 고려사항에 의존하는 바가 뇌보다 훨씬 적다. 예를 들어, 두 층으로 구성된 과거시제 네트워크에서 각 입력 유닛은 **모든** 출력 유닛과 균일하게 연결되어 있다. 입력 유닛이 '멀리 떨어진' 출력 유닛보다 '가까운' 출력 유닛에 더 많이 연결되어 있는 것은 아무런 의미도 없다. 반면, 뇌에서 각각의 신경세포는 바로 옆의 세포들과 더 활발하게 연결되어 있고 약간 먼 거리에 위치한 세포와는 보다 드물게 이어져 있다. 하나의 신경세포 그룹이 또 다른 무리와 먼 거리로 연결될 때, 연결은 신경세포들의 기하학적 관계와 관련되어 있다. 간략히 말하면, 만약 첫 번째 그룹에서 신경세포 B가 신경세포 A와 C 사이에 위치하고 있다면, 신경세포 B는 A와 C가 두 번째 그룹에서 연결하고 있는 신경세포들 사이에 위치한 세포에 연결될 가능성이 높다.

뇌의 복잡한 기하학이 기능에 필수적인 역할을 하는지 여부는 밝혀져 있지 않다. 장치는 규칙적인 패턴으로 배열된 부속들로 이루어질 수 있

지만, 동시에 이 규칙성이 장치가 작동하는 방식과는 거의 관련이 없을 수도 있다. 텔레비전을 보라. 전기부품들은 대개 깔끔한 방식으로 기판에 그룹화되어 있지만, 이는 단지 조립과 수리의 편의성을 위한 것이다. 콘덴서, 레지스터, 스위치 등의 깔끔한 기하학적 배열은 세트의 실제 기능에 아무런 기여를 하지 않는 반면, 카메라 렌즈나 태엽시계의 정확한 기능은 다양한 부속들을 정확하게 기하학적으로 배열하는 것에 결정적으로 달려 있다. 이러한 장치들은 기하학적 원리에 따라 작동한다.

뇌는 어느 편에 해당할까? 뇌의 기하학은 그 기능에 본질적인가, 아니면 대체로 부차적인가? 지금 단계에서 이것은 전반적으로 열린 문제로 남아 있다. 뇌의 기하학은 손과 눈의 조직화, 감각 처리, 언어학적 이해 및 기타 많은 부분에서 필수적인 역할을 할 것이라고 추측된다.[29] 다른 한편으로 뇌의 복잡한 기하학은 기관의 실제적 인지 기능보다 생물학적 성장 요건과 더 많이 관련되어 있다고 밝혀질지도 모른다.

만일 생각하는 뇌가 기하학적인 원리로 작동한다면, 지금까지 연구된 PDP 네트워크는 얼굴이 빠진 초상화와 같을 뿐이다. PDP 연구자들이 뇌의 기하학적 측면을 통합해내는 네트워크를 실험하기 시작한다면, 그 연구들은 뇌의 정교한 구조의 의미를 밝히는 데 결정적인 역할을 할 것이다.

---

29 예를 들어, Churchland, P. M., 'Some Reductive Strategies in Cognitive Neurobiology'. 처칠랜드의 가설에서 결정적인 점은 뇌가 상당한 수의 신경 '지도'를 지니고 있다는 사실이다. 가령 피질 표면의 일부는 눈이 보고 있는 현재 시야의 2차원적 재현으로 이뤄져 있다. 다른 지도는 청각적 풍경과 신체 근육의 방향성에 관한 것이다. 이러한 지도는 종종 피질 조직의 다양한 국소적 곡률에 의해 변형된다. 처칠랜드는 이 기하학적인 변형이 다양한 지도를 서로 등록하거나 '동기화'하는 역할을 수행한다고 추측한다. 이 추측이 맞다면, 두뇌의 기하학은 손-눈 조직화, 손-귀 조직화, 그리고 그 밖의 많은 것들에 대해 결정적인 역할을 하게 된다.

10.6 설의 중국어 체육관(Chinese gym)

존 설은 전통적인 인공지능만큼 PDP에서도 깊은 인상을 받진 않았다. 그는 PDP 네트워크가 전적으로 언어를 배울 능력도, 이해력이 요구되는 다른 과제를 수행할 능력도 없다고 주장한다. 그는 이를 증명하는(스스로 믿는), 중국어 방 사고실험의 두 가지 변형을 만들었다.

설이 PDP와 기존 컴퓨팅의 차이점을 충분히 이해하지 못했을 가능성도 있다. 그는 때때로 마치 유일한 차이점은 '병렬 대 직렬'이라고 생각하는 것처럼 서술한다. 그는 이렇게 쓰고 있다.

> 강한 인공지능은 사고활동이 단지 형식적 기호의 조작이라고 주장한다. … 애초 중국어 방 논증이 전통적인 인공지능을 염두에 두고 설계되었다는 처칠랜드 연구팀의 말은 맞다. 하지만 연결주의(즉 PDP)가 이 논증에서 면제된다고 생각하는 것은 잘못이다. … 연결주의 시스템은 이미 그 자체의 용어에서부터 기존 중국어 방 논증으로 제기된 반박의 변형에 속할 뿐이다. … 이 논증은 모든 컴퓨팅 계산 시스템에 적용된다. 계산이 직렬로 이루어지든, 병렬로 이루어지든 말이다. 이것이 중국어 방의 논증이 모든 형태의 강한 인공지능을 논박하는 이유다.[30]

사실 설이 중국어 방 논증에서 바꾼 두 가지 변형은 그가 생각하는 것보다 훨씬 더 강력하다. 둘 중 하나라도 유효하다면, 이는 설이 '강한 인

30 Searle, J., 'Is the Brain's Mind a Computer Program?', pp. 20, 22. 설이 언급한 내용을 다루는 논문도 있다. Churchland, P. M,, Churchland, P. S., 'Could a Machine Think?'.

공지능'이라고 말하는 보다 협소한 주장뿐 아니라, 몇몇 PDP 구조에 인지 능력이 있다는 일반적인 주장도 반박하는 것이다.

첫 번째 논증

> 중국어 방 대신에 중국어 체육관이 있다고 상상하자. 이 너른 공간에는 영어만 할 수 있는 많은 사람들이 있다. 이들은 연결주의식 구조에서 노드[31]와 시냅스(즉 유닛과 연결) 같은 작업을 수행할 것이다. 그 결과는 어떤 한 사람이 지침서에 따라 기호를 조작하게 만드는 것과 같다. 이 체육관에 있는 누구도 중국어로 된 단어는 하나도 말할 줄 모르고, 시스템 전체 또한 중국어 단어의 의미를 배울 방법이 없다. 그렇지만 적절한 조정으로 인해 시스템이 중국어 질문에 올바른 답을 제공할 수 있다.[32]

설은 체육관에 있는 사람들이 어떻게 네트워크의 유닛처럼 움직이는지 정확하게 묘사하지 않지만, 세부를 채워 넣기는 쉽다. 우리가 보았듯이, 유닛이 하는 일이란 수신한 총입력이 문턱값을 초과할 때 이웃에게 출력을 퍼뜨리는 것이다. 체육관의 사람들은 서로 플라스틱 토큰을 건네면서 이를 시뮬레이션할 수 있다. 초록 토큰은 흥분성 연결의 입력을 나타내고, 빨간 토큰은 억제성 연결을 나타낸다. 한 참여자에서 다른 참여자로 전달된 토큰의 수(한 번의 교환에서)는 연결강도를 의미한다. 매우(!) 많은 수의 사람들이 이 시뮬레이션에 참여할 것이기 때문에 참여자들에게 자신이 토큰을 전달해야 하는 사람과 토큰 개수에 대한 세부 정

---

31 [역주] 네트워크에서 1개 또는 복수의 구성단위가 전송선과 상호 접속되어 있는 연결점.
32 Searle, J., 'Is the Brain's Mind a Computer Program?', p. 22.

보의 목록을 주는 것이 좋다. 시뮬레이션의 훈련 단계에서 참여자들은 트레이너가 외치는 지시에 따라 자신의 목록을 바꾼다.

토큰을 돌리고 목록을 만지작거리는 것으로는 개별 참여자가 중국어를 배울 수 없다며, 설에게 동의할 수도 있다. 그러나 이것으로는 전체로서의 이 구성이 중국어를 배울 수 없다는 것을 타당하게 추론할 수는 없다. 여러분이 이제 깨달았을 것 같은데, 이 새로운 버전의 중국어 방 논증은 이전과 똑같은 오류를 범한다. 이러한 구성이 중국어를 이해하지 못한다는 설의 결론은, 개개인의 참여자 중 누구도 중국어를 이해하지 못한다는 그의 전제로부터 간단히 도출할 수 있는 게 아니다. 마치 조가 중국어에 무지하다는 전제가 이 사람이 포함된 시스템이 중국어를 이해할 수 없다는 것을 함의하지 않는 것처럼.(6장 '논증에서 무엇이 잘못되었나?')

두 번째 논증

> 병렬식 기계는 여전히 미숙하기 때문에 〔원문 그대로임〕 연결주의식 프로그램은 대개 전통적인 직렬식 기계로 실행된다. 계산상으로 직렬과 병렬 시스템은 동등하다. … 만약 중국어 방에 있는 사람이 계산상으로 두 시스템과 동등하다면, 그래서 그 사람이 계산을 하는 것만으로는 중국어를 이해하지 못한다면, 결국 두 시스템 모두 이해하지 못하는 것이다.[33]

설이 막연하게 직렬과 병렬 시스템이 동일하다고 말할 때, 그는 자원이 무제한으로 주어질 경우 어떤 PDP 네트워크라도 폰 노이만 기계로

33 Searle, J., 'Is the Brain's Mind a Computer Program?', p. 22.

시뮬레이션을 할 수 있다는 사실을 언급하고 있다.(언뜻 놀라워 보이는 이 사실은 이 장의 '처치-튜링 논제'와 '컴퓨터로 네트워크 시뮬레이션하기'에서 자세히 살펴볼 것이다.) 엄격하게 표현하자면, 설의 주장은 다음과 같다. 중국어를 이해할 수 있다고 알려진 PDP 네트워크를 N이라고 하자. 이 중국어 방에 있는 사람은 (위의 사실에 의해) 설령 직렬식으로 작동하더라도 N을 시뮬레이션할 수 있다. 시뮬레이션한다고 해서 그가 중국어를 이해할 수 있는 건 아니다.(그에게 물어만 봐도 알 수 있다.) 따라서 N은 중국어를 이해할 수 없다. 나는 이 교묘한 논증이 왜 타당하지 않은지 설명할 것이다.(중국어 체육관과 그 입주자—N의 또 다른 시뮬레이션—는 이 두 번째 논의에 필요하지 않다.)

먼저 주목해야 할 점은 이 논의가 기존 중국어 방 논증과 동일한 '부분-전체 오류'를 저지른다는 것이다. '그 사람은 이해하지 못한다'로부터 '그 사람이 부분으로 속하는 N의 시뮬레이션 전체는 이해하지 못한다'를 이끌어낼 수 없다.

나의 두 번째 비판은 좀 더 간접적이다. 설 자신도 컴퓨터 시뮬레이션과 컴퓨터가 시뮬레이션하는 대상을 혼동하는 위험을 자주 경고한다. 다음은 특징적인 몇몇 구절이다.

> 아무도 컴퓨터로 실행하는 폭풍우의 시뮬레이션이 우리 모두를 젖게 할 것이라 생각하지 않는다. … 도대체 어째서 제정신인 사람들이 정신 과정의 컴퓨터 시뮬레이션에 실제로 정신적 과정이 있다고 가정하는 것인가?[34]

---

34 Searle, J., *Minds, Brains and Science*, pp. 37~8.

기적을 제외하고는, 휘발유 산화를 흉내낸 시뮬레이션으로 차를 운전할 수 없으며 소화를 시뮬레이션하는 프로그램을 돌리는 것으로는 피자를 소화할 수 없다. 마찬가지로 인지의 시뮬레이션도 〔심지어 '가장 마지막 시냅스까지 정확한 것'조차〕 인지의 신경생리학적 효과를 만들어내지 못한다.[35]

시스템이 기호조작으로 시뮬레이션될 수 있다는 사실과 [이 시스템이] 사고한다는 사실로부터 사고가 형식적인 기호조작과 동일하다는 말은 도출되지 않는다.[36]

설의 예는 다음과 같은 방식으로 논증하는 것이 일반적으로 타당하지 않음을 강력하게 입증한다.

S는 X의 시뮬레이션이다. X는 ㅁ를 할 수 있다. 그러므로 S는 ㅁ를 할 수 있다.

폭풍우는 여러분을 젖게 만들 수 있지만, 이로부터 폭풍우의 컴퓨터 시뮬레이션이 여러분을 젖게 만들 수 있다가 도출되지는 않는다. 나는 이러한 형태의 논증을 설의 비스티(Beastie)라고 부르겠다.

약간 다른 형식의 논증을 생각해보자.

S는 X의 시뮬레이션이다. S는 ㅁ를 할 수 없다. 따라서 X도 ㅁ를 할 수 없다.

논리학자들은 이것을 'S는 X의 시뮬레이션이다. X는 ㅁ를 할 수

---

35 Searle, J., 'Is the Brain's Mind a Computer Program?', p. 23
36 Searle, J., 'Is the Brain's Mind a Computer Program?', p. 21

있다. 그러므로 S는 ㅁ를 할 수 있다'가 도치된 형태, 즉 대우명제(contrapositive)라고 설명한다. 어떤 논증의 대우명제는, 결론을 전제 중 하나와 자리를 바꾼 후 바뀐 두 명제에 각각 'not'을 집어넣어서 만들 수 있다.(그러므로 'A, B, ∴ C'의 대우명제는 'A, not-C, ∴ not-B'다.) 대우명제에서 흥미로운 점은 어떤 논증이 타당하지 않다면 그 논증의 모든 대우명제들 역시 타당하지 않다는 것이다.(이는 형식적으로 증명할 수 있다. 만약 여러분이 자신만의 증명을 간략히 만들려고 한다면, 그 출발점은 다음의 사실, 즉 만약 'B는 틀렸다'로부터 'A는 틀렸다'가 도출된다면, 'A는 맞다'로부터 'B는 맞다'가 도출된다는 사실이 성립하는지 살펴보는 것이다.)

설의 문제는 그의 두 번째 논증이 비스티의 대우명제에 지나지 않는다는 것이다! 이 비스티의 대우를 취하고(곧 S는 X의 시뮬레이션이다. S는 ㅁ를 할 수 없다. 따라서 X도 ㅁ를 할 수 없다), 그리고 'S'는 '중국어 방의 사람', 'ㅁ'는 '중국어의 이해', 또 'X'는 'N'으로 대체해보면, 정확히 설의 논증이 된다. 중국어 방에 있는 사람은 N을 시뮬레이션하고 있고, 그는 중국어를 이해할 수 없다. 따라서 N은 중국어를 이해할 수 없다. 설의 두 번째 논증과 비스티는 함께 입증되거나 함께 무너지게 된다.

('X의 시뮬레이션은 중국어를 이해할 수 없다'에서 'X는 중국어를 이해할 수 없다'로 옮겨 가는 변화가 원래 중국어 방 논증에서 필요하지 않다는 점에 주의하시길. 이는 원래 중국어 방의 설정이 기호조작 장치의 시뮬레이션이 아니라 그 자체가 **곧** 기호조작 장치이기 때문이다.)

이제 설의 비스티가 무대에 서게 되었으므로, 중국어 체육관 논증에 대한 나의 논의로 돌아가보자. 여러분은 이제 깨달았을지도 모르지만, 사실 이 논증은 두 가지 추론으로 이루어져 있다. 첫 번째는 체육관의 개별 참여자에 대한 전제에서 전체 시뮬레이션에 대한 결론으로 이어지

는 것이며, 두 번째는 이러한 중간 결론에서 시뮬레이션되는 네트워크에 대한 주장으로 이어지는 것이다.

개별 참여자는 중국어를 이해할 수 없다.
∴ 따라서 전체 시뮬레이션은 중국어를 이해할 수 없다.
∴ 따라서 시뮬레이션되는 네트워크는 중국어를 이해할 수 없다.

중간 결론에 대한 설의 **논증**이 거부되어야 한다는 점(부분-전체 오류를 저지르기 때문)에 여러분이 동의하기를 바란다. 그럼에도 불구하고 당신은 이 논증의 결론이 옳다며 설에게 동의하고 싶은 마음이 생길지도 모른다. 체육관에 있는 N의 기이한 시뮬레이션은 결코 중국어를 이해할 수 있는 후보가 될 리 없다며. 확신컨대, 이것이 흔한 직감일 것이다. 만약 여러분이 여기까지 설에게 동의하고 있다면, 그대로 'N 자체는 중국어를 이해할 수 없다'고 추론하면서 그를 따라야만 할까? 아니다. 설은 이 추론을 끝까지 옹호하고 있는 사람이다. 왜냐하면 앞에서 확인했듯이 이 추론의 형식은 비스티의 대우명제이기 때문이다. 즉 체육관의 설정은 N의 시뮬레이션이다. 이 시뮬레이션은 중국어를 이해할 수 없다. 따라서 N은 중국어를 이해할 수 없다.

중국어 이해(그리고 일반적으론 정신작용)가 PDP 네트워크에서 이루어지는 프로세싱에 있다고 믿는 사람들에게는 확실히 이 추론을 받아들여야 할 근거가 없다. 시뮬레이션은 서투른 것에서 정확한 것까지 다양하게 있을 것이며, 그렇기에 정신작용이 병렬분산처리라는 주장은 분명 정신작용의 모든 시뮬레이션들이 정신작용을 하고 있다는 의미가 될 수 없다. 이 주장이 의미하는 것은, PDP 장치가 중국어를 이해한다면 이 장

치의 충분히 정확한 시뮬레이션이 중국어를 이해할 것이라는 의미다.(간단히 말해 병렬분산처리의 정확한 시뮬레이션은 병렬분산처리이기 때문이다.) 이에 대한 대우명제를 취하면, 체육관 논증의 뒷부분이 엄격한 형태가 된다. 즉 만약 PDP 장치의 충분히 정확한 시뮬레이션이 중국어를 이해하지 못한다면, 그 장치 자체도 이해하지 못할 것이다. 그럼에도, 이는 설에게 전혀 도움이 되지 않는다. 왜냐하면 체육관의 시뮬레이션은 N의 정확한 시뮬레이션과 상당히 다르기 때문이다.

중국어 문장이 입력될 때 어떤 네트워크가 적절하게 이를 처리하고 이에 응답하려면, 해당 네트워크는 꽤 복잡해야 한다. 이런 네트워크가 체육관에 있는 사람들로 정확하게 시뮬레이션될 수 있다는 발상은 비현실적이다. 6장에서 보았듯이, 인지과학에 반대하는 설의 수많은 지적들은 물리적이고 생물학적 사실들을 진지하게 받아들이기를 의도적으로 거부하는 태도와 관련되어 있다. 설은 강한 기호체계 가설에 대해서 이렇게 비꼬았다. "만약 뇌가 디지털 컴퓨터라는 아이디어를 우리가 진지하게 받아들이고자 한다면, 우리는 무엇으로든 뇌가 하는 일을 쉽게 해낼 수 있는 시스템을 만들 수 있다는, 꽤 불쾌한 결과를 얻게 될 것이다. … 고양이, 쥐, 치즈, 지렛대, 수도관, 비둘기 또는 기타 등등의 것들로 말이다."[37] 뇌가 컴퓨터라는 이론은 (두말할 것도 없이) 인공 뇌가 **실제로** 비둘기로 만들어질 수 있다는 의미를 내포하지 않는다.(이 이론이 이런 의미를 지닌다면, 터무니없는 이론이 되리라. 이 정도에서 설은 확실히 맞다.) 컴퓨터가 고양이나 쥐, 치즈로 만들어졌으며 거대한 PDP 네트워크의 정확한 시뮬레이션이 체육관의 사람들 집단으로 수행된다는 건 오직 동화 속에

37 Searle, J., 'Is the Brain a Digital Computer', p. 25.

서나 가능할 뿐이다.

만약 이 지점에서 체육관 논증 뒷부분의 지지자가 "사고실험!"이라고 외친다면? 중국어 방 사고실험에서, 실제 인간이 거대한 인공지능 프로그램을 수동으로 조작하면 충분히 빠르고 정확하게 작업할 수 없다는 사실을 무시해도 되어서 내가 기뻐했음을 떠올려보시길. 내가 일관성을 유지하려면, 지금의 경우에도 비슷하게 인정해야 하지 않겠는가? 그럼에도 불구하고 만약 이 지지자가 토론의 현재 지점에서 이러한 노선을 취한다면, 그건 전술적인 실수가 될 것이다.("자, 그러니 곤란해질 일은 그만두고, 그저 체육관에 있는 사람들이 N의 정확한 시뮬레이션을 제공할 수 있는 세계를 **상상**하는 일에 집중하시길.") 왜냐하면 그 결과가 오히려 체육관 설정이 중국어를 이해할 수 없다는 직관을 쫓아내는 것이기 때문이다. 이 지지자는 우리에게 현실세계와 근본적으로 완전히 다른 세계를 생각하기를 요구하게 될 것이다. 한 무리의 사람들이 색깔 있는 토큰을 주머니에 가득 갖고서, 수천조에 가까울지도 모르는 연결을 갖는 네트워크를 정확히 시뮬레이션할 수 있을 정도로 다른 세계를 말이다. 사람들이 동화나라에서 기괴한 것을 기대한다는 것을 제외하면, 나에겐 동화나라에 대한 어떠한 확고한 직관도 없다. 그래서 확실히 나는 동화나라에서조차 체육관에 있는 기이한 '컴퓨터'가 중국어를 이해하지 못할 것이라고 주장할 뜻은 없다.

우리는 이 장의 '컴퓨터로 네트워크 시뮬레이션하기'에서 시뮬레이션에 대한 설의 견해로 돌아갈 것이다. 그는 인지에 대한 신경세포-신경세포 연결, 시냅스-시냅스 연결의 컴퓨터 시뮬레이션을 인지 시스템 자체가 아니라고(몇 페이지 뒤에서 나올 인용문에서) 주장한다. 내가 보기에 그는 그야말로 잘못 이해한 것이다. 진정 흥미로운 질문은, 그러한 시뮬

레이션이 존재한다면 이를 인지 시스템으로 간주할지 여부가 아니라 그러한 시뮬레이션이 존재할 수 있는지 여부다. 이것은 내가 지금 다루려는 주제 중 하나다.

10.7 처치-튜링 논제(Church-Turing Thesis)[38]

'프로그램에 반대한다!', '기호조작을 타도하라!', '정신어 철폐!' 이것들이 PDP 혁명의 슬로건이며, 전통적 인지과학과 인공지능의 핵심을 공격한다. 당연하게도, 정통 세력들은 신속하게 반격했다.[39] 이 장의 나머지 부분은, 처치-튜링 논제에서 시작하여 반-혁명세력들의 무기들을 조사한다.

우리가 고려해야 할 두 가지 주요 쟁점이 있다. 우선 PDP 혁명이 기호체계 가설을 위험에 빠뜨리는가에 대한 의문이 있다. 둘째, PDP가 강한 기호체계 가설을 어느 정도 위협하는가에 대한 질문을 던질 수 있다. 정통 인지과학은 생물학적 뇌가 기호 프로세서라는 이론을 토대로 어떤 방어벽을 세울 수 있을까? 이러한 문제들은 복잡하다. 처치-튜링 논제는 확실한 이정표가 되며, 그래서 자연스러운 출발점이다.

알론조 처치(Alonzo Church)는 미국의 논리학자로, 최초의 컴퓨터가 구축되기 십 년 전에 튜링처럼 컴퓨터 계산에 대한 중요한 연구를 이루

---

38 [역주] 일반적으로는 '처차-튜링 명제'라고 한다. 하지만 이 책의 내용상 이는 완전히 증명될 수 있는 명제가 아니다. 따라서 이미 증명되었다는 의미의 '명제'(propositon)와 구별하고자 논제(thesis)로 번역한다.

39 예를 들어, 다음을 참조. 그리고 스몰렌스키의 논문 'On the Proper Treatment of Connectionism'에 대한 공개 동료 논평.

었다. 처치와 튜링은 각각 프린스턴과 케임브리지에서 독립적으로 연구했다. 그러나 몇 개월 사이에 본질적으로 똑같은 논문을 제출했다.[40] 튜링은 (오늘날 말하는) 튜링머신이라는 관점에서 자신의 버전을 표현했고, 처치는 자신의 발명품, 람다 계산법(lambda calculus)이라는 관점으로 표현했다.(람다 계산법은 추상화와 일반화에 대한 수학적 연산을 표상하기 위한 강력한 기호체계다.[41] 그후 맥카시(McCarthy)는 LISP 언어를 구축하는 데 람다 계산법을 사용했다.) 이내 두 버전의 논문이 동등하다는 것이 입증되었다. 처치-튜링 논제는 1936년에 처음 발표되었지만, 컴퓨터 계산론에서 근본적인 중요성이 여전히 남아 있다.

이 논제를 설명하기 위해서는 **알고리즘**(algorithm)과 **알고리즘적 계산 프로세스**(algorithmically calculable process)의 개념이 필요하다. 먼저, 알고리즘.(이 단어는 9세기 유력한 페르시아 수학자 아부 자파르 무하마드 이븐 무사 알-콰리즈미의 이름에서 유래한 것이다.) 어떤 절차를 수행할 때 아무런 통찰력, 독창성, 또는 창의성이 필요 없는 경우, 나는 그 절차의 단계들을 모로닉(moronic)[42]하다고 부를 것이다. 아래와 같은 경우에, 명시된 결과를 얻기 위한 절차를 알고리즘이라 한다. (1) 절차의 모든 단계가 모로닉할 때, (2) 각 단계가 끝나면 다음에 무엇이 수행되어야 하는지 바보라도 알 만큼 명확하다.(즉 통찰력 등은 말할 필요가 없다.) (3) (각 단계가 올바르게 수행되었다는 가정하에) 한정된 수의 단계를 거친다면 해당 절차가 명시된 결과로 이어지도록 보장되어 있다.

---

40 Church, A., 'A Note on the Entscheidungsproblem'; Turing, A., 'On Computable Numbers, with an Application to the Entscheidungsproblem'.

41 Church, A., 'An Unsolvable Problem of Elementary Number Theory'.

42 [역주] '바보같은, 바보스러운'이란 뜻이다.

간단한 예를 들면, 열쇠들이 뒤죽박죽으로 섞여 있는데 무엇이 현관문에 맞는 것인지 눈으로는 분간할 수 없을 경우, 연속적으로 열쇠들을 확인하는 이 흔한 방법이 실은 올바른 열쇠를 찾는 알고리즘인 것이다. 이 절차는(당신이 실제로 열쇠를 잃어버린 것은 아니라고 가정할 때) 결국엔 확실히 효과가 있으며, 분명 모로닉하다. 알고리즘은 편리한 것이며 뜨개질 패턴, 요리에 서투른 이들을 위한 요리책의 레시피, 또는 우리가 학교에서 배우는 큰 자릿수 곱셈과 나눗셈의 기계적 절차 등 다양한 형태로 나타난다. 그리고 물론, 모든 (단말기) 컴퓨터 프로그램들은 알고리즘이다.[43]

만약 어떤 (실질적 또는 추상적) 시스템의 작동방식을 계산하기 위한 알고리즘—알려져 있든 아직 알려져 있지 않든—이 있는 경우, 그 시스템은 알고리즘적으로 계산이 가능하다(algorithmically calculable). 이를 더 정확하게 표현하면, 시스템이 받아들인 입력에 대한 정확한 표현으로부터 시스템의 출력에 대한 정확한 표현를 유도하는 알고리즘적 절차가 있는 경우에만(덧붙여, 가능한 모든 입력에 유효한 절차여야 한다) 그 시스템은 알고리즘적으로 계산가능하다. 동어 반복하건대, 설정된 프로그램들을 장착한 컴퓨터는 (오작동하지 않는 한) 알고리즘적으로 계산가능한 시스템이다. 왜냐하면, 당연히 이 프로그램들 자체가 입력에서 출력으로 진행하기 위한 알고리즘이기 때문이다. PDP 네트워크들 또한 알고리즘적으로 계산가능한 시스템이다.

이제 처치-튜링 논제다.(처치의 용어나 튜링의 용어를 쓰지 않았다.)

---

43 실제 프로그램(알고리즘 자체)과 프로그램에 심긴 알고리즘에는 중요한 차이가 있다. 일례로 BASIC 프로그램과 포트란(Fortran) 프로그램은 완전히 다른 두 가지 알고리즘이지만, 제곱근을 다루는 BASIC 프로그램과 포트란 프로그램은 제곱근을 추출하기 위해서 동일한 수학적 알고리즘을 사용할 수도 있다.

알고리즘적으로 계산가능한 모든 시스템은 보편적 기호체계로 시뮬레이션 할 수 있다.

다르게 표현하면, 메모리가 충분히 큰 컴퓨터는 알고리즘으로 계산가능한 다른 어떤 시스템이든 시뮬레이션할 수 있다.(어떤 컴퓨터가 다른 시스템을 시뮬레이션할 수 있다는 말은, 시스템으로 들어오는 (가능한 모든) 입력 표현으로부터 시스템 출력의 기호적 표현을 올바르게 생성하도록 컴퓨터가 프로그램될 수 있다는 의미다.) 처치-튜링 논제는 컴퓨터의 능력에 관한 내용이다. 정말이지 여기에 컴퓨터보다 더 강력하게 알고리즘적으로 계산을 잘하는 장치는 없다. 그러한 장치로 수행할 수 있는 작업은 무엇이든 컴퓨터로도 가능하다.(소요 시간은 동일하지 않을지라도.)

'논제'(thesis)라는 단어는 이 명제의 조금 이상한 지위를 전하기 위한 것이다. 모두 이 명제를 믿지만, 이것이 증명되지 않았다는 데 모두 동의한다. 사실 이것은 형식적으로 증명 **가능한** 명제가 아니다. 왜냐하면 알고리즘에 의한 계산(algorithmic calculability)은 독창성이나 통찰력처럼 부정확한 아이디어로 특징화되었다는 점에서 매우 비형식적인 개념이기 때문이다. 이 논제에 대한 논증은 간접적이긴 하지만 주목할 만하다. 수년에 걸쳐 많은 사람들이 정확한 수학적 정의를 구축하여, 알고리즘에 의해 계산된다는 것의 비형식적인 개념을 포착하고자 했다. 이러한 정의들 각각이 매우 다른 용어로 표현되었음에도, 모두 서로 동등한 것으로 밝혀졌다. 이는 그것들이 옳다는 논거다. 말하자면, 그것들이 서로를 상호 지지한다. 더욱이 각각의 정의는 처치-튜링 논제를 참으로 만든다. 그리고 정확한 정의에 기초해서 이 논제를 다시 쓴 결과가 수학적으로 정확한 진술이기 때문에, 이는 형식적 증명이 가능한 것이다. (덧

붙여 말하자면 처치-튜링 논제의 역(逆)은 평범할 정도로 참이다. 시스템이 컴퓨터에 의해 시뮬레이션될 수 있다면—현재 사용 중인 '시뮬레이션'이라는 정확한 의미에서—그것은 알고리즘에 의한 계산이 가능한 시스템이다.)

(모든 사람이 생각하듯) 처치-튜링 논제가 참이라면, 그리고 우리의 인지 과정이 알고리즘적으로 계산된다면, 컴퓨터가 원리상 정신의 정확한 시뮬레이션을 제공할 수 있다는 결론이 나온다. 이것은 종종 인공지능을 향한 기호 처리식 접근법이 적절하다는 견해를 위한 일반적 논증으로 제시된다. 이 논증은 반혁명의 무기고를 둘러보는 우리의 투어에서 첫 번째 전시품이 될 것이다.

이 논증에는 한 가지 난점이 있다. 알고리즘적 계산 시스템을 시뮬레이션하기 위해 컴퓨터를 사용함에 있어서 처치-튜링의 논제가 그 **실제적인 실현가능성**을 전혀 언급하지 않았다는 점을 깨닫는 것이 중요하다. 이 논제가 우리에게 알려주는 것은 이것뿐이다. 시뮬레이션은 자원이 무한정한 이상적인 세계에서만 수행할 수 있다. 그 세계에서는 시간이 전혀 고려되지 않고, 신뢰성의 문제와 누적된 오류를 무시할 수 있으며, 무엇보다 중요한 것은 컴퓨터 메모리 장치의 용량에 한계가 없다. 현실세계가 제공하는 그다지 너그럽지 않은 환경에서 이 시뮬레이션을 수행할 수 있는지 여부는 전혀 다른 문제가 된다.

튜링의 1936년 논문 속 이상화된 컴퓨터는 시뮬레이션 예의 풍부한 원천이 된다. 그러나 이상적인 세계에서만 가능할 뿐, 현실세계에서는 불가능한 시뮬레이션이다.(튜링머신은 하나의 읽기/쓰기 헤드와 길이가 무제한인 단일 종이테이프로 구성되어 있음을 기억하라.) 처치-튜링 논제에 대해서 튜링이 원래 정식화한 것은 이러한 이상화된 기계에 관한 것이다. 모

든 알고리즘적 계산 시스템은 튜링머신으로 시뮬레이션될 수 있다. 따라서 튜링머신은 최첨단 기술의 크레이(Cray) 슈퍼컴퓨터도 시뮬레이션할 수 있다.(물론 이는 다른 모든 컴퓨터처럼 크레이도 알고리즘적 계산이기 때문이다). 그러나 크레이가 겨우 몇 시간 걸리는 작업을 튜링머신이 시뮬레이션하려면 말로 표현할 수 없는 세기가 소요될 것이다. 그리고 이 시뮬레이션은 지구가 제공할 수 있는 것보다 더 많은 종이테이프를 필요로 할 것이다. 실제 시뮬레이션과 이상적인 시뮬레이션, 즉 실제로 가능한 시뮬레이션과 원리상 가능한 시뮬레이션 사이의 구별은 중요하며, 10장의 '우리의 인지 과정은 알고리즘으로 계산할 수 있는가?'와 '컴퓨터로 네트워크 시뮬레이션하기'에서 다시 논의할 것이다.

현실/이상을 구분함으로써 기호처리 방식의 인공지능 연구를 전반적으로 방어하기 위해 처치-튜링 논제를 활용하려는 시도에 심각한 약점이 있음을 지적할 수 있다. 혹여 우리의 인지 과정이 알고리즘적 연산이라는 것이 사실이라면, 원리상 컴퓨터로 시뮬레이션할 수 있다. 그러나 진정 어려운 문제는, 현실세계에서 시뮬레이션하는 것이 일말의 가능성도 없을 수 있다는 거다. 게다가 두 번째 약점도 있다. 이것은 별도의 절에서 다룰 만한 가치가 있다.

10.8 우리의 인지 과정은 알고리즘으로 계산할 수 있는가?

처치-튜링 논제는 트로이 목마와 같은 것이다. 언뜻 그것은 인공지능의 기호적 접근법이 가진 능력과 일반화에 대한 찬사처럼 보였으나, 실은 튜링이 1936년 논문에서 제시한 아이디어는 기호적 인공지능과

PDP 모두의 토대에 대한 회의론으로 이어질 근거이기도 하다. 이 절은 외부로부터 다가오는 인공지능에 대한 이 위협에 대한 이야기다. 이 위협은 PDP 혁명과 정통적인 반혁명론 모두 똑같이 위태롭게 만드는 것이다.(반혁명의 설명을 계속 읽고 싶다면 이 절을 건너뛰어도 좋다. 이 내용으로 돌아가기에 가장 좋은 지점은 '맺음말'이다.)

처치-튜링 논제가 맞다면, 그리고 우리의 인지 과정이 알고리즘으로 계산가능하다면, 원리상 충분히 큰 컴퓨터는 정신의 정확한 시뮬레이션을 제공할 수 있다. 하지만 두 번째 가정은 무엇을 뜻하는 것일까? 튜링은 자신의 1936년 논문에서 우리의 인지 과정이 알고리즘 계산일 수 있다는 그 가능성을 논의의 주제로 삼았다.[44] 이어서 이 글은 인공지능 연구자들 사이에서 가장 뿌리 깊은 신념을 제공하는 논문이 되었고, '너무 당연해서 언급할 필요도 없는' 지위를 얻게 되었다. 우리가 다뤄 왔던 기호적 인공지능의 전면적 방어에 대한 뉴얼(Newell)의 묘사를 살펴보자. "보편적인 〔기호〕 체계는, 지시하기만 한다면 다른 시스템이 될 잠재성을 항상 가지고 있다. 따라서 보편적인 시스템은 일반적으로 지능적인 시스템이 될 수 있다."[45] 일반적인 지능을 나타내는 시스템이 알고리즘으로 계산가능할 것이라는 가설은 너무도 명백해서 언급조차 필요 없다고 여겨진다. 저스틴 리버(Justin Leiber)는 그에 못지않게 독선적으로 이렇게 말한다. "원리적인 의미에서 당신은 튜링머신이다. 그러나 경이로울 정도로 교묘하게 조정된 병렬 처리, 즉 여러 지름길 속에 포개어진 지름길들을 통해서 모든 일을 수행한다."[46] 사실에 입각하면—일종의 회

44 Turing, A. M., 'On Computable Numbers, with an Application to the Entscheidungsproblem', pp. 249~52.
45 Newell, A., 'Physical Symbol Systems', p. 170.

망적인 기대를 제외하고는—우리의 모든 인지 과정이 알고리즘적 계산이라고 믿을 근거는 없다. 이것이야말로 미지의 나라이며, 우리 모두는 뇌 기능의 많은 측면들이 계산 불가능할 수 있다는 걸 알고 있다.

이 지점을 따라가기 위해서는 몇 가지 첨단기술 용어가 필요하다. S를 문장들의 집합이라 하자. 당장은 이 문장들이 무엇인지는 중요하지 않다. 나는 S를 수많은 일반적 정의들—S에 어떤 문장이 있더라도 상관없이 적용할 수 있다는 의미에서 '일반적'이다—의 기초로 삼을 것이다. S의 문장들에 사용한 언어를 L이라고 하자.(그래서 L은 영어나 미분학 또는 1차 술어논리(first order predicate calculus) 등일 수 있다.) S가 결정가능하다(decidable)는 말은 주어진 문장이 S에 속하는 문장인지 여부를 판정하는 알고리즘이 있다는 의미다.[47] 이 알고리즘은 L로 쓴 각 문장에 대해 올바른 답을 제공해야 한다. 따라서 S가 결정가능하려면, L로 된 각 문장에 적용할 수 있으며 동시에 '네, 이 문장은 S에 속합니다' 혹은 '아니요, 이 문장은 S에 속하지 않습니다'라고 답하는 알고리즘이 있어야 한다.(게다가 알고리즘이 제공하는 답은 항상 맞아야 한다.) 그러한 알고리즘이 없는 경우, S는 결정불가능하다고 한다. 그러한 알고리즘이 있다면 그것은 S를 위한 결정절차(decision procedure)라 불린다.[48]

결정가능한 집합의 직접적인 예를 들자면, S에 속한 문장들이 '런던은 영국에 있다'와 '파리는 프랑스에 있다'뿐이라고 하자. 원소 두 개의 집합에 대해 결정절차를 구성하는 것은 쉽다. 어떤 영어 문장이 주어진 경

46 Leiber, J., *An Invitation to Cognitive Science*, p. 100.

47 [역주] 지식을 표현하고 논리적 추론을 수행하기 위해 인공지능 분야에서 사용되는 논리 형태.

48 결정가능한 집합에는 결정절차가 하나 이상 있을 수 있다. 정의상 상이한 절차들은 자신들의 응답에서 항상 일치할 것이다.

우, 글자를 하나씩 스캔하여 S의 첫 번째 문장 또는 S의 두 번째 문장과 동일한지 여부를 결정한다. 그중 하나와 일치한다면, '이 문장은 S에 속한다'를, 그렇지 않으면 '이 문장은 S에 속하지 않는다'를 출력한다. 이를 **검색**(lookup) 결정절차(또는 검색 알고리즘)라고 한다. 이 프로그램에는 S의 모든 원소의 목록이 포함되어 있으며, 단순히 목록을 검색하는 것으로도 해당 문장의 소속 자격을 검사할 수 있다.

문장들의 어떤 유한집합에도 검색 결정절차가 있다. 다시 말해, 문장의 모든 유한집합은 결정가능하다. 그러나 논의되고 있는 해당 집합이 커질수록 검색 결정절차가 실용적이지 않게 된다. 실제로 구현하기가 완전히 불가능한 검색 결정절차를 상상하는 것은 쉽다. N개의 영어 문장을 포함하는 집합을 취해보자. 여기서 N은 밝혀진 우주의 원자 수다. N은 유한하므로 이 집합에는 검색 결정절차가 있지만 실제 컴퓨터에서 실행할 수는 없다.(그럼에도 튜링머신은 이를 실행할 수 있다. 그것은 무한한 자원을 가지고 있기 때문이다.) 이것이 매우 큰 집합의 검색 결정절차가 인공지능과 아무런 관련이 없는 이유다.

많은 집합이 검색과 관련 없는 결정절차들을 갖고 있다. 하나의 예는, 100자 이내의 영어 문장 집합이다.(주어진 문장이 이 집합의 원소가 되는지 알아보려면 단지 글자 수를 헤아리면 된다.) 하지만, 일부 유한집합은 검색 절차를 제외하고는 어떤 결정절차도 없다. 이 책의 문장들이 바로 그러한 집합을 형성한다. 알고리즘은 문장을 활용해야 하는데, 이 문장들을 생성하는 방식에는 어떠한 규칙도 없다. 나는 이러한 집합을 '검색을 제외하면 결정불가능하다'고 표현할 것이다. 만약 인지 이론이 검색을 제외하면 결정불가능한 큰 집합들을 수반한다면, 이는 인공지능에게는 나쁜 소식이 될 것이다.

어떤 **무한한** 집합에는 최소한 전체 원소 수만큼 많은 원소가 있다. 만약 무한한 존재가 무한한 집합의 원소를 세기 시작한다면, 하나, 둘, 셋, 넷 … 그 존재가 아무리 큰 수에 도달한다 해도 언제나 세어야 할 원소는 남아 있을 것이다. 무한한 집합이 꼭 기이한 것일 필요는 없다. '프레드는 그저 평범한 녀석이다'라는 문장만으로도 극도로 단조로운 무한한 집합이 구성될 수 있다. 규칙은 이렇다. 만약 문장 X가 이 집합의 원소라면, 'X는 거짓이다'라는 문장도 마찬가지다. 여기에 이 집합의 무한히 많은 원소 중 몇 개가 있다.

프레드는 그저 평범한 녀석이다.

프레드는 그저 평범한 녀석이다는 거짓이다.

프레드는 그저 평범한 녀석이다는 거짓이다는 거짓이다.

프레드는 그저 평범한 녀석이다는 거짓이다는 거짓이다는 거짓이다.

연습문제

이 무한한 집합은 결정가능하다. 이에 대한 결정절차를 개략적으로 설명하라. (답은 514쪽에 있다.)

논리학은 무한집합의 결정가능한 예와 결정불가능한 예, 둘 다를 제공한다. 진리함수적 논리(truth-functional logic)로 알려진 타당한 문장들의 집합은 무한하고 결정가능하다. 진리함수적 논리는 'if-then', 'and', 'it is false that', 'either-or'과 같은 표현에 중점을 둔 논리학의 한 분야다. **타당한**(valid) 문장은 무슨 일이 있어도 참이며, 모든 상황에서 참인 문장이다. 진리함수적 논리에서 타당한 문장의 예는 '프레드는 평범한 녀석이다'이거나 아니면 '프레드는 평범한 녀석이라는 말은 거짓이다'

다. 진리함수적 논리에서 한 단계 올라간 것이 1차 양화논리(first-order quantifier logic)다. 양화(양화사, quantifier)는 '일부'(some)와 '모든'(every)이다. 양화논리(하지만 진리함수적 논리는 아닌)의 언어로 '모든 돼지에는 강모(剛毛)가 있다'나 '일부 논리학자에게는 강모가 있다'와 같은 문장을 만들 수 있다. 논리학 책들은 양화논리에서 타당한 문장들의 예로 넘쳐난다. '술집에 있는 모두가 술에 취한 뒤 일부는 술에 취하지 않았다는 건 거짓이다', '모두 수지를 좋아하거나 아니면 일부는 수지를 좋아하지 않는다', '만약 집에 있는 모든 것이 내 것이거나 내 것이라면, 집에 있는 모든 것은 [반드시] 내 것이다', 등등. 1차 양화논리에서 타당한 문장의 집합은 무한하고 결정불가능하다.(이는 처치에 의해 처음 입증되었다.49) 임의의 1차 논리 문장에 대해 타당성을 테스트하는 알고리즘을 작성하려는 시도는 실패로 끝날 수밖에 없다. 누군가 생각해내는 어떤 절차도 신뢰할 수 없게 되며, 적어도 몇 번은 올바른 답을 주더라도 장기적으로 답이 틀리거나 전혀 답을 내놓지 못하게 된다. 간단히 말해, 1차 양화논리에서 타당한 문장 집합에 대한 결정절차는 없다.

하지만 이 집합을 계산적으로 다루기가 완전히 불가능한 것은 아니다. 다음과 같은 조건을 만족하는 알고리즘이 있다.[50]

1. 알고리즘이 1차 양화논리의 타당한 문장에 적용되면, 이 알고리즘은 (충분한 시간이 주어진다면) "네, 이 문장은 타당합니다"라는 결과를 낼 것이다.

2. 알고리즘이 1차 양화논리의 타당하지 않은 문장에 적용되면, "아닙

49 Church, A., 'A Note on the Entscheidungsproblem'.

50 사실 몇 가지가 있다. 가장 잘 알려진 두 개는 각각 진리 트리 방법(truth tree method)과 해결 방법(resolution method)에 의해 산출된 것이다.

니다, 이 문장은 타당하지 않습니다"라는 결과를 내거나 혹은 아무런 답을 내놓지 않는다. (즉 '영원히' 계산을 수행할 것이다. 실제로는 누군가가 이 알고리즘을 끄거나 메모리를 다 쓰거나 혹은 충돌이 일어날 때까지.)

이 두 조건을 충족시키는 알고리즘을 **준결정절차**(semi-decision prodecure)라고 한다. 집합 S에 대한 준결정절차가 있다면, S는 준결정가능하다(semidecidable)고 말할 수 있다. 준결정절차에서 얻을 수 있는 모든 답변은 정확하며, 그래서 이 알고리즘이 집합에 **포함되는** 문장에 적용되는 경우 알고리즘은 당신이 충분히 오랫동안 기다리기만 한다면 답을 **줄** 것이다. 알고리즘이 집합 안에 **없는** 문장에 적용될 때는 (올바른) 답변을 줄 수도 있고 계산이 끝나지 않을 수도 있다.

여러분은 준결정절차가 왜 결정절차가 아닌지 이유를 알 수 있겠는가? 문제가 되는 지점은 당신이 충분히 오랫동안 기다린다는 조건이다. 만일 문장을 검사하는 중인데 아무런 응답이 없다면, 아무리 기다려도 알고리즘이 어쩌면 긍정적 결과로 곧 발표할지, 아니면 결코 결과를 전할 수 없는 타당하지 않은 문장인지를 확신할 수 없다.

준결정가능하지 않은(nonsemidecidable, 비-준결정가능한) 집합, 즉 심지어 준결정절차도 없는 집합도 있을까? 그렇다. 다시 논리학을 통해 예를 확인할 수 있다. **2차**(second-order) 양화논리의 타당한 문장들의 집합은 비-준결정가능한 것으로 밝혀져 있다. 1차 논리란, **어떤 대상**이 특성을 가지고 있으며 다른 것들과 관계를 맺고 있다라고 말하는 모든 것이다. 예를 들면, '모든 사물은 부피가 증가하는 성질이 있다', '어떤 것은 논리학자가 될 성질과 강모를 가질 성질을 모두 가지고 있다', '다른 모든 것보다 더-큰-존재와의 관계에 참여하는 어떤 것이 있다' 등. 2차 논리의 언어는 사물 자체뿐만 아니라 사물이 지닌 특성과 사물이 서로

맺는 관계를 양화할 수 있게 해준다. 다르게 표현하면, 2차 논리의 언어로써 우리는 '~한 모든 특성', '~한 어떤 관계' 같은 표현이 포함된 문장을 쓸 수 있다. (1차 논리가 아니라) 2차 논리의 언어에서는 다음과 같은 문장을 만드는 것이 가능하다. '줄(Jules)과 짐(Jim)에겐 공통된 특징이 있다', '모든 것은 어떤 특성을 가진다', '나폴레옹은 좋은 장군에 필요한 모든 자질을 가졌다' 또는 '미국 대통령과 상원 사이에 성립하는 헌법상의 모든 관계는 영국 총리와 영국 하원 사이에서도 성립된다'. 2차 논리로 유효한 문장들의 집합은 컴퓨터 연산으로 다루기가 굉장히 까다롭다. 집합에 속한 원소에 적용해서 "네, 이 집합에 속합니다"라고 (그리고 절대 포함될 수 없는 문장에 적용해서 "아니요"라고) 결정하는 알고리즘을 작성하려 했던 시도들은 실패했다. 그러한 알고리즘은 없다. 그러므로 이러한 문장들의 집합은 준결정가능하지 않다는 말이다.

알고리즘 계산 시스템 개념과 준결정가능한 집합 개념 사이에 긴밀한 연관성이 있다. 집합 S의 원소들이 시스템 B의 입력/상태/출력 동작에 대한 설명이라고 하자. 즉 S의 각 원소는 '시스템 B가 내부 상태 X에 있는 동안 입력 I가 주어진다면, 시스템은 내부 상태 Y가 되고 출력 O를 산출한다'와 같은 형식을 가진다. S는 B에게 참인 이러한 형식의 모든 문장을 포함하고 있다.(일부 유형의 시스템에서는 내부 상태의 매개변수가 유휴 상태가 된다. 그래서 일부 시스템에서는 입력이 상태 변화를 일으키지만 출력을 산출하지는 않는다.) S가 준결정가능하지 않으면, B는 알고리즘으로 계산가능하지 않다. 만일 S가 준결정가능하지 않은 경우, B에 대한 입력의 설명과 이로부터 이어지는 결과의(만약 있다면) 올바른 설명에 짝을 이루는 알고리즘이 존재하지 않을 수 있다.

시스템 B가 인간의 뇌라는 특정한 경우라면, 나는 이를 B의 입력/상

태/출력 행위에 대한 설명의 집합으로 부를 것이다. B의 원소들은 매우 복잡한 문장이다. 각각의 문장들은 뇌가 (전체) 특정 내부 상태에 있는 동안 받아들인 특정한 총입력에 대한 응답으로 뇌가 산출할 (전기적이고 화학적인) 총출력을 기록한 것이다.

B는 무한한가? 이것은 경험적인 질문이며, 우리는 답을 모른다. 확실히 이는 보편적 튜링머신에 상응하는 집합이 무한한 경우에 해당한다. 가능한 입력이 무한히 많기 때문이다.(기계가 작동하기 전에, 무한한 테이프에 0과 1을 기록하는 무한히 많은 방법이 있다.) 많은 사람들이 B 역시 무한하다고 생각할 만한 분명한 논거가 있다고 믿는다. 물론 뇌가 유한한 수명 안에서 유한한 수의 유한한 입력만 처리할 수 있다는 말은 맞다. 그러나 어떤 뇌의 실제적인 입력을 결정하는 **잠재적** 입력의 수가 유한하다는 말은 전혀 당연하지 않다. 잠재적 입력에는 한계가 없는 것처럼 보인다. 영어 문장에 한계가 없는 것과 같다.(9장 '생산성과 체계성'에서 생산성에 대한 논의 참조) 잠재적 입력의 수가 무한하다면, B는 무한하다. 왜냐하면 B는 **모든** 입력/상태/출력에 대한 설명들, 현실적인 것뿐만 아니라 잠재적인 것도 포함하기 때문이다.

상태도 마찬가지다. 뇌는 제각기 자신의 수명 안에서 유한한 수의 상태에만 들어갈 수 있지만, 이 유한한 수가 도출되는 잠재적 상태의 집합은 무한할 수 있다.(유사하게, 세포막의 전위(전기적 잠재성)는 세포의 유한한 삶의 과정 속에서 유한한 수의 값만 취할 수 있지만, 최대치와 최소치 사이에서 실제 값의 집합이 도출되는 가능한 전체 값은 한정지을 수 없다.) 'P를 생각하는 것'은 내부 상태의 한 예이며, 한 사람이 생각할 수 있는 다양한 사고의 수는 확실히 제한이 없는 것으로 보인다. 제리 포더가 다음과 같이 말한 것처럼.

> 정신적 삶의 과정에서 사람이 실제로 품는 생각들은 상당히 비체계적인 부분집합으로 이루어진다. 그런데 이 부분집합은 사람이 주어진 때에 사고할 수 있는, 광대하게 많고 다양한 생각들로부터 도출되는 것이다. 예를 들어, 잔디가 자라기 전에는 결코 캥거루에 대한 생각이 떠오르지 않았을 것이다. 그러나 일단 당신의 관심이 그 지점에 이르게 되면, 당신이 꽤 떠올릴 만한 사고가 되며, 실제로 당신은 아마 이 생각을 지지하고 싶어질지도 모른다.[51]

k에 특정한 숫자를 대입함으로써 얼마나 많은 참인 문장을 만들 수 있는가? 유한한 수? 아니면 무한히 많이?

누군가는 1이 숫자 k보다 작다고 생각할 수 있다.

(아주 큰 숫자를 표준 선형 표기법[52]으로 적는 건 상당히 거추장스럽다. 하지만 생각하는 사람은 이 표기법에 제한받지 않는다는 것을 명심하라. 지수식 표기법(3.14159×105389)을 사용할 수 있고, 축약형(w=7954일 때, 61×(3.9)ww)을 도입하거나 기수[53]를 변경하는 등의 방법을 쓸 수 있다.) 산출될 수 있는 참된 문장의 수가 무한하다면 잠재적인 생각의 수도 무한하다. 잠재적 생각의 수가 무한하다면 잠재적인 내부 상태의 수 역시 무한하다. 그러므로 잠재적인 내부 상태의 수가 무한하다면 B는 무한하다.[54]

---

51 Fodor, J., 'Fodor's Guide to Mental Representation', p. 89. 또한 다음을 참조. *Psychosemantics*, pp. 147~8.

52 [역주] 숫자를 일렬로 쓰는 표기법을 가리킨다.

53 [역주] 지수 밑의 수. '밑'이라 부르기도 한다.

54 튜링머신은 한정된 수의 상태만 가능하다.(그렇지 않으면 상태 전이는 유한한 기계표를

B는 결정가능한가? 우리는 모른다. 그렇다면 준결정가능한가? 역시 모른다. 그리고 만약 B가 준결정가능하지 않다면, 인간의 뇌는 알고리즘으로 계산가능하지 않다.[55] 설령 B가 유한한 것으로 판명되더라도, 검색에 의한 경우를 제외하면 결정가능하지 않은 것일지도 모른다. 이론상 검색 결정절차의 존재는, B의 크기와 그 원소를 정식화하고 목록화하는 일이 매우 어렵다는 것을 감안하면, 인공지능과 관련성이 없을 수 있다. 두뇌를 시뮬레이션하려는 인공지능의 야심은 B의 원소들을 생성할 수 있는 실제적인 알고리즘 집합의 가능성에 달려 있다.[56]

통해 명시될 수 없다). 호지스(Hodges)는 인간 정신의 잠재적 상태의 집합 또한 유한하다는 '용감한 제안'을 튜링의 업적으로 돌렸다.(Alan Turing: The Enigma, p. 105) 그러나 튜링의 요점은 오히려 튜링머신이 상태를 표상하는 기호를 사용해서 무한한 수의 내부 상태를 지닌 장치를 시뮬레이션할 수 있다는 것에 있는 듯 보인다. "〔유한한 수의 상태로〕 제한하는 것은 계산에 심각하게 영향을 끼치는 것이 아니다. 정신이 더 복잡한 상태를 사용한다면 테이프에 더 많은 기호를 쓰는 것으로 처리할 수 있기 때문이다."('On Computable Numbers', p. 250)

55 메리언 보이칸 푸엘(Marian Boykan Pour-El)과 이안 리처즈(Ian Richards)는 맥스웰의 파동 방정식에 대한 해가 항상 계산가능하지는 않다는 것을 입증했다. 시간 t에서 계산가능한 해답은 시간 t+1에서 계산가능하지 않을 수 있다.(Pour-El, M. B., Richards, I., 'The Wave Equation with Computable Initial Data such that its Unique Solution is Not Computable', 'Computability and Noncomputability in Classical Analysis') 이러한 해결책에 의해 설명되는 영역이 현실에 존재한다고 생각할 근거는 전혀 없다. 그럼에도 푸엘-리처즈 결과는 개념적으로 중요하다. 그것은 매우 직접적으로, 알고리즘적으로 계산할 수 없는 물리적 체계의 **가능성**을 확립한다.

56 뇌가 알고리즘적으로 계산불가능하다고 밝혀지더라도, 로즈(Rose)와 울리언(Ullian)이 말하는 의미에서 '재귀적으로 근사 가능하다'(recursively approximable)는 희망을 가질 수 있다.(Rose, G. F., Ullian, J. S., 'Approximation of Fuctions on the Integers') 어떤 시스템은 다음의 경우에, 오직 이 경우에만 재귀적으로 근사 가능하다. 시스템의 입/출력 작동방식에 대한 설명(실시간일 필요는 없다)을 계산하는 알고리즘이 있으며, 그 방식이 충분히 많은 수의 설명이 생성된 후 잘못된 설명의 비율이 규정된 수치를 결코 초과하지 않는 경우다. 그러나 이것은 현재 그저 희망에 **불과하다**. 재귀적으로 근사할 수 없는 수없이 많은 함수들이 있다.(theorem 3.2, op. cit. p. 700)(Horowitz, B. M.의 'Constructively Nonpartial Recursive Functions'도 참조.)

튜링의 증명

1936년 논문에서 계산불가능한 것의 존재를 증명한 것은 바로 튜링 자신이었다. 그의 증명은 단순하면서 우아하다. 그저 재미 삼아 여기에 그 증명의 한 버전을 살펴보자.

이진수열은 기본 숫자 0과 1로 이뤄진 수열이다. 컴퓨터 메모리의 레지스터에는 이진수열이 있다. 이진수 알파벳을 사용하는 튜링머신의 테이프에는 이진수열이 찍힌다.[57] 테이프가 유한한 길이라면, 거기에 적힌 이진수열도 물론 유한하다. 그러나 튜링머신은 추상적 개념이므로, 무한한 테이프와, 그래서 무한한 이진수열이 모두 허용된다. 우리가 튜링머신의 테이프에 무한한 이진수열이 **항상** 있다고 상상해보면, 실제로 내가 소개하려는 증명은 단순해진다. 유한한 테이프를 가진 기계는 무시하자. 유한한 테이프를 가진 기계가 수행할 수 있는 계산은 무한한 테이프를 가진 기계에서도 수행할 수 있다.

이진수열이 **계산가능하다**는 말은 이 수열을 출력으로 산출하는 튜링머신은 존재한다는 의미다. 모든 계산가능한 이진수열이 연이어 나열되어 있다고 가정하자.(나열된 순서는 중요하지 않다.) 이 목록은 아래와 오른쪽으로 무한대로 늘어난다. 왼쪽 상단은 이렇게 보일 것이다.

첫 번째 기계의 테이프: 1 0 0 1 1 1 1 0 0 0 0 1 1 1 1 …

---

57 이진수 알파벳을 사용하지 않는 튜링머신(가령 세 개 이상의 기본 기호를 사용하는 기계)은 무시해도 된다. 이진수 알파벳을 사용하는 기계로 시뮬레이션할 수 있기 때문이다. 또한 테이프가 양방향으로 무한한 튜링머신도 무시할 수 있다. 그러한 기계는 테이프가 한 방향으로만 무한한 기계로 시뮬레이션될 수 있기 때문이다. 다중 테이프 기계에서도 마찬가지다.

두 번째 기계의 테이프: 1 1 0 1 0 0 0 1 0 0 1 1 0 0 0 …

세 번째 기계의 테이프: 0 0 1 0 0 1 1 0 1 1 1 1 1 1 0 …

네 번째 기계의 테이프: 1 1 1 0 0 0 0 0 0 0 0 0 1 1 1 …

이러한 수열들은 기계들의 출력이다. 기계의 입력은 기계가 실행되기 전에 테이프에 적혀 있다.(그리고 일반적으로 계산 과정에서 덮어쓰게 된다.) 왼쪽에서부터 보면, 테이프의 초기 내용은 유한한 이진수열, 입력값, 그리고 뒤이어 테이프의 나머지 부분을 '채워 넣는' 0의 무한한 문자열로 구성된다. 또는 만약 여러분이 어떻게 0의 무한한 문자열이 있을 수 있는지 염려된다면, 기계가 1과 0이 아니라 1과 공백을 사용한다고 생각하면 된다. 입력—공백과 1의 유한한 문자열—은 무한히 긴 빈 테이프의 시작부에 적혀 있다.(지금 유일한 걱정거리는 어떻게 모든 공백이 거기에 있을 수 있었는지다!)

어떤 기계들은 중단된다. 유한한 시간이 지나면 테이프에 기록하는 것을 멈춘다. 기계가 중단할지 말지의 여부는 기계표와 입력에 의해 결정된다. 일부 기계는 절대 중단하지 않는다. 그들은 무한한 수열을 대량으로 찍어내는 일에 착수한 것이다. 그럼에도 불구하고 기계표의 지시를 따라 기계가 어떤 유한한 시간 내에 수열의 각 자릿수에 도달할 가능성도 남아 있다.

계산가능한 모든 수열은 위의 목록에 들어 있다. 계산불가능한 것의 존재를 증명하는 핵심은 목록에 없는 이진수열을 명시하는 것이며, 해서 이것은 계산이 불가능하다.

이 수열을 명시하기 위한 첫 번째 단계는, 무한한 이진수열의 첫 번째 숫자가 목록의 첫 수열의 첫 번째 숫자인지를 검토하는 것이다. 이어서

무한한 이진수열의 두 번째 숫자가 목록의 두 번째 수열의 두 번째 숫자인지를, 세 번째 숫자가 세 번째 수열의 세 번째 숫자인지 등등을 검토하는 것이다.(그래서 이 수열은 1 1 1 0…으로 시작한다.) 이것을 목록의 **대각선 수열**이라고 한다.

다음 단계는 대각선 수열에 있는 0을 1로 바꾸고 1을 0으로 바꾸는 것이다. 이 작업의 결과는 대각선 수열의 **보수**(補數, complement)라고 한다. 대각선 수열의 보수는 목록에 없다. 이것을 확증하기는 쉽다. 보수는 첫 번째 자리에서 목록의 첫 번째 수열과 다르며, 두 번째 자리에서 목록의 두 번째 수열과 다르다. 이렇게 계속 진행된다. 이는 우리가 대각선 수열의 보수를 목록의 각각의 수열과 다르게 구성했기 때문이다. 따라서 대각선 수열의 보수는 계산불가능한 이진수열이다. 만약 이 수열이 계산가능했다면 목록에 있을 것이나, 결과적으로 이것은 목록에 없다.[58]

계산가능한 이진수열의 목록은 무한한 수의 다른 방법으로 작성될 수 있음에 주목하라. 왜냐하면 목록의 첫 번째 항목에 어떤 수를 넣을지 무한한 수의 선택이 가능하기 때문이다. 이로부터 계산가능하지 않은 무한히 많은 이진수열이 있다는 것도 알 수 있다. 각 목록에는 나름의 대각선 수열이 있으며, 이에 대한 보수는 목록에 없으므로 계산이 불가능하다. 따라서 무한히 많은 목록이 있음을 감안하면, 계산불가능한 무한히 많은 수열이 있을 수밖에 없다.

자세히 검토해보자. 이진수열을 계산할 수 없다고 말하는 것은 곧 단순히 테이프에서 이 수열을 잇따라 산출해내는 튜링머신이 있을 수 없

58 이를 **대각선**(diagonal) 논법이라 한다. 이러한 형식의 논증은 게오르크 칸토르(Georg Cantor)가 자신의 유명한 증명에서 처음 사용했으며, 이는 4장에서 나왔듯이 모든 정수 집합보다 더 큰 집합이 있음을 암시하는 증명이다.

다는 의미다. 나는 튜링머신이 산출할 수 있는 모든 수열의 집합을 '튜링'(TURING)이라 부르고, 튜링머신이 산출할 수 없는 모든 수열의 집합을 '반-튜링'이라 부를 것이다. '반-튜링'의 원소를 계산하는 알고리즘은 없다. 왜냐하면 만약 그런 것이 있다면, 처치-튜링 테제에 의해 튜링머신은 그 알고리즘을 시뮬레이션하는 '반-튜링'에 속하는 수열을 산출할 수 있기 때문이다. 하지만 이는 불가능하다. '반-튜링'은 영원히 계산의 범위를 넘어서 있다.

무한한 수열의 집합이 결정가능하다고 말하는 것은, 우선 집합의 각 원소를 산출할 수 있는 알고리즘이 있고, 나아가 집합의 원소가 아닌 항을 산출할 수 있는 알고리즘이 있다는 뜻이기도 하다. 무한한 수열의 집합이 준결정가능하다고 말하는 것은 집합의 각 원소를 산출할 수 있는 알고리즘이 있지만, 원소가 아닌 각 항을 산출할 수 있는 알고리즘이 없다는 의미다. (앞서 무한수열의 집합에 도입한 결정가능성 및 준결정가능성의 개념을 확장함으로써, 우리는 분명히 알고리즘이 한정된 시간 내에 원소들의 자격을 확증할 수 있다는 아이디어를 포기해야 한다.)

'튜링' 집합은 판정불가능하다. 왜냐하면 우리가 보았듯이, 집합의 원소가 아닌 원소를 산출할 수 있는 알고리즘이 없기 때문이다. 사실 '튜링'은 심지어 준결정가능성도 없다. 계산가능한 이진수열을 산출하는 **단일한** 알고리즘이 없기 때문이다. 여기에는 어떤 역설도 없다. 계산가능한 수열들이 제각각 알고리즘에 의해 생산되었음에도, 이 모두를 생성하는 알고리즘은 없다. 마치 우리 각자는 각자의 어머니에 의해 태어났지만 우리 모두를 낳은 어머니는 없는 것과 같다.

그러한 알고리즘이 없는 이유는 간단하다. 만약 그런 것이 있다면, 그것은 '반-튜링'의 원소를 산출하기에 적합할 것이다. 비결은 알고리즘

을 계속해서 중단하는 것이다. 첫 번째 계산가능한 수열의 첫 번째 숫자만 만들어내고, 두 번째 계산가능한 수열의 처음 두 자리만 생산하고, 세 번째 계산가능한 수열의 첫 세 자리만 산출한다 등등. 또 다른 알고리즘은 각각의 중단된 수열의 마지막 자리를 수집하여 뒤따라가며 실행된다. 따라서 이 중단된 수열들 사이에서 두 알고리즘이 대각선 수열을 생산할 것이다. 이제 각각의 1을 0으로, 0을 1로 교체하는 세 번째 알고리즘을 추가하자. 이 사이에서 3개의 알고리즘은 불가능한 대각선 수열의 보수를 계산해낼 수 있다.[59]

동일한 논문에서 튜링은 우리의 인지 과정이 알고리즘으로 계산가능하다는 생각을 떠올렸으며, 동시에 이 생각이 어떻게 실패할 수 있는지를 이해할 수 있는 개념적 자원도 제공했다.[60] 로저 펜로즈(Roger

59 튜링은 계산가능한 이진수열의 집합이 결정불가능하다는 것 이상을 증명했다. 그는 자신이 이름 붙이길 **만족스러운**(satisfactory) 이진수열의 집합이 결정불가능하다는 것을 입증했다. 이진수열은, 종국에는 중단되는(즉 종국엔 헤드가 멈추고 계산이 완료된다) 튜링머신의 기계표와 테이프의 초기 내용이 코드화된—이를테면, 어셈블리 언어로—이진수열로 구성되는 경우, 오직 이 경우에만 만족스럽다. 조금 덜 형식적으로 표현하자면, 수열이 만족스럽다는 말은 (a) 프로그램과 입력이 이진적 특성이며, (b) 프로그램이 입력을 받아들이고 계산해서 성공적으로 종료된다는 의미다.(모든 프로그래머 지망생이 알고 있듯이, 모든 프로그램이 이렇지는 않다. 일부는 루프에 갇혀서, 강제로 중단하지 않으면 영원히 맴돌 수 있다.) 만족스러운 이진수열 집합이 결정불가능하다는 튜링의 결론은, 정지 정리(Halting Theorem)로 알려져 있다. 이 정지 정리가 처치-튜링 논제와 결합하면, 놀라운 결과를 산출한다. 곧 모든 컴퓨터 C, 그리고 C의 기계 코드로 작성된 모든 프로그램 P에 적용시켜서, C가 P의 각 명령어를 계속 준수할 수 있는지를 결정하기 위한, 알고리즘적 방법이 없다는 것이다.(4장에서 기계 코드의 프로그램이 정지 명령으로 종료되었음을 기억하자.) 프로그램이 성공적으로 종료될 것인지를 계산하는 보편적인 방법은 없다.

60 1936년에 튜링은 우리의 인지 과정이 알고리즘으로 계산가능하다는 견해를 매우 조심스럽게 내놓았다. 이후에는 훨씬 솔직해졌다. 그가 에이스를 연구하고 있던 1947년 한 강의에서 그는 인간의 두뇌를 디지털 컴퓨팅 기계라고 명시적으로 언급했다.('Lecture to the London Mathematical Society', p. 111) (앞으로 '뇌를 구축'할 것이라는 그의 1945년 발언은 이후 매우 널리 퍼졌다.(Hodges, A., *Alan Turing: The Enigma*, p. 290)) 'Intelligent Machinery'(p. 16)에서 그는 "유아의 피질은 조직화되지 않은 기계다. 이는

Penrose)의 베스트셀러, 『황제의 새 마음*The Emperor's New Mind*』은 튜링의 증명이 제기하는 의문에 대해서 흥미로운 생각들을 상당수 담아냈다. 그는 이렇게 썼다. "내가 제기하려는 쟁점은, 인간의 뇌가 적절한 '계산불가능한' 물리법칙을 이용함으로써 튜링머신보다, 어떤 의미에서, 더 '잘'할 수 있다는 생각이 가능한지의 여부다."[61]

인공지능 연구자들은 생각에 대한 맥스웰의 법칙을 찾고 있다고 말하기를 좋아한다. 19세기에 맥스웰은 전기역학 전체를 우아한 방정식 몇 개로 정리했다. 인지에 관해서도 같은 일을 하겠다는 발상은 확실히 매력적이다. 민스키는 '세 가지 알고리즘'을 위한 탐색을 이야기한다. 그는 이것을 연못에 조약돌 세 개를 던지는 어린아이에 비유한다. 조약돌들이 저마다 만들어내는 물결의 기본 패턴은 매우 단순하다. 동심원의 파문이 바깥쪽으로 움직일 뿐이다. 그러나 이 세 패턴의 상호작용은 파문과 잔물결의 혼란을 초래한다. 희망은—비록 희미해지고 있지만—마치 물결과 비슷하게 우리의 복잡한 인지적 삶이 소수의 우아한 알고리즘의 산물로 밝혀지리라는 것이다.

생각의 맥스웰 법칙을 찾지 못한 실패는 새로운 시각을 예고한다. 인간의 마음은 특수목적용 알고리즘이 잔뜩 담긴 자루, 혹은 우주에서 가장 위대한 실용주의자인 어머니 프로그래머(Mother Programmer)가 임시변통 도구들을 모아 놓은 잡동사니 더미로 이해되고 있다. 인공지능

적합한 훈련으로 조직화될 수 있다"고 추정했다. 그는 계속해서, "조직화의 결과로 인해 이 기계는 보편적 기계 또는 그와 유사한 것으로 변형될지 모른다"라고 이야기한다. (리버가 지적했듯이(*An Invitation to Cognitive Science*, p. 158), 조직화되지 않은 기계에 관한 논문에서 튜링이 전개하고 있는 논의는 PDP에 대한 놀라운 예측을 담고 있다.)

61 Penrose, R., *The Emperor's New Mind*, p. 172.

시스템의 최신 세대는 이 새로운 이미지를 반영한다. 레넛(Lenat)의 초기 CYC에는 약 서른 가지의 특수목적용 추론 메커니즘들이 포함되어 있다.[62]

인공지능은 이 두 관점을 중심으로 양극화된다. 소수의 매우 강력한 알고리즘 대 다수의 보다 약하고 보다 지저분한 알고리즘. 그러나 만만찮은 세 번째 가능성이 있다. 알고리즘이란 게 정신의 이야기에서 전혀 중요하지 않을 수도 있다. 기껏해야 단역에 불과할지도 모른다.

물론 전통적인 프로그램 설계용 인공지능은 인지 과정이, 실행되는 알고리즘(즉 실제 자원을 사용하며 현실의 시간에서 작동하는 알고리즘)을 사용하여 알고리즘으로 계산가능하다는 전제와 불가분적이다. PDP 또한 이 전제와 결합되어 있다.(내가 말했듯이, PDP 네트워크는 알고리즘으로 계산가능한 시스템이다.) 나는 이 전제가 거짓이라고 확실하게 제시하는 것은 아니다. 다만 현재로서는 그것이 옳다고 생각할 근거가 정말로 거의 없다는 것을 지적할 뿐이다.

10.9 컴퓨터로 네트워크 시뮬레이션하기

PDP 네트워크가 알고리즘으로 계산가능하기 때문에, 컴퓨터는 이를 시뮬레이션할 수 있다. 이 사실은 PDP 연구에서 많이 이용된다. 연구자들이 네트워크를 실제로 구축해서 연구하는 경우가 드물다는 사실을 알면, 여러분은 놀랄 것이다. 오히려 컴퓨터 시뮬레이션을 연구하는 쪽

62 [역주] 2017년 현재 CYC의 추론 엔진에는 1050개 이상의 메커니즘이 있다.

이 훨씬 간편하다. 유명한 과거시제 네트워크는 현실에서 결코 존재하지 않았으며, 이 장의 앞부분에서 설명한 실험은 사실 컴퓨터 시뮬레이션을 사용하여 수행되었다. 이것은 속임수가 아니다. 컴퓨터의 일상적인 작업은 시뮬레이션—지진, 핵폭발, 기상 시스템, 국가 경제, 항공기 날개 등등의 모방—하는 것으로 이루어져 있다. 종종 실체 자체를 직접 연구하는 것보다 컴퓨터 시뮬레이션을 사용하는 것이 훨씬 더 편리하다.(만약 항공기 엔지니어팀이 엔진 무게가 5% 증가했을 때 날개가 얼마나 아래로 처지는지 알고 싶은 경우, 그들은 실제 날개를 만지작거리지 않는다. 대신 새로운 엔진 무게를 비행기의 컴퓨터 모델에 적용한다. 그러면 프로그램이 그 처짐 현상의 증가량을 계산할 것이다.)

루멜하트와 맥클레랜드는 동사 과거시제 네트워크에 대한 상세한 컴퓨터 모델을 구축했다. 즉 그들은 네트워크의 단위 수, 문턱값, 상호연결 패턴, 초기 연결강도, 훈련 중 연결강도의 조정 공식을 포함하는 컴퓨터 프로그램을 작성한 것이다. 이 프로그램은 계획한 네트워크가 어떻게 작동하는지 정확히 계산한다. 예를 들어, 네트워크의 입력층이 동사 'squat'(쪼그려 앉다)에 해당하는 패턴으로 고정되어야 한다고 컴퓨터에 알려주면, 프로그램은 연결강도의 현재 값을 고려해서 네트워크가 'squawked'에 해당하는 출력 패턴으로 답하도록 계산할 것이다. 컴퓨터 시뮬레이션의 작동방식을 연구하는 것은 실제 네트워크의 작동방식을 연구하는 것과 정확히 동일하며, 게다가 더 간편하기까지 하다.(최소한 실제 연결강도를 높이거나 낮추는 물리적 절차가 필요 없으며, 프로그램에서 해당 수치를 변경하는 일이 훨씬 간단히 이루어진다는 선호 때문이다.)

네트워크를 시뮬레이션하는 컴퓨터의 능력은 명백히 철학적인 의문을 제기한다. 혁명파의 선언문에 따르면, PDP는 정통적 인공지능 제작

방식에 심각한 도전을 야기할 것이라고 되어 있다. 그런데 만일 컴퓨터 프로그램이 네트워크의 작동을 정확히 복제할 수 있다면, 어떻게 되는 건가? 무엇보다도 PDP와 기호체계 가설은 사실 서로 양립가능한 것이란 말인가? 두 접근법의 대표자들이 이 쟁점에 대해 토론하고 있는 내용을 들어보자.

캐시 오심벌(Kathy O'Symbol)[63]: 내가 보기에 PDP는 컴퓨터 프로그래밍으로 인공지능을 달성하는 프로젝트에 아무런 도전도 제기하지 않습니다. 그렇다고 PDP를 폄하하려는 것은 아닙니다. 이 네트워크들에는 몇 가지 매력적인 특징이 있습니다. 네트워크에 저장되는 정보에 대해 내용-주소화 접근법(content-addressable access)을 적용하는 능력 같은 것 말이죠. 저는 PDP가 인공지능에 여러 중요한 아이디어를 제공할 가능성이 높다고 봅니다. 그러나 제가 강조하고자 하는 점은 프로그램이 네트워크 작동방식과 관련된 모든 측면을 시뮬레이션할 수 있기 때문에, 우리 전통주의자들은 우리의 프로그램 설계 방법에서 벗어나지 않고도 네트워크의 특성들에 스스로 도달할 수 있습니다.

매그너스 패러렐(Magnus Parallel)[64]: 원리상 우리의 네트워크 각각이 프로그램에 의해 시뮬레이션될 수 있다는 말에 동의합니다. 하지만 당신이 이로부터 무언가를 추측할 때엔 주의해야 합니다. 원리적으로 가능한 시뮬레이션은 종종 현실적으로 가능하지 않을 수 있습니다. 우리는 지금까지 우리 연구에서 컴퓨터 시뮬레이션을 사용할 수 있었지만, 이는 오로지 우리가 비교적 단순한 네트워크를 조사해 왔기 때문입니

63 [역주] 어원상 '순수한 기호주의자'라는 뜻이다.
64 [역주] 어원상 '위대한 병렬론자'라는 뜻이다.

다. 심지어 이 경우에도, 시뮬레이션을 실행하는 데 짜증이 날 정도로 오랜 시간이 걸립니다. 조그마한 네트워크의 주기에서는 단 몇 분을 시뮬레이션하는 것도 컴퓨터로는 몇 시간이 걸립니다. 따라서 실제 지능을 모사하기에 충분할 정도로 큰 네트워크를 컴퓨터로 시뮬레이션하려는 아이디어는 매우 터무니없는 것입니다. 당신은 이를 기다리다 먼저 죽을지도 몰라요.

캐시: 맞아요. 현재 통용되는 폰 노이만식 컴퓨터는 대규모 네트워크의 시뮬레이션을 실행할 정도로 충분히 빠르지 않지요. 폰 노이만 방식의 가장 주목할 만한 기능은 순차적 작동 모드입니다. 이것은 컴퓨터가 초기부터 구축되어 온 방식입니다. 폰 노이만 설계의 한계가 스스로 느껴지기 시작했습니다. 예를 들어, 우리는 수만 개의 추론 규칙이 들어 있는 전문가 시스템을 구축할 수 있기를 원하지만, 그 정도 규모의 프로그램은 너무 느리게 작동합니다. 지금으로서는 몇천 개의 규칙이 현실적인 한계입니다. 이 때문에 우리 중 많은 이들이 폰 노이만의 시대가 지났다고 말합니다. 많은 실험실이 병렬로 작동하는 방대한 수의 프로세스 유닛을 지닌 실험용 컴퓨터를 구축하고 있습니다. 폰 노이만 기계는 박물관 유물이 되고 말 것입니다.

매그너스: 우리 역시 대규모의 병렬 하드웨어 설계를 실험하고 있습니다. 결국, 병렬 프로세스가 PDP의 핵심입니다. 마치 당신이 우리 활동에 참가하겠다는 말로 들리네요.

캐시: 물론 연결점이 있지만, 핵심 쟁점을 흐리지 않도록 주의해주세요. 우리 의견의 불일치는 병렬 처리에 관한 것이 아닙니다. 논쟁의 핵심은 기호조작입니다. 우리는 그것을 원하지만, 당신은 필요 없다고 말하는 것이지요. 우리가 예상하고 있는 병렬 기계는 여전히 기호코드로 정

보를 저장하며, 이 기계의 기본 연산은 여전히 이 코드들의 덩어리를 조작하는 구조-민감적 특성으로 이뤄져 있습니다. 반면에, 당신들의 슬로건 중 하나를 당신에게 인용하자면, PDP에서 교환의 기본 매개는 기호가 아니라 흥분과 억제이지요. 다시 시뮬레이션 쟁점으로 돌아가면, 순차적 컴퓨터가 적정 시간 안에 복잡한 네트워크를 시뮬레이션할 수 없다는 말에 동의합니다. 그러나 대용량 병렬 컴퓨터는 당신이 생각할 수 있는 가장 복잡한 네트워크를 실시간으로 시뮬레이션할 수 있을 것입니다. 물론 현 시점에서 이것을 증명할 수는 없지만, 충분히 합리적인 추측이라고 생각합니다. 그래서 내가 첫 부분에 언급한 내용은 여전히 유효합니다. 기호조작 장치가 임의의 복잡한 네트워크의 동작을 시뮬레이션할 가능성이 높기 때문에, 저는 기호조작이 인공지능에 대한 적절한 기반이라는 테제에 대해 PDP가 도전을 제기한다고 보지 않습니다.

매그너스: 저는 여전히 만족스럽지 않군요. 시뮬레이션에 관한 이 문제에서 당신은 교묘한 철학적 근거 위에 있습니다. 당신의 기호체계 가설에 따르면, 컴퓨터가 실제로 생각할 수 있다는 겁니다. 단지 생각을 시뮬레이션할 수 있다는 말이 아니라요. 인간의 뇌가 기호를 조작하지 않는다고 우리가 주장할 때 만약 우리가 옳다면, 당신의 가설은 무너지는 것처럼 보입니다. 제가 말하고자 하는 바는 이렇습니다. 잠시 인간의 뇌가 무수한 PDP 네트워크들의 매우 복잡한 직조물이라고 가정해봅시다. 프로그램도 없고, 기호도 없습니다.

캐시: 참 어처구니없이 대단한 가정이군요!

매그너스: 쓸데없는 걱정은 접어두세요. 논의를 위해서 가설을 세우고 그것이 어디로 이끄는지 보지요. 또한 프로그래머팀이 이러한 뇌에 대한 완벽한 컴퓨터 시뮬레이션 설정을 간신히 해냈다고 가정해봅시다.

즉 그들은 모든 유닛이 연결되는 방식, 연결강도 등을 담고 있는 프로그램을 작성합니다. 이 프로그램은 뇌가 어떻게 작동하는지 정확하게 계산할 수 있습니다. 이제 이 뇌를 소유한 사람이 체스에 대해 생각한다고 합시다. 이때 컴퓨터 시뮬레이션이 체스를 생각한다고 주장하는 것은 말도 안 됩니다. 결국 프로그램의 어떤 기호도 체스 말을, 혹은 체스와 원격으로 연결된 무언가를 나타내지 않습니다. 이것들은 오직 네트워크의 유닛들, 연결 패턴, 문턱값 등을 나타냅니다. 달리 말해, 프로그램의 어떤 부분도 체스에 관한 것이 아니며, 이 프로그램은 오로지 네트워크에 관한 것입니다. 그래서 저는 컴퓨터가 체스에 대해 생각하는 누군가를 시뮬레이션하고 있음에도, 그것 자체가 체스를 생각하지 않는다는 말에 당신이 동의해야 한다고 생각합니다.

캐시: 네, 전에 그 논의에 대해 들었습니다. 스튜어트 서덜랜드는 간결한 방식으로 그 안에 내재한 요점을 이야기했습니다. "만일 기호조작보다 인간 사고에 더 많이 관여하는 게 있다면, 인간의 사고를 컴퓨터로 시뮬레이션하는 일이 여전히 가능할지도 모른다. 하지만 허리케인의 움직임을 시뮬레이션하는 프로그램에 바람이 없듯이, 이 프로그램에도 사고 활동은 없다."[65] 존 설도 비슷한 맥락에서 다음과 같이 썼습니다. "아무도 … 불에 대한 컴퓨터 시뮬레이션이 집을 불타게 할 가능성이 있다고 가정하지 않는다. 도대체 제대로 된 정신을 가진 사람 중 누가 정신과정에 대한 컴퓨터 시뮬레이션이 실제로 정신적 과정을 지닌다고 가정

65 Sutherland, N. S., 'Removing the Mystery from Intelligence'. (이 대화의 연속성을 유지하고자 나는 원문의 '지능'(intelligence)을 '사고'(thinking)으로 바꿨다.) 서덜랜드 자신이 이 인용문을 지지했는지 여부는 확실치 않다.

하겠는가?"[66]

매그너스: 엇! 제가 정말 존 설을 편들고 있다는 말인가요?

캐시: 그렇게 보입니다. 사실, 우리는 로봇 터보 샘과 그가 생각하는지 여부에 대한 논의로 돌아가고 있습니다.(6장 "'이해'라는 것을 결정하기') 제 견해로, 터보 샘의 머릿속에 있는 컴퓨터가 당신이 말하는 이 두뇌 시뮬레이션 프로그램을 실행한다면, 우리는 생각하고 이해하며 그 외의 여러 가지를 수행하는 로봇을 얻게 됩니다. 어쨌든 터보 샘은 체스를 두고, 가사를 돌보고, 철학적 토론에 참여할 수 있으며, 그래서 실제 뇌를 가진 사람만큼 능숙하게 환경의 어려움을 대체로 처리할 수 있습니다. 심지어 터보 샘이 결국 자신이 복제한 뇌를 가진 인간보다 더 심오한 사상가가 될 가능성도 있습니다! 로봇에게 영재 교육을 제공한다면, 로봇은 자신의 지능을 꽃피우게 될지도 모릅니다. '기증자'의 지능에서는 결코 일어날 기회조차 없는 방식으로 말이지요. 제 견해로는 터보 샘의 프로그램이 문턱값, 연결 패턴 등을 나타내는 기호로 이루어져 있는지 여부는 전혀 중요하지 않습니다. 정말 중요한 것은 행동을 생성해내는 데 적응 가능한 시스템인 뇌 시뮬레이션 프로그램이 실제 뇌와 어깨를 나란히 하고 있다는 사실입니다. 이 때문에 터보 샘이 생각한다는 말은 참이 됩니다. 그래서 매그너스, 당신은 이 논쟁 가운데에서 격추되어 추락하고 있습니다. 기호체계 가설이 틀렸다는 주장에 대한 근거를 만들어내려는 PDP와는 달리, 오히려 실제로 이 가설이 **참**이라는 것은 뇌가 PDP 네트워크의 직조물이라는 당신의 가정에서 도출됩니다. 왜냐하면 **만약** 그것이 뇌의 본질이라면, 컴퓨터는 뇌를 시뮬레이션할 수 있고, 따라서 생각

66 Searle, J. *Minds, Brains and Science*, pp. 37~8.

할 수 있기 때문입니다. 사실, 프로그램은 지식을 표상하기 위한 전통적인 기법과 관련되진 않을 것입니다.(4장 "'기호체계'라는 가설', 5장 '데이터 vs 노하우') 전통적인 방법에서 지식은 직접적으로 표상됩니다. 뇌를 시뮬레이션하는 프로그램에서 지식은 이 해당 지식을 '포함하는' 네트워크를 통해 간접적으로 표상됩니다. 하지만 괜찮습니다. 뇌가 체스의 규칙을 알고 있다면, 그 두뇌의 완벽한 시뮬레이션은 또한 체스의 규칙을 알고 있는 것이니까요.

매그너스: 당신은 '원리상'이라는 중요한 단어를 놓쳤습니다. 물리적으로 가능한 컴퓨터가 엄청나게 복잡한 네트워크 집합의 실시간 시뮬레이션을 제공할 수 있는지 여부는 경험적으로 열려 있는 문제입니다.(특히 유닛의 활동 수준이 불연속적이지 않고 연속적인 경우에 더욱 그렇습니다.) 컴퓨터가 뇌를 시뮬레이션할 수 있다고 말할 때, 당신은 동화 속 나라를 이야기하고 있는 것인지도 모릅니다. 이는 컴퓨터가 수도관이나 부구판[67], 수도꼭지로 이뤄질 수 있다고 말할 때의 존 설과 같은 것입니다.(6장 '튜링머신 그리고 인공지능에 대한 생물학적 반박') 또는 철학자 네드 블록(Ned Block)과 같기도 합니다. 그는 쌍방향 라디오를 장착한 10억 명의 사람들로 컴퓨터를 만들 수 있다고 상상합니다![68] 이러한 것들은 원리상 가능하지만, 진정으로 중요한 유일한 장소, 곧 현실세계에서는 불가능합니다.

---

67 [역주] 물에 뜨는 고무공을 통해 물탱크 속의 수위를 조절하는 장치. 볼 코크(ball-cock)라고도 한다.

68 Block, N. J., 'Troubles with Functionalism', p. 279.

10.10 뇌를 둘러싼 대결

정신어를 기억하는가?(9장 '강한 기호체계 가설', '고깃덩어리에 의미를 더하기') 정통 인지과학에 따르면, 인간의 사고는 이러한 내부 언어 혹은 코드의 '문장들'을 조작하여 이뤄진다. 즉 뇌는 생물학적 기호조작 장치다. 강경한 PDP파는 뇌가 기호조작 없이 잘 돌아간다는 것을 지적하기 위해 초기 결과들을 활용한다. 인공신경세포들의 간단한 네트워크는 기호적 계산의 도움 없이도 잘 수행된다. 그러므로 실제 신경세포들의 복잡한 네트워크도 마찬가지이리라. 대자연은 정신어를 전혀 사용하지 않는다고 PDP파들은 말한다. 정통파는 어떻게 반응할 것인가? 캐시 오심벌의 이야기를 한 번 더 들어보자.

캐시: PDP 네트워크는 훌륭한 메모리 장치입니다. 사실 제 짐작인데, 초기에 상용화된 PDP 중 하나는 기존 컴퓨터의 부속장치로 사용된 특수 메모리 장치로 제조되었을 겁니다. 그러나 분명히 메모리보다는 인식능력에 훨씬 더 많은 장점이 있습니다. 그런데 문제는 PDP가 나머지 장점들을 전달할 능력이 없을 수도 있다는 겁니다. PDP파는 이에 대해 숨김없이 솔직합니다. 폴 스몰렌스키(Paul Smolensky)의 말을 들어보십시오. "연결주의 모델[즉 PDP 네트워크]이 높은 수준의 인지적 과제를 수행할 적합한 능력이 있는지는 결코 확실하지 않다. [네트워크는] 심각한 장애물들을 극복한 후에야 비로소 기호적 계산에 견줄 만한 능력을 내놓을 수 있다."[69]

---

69 Smolensky, P., 'On the Proper Treatment of Connectionism', p. 2.

주된 문제 중 하나는 **추론**과 관련이 있습니다. 인간의 뇌처럼 컴퓨터는 극도로 효율적인 추론 기관입니다. 컴퓨터에게 다음을 알려줘보세요. '해미쉬는 스코틀랜드 사람이며, 모든 스코틀랜드 사람들은 해기스[70]를 먹는다'. 이 기계는 해미쉬가 해기스를 먹는다는 것을 손쉽게 추론할 수 있습니다. 반면에 기호 없는 네트워크는 추론을 하려고 하면, 구제불능의 바보처럼 보입니다. 기호를 다루지 않는 네트워크가 해미쉬가 해기스를 먹는다와 해기스가 해미쉬를 먹는다 사이의 구문적 차이를 다룰 수 있는지도 의심스럽습니다.[71](이는 간단한 산수 역시 완전히 사라진다는 것을 의미합니다. 왜냐하면 네트워크는 (13×4)+9와 13×(4+9) 사이의 차이에 반응하지 않기 때문입니다.) 해미쉬, 해기스, 그리고 먹는다는 것을 의미하는 활성화 패턴이 모두 작동하게 되면, 누가 먹었는지 네트워크는 구분할 수 없게 됩니다. 지금까지 이 문제를 둘러싸고 제안된 유일한 방법은 임시적이고 임의적입니다. 뇌가 사용할 것으로 기대할 만한 방법이 아닙니다.

당신 손 안에 기호가 있고 합성적 특성과 재귀적 구조라는 관련 특성들(4장 '이진 기호')을 확보하고 있다면, 이러한 어려움들 중 어느 것도 발생하지 않습니다. 컴퓨터에서 '해미쉬는 스코틀랜드 사람이다'와 '모든 스코틀랜드 사람은 해기스를 먹는다'의 의미는 관련된 기호구조에 의해 표상됩니다. 체계적으로 구조화된 기호적 코드가 있을 때, 논리 추론은 수월합니다. 이는 네트워크에 결핍된 것처럼 보이는 능력을 네트워크에게 부여하는 방법을 보여줍니다. 바로 네트워크를 기호조작 장치로 바

70 [역주] 스코틀랜드의 전통 음식으로, 양의 내장을 잘게 썰어 오트밀 따위를 섞어 그 위장에 넣고 끓인 요리다.

71 Fodor, J., Pylyshyn, Z., 'Connectionism and Cognitive Architecture: a Critical Analysis', pp. 21~7.

꾸는 것이지요!

그렇다면, 우리가 보기에 PDP 연구자들이 직면한 주요 과제 중 하나는 자신들의 네트워크에 어떻게 기호코드를 구현할지 알아내는 것입니다. 이것이 그들에게 전하는 저희의 조언입니다. 역설적이게도 네트워크를 진정한 컴퓨터로 바꾸는 것입니다. 흥미진진한 생각입니다. 인간의 웨트웨어를 모델로 한 하드웨어는 컴퓨터 과학자들이 수년 넘게 꿈꿔왔던 것입니다. 저는 매우 기쁘게도 네트워크가 기호를 조작하도록 만드는 초기 시도가 고무적인 것으로 입증되었다고 말하고 싶습니다. 예를 들어 데이비드 투레츠키(David Touretzky)는 다음과 같은 명령어로 구성된 간단한 프로그램을 실행하는 네트워크를 시뮬레이션하는 데 성공했습니다.

> CAT이라는 기호들이 워크스페이스[72]에 있으면, 이들을 삭제하고 그 자리에 DOG 기호들을 만들어라.[73]

이제 저는 이 쟁점, '뇌가 컴퓨터다'라는 이론과 PDP가 충돌하는가에 대해 논평할 수 있습니다. 제가 방금 말한 이야기의 결론은 뇌가 PDP 네트워크로 구성될 수 있지만 **여전히 컴퓨터라는 것입니다**. 네트워크가 기호처리 장치로서 기능할 수 있다는 점을 감안하면(그리고 사실 그렇게 함으로써 능력을 얻습니다), 이 두 가지는 결코 배타적인 것이 아닙니다. 우리 전통주의자들은 뇌에서 기호적 계산이 물리적으로 어떻게 실현되는지

72 [역주] 주기억장치에서 프로그램이 계산을 위해 활용할 수 있는 공간.

73 Touretzky, D. S., Hinton, G. E., 'Symbols Among the Neurons: Details of a Connectionist Inference Architecture'.

에 대한 이론으로서, 또는 차라리 그러한 이론의 개략적인 출발점으로서 PDP를 고려하고 싶습니다.[74] 다시 말해, 우리는 PDP를 뇌가 기호를 빠르게 처리하는 데 사용하는 메커니즘에 대한 연구로 이해합니다.

제가 말하고자 하는 바를 명확히 하고자 예를 들어보겠습니다. 외국의 한 익명의 권력자가 일급비밀의 군사 로봇을 만들고 있습니다. CIA는 로봇 하나를 훔치고 탑재된 컴퓨터가 어떻게 작동하는지 비밀을 알아내는 업무를 인공지능 연구소에 맡겼습니다. 이 연구팀은 서로 관련되어 있지만 각기 다른 두 가지 과제와 마주하게 됩니다. 하나는 대상의 기호적 측면, 즉 컴퓨터가 어떤 종류의 코드를 사용하고 어떤 프로그램을 갖고 있는지를 조사하는 것입니다. 다른 하나는 컴퓨터 자체가 어떻게 설계되었는지를 조사하는 것입니다. 그것은 폰 노이만 설계방식인가, 아니면 병렬 프로세서의 한 유형인가? 분산 메모리 시스템을 사용하는가? 그렇다면 어떻게 작동할까? '조건형(if-then)' 명령어를 실행하기 위해 어떤 메커니즘이 사용되는가? 등등. 이런 종류의 의문은 **구현**(implementation)의 문제라고 부르곤 하죠. 인지과학으로 돌아가면, 여기에도 두 가지 수준의 탐구가 있습니다. 하나는 **기호 수준**입니다. 이 수준에서 우리는 뇌의 기호코드는 무엇인가, 근본적인 기호처리 연산에서 어떤 진화가 가능한가, 그리고 뇌가 특정한 인지 과제를 수행할 때 뇌가 사용하는 이러한 계산들은 어떤 연속성을 지니는가와 같은 문제를 다룹니다. 다음으로, **구현 수준**이 있습니다. 이 31b번 조직 덩어리가 실제로 기호처리를 수행하는 방법은 무엇인가? 직렬인가, 아니면 병렬인가? 아

74 Broadbent, D., 'A Question of Levels: Comment on McClelland and Rumelhart'; Fodor, J., Pylyshyn, Z., 'Connectionism and Cognitive Architecture: a Critical Analysis', pp. 54~68.

니면 둘 다? 저장된 프로그램인가, 아니면 (에니악에서와 같이) 수정이 가능한 고정배선 방식의 생물학적 등가물인가? 중앙집중식 제어인가, 아니면 다른 무엇인가? 메모리는 어떻게 처리되는가? 어떤 종류의 구조가 근본적인 기호조작 작업을 실행하는가? 등등.

계산하는 뇌는 이 두 수준 모두에서 연구되어야 합니다. PDP파는 자신들의 연구가 전통적인 인지과학과 근원적으로 단절되어 있다고 간주하는 경향이 있습니다. 우리는 사태를 전혀 다르게 봅니다. 우리는 뇌의 구현 수준에 대한 연구에서 선구적인 노력의 일환으로서 PDP를 환영하는 바입니다.

10.11 맺음말

PDP에 대한 이러한 견해는 구현주의(implementationalism)라 할 수 있다. 그 반대편에는 제거주의(eliminativism)가 있다.[75] 제거주의자는 PDP가 발전함에 따라, 모든 형태의 인식이 유사-언어적 뇌 코드와 연관되지 않는 방식으로 설명될 수 있다는 사실이 점점 명확해지리라 믿는다. 뇌가 기호 프로세서라는 이론은 궁극적으로 자취를 감추게 될 것이라고, 제거주의자들은 말한다. 이 두 극단 사이에는 중도주의(moderatism)가 놓여 있다. 중도주의자는 뇌의 기능을 완전히 설명하기 위해서 다양한 이론이 필요하다고 예상한다. 그들은 몇몇 인지 과정에 대한 정확한

75 여기서 나는 대략적으로 다음의 용어법을 따랐다. Pinker, S., Prince, A., 'On Language and Connectionism: Analysis of a Parallel Distributed Processing Model of Language Acquisition', p. 77.

설명을 내놓을 수 있는 기호적 접근 방식과 다른 인지 과정에 대한 '순수한' PDP 접근으로 이루어진, 일종의 분업을 기대한다.(언어적 처리와 논리적 추론은 전자에 어울리는 예이며, 얼굴 인식과 연상 기억은 후자에 해당한다.) 또한, 중도주의자들은 PDP 연구가 예측 불가능하고 어쩌면 급진적인 방식으로 기호적 연산에 대한 우리의 이해를 바꿔주길 바란다.(구현주의자들에게는 이런 바람이 있을 수도 있고, 없을 수도 있다.) 중도주의자들은 기호처리 과정에서 PDP 구조를 사용하려는 연구가 '완전히 새로운 근본 연산'이라는 훌륭한 노다지를 발견하도록 이끌 것이라 지적한다. 오늘날 컴퓨터의 근본 연산(이동, R비교, 복사 등)은 뇌의 작동과는 거의 무관한 모델을 형성하고 있다. PDP 구조에서 사용할 수 있게 되는 근본적인 기호처리 연산이라면 더 큰 장래를 약속해줄 수 있다. 따라서 중도주의자들이 강조하는 바에 따르면, 뇌가 기호처리 장치라는 이론을 제거하는 것과는 전혀 다르게, PDP의 연구는 이론의 타당성을 상당히 향상시킬 수 있다.

이 세 가지 중 어느 것이 옳은지 추측하는 것은 시기상조다. 셋 모두 틀릴 수도 있다.(10장 '우리의 인지 과정은 알고리즘으로 계산할 수 있는가?') 우리는 현재 지식의 경계선 너머에서 길을 잃었다. 구현주의, 제거주의, 그리고 중도주의는 서로 연계된 믿음들이다. 이 세 개의 광대한 연구 프로그램들은 서로 경쟁하고 있지만, 또한 밀접하게 관련되어 있다. 모두 인공지능의 아이들이다. 더 좋든 더 나쁘든, 컴퓨터에서 영감을 얻은 이 연구 프로그램들은 뇌 연구에 대한 현재의 논의를 선도하고 있다. 이 선도적인 논의들이 다음 세기로 향하는 인지과학을 차지할 것이다.

에필로그

> 동물을 기계라 부르는 것은 그 기능하는 양상이 본질적으로 인간이 설계하고 만든 기계와 다르지 않음을 가리킨다. … 다시 말해, 살아 있는 유기체는 실은 엔지니어나 물리학자 들이 자신들이 다루는 시스템을 이해하듯 우리가 원리상 유기체를 이해할 수 있도록 구성되어 있다는 뜻이다.
>
> — 리처드 L. 그레고리[1]

1745년, 철학자이자 의사인 줄리앙 드 라 메트리는 인간 존재가 기계라는 의견을 제시했다. 놀랄 것도 없이 그의 견해는 적개심과 조롱을 불러일으켰다. 그의 글을 읽는 독자들은 기계의 최고 예시가 직물을 짜는 베틀이나 태엽 시계 정도라고 생각하는 수준이었다. 독자들은 그의 이론을 이해할 수 없었고 심지어 폄하했지만, 우리는 독자들을 비난할 수 없다.("신체는 단지 시계에 지나지 않는다." 라메트리는 매우 타당성 없게 설명했다. "인간은 서로 태엽을 감는 스프링들의 집합이다. … 마치 다리가 걷기 위한 근육이듯, 뇌는 생각하기 위한 근육이다.")[2]

도대체 어떻게 인간이 기계일 수 있는지 라 메트리의 동시대인들이

---

1 Gregory, R. L., 'The Brain as an Engineering Problem', p. 310.
2 Mettrie, J, O. de la, *Man a Machine,* pp. 132, 135.

이해하기 어려웠던 지점에서, 지금 우리 중 누군가는 어떻게 그러지 않을 수 있는지 이해하기 어렵다고 느낀다.(아마도 당신은 지금의 이런 사람들 중 하나이거나, 곧 그렇게 될 것이다.) 라 메트리에게 가장 빼어난 인공물의 예가 시계였다면, 우리에게는 조야하게나마 그 작동 양상이 뇌와 유사한 인공물이 빼어난 인공물의 예가 될 것이다. 그리고 40여 년에 걸친 인공지능의 실험적 성과 속에서 우리는 기계의 풍부하고 유연한 잠재력을 깨달을 수 있었다. 게다가 우리는 사고와 자유로운 행위의 가능성이 어떻게 인공물에서 생겨나는지에 대해서 이미 철학적으로 밑그림을 그리고 있다. 그러므로 우리는 의식 역시 순수하게 물리적 현상이 아니라고 부정할 이유가 더 이상 없다.

1637년, 근대철학의 아버지인 르네 데카르트는 우리의 생각하는 능력이 바로 우리의 본질이라고 주장했다. 이 사고능력이 우리를 우리 자신으로 만들어주는 것이며, 우리를 동물과 구분시켜주는 것이다.[3] 'Cogito ergo sum', 그는 이렇게 단언했다. 나는 생각한다, 그러므로 존재한다. 20세기가 끝나가는 시점에서 라메트리의 새로운 지지자들은 확신을 갖고 'sum' 뒤에 '기계'(machina)를 놓았다. 나는 생각한다, 그러므로 나는 기계다.(Cogito ergo sum machina.)

3 Descartes, R., 'Discourse On Method'. (르네 데카르트, 『방법서설』)

답

4장 기호체계 가설

145쪽: 111111 111101 000000 111110 000001
111111 111111 000010 110111 011111 000000

170쪽: [힌트] 복사 명령어를 사용하여, 레지스터(이 레지스터의 주소는 레지스터 X에, 알려진 주소 *a*에 저장되어 있다)의 내용을 저장하라. 이후 레지스터의 내용에 대해서도 동일하게 수행하라. *a*에서 분기.

5장 사실들에 대한 면밀한 검토

255쪽: 'W'가 '세상이 10분 전에 끝났다'를 상징한다고 하자. 첫 번째 규칙을 사용하여, 전제 A로부터 NOT((NOT A) AND (NOT W))을 추론한다. 두 번째 규칙을 사용하여, 이 중간 결론과 전제 NOT A로부터 W를 추론한다.(이것은 C. I. Lewis의 소위 첫 번째 독립증명의 변형이다.(Lewis, C. I., Langford, C. H., *Symbolic Logic*, p. 250)) 혼 절에 대한 제한이 쿼드리벳이 야기한 문제에 도움이 되지 않음에 주의하라. 전개 과정이 모든 공식을 나타내는 것은 아니기 때문에, 이는 혼 절이 된다. 특히 NOT((NOT A) AND (NOT W))은 혼 절이 아니다. 왜냐하면 이것의 선언적 일반 형식이 A OR W이기 때문이다. 이것은 첫 번째 규칙을 전제 NOT A에 적용해서 NOT((NOT NOT A) AND (NOT W))을 도출함으로써 해결할 수 있다. 그런 뒤에 두 번째 규칙을 이 공식과 NOT NOT A에 적용하여 W를 도출해낸다. 전개 과정은 이제 세 단계다. 왜냐하면 전제 A로부터 NOT NOT A를 도출하기 위해서 추가적인 변형이 필요하기 때문이다. 변형된 전개 과정에서 모든 공식은 혼 절이다.(NOT((NOT NOT A) AND (NOT W))의 선언적 일반 형식은 (NOT A) OR W가 된다.) 다시 말해, 비일관적인 지식베이스가 표현할 재료를 가진 (단지 W를 대체하는) 모든 문장의 혼 절 전개 과정을 구성할 수 있다. 더욱이 이 각각의 전개 과정은 매우 짧을 것이다. 거의 세 단계 정도다.

6장 흥미로운 사례, 중국어 방

294쪽: 기계1은 테이프에 있는 1을 0으로 계속해서 교체해 간다. 이것은 1로 바꾸어야 할 0이 이미 들어 있는 칸을 마주할 때 중단된다. 따라서 기계가 멈추었을 테이프는 다음과 같다.

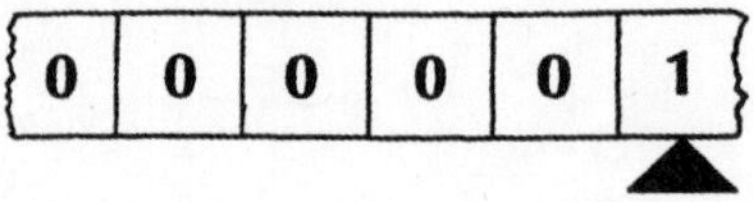

기계 2는 패리티 검사기다. 즉 연속된 1의 수열이 홀수 또는 짝수 개인지를 알려준다. 1의 수열이 헤드를 지나감에 따라 표시기는 두 상태 사이를 왔다 갔다 한다. 홀수, 짝수, 홀수, 짝수. 헤드가 수열의 오른쪽 끝에서 0을 만나면, 수열의 1이 홀수 개인 경우(즉 해당 표시기가 상태1인 경우) 0을 1로 교체한다. 짝수 개인 경우(즉 표시기가 상태 2를 가리키는 경우)엔 아무런 변화가 없다. 그런 다음 수열의 마지막 1의 위치로 이동하고 중단된다.

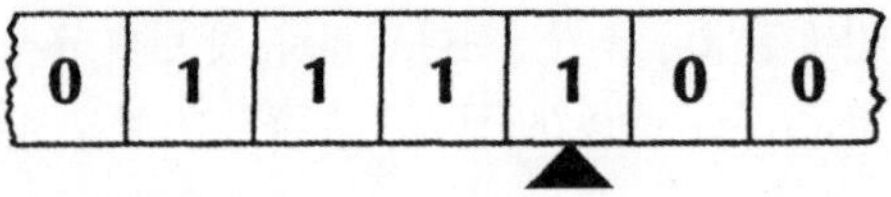

7장 자유

329쪽: 필연, 필연, 우연, 우연, 필연, 필연, 필연.

10장 인공지능의 새로운 출발: 병렬분산처리

437쪽: 발화, 비발화, 발화

483쪽: 결정절차에서는 재귀적 규칙을 사용한다. X가 원소가 되기 위해서는, X가 '프레드는 그저 평범한 녀석이다'이거나, X의 형식이 Y가 원소인 경우 'Y는 거짓이다'가 되어야 한다. (규칙은 (Y의) 원소 자격의 관점에서 (X의) 원소 자격을 정의하기 때문에 재귀적이다. 4장 '이진 기호' 참조.)

옮긴이 후기

박영대

역자는 책의 첫 독자이다. 책을 먼저 읽은 독자로서 내가 책에서 배운 점을 쓰는 것이 가장 좋다고 생각한다. 그것이 이 책을 번역한 이유이자, 이 책이 지금 우리에게 필요한 이유가 될 테니 말이다.

인공지능에 관한 철학적 쟁점들

먼저 책 전체를 개관해보고 싶다. 놓치기 아쉬운, 흥미로운 논의들이 곳곳에 들어 있다.

우선, 인공지능의 가능성에 대한 논의다. 이 책에서 가장 먼저 놀라운 부분은 2장에서 소개된 인공지능 프로그램들의 놀라운 면모다. "이 기계들은 정말 생각한다"고 감탄할 정도다. 하지만 이후 5장에서 보듯이, 이 프로그램들은 생각한다고 '보일' 뿐이며, 실제로는 그렇지 않다. 패리와 일라이자는 단어 조합에 불과할 뿐이고, 슈들루는 굉장히 느리고 제한된 세계에서만 작동한다. 각광받았던 GPS(범용 문제해결사)는 어림짐작식으로 답을 넣어보며 우연히 맞출 뿐이다. 저자에게 기호체계 가설은 해결하기 힘든 난관에 봉착한 것으로 보인다.

저자가 주목하는 것은 병렬분산처리(연결주의) 방식(10장)이다. 인간의 신경체계가 일종의 네트워크처럼 기능하는 것에서 아이디어를 얻어, 다층의 인공신경망을 연결하여 인공지능을 구현하는 방법이다. 이는 확실히 기호를 조작하는 폰 노이만식 기계와 다른 유형이다.

이 지점에서 인간의 사고와 기계의 작동방식은 상당한 유사성과 또 그만큼의 차이점을 보여준다. 생각하는 기계가 가능해진다면, 그것은 인간과 유사한 방식으로 작동할 것인가, 아니면 인간과는 전혀 다른 방식으로 생각한다는 것이 밝혀질 것인가? 인간중심주의가 무너져 가고 인간과 기계의 접속이 공고해지는 현재, 가장 흥미로운 사안이 아닐 수 없다.

둘째, 인공지능의 가능성은 우리의 '결정'과도 연관되어 있다. 인공지능 역사에서 가장 유명한 실험은 튜링 테스트다. 잘 알다시피, 이는 한 명의 인간 질문자가 메시지의 입/출력을 통해 인간과 기계를 구분하는 테스트다.

테스트 자체의 가치도 중요하지만, 이 테스트는 역으로 우리에게 새로운 질문을 던져준다. "기계가 X를 할 수 있다면, 생각할 수 있는 것이다"고 할 때, 과연 우리는 X 자리에 무엇을 넣으면 만족할까. 실상 어떠한 X를 넣더라도, 기계가 생각한다는 사실을 받아들이기 어렵다. 그러므로 인공지능의 가능성은 비단 인공지능의 기술적 개발만의 문제가 아니다. 우리의 신념과 이해, 혹은 편견까지도 관여하고 있는 문제다.

저자는 우리가 '생각한다'는 의미를 '결정'해야 한다고 말한다.(3장 '결정의 시간') 즉 단순히 사실의 발견만으로 해결할 수 없는 문제다. 공동체의 협의 속에서 '생각한다'의 정의를 바꾸거나 확장시킬 필요가 있다. 어쩌면 우리는 지금껏 너무나 협소하게 '생각한다'의 뜻을 쓰고 있었는지 모른다. 그 뜻을 고민하면서, 그리고 인공지능을 개발하면서, 생각 자체를 새롭게 이해해야 한다. 이는 공동체가, 곧 우리 모두가 함께 참여할 결정사항인 것이다.

끝으로, 자유와 의식에 관한 논의가 있다. 인간의 자유와 의식에 대해서도 다양한 쟁점들이 있다. 자유의 경우에는, 자유가 필연적 세계와 양립가능하다는 주장이나 초월적 자유를 내세우는 주장 등으로 다양하다.(7장) 이들 중에 어떤 자유를 취할 것이지에 따라 인공지능의 자유를 다르게 논

할 수 있다. 의식 또한 첨예한 논쟁의 대상이다.(8장) 우리 정신에서 일어나는 다양한 활동 중 어디까지를 의식의 영역으로 볼 것인가. 우리의 상식과는 달리 저자는, 인지 활동이나 상황판단이 비-의식적인 영역에서 일어날 수 있음을 논한다. 과연 어떤 쪽이 진실에 가까우며 우리 자신과 인공지능에 대한 이해를 높일 것인가? 저자의 정의에 동의하든 하지 않든, 인공지능은 자유와 의식의 문제를 정면으로 겨냥하고 있다. 이 또한 흥미로운 철학적 쟁점이다.

인공지능을 이해하지 않으려는 질문들

인공지능(어쩌면 '인공지능'이란 단어)이 점점 우리와 가까워지고 있다. 2016년 이세돌 기사와 알파고의 대결에서부터 다양한 인공지능형 디바이스까지, 인공지능은 점차 일상이 되고 있다. 그래서인지 인공지능에 대해서 여러 질문들이 생겨난다. 인공지능이 가능한가? 인공지능이 우리를 지배할까? 인공지능으로 대체되는/대체되지 않는 직업은? 인공지능이 우리 사회에 끼칠 해악은? 그 속에서 희망은? 인공지능에 대한 상당수의 책들, 특히 교양서의 대부분은 이를 질문하고 이에 답한다.

그런데 여기엔 중요한 질문 하나가 빠져 있다. 바로 '인공지능이란 무엇인가'다. 무엇인지 명확히 알아야 인공지능이 가능한지, '지배'라는 게 가능하긴 한지 등을 생각하고 판단할 수 있다. 하지만 교양서에선 인공지능 자체를 묻지 않는다. 아주 간략하게 언급하고 지나간다. 독자 입장에서도 그 어렵고 복잡한 개념을 알고 싶지 않다. 결론과 영향이면 충분해 보인다.

바로 이 때문에 이런 상투적인 질문들은 매우 '나쁜' 질문들이다. 우리에게 인공지능 자체를 이해하도록 이끄는 것이 아니라 인공지능의 결과만을, 그 효과만을 취하도록 강요하기 때문이다. 모든 결과는 그 원인이나 정의(定義)에서 도출된다. 그런데 거대하고 위협적인 결과에 노출되면, 우

리는 그 결과가 양산되는 과정이나 원인을 생각할 기회를 놓친다. 이게 반복되면, 생각할 필요성도 능력도 모두 잃어버린다. 즉 결과에만 의존하게 되는 것이다. 그러면 그에 따라 마음의 행로도 결정된다. 결과를 좌우할 수 있는 존재에게 의탁하게 되는 것. 할 수 있는 일이라곤 그 존재를 향한 기대와 희망, 기도뿐이다. 요컨대 인공지능에 대한 지금의 질문들이야말로 인공지능을 이해하지 못하도록 가로막고 있는 것이다. 실체 없는 두려움과 막연한 기대감만을 불러일으키는 질문에 다름 아니다.

스피노자에 따르면, 신학자들은 사람들을 지배하는 도구로 공포와 희망을 이용한다. 신학자 자신들이 신과 성경에 대한 해석을 독점하면서 신자들에게 해석의 결과만을 알려준다. 직접 신을 이해하지 못하도록 만든다. 이 때문에 사람들은 신과 인간의 관계나 신이 미친 영향을 인과적으로 '이해'하기보다 결과를 '상상'한다. 신을 마치 왕이나 인간처럼 여기면서, 기뻐하고 화내고 벌을 주는 식으로 공상하는 것이다. 이 허위적인 그리고 인간적인 상상으로 인해 사람들은 거대한 공포와 일말의 희망 사이에서 우왕좌왕한다. 자연스레 이 혼란을 일소할 수 있는 신학자에게 의존한다. 여기가 신학자의 권력과 신자들의 예속이 발생하는 지점이다.

이 지배와 예속의 역학, 우리에게 전혀 낯선 것이 아니다. 신의 자리에 인공지능을, 신학자의 자리에 '상투적인 질문들'을 넣어보라. 인공지능에 대한 우리의 질문은, 신을 두려워하고 구원을 바랐던 이들의 질문과 동일하다. 현대의 우리는 신에게서 자유로워졌을까? 나에겐 그 대상만 달라졌을 뿐, 양상은 똑같아 보인다.

인공지능의 '지배'를 생각해보자. 인공지능이 인간을 마침내 지배할까? '지배'는 지극히 인간적인 혹은 정치-사회적인 개념이다. 이는 인공지능을 인간으로, 슈퍼 인간으로 상정해야만 가능한 질문이다. 앞서 언급했듯이 신을 인간으로 상상하는 것과 같다. 즉 이는 인공지능에 인간을 투사한

물음에 다름 아니다.(게다가 그때 투사된 '인간'은 누구인지도 따져봐야 한다. 페미니즘 사상가들이 "그때 말하는 '인간'이란 누구를 가리키는가?" 하고 물었던 것처럼. 이 물음에 대한 답은 서구의 백인 남성이다.) 지금의 답변들은 너무 성급하고 지나치게 권력적이다.

이 점이 두 번째로 배운 점이었다. 우리는 인공지능에 대해 계속 질문해왔지만 '인공지능'의 본질을 묻지 못했다. 실은 잘못된 질문이 정말 제기해야 할 질문을 막고 있는 것은 아닐까. 이제 인공지능 자체를 질문할 때이다. 나아가 인공지능과의 관계 속에서 우리는 어떤 존재인지를 물음에 부쳐야 한다. 덧붙이자면, '신학자들의 독점적 해석'에 대한 스피노자의 해법은 직접 성경을 읽고 신을 논리적으로 '이해'하는 것이었다. 이로써 사람들은 공포/희망 대신에 이해와 자유를 확보한다. 이 점에서 평범한 사람들이 과학이나 철학을 읽고 이를 이해하는 것은 매우 중요하다.

인공지능과 빅데이터

마지막으로 최근 흐름을 살펴보자. 10장의 병렬분산처리 이후, 현재 인공지능 연구는 어디를 향하고 있는지 보충하고 싶다. (이어지는 설명은 다이코쿠 다케히코(大黒岳彦)의 〈人工知能の新次元〉(『現代思想』, 2015년 12월) 글에서 참조했다. 다이코쿠 다케히코는 현재 메이지대학 정보통신연구과 교수로 재직하고 있으며, 철학과 정보사회론을 연구하고 있다.)

이 책은 큰 흐름에서 보아, 기호체계 가설(기호계산주의)에서 병렬분산이론(연결주의)으로 넘어가고 있음을 보여준다. 하지만 오늘날엔 이 두 이론의 경쟁구도 자체가 무의미해져버렸다. 각자 독립적인 영역과 접근방식을 활용하며, 새로운 모습으로 변모하고 있기 때문이다.

기호계산주의는 과거의 결정론적인 추론 방법에서 확률적·통계적 추론(베이즈 통계를 사용하는 네트워크 등)으로 옮겨 갔다. 또한 연결주의는 '딥러

닝'이라는 기계학습 기술로 발전되어 갔다. 이 책을 거쳐서 이러한 역사적 변화를 공부한다면 큰 도움이 될 것이다. 어쩌면 생각한다는 것 자체의 의미가 변천해 간 역사이기도 할 것이다.

현재 이 두 이론이 모두 관심을 기울이고 있는 것은 빅데이터다. 빅데이터는 인간의 정보통신 활동으로 인해 발생하는 데이터 더미다. 워낙 방대하고 상호연결의 규모를 짐작할 수도 없는 데이터가 실시간으로 생산되기에, 빅데이터의 분석은 인간의 능력을 넘어선다. 빅데이터의 분석이 인공지능의 핵심 과제가 되었다.

이와 관련된 유명한 해프닝이 있다. 미국의 한 대형마트의 상품추천 프로그램은 어느 십대 소녀에게 아기용품 할인쿠폰을 발송해서 논란이 되었다. 그 소녀는 몇 개월 전에 향이 없는 로션을 대용량으로 구매했다. 몇 주가 지나 다시 칼슘이나 마그네슘이 든 영양제를 결제했다. 이를 두고 해당 프로그램은 빅데이터 분석 결과, 이 소비자가 곧 아기용품을 구매할 것을 예측하여 해당 상품을 추천한 것이었다. 소녀와 그 가족은 거세게 항의했고, 프로그램 담당자는 분석 오류를 인정했다. 얼마 뒤, 소녀는 정말 임신을 하게 되었다.

인공지능이 대단하다는 의미가 아니다.(흔히 이 사례는 그런 용도로 통용된다.) 다만 전통적인 지식생산 방식과 전혀 다른 방식이 등장한 것이다. 인간이라면 이론을 도출하기 위해 가설을 설정해야 한다. 나름의 선이해나 가치관을 바탕으로 인과관계를 가정해서 실험과 검증을 시행한다. 하지만 빅데이터 분석에서 인공지능에게 가설은 필요없다. 주어진 데이터 속에서 일정한 패턴(보습제 - 아기옷)을 발견할 뿐이다. 인과적이라고 믿기 힘든 수준의 상호연결에서도 패턴을 끄집어낸다. 때문에 기존의 앎과 완벽히 단절된 지식이 생산될 수 있으며, 어쩌면 기존 지식이 가진 〈인간적〉 한계를 드러낼 수도 있다.

기존의 기호계산론과 병렬분산이론 모두 인간의 가설 아래에서, 인간의 과제를 해결하고자 인공지능을 활용했다. 기호계산론은 인간이 설계한 프로그램을 통해서만 가능하며, GPS에 대한 비판에 나오듯이(5장), 문제를 해결하기 전에 문제 자체를 인간 프로그래머가 표상해야 한다. 이러한 한계는 병렬분산이론에서도 마찬가지다. 학습과정 자체는 네트워크 자체적으로 실현되지만, 여기엔 교사의 역할이 필요하다. 네트워크가 산출한 결과의 정답 여부를 판단하고 수정을 가할 외부자를 요구하는 것이다.

하지만 빅데이터는 다르다. 인공지능 자신이 문제와 답을 설정한다. 혹은 아무런 설정이나 규정이 없다고 말할 수도 있다. 따라서 이제 지식생산에서 인공지능의 지위는 인간의 보조자가 아니다. 인간과 대등한 수준에서 독립적으로 지식을 생산할 수 있는 '동료'인 것이다. 이 낯선 동료와 함께 무엇을 할 수 있을 것인가. 현재 인공지능 연구의 관심사다.

인간의 종언

인간은 지식에 제기된 가장 유구한 문제도 가장 지속적인 문제도 아니다. 누구라도 비교적 짧은 역사와 제한된 지리적 단절(16세기부터의 유럽 문화)을 검토한다면, 거기에서 인간은 최근에 발견되었다고 확신할 수 있다. … 즉 그것은 근본적인 지식의 배치에서 일어난 변화의 결과였다. 사유의 고고학이 분명히 보여주듯이 인간은 최근의 시대에 발견된 형상이다. 그리고 아마 종말이 가까운 발견물일 것이다. 만약 그 배치가 출현했듯이 사라지기에 이른다면, 18세기의 전환점에서 고전주의적 사유의 밑바탕이 그랬듯이 만약 우리가 기껏해야 가능하다고만 예감할 수 있을 뿐이고 지금으로서는 형태가 무엇일지도, 무엇을 약속하는지도 알지 못하는 어떤 사건에 의해 그 배치가 흔들리게 된다면, 장담할 수 있건대 인간은 바닷가 모래사장에 그려놓은 얼굴처럼 사라질지 모른다.

— 미셸 푸코, 『말과 사물』, 마지막 단락

프랑스 철학자 미셸 푸코에 따르면, 19세기의 근대 에피스테메는 사물의 관계를 사물 안으로 집어넣었고, 그 관계를 넣어둘 사물의 깊이를 필요로 했다. 그렇게 깊어진 사물의 내적 공간을 '본성'이라고 불렀다. 인간의 경우라면, 예전에는 인간적이라고 여기지 않았던 어떤 관계들을 모아서, 이를 본성으로 만들어 집어놓고 '인간'이라고 이름 붙였다. 이러한 과정을 통해 인간은 비교적 최근에 '발명/발견'되었고, 때문에 근대 지적 배치의 산물이다. 근대 에피스테메가 무너지고 새로운 지적 배치가 구성된다면, 곧 "우리가 기껏해야 가능하다고만 예감할 수 있을 뿐이고 지금으로서는 형태가 무엇일지도, 무엇을 약속하는지도 알지 못하는 어떤 사건"이 등장한다면, 과거의 산물이었던 인간도 사라질 수밖에 없다. 이것이 푸코가 내린 『말과 사물』의 결론이고, 짐작건대 푸코를 이를 기쁘게 고대하지 않았을까 싶다.

인공지능이 바로 그 '사건'이 될 수도 있지 않을까. 지금 우리는 인공지능이 가능하다고 예측하지만, 그 형태나 의미, 전망을 알 수 없다. 그리고 실제로 인공지능의 논의 속에서 인간, 인간적인 것, 인간성 모두가 흔들리고 있다.

현재 인공지능을 둘러싸고 제기되는 비판 중에 주목할 만한 것은 '지능'의 개념이다. 지금의 인공지능 연구, 특히 기호계산론과 병렬분산이론 모두 지능을 개체 내부의 특성으로 간주하고 있다. 생각이란 것이 언제나 특정한 개체, 특정한 부위(뇌 또는 컴퓨터 CPU나 메모리) 속에서 발생하는 것으로 한정짓는 것이다. 하지만 지능/지성은 결코 개체 내부로 폐쇄시킬 수 없다. 사랑에 빠지면 자동적으로 연인의 모습이 떠오를 때, 생각이란 내가 의지대로 만들어내는 것이 아니라 연인-이미지와의 접속으로부터 작동하는 일종의 자동화된 프로세스에 다름 아니다.

그런데도 우리는 사고능력을 인간 개체의 내부에서 작용하는 그 개체

의 특성으로 이해하고 있다. 이 점이야말로 근대 에피스테메의 특성을 잘 보여준다. 관계적으로 발생하는 사고활동을 개체 내부의 특성으로 집어넣은 것이다. 그래서 언제나 '생각하다'를 인간의 고유한 특성, 인간다움의 본성으로 이해하고 있다. 이 맥락에서 기계도 그 내적 특성으로 '생각'할 수 있는지를 묻고, 사고활동이라는 특성을 내부에 장착한 기계를 개발하고자 한다. 이것이 인공지능의 기본적인 접근법이다. 이런 접근법의 연장선에서 '인간 vs 기계'식의 경쟁도, 인공지능이 인간을 추월하는 '특이점(singularity)' 논의도, 그에 대한 공포도 등장하는 것이다. 모두 근대적 에피스테메의 맥락에 속한다.

그런데 흥미로운 점은 바로 이것이다. 인공지능 연구는 출발선에서부터 근대적 에피스테메 혹은 인간중심주의의 영향 속에 있었다. 그런데 이를 개발하고 추구할수록 점차 기존 에피스테메를 무너트릴 수밖에 없는 것이다. 병렬분산이론에서 네트워크를 강조하는 것(개별 신경세포가 아니라 신경네트워크 전체가 사고활동의 장이다)이나 인간과 독립된 빅데이터 분석 등.

인공지능은 확실히 우리를 '포스트휴먼'의 시대로 이끌고 있다. 그 과정 속에서 머지않아 인간은, 인간성이나 인간적 관점은 종언을 고할 것이다. 푸코는 그 사건을 구체적으로 짐작하진 못했지만, 우리에겐 최소한 '인공지능'이라는 구체적인 사건이 있으니 종언은 더 가속화될 것이다.

모쪼록 이 책이 인공지능을 받아들이는 시선과 질문을 바꾸는 데 도움이 되었으면 좋겠다. 그렇다면 역자로서는 더할 나위가 없다.

참고문헌

Aikins, J. S., 1983, 'Prototypical Knowledge for Expert Systems', *Artificial Intelligence*, 20, pp. 163~210.

Aleksander, I., (ed.) 1989, *Neural computing Architecture The Design of Brain-Like Machine*, Cambridge, Mass: MIT Press.

Aleksander, I., Burnett, Pl, 1987, *Thinking Machines: The Search for Artificial Intelligence*, Oxford: Oxford University Press.

Anderson, J. A., Hinton, G. E., 1981, 'Models of Information Processing in the Brain'. In Hinton, G. E., Anderson, J. A., (eds) 1981, *Parallel Models of Associative Memory*. Hillsdale, N. J.: Lawrence Erlbaum, pp. 9~48.

Anderson, J. A., Mozer, M. C., 1981, 'Categorization and Selective Neurons'. In Hinton, G. E., Anderson, J. A., (eds) 1981, *Parellel Models of Associative Memory*, pp. 213~36.

Anderson, J. A., Silverstein, J. W., Ritz, S. A., Jones, R. S., 1977, 'Distinctive Features, Categorical Perception, and Probability Learning: Some Applications of a Neural Model'. *Psychological Review*, 84, pp. 413~51.

Armstrong, D. M., 1968, *A Materialist Theory of the Mind*, London: Routledge and Kegan Paul.

Atanasoff, J. V., 1940, 'Computing Machine for the solution of Large Systems of Linear Algebraic Equations', In Randell, B., (ed.) 1982, *The Origins of Digital Computers*, Berlin: Springer-Verlag, pp. 315~35.

Augarten, S., 1984, *Bit by Bit*, New York: Ticknor and Fields.

Austin, J. L., 1962, *Sense and Sensibilia*, Oxford: Clarendon.

Ayer, A. J., 1954, *Philosophical Essays*, London: Macmillan.

Barlow, H. B., 1972, 'Single Units and Sensation: a Neuron Doctrine for Perceptual Psychology?', *Perception*, 1, pp. 371~94.

Bates, A. M., Bowden, B. V., Strachey, C., Turing, A. M., 1953, 'Digital Computers Applied to Games'. In Bowden, B. V., (ed.) 1953, *Faster than Thought*, London: Pitman, pp. 386~310.

Bauer, f. L., 1980, 'Between Zuse and Rutishauser - The Early Development of Digital Computing in Central Europe'. In Metropolis, N., Howlett, J., Rota, G. C., (eds) 1980, *A History of Computing in the Twentieth Century*, New York: Academic Press, pp. 505~24.

Beach, F. A., Hebb, d. O., Morgan, C. T., Nissen, H. W., (eds) 1960, *The Neuropsychology of Lashley*, New York: McGraw-Hill.

Bennett, J., 1965, 'Substance, Reality, and Primary Qualities', *American Philosophical Quarterly*, 2, pp. 1~17.

Berry, A., 1983, *The Super-Intelligent Machine*, London: Jonathan Cape.

Berwick, R. C., Weinberg, A. S., 1984, *The Grammatical Basis of Linguistic Performance: Language Use and Acquisition*, Campridge, Mass: MIT Press.

Biederman, I., 1987, 'Recognition by Components: a Theory of Human Image Understanding', *Psychological Review*, 94, pp. 115~47.

Biro, J. I., Shahan, R. W., (eds) 1982, *Mind, Brain and Function: Essays in the Philosophy of Mind*, Brighton: Harvester.

Blair, P., Guha, R. V., Pratt, W., 1992, 'Microtheories: An Ontological Engineer's Guide'. MCC Technical Report Number CYC-050-92. Austin, Texas: Microelectronics and Computer Technology Corporation.

Blakemore, C., Greenfield, S. (eds) 1987, *Mindwaves*, Oxford: Basil Blackwell.

Block, N., 1978, 'Troubles with Functionalism'. In Savage, C. W., (ed) 1978, *Perception and Cognition: Issues in the Foundations of Psychology*. Minneapolis: University of Minnesota Press, pp. 261~325.

Block, N., 1981, 'Psychologism and Behaviourism', *Philosophical Review*, 90, pp. 5~43.

Block, N., 1983, 'Mental Pictures and Cognitive Science', *The Philosophical Review*, 92, 499~541.

Block, N., 1990, 'The Computer Model of the Mind'. In Osherson, D. N., Lasnik, H., (eds) 1990, *An Invitation to Cognitive Science*, Vol. 3, *Thinking*, Cambridge, Mass.: MIT Press, pp. 247~289.

Bloomfield, B. P., (ed.) 1987, *The Question of Artificial Intelligence*, London: Croom Helm.

Bobrow, D., 1968, 'A Turing Test Passed', *ACM SIGART Newsletter*, December 1968, pp. 14~15.

Born, I., (trans.) 1971, *The Born-Einstein Letters*, London: Macmillan.

Boswell, J., *Life of Samuel Johnson*, Ed. Birrell, A., 1896, Westminster: Archibald Constable.

Bowden, B. V. (ed.) 1953, *Faster than Thought*, London: Pitman.

Breton, A., 1924, *Manifestes du Surréalisme*, Paris: Editions du Sagittaire.

Broadbent, D., 1985, 'A Question of Levels: Comment on McClelland and Rumelhard'. *Journal of Experimental Psychology: General*, 114, pp. 189~192.

Bromley, A. G., 1982, 'Charles Babbage's Analytical Engine, 1838', *Annals of the History of Computing*, 4, pp. 196~217.

Bundy, A., (ed.) 1980, *Artificial Intelligence*, Edinburgh: Edinburgh University Press.

Burks, A. W., 1980, 'From ENIAC to the Stored-Program Computer: Two Revolutions in Computers'. In Metropolis, N., Howlett, J., Rota, G. C., (eds) 1980, *A History of Computing in the Twentieth Century*, New York: Academic Press, pp. 311~44.

Burks, A. W., Goldstine, H. H., von Neumann, J., 1946, 'Preliminary Discussion of the Logical Design of an Electronic Computing Instrument'. An edited version appears in Randell, B., (ed.) 1982, *The Origins of Digital Computers*, Berlin: Springer-Verlag, pp. 399~413.

Carpenter, B. E., Doran, R. W., (eds) 1986, *A. M. Turing's ACE Report of 1946 and Other Papers*, Cambridge, Mass: MIT Press.

Carruthers, P., 1986, *Introducing Persons*, London: Croom Helm.
Chisholm, R. M., 1957, *Perceiving: A Philosophical Study*, New York: Cornell University Press.
Chow, K. L., 1968, 'Visual Discriminations After Extensive Ablation of Optic Tract and Visual Cortex in Cats', *Brain Research*, 9, pp. 363~6.
Church, A., 1936a, 'A Note on the Entscheidungsproblem', *The Journal of Symbolic Logic*, 1, pp. 40~1.
Church, A., 1936a, 'An Unsolvable Problem of Elementary Number Theory', *The American Journal of Mathematics*, 58, pp. 345~63.
Churchland, P. M., 1985, 'Reduction, Qualia, and the direct Introspection of Brain States', *The Journal of Philosophy*, 82, pp. 8~28.
Churchland, P. M., 1986, 'Some Reductive Strategies in Cognitive Neurobiology', *Mind*, 95, pp. 279~310.
Churchland, P. M., Churchland, P. S., 1990, 'Could a Machine Think?', *Scientific American*, 262 (1), pp. 26~31.
Churchland, P. S., 1986, *Neurophilosophy: Toward a Unified Science of the Mind/Brain*, Cambridge, Mass.: MIT Press.
Colby, K. M., 1975, *Artificial Paranoia*, New York: Pergamon.
Colby, K. M., 1981, 'Modeling a Paranoid Mind', *Behavioural and Brain Sciences*, 4, pp. 515~34.
Colby, K. M., Watt, J. B., Gilbert, J. P., 1966, 'A Computer Method of Psychotherapy: Preliminary Communication', *The Journal of Nervous and Mental Disease*, 142, pp. 148~152.
Colby, K. M., Weber, S., Hilf, F. D., 1971, 'Artificial Paranoia', *Artificial Intelligence*, 2, 1~25.
Cooper, D., (ed.) 1993, *Companion to Aesthetics*, Oxford: Basil Blackwell.
Copeland, B. J., 1979, 'On When a Semantics is not a Semantics', *Journal of Philosophical Logic*, 8, pp. 399~413.
Copeland, B. J., 1980, 'The Trouble Anderson and Belnap have with Relevance', *Philosophical Studies*, 37, pp. 325~34.
Copeland, B. J., 1984, 'Horseshoe, Hook, and Relevance', *Theoria*, 50, pp. 148~64.
Copeland, B. J., 1985, 'Substitutional Quantification and Existence', *Analysis*, 45, pp. 1~4.
Copeland, B. J., 1986, 'What is a Semantics for Classical Negation?', *Mind*, 95, pp. 478~90.
Copeland, B. J., 1993a, 'The Curious Case of the Chinese Gym', *Synthése*.
Copeland, B. J., 1993b, 'Compatibilism and Modality'.
Copeland, B. J., 1993c, 'What Is Computation?'.
Copeland, B. J., 1993d, 'Vagueness and Bivalence'.
Copeland, B. J., (eds) 1994, *Logic and Reality: Essays in Pure and Applied Logic In Memory of Arthur Prior*, Oxford: Oxford University Press.
Copi, I. M., 1961, *Introduction to Logic*, Second edn. New York: Collier-Macmillan.
Corballis, M., 1961, *The Lopsided Ape*, New York: Oxford University Press.
Cottingham, J., Stoothoff, Ro, Murdoch, D., 1985, *The Philosophical Writings of Descartes*,

Cambridge: Cambridge University Press, vol. 1.
Craik, K. J. W., 1943, *The Nature of Explanation*, Cambridge: Cambridge University Press.
Crick, F., Asanuma, C., 1986, 'Certain Aspects of the Anatomy and Physiology of the Cerebral Cortex'. In McClelland, J. L., Rumelhart, D. E., and the PDP Research Group 1986, *Parallel Distributed Processing: Exploration in the Microstructure of Cognition*, Vol.2: *Psycological and Biological Models*, Cambridge, Mass: MIT Press, pp. 333~71.
Culbertson, J. T., 1956, 'Some Uneconomical Robots'. In Shannon, C. E., McCarthy, J., (eds) 1956, *Automata Studies*, Princeton: Princeton University Press, pp. 99~116.
Culbertson, J. T., 1963, *The Minds of Robots: Sense Data, Memory Images, and Behaviour in Conscious Automata*, Urbana: University of Illinois Press.
Darrach, B., 1970, 'Meet Shakey, The First Electronic Person', *Life*, vol. 69, part 21, November 20, 1970, pp. 58B~68.
Davidson, D., 1967, 'The Logical Form of Action Sentences'. In Davidson, D., 1980, *Essays on Actions and Events*, Oxford: Clarendon Press, pp. 105~22.
Davis, J. M., Garver, Dl. L., 1978, 'Neuroleptics: Clinical Use in Psychiatry'. In Iverson, L. L., Iverson, S. D., Snyder, S. H., (eds) 1978, *Handbook of Psychopharmacology*, New Yor: Plenum, vol. 10, pp. 129~64.
Deecke, L., Grözinger, B., Kornhuber, H. H., 1976, 'Voluntary Finger Movement in Man: Cerebral Potentials and Theory', *Biological Cybernetics*, 23, pp. 99~110.
Degn, H., Holden, A. V., Olsen, L. F., (eds) 1987, *Chaos in Biological Systems*, New York: Plenum.
DeJong, G., 1977, 'Skimming Newspapaer Stories by Computer', *Proceedings of the Fifth International Joint Conference on Artificial Intelligence*, Cambridge: Massachusetts Institute of Technology, p. 16.
Dennett, D. C., 1978a, *Brainstorms: Philosophical Essays on Mind and Psychology*, Brighton: Harvester.
Dennett, D. C., 1978b, 'On Giving Libertarians What They Say They Want'. In Dennett, D. C., 1978,, *Brainstorms: Philosophical Essays on Mind and Psychology*, Brighton: Harvester, pp. 286~99.
Dennett, D. C., 1984, *Elbow Room: the Varieties of Freewill Worth Wanting*, Oxford: Clarendon Press.
Dennett, D. C., 1988, 'Quining Qualia'. In Marcel, A. J., Bisiach, E., (eds) 1988, *Consciousness in Contemporary Science*, Oxford: Clarendon Press, pp. 42~77.
Dennett, D. C. 1991, *Consciousness Explained*, Boston: Little Brown.
Descartes, R., 1641, 'Discourse On Method'. In Cottingham, J., Stoothoff, R., Murdoch, D., 1985, *The Philosophical Writings of Descartes*, Cambridge: Cambridge University Press, vol. 1.
Doyle, J., 1979, 'A Truth Maintenance System', *Artificial Intelligence*, 12, pp. 231~72.
Dreyfus, H. L., 1965, *Alchemy and Artificial Intelligence*, Santa Monica: RAND Corporation, Report P-3244, Dec. 1965.

Dreyfus, H. L., 1979, *What Computers Can't do: The Limits of Artificial Intelligence*, Revised edn, New York: Harper & Row.

Dreyfus, H. L., Dreyfus, S. E., 1986, *Mind Over Machine*, New York: Macmillan/The Free Press.

Eccles, J. C., (ed.) 1966, *Brain and Conscious Experience*, Berlin: Springer-Verlag.

Eccles, J. C., 1972, 'Possible Synaptic Mechanism Subserving Learning'. In Karczmar, A. G., Eccles, J. C., (eds) 1972, *Brain and Human Behaviour*, Berlin: Springer-Verlag, pp. 39~61.

Eccles, J., 1979, *The Human Mystery*, New York: Springer.

Eckert, J. P., 1980, 'The ENIAC'. In Metropolis, N, Howlett, J., Rota, G. C., (eds) 1980, *A History of Computing in the Twentieth Century*, New York: Academic Press, pp. 525~39.

Elgot, C. C., Robinson, A., 1964, 'Random-Access Stored-Program Machines, an Apporach to Programming Languages', *Journal of the Association for Computing Machinery*, 11, pp. 365~99.

Elman, J. D., Zipser, D., 1988, 'Learning the Hidden Structure of Speech', *Journal of the Acoustical Society of America*, 83, pp. 1615~29.

Ernst, G. W., Newell, A., 1969, *GPS: A Case Study in Generality and Problem Solving*, New York: Academic Press.

Feigenbaum, E. A., Feldman, J., (eds) 1963, *Computers and Thought*, New York: McGraw-Hill.

Feldman, J. A., Ballard, D. H., 1982, 'Connectionist Models and their Properties', *Cognitive Science*, 6, pp. 205~54.

Fleck, J., 1982, 'Development and Establishment in Artificial Intelligence'. In Bloomfield, B. P., (ed.) 1987, *The Question of Artificial Intelligence*, London: Croom Helm, pp. 106~64.

Flew, A., 1955, 'Divine Omnipotence and Human Freedom'. In Flew, A., MacIntyre, A., (eds) 1955, *New Essays in Philosophical Theology*, London: SCM Press, pp. 144~69.

Fodor, J. A., 1975, *The Language of Thought*, New York: Thomas Y. Crowell.

Fodor, J. A., 1985, 'Fodor's Guide to Mental Representation: The Intelligent Auntie's Vade-Mecum', *Mind*, 94, pp. 76~100.

Fodor, J. A., 1987, *Psychosemantics: The Problem of Meaning in the Philosophy of Mind*, Cambridge, Mass.: MIT Press.

Fodor, J., Phlyshyn, Z., 1988, 1988, 'Connectionism and Cognitive Architecture: A Critical Analysis'. In Pinker, S., Mehler, J., (eds) 1988, *Connections and Symbols*, Cambridge, Mass.: MIT Press, pp. 3~71.

Frankfurt, H. G., 1971, 'Freedom of the Will and the Concept of a Person'. In Frankfurt, H. G., 1988, *The Importance of What We Care About: Pholosophical Essays*, Cambridge: Cambridge University Press, pp. 11~25.

Frankfurt, H. G., 1976, 'Identification and Externality'. In Frankfurt, H. G., 1988, *The Importance of What We Care About: Pholosophical Essays*, Cambridge: Cambridge University Press, pp. 58~68.

Frankfurt, H. G., 1988, *The Importance of What We Care About: Pholosophical Essays*,

Cambridge: Cambridge University Press.
Freud, S., 1932, *Neue Folge der Vorlesungen zur Einfuhrüng in die Psychoanalyse*, Frankfurt: S. Fischer Verlag.
Fuller, L. L., 1958, 'Positivism and Fidelity to Law - A Reply to Professor Hart', Harvard Law Review, 71, pp. 630~72.
Gazzaniga, M. S., 1988, 'Brain Modularity: Towards a Philosophy or Conscious Experience'. In Marcel, A. J., Bisiach, E., (eds) 1988, *Consciousness in Contemporary Science*, Oxford: Clarendon Press, pp. 218~38.
Gazzaniga, M. S., Bogen, J. E., Sperry, R. W., 1965, 'Observations on Visual Perception After Disconnection of the Cerebral Hemispheres in Man', *Brain*, 8, pp. 221~36.
Gazzaniga, M. S., Le Doux, J. E., 1978, *The Intergrated Mind*, New York: Plenum.
Gelernter, H., Hansen, J. R., Loveland, D. W., 1960, 'Empirical Explorations of the Geometry Theorem Proving Machine'. In Feigenbaum, E. A., Feldman, J., (eds) 1963, *Computers and Thought*, New York: McGraw-Hill, pp. 153~63.
Gentzen, G., 1934, 'Investigation Into Logical Deduction'. In Szabo, M. E., (ed.) 1969, *The Collected Papers of Gerhard Gentzen*, Amsterdam: North-Holland, pp. 68~131.
Ginet, C., 1966, 'Might We Have No Choice?'. In Lehrer, K., (ed.) 1966, *Freedom and Determinism*, New York: Random House.
Giuliano, V. E., 1965, 'Comments on a Paper by R. F. Simmons', *Computational Linguistics*, 8, pp. 69~70.
Gleick, J., 1988, *Chaos: Making a New Science*, London: Cardinal.
Goldstine, H. H., 1972, *The Computer from Pascal to von Neumann*, Princeton: Princeton University Press.
Goldstine, H. H., Goldstine, A., 1946, 'The Electronic Numerical Integrator and Computer'. In Randell, B., (ed.) 1982, *The Origins of Digital Computers*, Berlin: Springer-Verlag, pp. 359~73.
Good, I. J., 1980, 'Pioneering Work on Computers at Bletchley'. In Metropolis, N., Howlett, J., Rota, G. C., (eds) 1980, *A History of Computing in the Twentieth Century*, New York: Academic Press, pp. 31~45.
Goodall, J., van Lawick 1971, *In the Shadow of Man*, London: Collins.
Gregory, R. L., 1961, 'The Brain as an Engineering Problem'. In Thorpe, W. H., Zangwill, O. L., (eds) 1961, *Current Problems in Animal Behaviour*, Cambridge: Cambridge University Press, pp. 307~30.
Gregory, R. L., (ed.) 1987, *The Oxford Companion to the Mind*, Oxford: Oxford University Press.
Gross, C. G., Bender, D. B., Rocha-Miranda, C. E., 1974, 'Inferotemporal Cortex: A Single-unit Analysis'. In Schmitt, F. O., Worden, F. G., (eds) 1974, *The Neurosciences: Third Study Program*, Cambridge, Mass: MIT Press, pp. 229~38.
Gruenberger, F. J., 1979, 'The History of the JOHNNIAC', *Annals of the History of Computing*, 1,

pp. 49~64.
Guha, R. V., 1990, 'The Representation of Defaults in CYC', MCC Technical Report Number ACT-CYC-083-90, Austin, Texas: Micorelectronics and Computer Technology Corporation.
Guha, R. V., Lenat, D. B., 1990, 'CYC: A Mid-Term Report', *AI Magazine*, Fall, pp. 32~59.
Guha, R. V., Levy, A Y., 1990, 'A Relevance Based Meta Level', MCC Technical Report Number ACT-CYC-040-90, Austin, Texas: Microelectronics and Computer Technology Corporation.
Gunderson, K., 1985, *Mentality and Machines*, London: Croom Helm.
Hanks, S., McDermott, D., 1986, 'Default Reasoning, Nonmonotonic Logics, and the Frame Problem', *Proceedings of the Fifth Natioal Conference on Artificial Intelligence*, pp. 328~33.
Harlow, J. M., 1868, 'Recovery From the Passage of an Iron Bar Through the Head', *Massachusetts Medical Society Publication*, 2, pp. 328~47.
Harth, E., 1982, *Windows on the Mind: Reflections on the Physical Basis of Consciousness*, Brighton: Harvester.
Haugeland, J., (ed.) 1981a, *Mind Design: Philosophy, Psychology, Artificial Intelligence*, Cambridge, Mass.: MIT Press.
Haugeland, J., 1981b, 'Analog and Analog'. In Biro, J. I., Shahan, R. W., (eds) 1982, *Mind, Brain and Function: Essays in the Philosophy of Mind*, Brighton: Harvester, pp. 213~25.
Haugeland, J., 1983, *Artificial Intelligence: the Very Idea*, Cambrige, Mass.: MIT Press.
Heiser, J. F., Colby, K. M., Faught, W. S., Parkison, R. C., 1980, 'Can Psychiatrists Distinguish a Computer Simulation of Paranoia from the Real Thing?', *Journal of Psychiatric Research*, 15, pp. 149~62.
Herken, R., (ed.) 1988, *The Universal Turing Machine*, Oxford: Oxford University Press.
Hinton, G. E., 1985, 'Learning in Parallel Networks', *BYTE*, April 1985, pp. 265~73.
Hinton, G. E., Anderson, J. A., (eds) 1981, *Parallel Models of Associative Memory*, Hillsdale, N. J.: Lawrence Erlbaum.
Hobbes, T., *Works*, Ed. Molesworth, W., 1839~45, London: John Bohn.
Hodges, A., 1983, *Alan Turing: The Enigma*, London: Burnett.
Hofstadter, D. R., 1980, *Gödel, Escher, Bach: an Eternal Goldedn Braid*, New York: Basic.
Hofstadter, D. R., 1982, 'Variations on a Theme as the Essence of Imagination', *Scientific American*, 247 (4), pp. 14~21.
Hofstadter, D. R., 1985, *Metamagical Themas: Questing for the Essence of Mind and Pattern*, New York: Basic Books.
Hofstadter, D. R., Dennett, D. C., (eds) 1981, *The Mind's I*, New York: Basic Books.
Holden, A. V., (eds) 1986, *Chaos*, Manchester: Manchester University Press.
Honderich, T., (ed.) 1973, *Essays on Freedom of action*, London: Routledge & Kegan Paul.
Honderich, T., 1988, *A Theory of Determinism: The Mind, Neuroscience, and Life-Hopes*, Oxford: Clarendon Press.

Horowitz, B. M., 1980, 'Constructively Nonpartial Recursive Functions', *Notre Dame Journal of Formal Logic*, 21, pp. 273~6.

Hospers, J., 1967, *An Introduction to Philosophical Analysis*, London: Routledge & Kegan Paul.

Hughes, G. E., Cresswell, M. J., 1968, *An Introduction to Modal Logic*, London: Methuen.

Hume, D., 1748, *An Enquiry Concerning Human Understanding*, Ed. Selby-Bigge, L. A., 1902, Oxford: Clarendon Press.

Huxley, T. H., 1866, *Lessons in Elementary Physiology*, London: Macmillan.

Jackendoff, R., 1987, *Consciousness and the Computational Mind*, Cambridge, Mass.: MIT Press.

Jackson, F. C., 1982, 'Epiphenomenal Qualia', *Philosophical Quarterly*, 32, pp. 127~36.

Jackson, F. C., 1986, 'What Mary Didn't Know', *The Journal of Philosophy*, 83, pp. 291~5.

Jackson, F. C., (ed.) 1991, *Conditionals*, Oxford: Oxford University Press.

Jackson, P., 1986, *Introduction to Expert Systems*, Wokingham: Addison-Wesley.

Jaynes, J., 1990, *The Origin of Consciousness in the Breakdown of the Bicameral Mind*, Second edn. Boston: Houghton Mifflin.

Jefferson, G. 1949, 'The Mind of Mechanical Man', *British Medical Journal*, June 25 1949, pp. 1105~10.

Johnson-Laird, P. N., 1983, *Mental Models: Towards a cognitive Science of Language, Inference and Consciousness*, Cambridge: Cambridge University Press.

Johnson-Laird, P. N., 1988, *The Computer and the Mind: An Introduction to Cognitive Science*, London: Fontana.

Kant, I., 1788, *Critique of Practical Reason*, Trans Beck, L. W., 1949, Chicago: University of Chicago Press.

Karczmar, A. G., Eccles, J. C., (eds) 1972, *Brain and Human Behaviour*, Berlin: Springer-Verlag.

Keating, E. G., Horel, J. A., 1972, 'Effects of Prestriate and Striate Lesions on the Monkey's Ability to Locate and Discriminate Visual Forms', *Experimental Neurology*, 35, pp. 322~36.

Kilburn, T., Williams, f. C., 1953, 'The Universit of Manchester Computing Machine'. In Bowden, B. V., (ed.) 1953, *Faster than Thought*, London: Pitman, pp. 117~29.

Kohonen, T. 1980, *Content-Addressable Memories*, Berlin: Springer-Verlag.

Kosslyn, S. H., 1980, *Image and Mind*, Cambridge, Mass.: Harvard University Press.

Kosslyn, S. H, 1983, *Ghosts in the Mind's Machine*: Creating and Using Images in the Brain, New York: Norton.

Krantz, d. H., Atkinson, R. C., Luce, R. D., Suppes,, P. (eds) 1974, *Comtemporary Developments a Mathematical Psychology*, Vol, 2: Measurement, Psychophysics, and Neural Information pressing, San Frandisco: W. H. Freeman.

Kripke, S. A., 1980, Naming and Necessity, Oxford: Basil Blackwell.

Lackner, J. R., Garrett, M. F., 1972, 'Resolving Ambiguity: Effects of Biasing context in the Unattended Ear', *Cognition*, 1, pp. 359~72.

Lamb, J., 1977, 'On a Proof of Incompatibilism', *Philosophical Review*, 86, pp. 20~35.

Laplace, P., 1814, *Essai Philosophique sur les Probabilités*, Second edn., Paris: Courcier.
Larson, E. R., 1974, 'Honeywell, Inc. v. Sperry Rand Corp., et al.', *Us Patent Quarterly*, 180, pp. 673~772.
Lashley, K. S., 1950, 'In Search of the Engram'. In Beach, F. A., Hebb, D. O., Morgan, C. T., Nissen, H. W., (eds) 1960, *The Neuropsychology of Lashley*, New York: McGraw-Hill, pp. 478~505.
Lavington, S. H., 1975, *A History of Manchester Computers*, Manchester: NCC Publication.
Lehrer, K., (ed.) 1966, *Freedom and Determinism*, New York: Random House.
Leiber, J. 1991, *An Invitation to Cognitive Science*, Oxford: Basil Backwell.
Lenat, D. B., 1982, 'The Nature of Heuristics', *Artificial Intelligence*, 19, pp. 180~249.
Lenat, D. B., 1984, 'Computer Software for Intelligent Systems', *Scientific American*, 251 (3), pp. 152~60.
Lenat, D. B., Feigenbaum, E. A., 1991a, 'On the Threshholds of Knowledge', *Artificial Intelligence*, 47, pp. 185~230.
Lenat, D. B., Feigenbaum, E. A., 1991b, 'Reply to Brian Smith', *Artificial Intelligence*, 47, pp. 231~50.
Lenat, D. B., Guha, R. V., 1990, *Building Large Knowledge-Based Systems: Representation and Inference in the CYC Project*, Reading, Mass.: Addison-Wesley.
Lewis, C. I., Langford, C. H., 1932, *Symbolic Logic*, New York: Dover, 1959.
Lewis, D. K., 1971, 'Analog and Digital', *Noûs*, 5, pp. 321~7.
Lewis, D. K., 1980, 'Mad Pain and Martian Pain'. In Lewis, d., 1983b, *Philosophical Papaers*, vol. 1, New York: Oxford University Press, pp. 122~30.
Lewis, D. K., 1983a, 'Postscript to Mad Pain and Martian Pain'. In Lewis, d., 1983b, *Philosophical Papaers*, vol. 1, New York: Oxford University Press, pp. 130~2.
Lewis, D. K., 1983b, *Philosophical Papers*, vol. 1, New York: Oxford University Press.
Lewis, H. D., (ed.) 1956, *Contemporary British Philosophy*, Series 3, London: George Allen & Unwin.
Libet, B., 1985, 'Unconscious Cerebran Initiative and the Role of Conscious Will in Voluntary Action', *Behavioural and Brain Sciences*, 8, pp. 529~39.
Longuet-Higgins, H. C., 1972, 'To Mind Via Semantics'. In Kenny, A. J. P., Longuet-Higgins, H. C., Lucas, J. R., Wadington, C. H., 1972, *The Nature of Mind*, Ediburgh: Ediburgh University Press, pp. 92~107.
Lovelace, A. A., Menabrea, L. F., 1843, 'Sketch of the Analytical Egine Invented by Charles Babbage, Esq.'. In Bowden, b. V., (ed.) 1953, Faster than Thought, London: Pitman, pp. 341~408.
Lycan, W. G., 1987, *Consciousness*, Cambridge, Mass.: MIT Press.
Mabbott, J. D., 1956, 'Freewill and Punishment'. In Lewis, H. D., (ed.) 1956, *Contemporary British Philosophy*, Series 3, London: George Allen & Unwin, pp. 289~309.
Marcel, A. J., Bisiach, E., (eds) 1988, *Consciousness in Contemporary Science*, Oxford: Clarendon

Press.

McCarthy, J., 1980, 'Circumscription - A Form of Non-Monotonic Reasoning', *Artificial Intelligence*, 13, pp. 27~39, 171~2.

McCarthy, J., 1986, 'Applications of circumscription to Formalising Common-Sense Knowledge', *Artificial Intelligence*, 28, pp. 89~116.

McCarthy, J., Hayes, P J., 1969, 'Some Philosophical Problems from the Standpoint of Artificial Intelligence'. In Meltzer, b., Michie, D., (eds) 1969, *Machine Intelligence 4*, Edinburgh: Edinburgh University Press, pp. 463~502.

McClelland, J. L., (unpublished), 'Models of Perception and Memory Based on Principles of Neural Organisation'.

McClelland, J. L., 1987, 'The basis of Lawful Behaviour: Rules or Connections?', *The Computers and Philosophy Newletter*, 2 (1), pp. 10~16.

McClelland, J. L., Rumelhart, D. E., 1986, 'Amnesia and Distributed Memory'. In McClelland, J. L., Rumelhart, D. E., and the PDP Research Group 1986, *Parallel Distributed Processing: Explorations in the Microstucture of Cognition*, vol.2: *Psychological and Biological Models*, Cambridge, Mass.: MIT Press, pp. 503~27.

McClelland, J. L., Rumelhart, D. E., Hinton, G. E., 1986, 'The Appeal of Parallel distributed Processing'. In Rumelhar, D. E., McClelland, J. L., and the PDP Research Group 1986, *Parallel Distributed Processing: Explorations in the Microstucture of Cognition*, vol. 1: *Foundations*, Cambridge, Mass.: MIT Press, pp. 3~44.

McClelland, J. L., Rumelhart, D. E., and the PDP Research Group 1986, *Parallel Distributed Processing: Explorations in the Microstucture of Cognition*, vol. 2: *Psychological and Biological Models*, Cambridge, Mass.: MIT Press.

McCorduck, P., 1979, *Machines Who Think*, New York: W. H. Freeman.

McCulloch, W. S., Pitts, W., 1943, 'A logical Calculus of the Ideas Innament in Nervous Activiry', *Bulletin of Mathematical Biophysics*, 5, pp. 115~33.

McDermott, D., 1976, 'Artificial Intelligence Meets Natural Stupidity'. In Haugelad, J., (ed.) 1981, *Mind Design: Philosophy, Psychology, Artificial Intelligence*, Cambridge, Mass.: MIT Press, pp. 143~60.

McDermott, d., Dyle, J., 1980, 'Non-Monotonic Logic I', *Artificial Intelligence*, 13, pp. 41~72.

McGinn, C., 1989, *Mental Content*, Oxford: Basil Blackwell.

Meltzer, B., Michie, D., (eds) 1969, *Machine Intelligence 4*, Edinburgh: Edinburgh University Press.

Metropolis, N., Howlett, J., Rota, G. C., (eds) 1980, *A History of Computing in the Twentieth Century*, New York: Academic Press.

Metropolis, N., Worlton, J., 1980, 'A Trilogy of Errors in the History of Computing', *Annals of the History of Computing*, 2, pp. 49~59.

Mettrie, J. O., de la 1748, *Man a Machine*, Trans. Gertrude Bussey 1912, Illinois: Open Court, 1953.

Michie, D., 1974, *On Machine Intelligence*, Ediburgh: Edinbrugh University Press.

Mill, J. S., 1924 (1873), *Autobiography*, New York: Columbia University Press.

Minsky, M. L., 1967, *Computation: Finite and Infinite Machines*, Englewood Cliffs, N. J.: Prentice-Hall.

Minsky, M. L., (ed.) 1968, *Semantic Information Processing*, Cambridge, Mass.: MIT Press.

Minsky, M. L., 1974, 'A Framework for Representing Knowledge'. An edited version appears in Haugeland, J., (ed.) 1981, *Mind Design: Philosophy, Psychology, Artificial Intelligence*, Cambridge, Mass.: MIT Press, pp. 95~128.

Minsky, M. L., 1984, 'Adaptive Control: From Feedback to Debugging'. In Selfridge, O. G., Rissland, E. L., Arbib, M. A., (eds) 1984, *Adaptive Control of Ill-defined Systems*, New York: Plenum, pp. 115~25.

Minsky, M. L., 1986, *The Society of Mind*, New York: Simon and Schuster.

Minsky, M. L., Papert, S., 1969, *Perceptrons: An Introduction to Computational Geometry*, Cambridge, Mass.: MIT Press.

Minsky, M. L., Papert, S., 1972, 'Progress Report on Artificial Intelligence', Cambridge, Mass.: MIT AI Lab Memo 252.

Moravec, H., 1988, *Mind Children: The Future of Robot and Humans Intelligence*, Cambridge, Mass.: Harvad University Press.

Moto-oka, T., (ed.) 1982, *Fifth Generation Computer Systems*, Amsterdam: North-Holland.

Moto-oka, T. et al., 1982, 'Challenge for Knowledge Information Processing Systems, (Preliminary Report on Fifth Generation Computer Systems)'. In Moto-oka, T., (ed.) 1982, *Fifth Generation Computer Systems*, Amsterdam: North-Holland, pp. 3~89.

Moto-oka, T., Kitsuregawa, M., 1985, *The Fifth Generation Computer: The Japanese Challenge*, New York: Wiley.

Nagel, T., 1971, 'Brain Bisection and the Unity of Consciousness', *Synthèse*, 22, pp. 396~413.

Nagel, T., 1974, 'What is it Like to be a Bat?', *Philosophical Review*, 83, 435~50.

Nagel, T., 1986, The View From Nowhere, New York: Oxford University Press.

Nemirow, L., 1980, 'Review of Thomas Nagel's *Mortal Questions*', *Philosophical Review*, 89, pp. 473~7.

Newell, A., 1980, 'Physical Symbol Systems', *Cognitive Science*, 4, pp. 135~83.

Newell, A., 1982, 'The Knowledge Level', *Artificial Intelligence*, 18, pp. 87~127.

Newell, A., Shaw, J. C., Simon, H. A., 1957, 'Empirical Explorations with the Logic Theory Machine: a Case Study in Heuristics'. In Feigenbaum, E. A., Feldman, J., (eds) 1963, *Computers and Thought*, New York: McGraw-Hill, pp. 109~33.

Newell, A.,Simon, H. A., 1961, 'GPS, a Program that Simulates Human Thought'. In Feigenbaum, E. A., Feldman, J., (eds) 1963, *Computers and Thought*, New York: McGraw-Hill, pp. 279~93.

Newell, A., Simon, H. A., 1976, 'Computer Science as Empirical Inquiry: Symbols and Search'. In Haugeland, J., (ed.) 1981, *Mind Design: Philosophy, Psychology, Artificial Intelligence*,

Cambridge, Mass.: MIT Press, pp. 35~66.
Nisbett, R. E., Wilson, T. D., 1977, 'Telling More Than We Can Know: Verbal Reports on Mental Processes', *Psychological Review*, 84, pp. 231~59.
Osherson, D. N., Lasnik, H., (eds) 1990, an Invitation to Cognitive Science, Vols. 1~3, Cambridge, Mass.: MIT Press.
Pellionisz, A. J., 1986, 'Old Dogmas and New Axioms in Brain Theory', *Behavioural and Brain Sciences*, 9, pp. 103~4.
Pellionisz, A. J., Llin s, R., 1979, 'Brain Modeling by Tensor Network Theory and computer Simulation. The Cerebellum: Distributed Processor for Predictive Coordination'. *Neuroscience*, 4. pp. 323~48.
Penrose, R., 1989, *The Emperor's New Mind*, Oxford: Oxford University Press.
Pinker, S., 1984, *Language Learnability and Language Development*, Cambridge, Mass.: Harvard University Press.
Pinker, S., Mehler, J., (eds) 1988, *Connections and Symbols*, Cambridge, Mass.: MIT Press.
Pinker, S., Prince, A., 1988, 'On Language and Connectionism: Analysis of a Parallel Distributed Processing Model of Language Acquisition'. In Pinker, S., Mehler J., (eds) 1988, *Connections and Symbols*, Cambridge, Mass.: MIT Press, pp. 73~193.
Poggio, T., Koch, c., 1985, 'Ill-posed Problems in Early Vision: from computational Theory to Analogue Networks', *Preceedings of the Royal Society of London*, B226, pp. 303~23.
Pour-El, M. B., Richard, I., 1981, 'The Wave Equation with Computable Initial Data such that its Unique Solution is Not Computable', *Advances in Mathematics*, 39, pp. 215~39.
Pour-El, M. B., Richard, I., 1983, 'Computability and Noncomputability in classical Analysis', *Transactions of the Americal Mathematical Society*, 275, pp. 539~60.
Pribram, K., H, Nuwer, M., Baron, R. J., 1974, 'The Holographic Hypothesis of Memory Structure in Brain Funcrion and Percption'. In Krantz, D. H., Atkinson, R. C., Luce, R. D., Suppes, P., (eds) 1974, *Comtemporary Developments in Mathematical Psychology*, Vol.2: *Measuremet, Psychophysics, and Neural Information Processing*, San Francisco: W. H. Freeman, pp. 416~57.
Proudfoot, d., 1993, 'Fictional Entities'. In Cooper, D., (ed.) 1993, *Companion to Aesthetics*, Oxford: Basil Blackwell.
Putnam, H., 1964, 'Robots: Machines or Artificially Created Life?' In Putnam, H., 1975b, *Mind, language and Reality*, Cambridge: Cambridge University Press, pp. 386~407.
Putnam, H., 1967, 'The Mental Life of some Machines'. In Putnam, H., 1975b, *Mind, Language and Realty*, Cambridge: Cambridge University Press, pp. 408~28.
Putnam, H., 1975a, 'Philosophy and our Mental Life'. In Putnam, H. 1975b, *Mind, Language and Realty*, Cambridge: Cambridge University Press, pp. 291~303.
Putnam, H., 1975b, *Mind, Language and Realty*, Cambridge: Cambridge University Press.
Pylyshyn, Z. W., (ed.) 1970, *Perspectives On the Computer Revolution*, Englewood Cliffs, N. J.,: Prentice-Hall.

Pylyshyn, Z. W., 1980, 'The "Causal Power" of Machines', *Behavioural and Brain Sciences*, 3, pp. 442~4.

Pylyshyn, Z. W., 1984, *Computation and Cognition: Towards a Foundation for Cognitive Science*, Cambridge, Mass.: MIT Press.

Randell, B., 1972, 'On Alan Turing and the Origins of Digital Computers'. In Meltzer, B., Michie, D., (eds) 1972, *Machine Intelligence 7*, Edinburgh: Edinburgh University Press, pp. 3~20.

Randell, B., 1980, 'The Colossus'. In Metropolis, N, Howlett, J., Rota, G. C., (eds) 1980, *A History of Computing in the Twentieth Century*, New York: Academic Press, pp. 47~92.

Randell, B., (ed.) 1982, *The Origins of digital Computers*, Berlin: Springer-Verlag.

Raphael, B., 1976a, *The Thinking Computer: Mind Inside Matter*, San Francisco: W. H. Freeman.

Raphael, B., 1976b, 'The Robot "Shakey" and "His" Successors', *Computers and People*, 25 (10), p. 7.

Ringle, M., (ed.) 1979, *Philosophical Perspectives in Artificial Intelligence*, Brighton: Harvester.

Rose, F., 1985, *Into the Heart of the Mind: An American Quest for Artificial Intelligence*, New York: Vintage Books.

Rose, F. f., Ullian, J. S., 1963, 'Approximation of Functions on the Integers', *Pacific Journal of Mathematics*, 13, pp. 693~701.

Rose, S., 1976, *The Conscious Brain*, Revised edn. Marmondsworth: Penguin.

Rosenblatt, F., 1962, *Principles of Neurodynamics*, Washington, D. C.: Spartan.

Roszak, T., 1986, 'Smart Computers at Insecure Stage', *New Scientist*, April 3, 1986, pp. 46~7.

Rumelhart, D. E., McClelland, J. L., and the PDP Research Group 1986, *Parallel Distributed Processing: Explorations in the Microstructure of Cognition*. Vol. 1: *Foundations*, Cambridge, Mass.: MIT Press.

Rumelhart, D. E., McClelland, J. L., 1986a, 'On Learnig the Past Tenses of English Verbs'. In McClelland, J. L., Rumelhart, D. E., and the PDP Research Group 1986, *Parallel Distributed Processing: Explorations in the Microstructure of Cognition*. Vol. 2: *Psychological and Biological Models*, Cambridge, Mass.: MIT Press.

Rumelhart, D. E., McClelland, J. L., 1986b, 'PDP Models and General Issues in Cognitive Science'. In Rumelhart, D. E., McClelland, J. L., and the PDP Research Group 1986, *Parallel Distributed Processing: Explorations in the Microstructure of Cognition*. Vol. 1: *Foundations*, Cambridge, Mass.: MIT Press, pp. 110~46.

Rumelhart, D. E., Hinton, G. E., McClelland, J. L., 1986, 'A General Framework for Parallel distributed Processing'. In Rumelhart, d. E., McClelland, J. L., and the PDP Research Group 1986, *Parallel Distributed Processing: Explorations in the Microstructure of Cognition*. Vol. 1: *Foundations*, Cambridge, Mass.: MIT Press, pp. 45~76.

Rumelhart, D. E., Hinton, G. E., Williams, R. J., 1986, 'Learning Internal Representations by Error Propagation'. In Rumelhart, d. E., McClelland, J. L., and the PDP Research Group

1986, *Parallel Distributed Processing: Explorations in the Microstructure of Cognition*. Vol. 1: *Foundations*, Cambridge, Mass.: MIT Press, pp. 318~62.

Russell, B., 1912, *The Problems of Philosophy*, Oxford: Oxford University Press.

Sakitt, B., 1972, 'Counting Every Quantum', *Journal of Physiology*, 223, pp. 131~50.

Samuel, A. L., 1959, 'Some Studies in Machine Learning Using the Game of Checkers'. In Feigenbaum, E. A., Feldman, J., (eds) 1963, *Computers and Thought*, New York: McGraw-Hill, pp. 71~105.

Savage, C. W., (ed.) 1978, *Perception and Cognition: issues in the Foundations of Psychology*, Menneapolis: University of Minnesota Press.

Schank, R. C., 1979, 'Natural Language, Philosophy and Artificial Intelligence'. In Ringle, M., 1979, *Philosophical Perspectives in Artificial Intelligence*, Brighton: Harvester, pp. 196~224.

Schank, R. C., 1980, 'Understanding Searle', *Behavioural and Brain Sciences*, 3. pp. 446~7.

Schank, R. C., 1984, *The Cognitive Computer*, Reading, Mass.: Addison-Wesley.

Schank, R. C., Abelson, R., 1977, *Scripts, Plans, Goals and Understanding*, Hillsdale, N. J.: Lawrence Erlbaum.

Schmitt, F. O., Worden, F. G., (eds) 1974, *The Neurosciences: Third Study Program*, Cambridge, Mass.: MIT Press.

Searle, J., 1980a, 'Minds, Brains, and Program', *Behavioural and Brain Science*, 3, pp. 417~24.

Searle, J., 1980b, 'Author's response', *Behavioural and Brain Science*, 3, pp. 450~6.

Searle, J., 1989, *Minds, Brains and Science: the 1984 Reith Lectures*, London: Penguin.

Searle, J., 1990a, 'Is the Brain's Mind a Computer Program?', *Scientific American*, 262 (1), pp. 20~5.

Searle, J., 1990b, 'Is the Brain a Digital Computer?', *Proceedings and Addresses of the American Philosophical Association*, 64, pp. 21~37.

Sejnowski, T. J., Rosenberg, C. R., 1987, 'Parallel Networks that learn to Pronounce English Text', *Complex Systems*, 1. pp. 145~68.

Selfidge, O. G., Rissland, E. L., Arbib, M. A., (eds) 1984, *Adaptive control of Ill-Defined Systems*, New York: Plenum.

Shaffer, J. A., 1968, *Philosophy of Mind*, Englewood Cliiffs, N. J.: Prentice-Hall.

Shannon, C. E., McCarthy, J., (eds) 1956, *Automata Studies*, Princeton: Princeton University Press.

Shortliff, E. H., 1976, *Computer-Based Medical Consutations: MYCIN*, New York: Elsevier.

Shurkin, J., 1983, 'Computer Pioneer and His Historic Program Still Active at Stanford', Stanford: Stanford University News Service.

Shurkin, J., 1984, *Engines of the Mind*, New York: W. W. Norton.

Simon, H. A., 1965, *The Shape of Automation: For Men and Management*, New York: Harper & Row.

Simon, H. A., 1977a, 'What Computers Mean for Man and Society', *Science*, 195, pp. 1186~91.

Simon, H. A., 1977b, 'Artificial Intelligence Systems that Understand', *Proceedings of the Fifth International Joint conference on Artificial Intelligence*, Cambridge: Massachusetts Institute of Technology, pp. 1059~73.

Simon, H. A., Newell, A., 1958, 'Heuristic Problem solving: The Next Advance in Operations Research', *Operations Research*, 6. pp. 1~10.

Simon, H. A., Newell, A., 1964, 'Information-Processing in Computer and Man'. In Pylyshyn, Z. W., (ed.) 1970, *Perspectives on the Computer Revolution*, Englewood Cliffs, J. J.: Prentice-Hall, pp. 256~73.

Simon, G. L., 1983, *Are Computers Alive?*, Brighton: Harvester.

Simon, G. L., 1984, *Introducing Artificial Intelligence*, Manchester: NCC Publications.

Simon, G. L., 1985, *The Biology of computer Life*, brighton: Harvester.

Sloman, A., 1978, *The Computer Revolution in Philosophy*, Brighton: Harvester.

Slote, M. A., 1980, 'Understanding Free Will', *The Journal of Philosophy*, 77, pp. 136~51.

Smith, B. C., 1991, 'The Owl and the Electric encyclopaedia', *Artificial Intelligence*, 47, pp. 251~88.

Smolensky, P., 1988, 'On the Proper Treatment of Connectionism', *Behavioural and Brain Sciences*, 11, pp. 1~24.

Sperry, R. W., 1982, 'Some Effects of Disconnecting the Cerebral Hemispheres', *Science*, 217, pp. 1223~6.

Squire, L. R., Zola-Morgan, s., 1988, 'Memory: Brain Systems and Behaviour', *Trends in Neuroscience*, 11. pp. 170~5.

Sterelny, K., 1990, *The Representational Theory of Mind*, Oxford: Bsil Blackwell.

Stern, N., 1979, 'The BINAC: A Case Study in the History of Technology', *Annals fo the History of Computing*, 1, pp. 9~20.

Stich, S., 1983, *From Folk Psychology to Cognitive Science: The Case Against Belief*, Cambridge, Mass.: MIT Press.

Sussman, G. J., 1975, *A Computer Model of Skill Acquisition*, New York: Elsevier.

Sutherland, N. S., 1986, 'Removing the Mystery from Intelligence', *The Times Higher Education Supplement*, Feb. 28, 1986, p. 16.

Thorp. J., 1980, *Free Will: A defence Against Neurlphysiological Determinism*, London: Routledge & Kegan Paul.

Thorpe, W. H., Zangwill, O. L., (eds) 1961, *Current Problems in Animal Behaviour*, Cambridge: Cambridge University Press.

Touretzky, D. S., Hinton, G. E., 1985, 'Symbols Among the Neurons: Details of a Connectionist Inference Architecture', *Proceedings of the Ninth International Joint Conference on Artificial Intelligence*, Los Altos: Morgan Kaufmann, pp. 238~43.

Trusted, J., 1984, *Free Will and Resposibility*, Oxford: Oxford University Press.

Turing, A. M., 1936, 'On Computable Numbers, with an Application to the Entscheidungsproblem', *Proceedings of the London Mathematical Society*, Series 2, 42

(1936~37), pp. 230~65.

Turing, A. M., 1947, 'Lecture fo the London Mathematical Society on 20 February 1947'. In Carpenter, B. E., Doran, R. W., (eds) 1986, *A. M. Turing's ACE Report of 1946 and Other Papers*, Cambridge, Mass.: MIT Press, pp. 106~24.

Turing, A. M., 1948, 'Intelligent Machinery'. In Meltzer, B., Michie, D., (eds) 1969, *Machine Intelligence 5*, Edinburgh: Edinburgh University Press, pp. 3~23.

Turing, A. M., 1950, 'Computing Machinery and Intelligence', *Mind 59*, pp. 433~60.

Turing, S., 1959, *Alan M. Turing*, Cambridge: W. Heffer.

Turkle, S., 1984, *The Second Self: computers and the Human Spirit*, New York: Simon and Schuster.

Ullman, S., 1984, 'Visual Routines', *Cognition*, 18, pp. 97~159.

Van Inwagen, P., 1983, *An Essay on Freewill*, Oxford: Clarendon Press.

Von Neumann, J., 1945, 'First Draft of a Repot on the EDVAC'. An edited version appears in Randell, B. (ed.) 1982, *The Origins of Digital computers*, Berlin: Springer-Verlag, pp. 383~92.

Von Neumann, J., 1951, 'The General and Logical Theory of Automata'. In Pylyshyn, Z., (ed) 1970, *Perspectives On the Computer Revolution*, Englewood Cliffs, N. J.: Prentice-Hall, pp. 87~113.

Von Neumann, J., 1958, *The Computer and the Brain*, New Haven: Yale University Press.

Waldrop, M. M., 1984, 'Artificial Intelligence in Parallel', Science, 225, pp. 608~10.

Waldrop, M. M., 1987, *Man-Made Minds: The Promise of Artificial Intelligence*, New York: Wlaker.

Waltz, D. L., 1975, 'Understanding Line Drawings of Scenes With Shadows'. In Winston, P. H., (ed.) 1975, *The Psychology of Computer Vision*, New York: McGraw-Hill, pp. 19~91.

Waltz, D. L., 1982, 'Artificial Intelligence', Scientific American, 247 (4), pp. 101~22.

Warren, R. M., 1970, 'Perceptual Restoration of Missing Speech Sounds', *Science*, 167, pp. 392~3.

Weiskrantz, L., 1977, 'Trying to Bridge Some Neuropsychological Gaps Between Monkey and Man', *British Journal of Psychology*, 68, pp. 431~45.

Weiskrantz, L., 1986, *Blindsight*, Oxford: Oxford University Press.

Weiskrantz, L., 1987, 'Neuropsychology and the Nature of Consciousness'. In Blakemore, C., Greenfield, S., (eds) 1987, *Mindwaves*, Oxford: Basil Blackwell, pp. 307~20.

Weiskrantz, L., 1988, 'Some Contributions of Neuropsychology of Vision and Memory to the Problem of Consciousness'. In Marcel, A. J., Bisiach, E., (eds) 1988, *Consciousness in Contemporary Science*, Oxford: Clareendon Press, pp. 183~99.

Weiskrantz, L., Warrington, E. K., Sanders, H. D., Marshall, J., 1974, 'Visual Capacity in the Hemianopic Field Following a Restricted Occipital Ablation', *Brain*, 97, pp. 709~28.

Weizenbaum, J., 1966, 'ELIZA - a Computer Program for the Study of Natural Language Communication Between Man and Machine', *Communications of the Association for*

Computing Machinery, 9, pp. 36~45.

Weizenbaum, J., 1976, *Computer Power and Human Reason: From Judgement to Calculation*, San Francisco: W. H. Freeman.

Whitehead, A. N., Russell, B., 1910, *Principia Mathematica*, Cambridge: Cambridge University Press.

Wiggins, D., 1973, 'Towards a Reasonable Libertarianism'. In Hondrich, T., (ed.) 1973, *Essays on Freedom of Action*, London: Routeledge and Kegan Paul, pp. 31~61.

Wilkes, K. 1988, '-, Yìshì, Duh, Um, and consciousness'. In Marcel, A. J., Bisiach, E., (eds) 1988, *Consciousness in contemporary Science*, Oxford: Clarendon Press, pp. 16~41.

Winograd, T. A., 1971, *Procedures as a Representation for Data in a computer Program for Understanding Natural Language*, Cambridge, Mass.: MIT Project MAC.

Winograd, T. A., 1972, *Understanding Natural Language*, New York: Academic Press.

Winograd, T. A., 1975, 'Breaking the Complexity Barrier Again', *SIGPLAN Notices*, 10, pp. 13~22.

Winograd, T. A., 1980, 'What Does it Mean to Understand Language?', *Cognitive Science*, 4, pp. 209~41.

Winograd, T. A., 1981, *Artificial Intelligence and Language Comprehension*, Reading, Mass.: Addison-Wesley.

Winograd, T. A., Flores, F., 1986, *Understanding Computers and Cognition*, Norwood, N. J.: Ablex.

Winston, P. H., (ed.) 1975a, *The Psychology of Co\mputer Vision*, New York: McGraw-Hill.

Winston, P. H., 1975b, 'Learning Structural descriptions from Examples'. In Winston, H. H., (ed.) 1945a, *The Psychology of Computer Vision*, New York: McGraw-Hill, pp. 157~209.

찾아보기

ㅎ

계산하는 기계는 생각하는 기계가 될 수 있을까?
인공지능을 만든 생각들의 역사와 철학

2020년 1월 12일 초판 1쇄 펴냄

지은이 잭 코플랜드
옮긴이 박영대
감수 김재인

펴낸이 최지영
펴낸곳 에디토리얼
등록 2018년 2월 7일 제25100-2018-000010호
주소 서울시 노원구 덕릉로79길 23, 103-1409
투고·문의 editobooks2@gmail.com 전화 02-996-9430 팩스 0303-3447-9430
홈페이지 www.editorialbooks.com 페이스북 editorialbooox 인스타그램 editorial.books

ISBN 979-11-90254-00-7 03500

이 도서의 국립중앙도서관 출판예정도서목록(CIP)은 서지정보유통지원시스템 홈페이지(http://seoji.nl.go.kr)와 국가자료종합목록 구축시스템(http://kolis-net.nl.go.kr)에서 이용하실 수 있습니다. (CIP제어번호 : CIP2019049496)